MATHÉMATIQUES

TOURS. — IMPRIMERIE DESLIS FRÈRES.

BIBLIOTHÈQUE DU CONDUCTEUR DE TRAVAUX PUBLICS

MATHÉMATIQUES

PAR

Georges DARIÈS

INGÉNIEUR DE LA VILLE DE PARIS
LICENCIÉ ÈS SCIENCES MATHÉMATIQUES

Deuxième édition revue et très augmentée

PARIS
Vᵛᵉ Ch. DUNOD, ÉDITEUR
49, Quai des Grands-Augustins, 49

1903

AVANT-PROPOS

L'étude des mathématiques supérieures peut être envisagée à deux points de vue très nettement distincts, qui supposent des notions préparatoires bien différentes et des temps d'étude considérablement inégaux : d'une part au point de vue purement spéculatif, d'autre part à celui de l'application pratique.

Le premier point de vue, de beaucoup le plus élevé, n'intéresse guère que les savants et les personnes qui se destinent au professorat. La connaissance approfondie de l'algèbre supérieure est indispensable; celle de la géométrie analytique n'est pas moins utile; il n'y a pas d'autre voie que les leçons d'un professeur complétées par des exercices nombreux et variés, et aussi par la lecture des ouvrages spéciaux et des mémoires publiés par les maîtres qui font autorité. C'est un travail de réflexion exigeant plusieurs années d'efforts non interrompus.

Pour le second point de vue, qui convient spécialement aux ingénieurs et conducteurs de travaux publics, le problème est beaucoup plus simple et les études moins longues. Les notions relatives à la différentiation et à l'intégration des fonctions simples, à leur développement en série, et aux principales applications géométriques, quadrature et cubature, suffisent largement pour la pratique. Ces notions n'offrent d'ailleurs aucune difficulté de compréhension, et l'esprit le moins abstrait peut y être rapidement initié.

Certaines branches de l'analyse mathématique sont véritablement difficiles et exigent une faculté d'abstraction assez développée ; la théorie des variables imaginaires et des fonctions elliptiques, celle des dérivées partielles du second ordre, les théories de l'élasticité, du mouvement non permanent dans les cours d'eau, etc., sont de ce nombre. L'évidence absolue des principes fondamentaux du calcul infinitésimal n'apparaît même qu'aux esprits véritablement philosophiques, et ils sont rares. La vérité en est affirmée depuis près de deux siècles par une vérification constante de leurs conséquences logiques ; mais il a fallu le génie supérieur de Newton et l'énorme puissance d'abstraction de Leibnitz pour en préciser la notion et le sens, et en apercevoir l'incommensurable portée. Nous connaissons plus d'un érudit, très versé dans les sciences mathématiques, qui n'a jamais été bien convaincu à cet égard, et pour cause. Le praticien, plus que tout autre, est donc autorisé à négliger le côté philosophique des choses dont il ne saurait que faire, pour n'envisager que l'application des formules. A ce point de vue restreint, les difficultés sont considérablement diminuées.

Un jeune homme ne possédant que les connaissances élémentaires de la géométrie, l'algèbre, la trigonométrie, peut facilement, en travaillant quelques mois, acquérir les éléments d'analyse indispensables pour étudier sérieusement la mécanique, la résistance des matériaux, l'hydraulique, la physique industrielle, l'électricité, etc., en un mot toutes les spécialités qui constituent le domaine de l'ingénieur. L'enseignement scientifique a tellement été vulgarisé depuis quelques années, les bons traités de mathématiques sont devenus si nombreux, qu'il est à peine permis à une personne s'occupant de technique, soucieuse de s'instruire et d'acquérir quelque compétence, d'ignorer les notions d'analyse infinitésimale.

L'ouvrage que nous présentons aux conducteurs n'a aucune prétention scientifique ni originale, il est écrit simplement en vue de l'application et dans les idées pratiques dont nous venons de parler ; mais il contient, exposés d'une façon claire et concise, tous les éléments mathématiques qu'il importe à un technicien instruit de connaître. Cet ouvrage sera consulté avec fruit par les élèves des diverses écoles d'ingénieurs et d'arts et métiers.

Parmi les nombreuses sources auxquelles nous avons puisé pour la rédaction, nous tenons à indiquer : pour l'analyse, l'ouvrage de Serret et le beau cours de M. Appell à l'École centrale ; pour la géométrie, le traité de Briot et Bouquet et celui de Carnoy.

Paris, 1er juillet 1904.

BIBLIOTHÈQUE DU CONDUCTEUR DE TRAVAUX PUBLICS

PUBLIÉE SOUS LES AUSPICES

DE MESSIEURS LES MINISTRES DES TRAVAUX PUBLICS
DE L'AGRICULTURE
DE L'INSTRUCTION PUBLIQUE
DU COMMERCE ET DE L'INDUSTRIE
DE L'INTÉRIEUR, DES COLONIES
DE LA JUSTICE

Comité de patronage

BARTHOU	Ancien Ministre des Travaux publics et de l'Intérieur, Membre de la Chambre des députés.
BECHMANN	Directeur des eaux et de l'assainissement de la ville de Paris, Professeur à l'École des Ponts et Chaussées.
BERTEAUX	Agent de change, membre de la Chambre des députés.
BOREUX	Inspecteur général des Ponts et Chaussées, Directeur de la voie publique et de l'éclairage de Paris.
BOSKAMIER	Sous-ingénieur des Ponts et Chaussées en retraite.
BOUQUET	Directeur du personnel et de l'enseignement technique au Ministère du Commerce et de l'Industrie.
BOURRAT	Conducteur des Ponts et Chaussées, Membre de la Chambre des députés.
BOUVARD	Directeur administratif des services d'architecture, des promenades et plantations de la ville de Paris.
COLSON	Conseiller d'État, Professeur à l'École des Ponts et Chaussées.
COMTE (J.)	Ancien directeur des Bâtiments civils et des Palais nationaux.
DEBAUVE	Inspecteur de l'École des Ponts et Chaussées.
DEFRANCE	Directeur des affaires départementales de la Seine.
DELECROIX	Docteur en droit, Directeur de la *Revue de la Législation des Mines*.
Le **Directeur** de l'École nationale des Ponts et Chaussées.	
Le **Directeur** de l'École nationale supérieure des Mines.	
DONIOL	Inspecteur général des Ponts et Chaussées en retraite.
BOUSQUET (du)	Ingénieur en chef du matériel et de la traction à la Cie des Chemins de fer du Nord.
EYROLLES	Directeur de l'École spéciale de Travaux publics.
FLAMANT	Inspecteur général des Ponts et Chaussées.
GAUTHIER (de l'Aude)	Sénateur.
GERVAIS	Membre de la Chambre des députés.

COMITÉ DE PATRONAGE

GRILLOT — Président honoraire de la Société des Ingénieurs auxiliaires, Sous-ingénieurs, Conducteurs, Contrôleurs et Commis des Ponts et Chaussées et des Mines, etc.

GUILLAIN — Ancien Ministre des Colonies, Membre de la Chambre des députés.

GUYOT-DESSAIGNE — Ancien Ministre de la Justice et des Travaux publics, Membre de la Chambre des députés.

HATON DE LA GOUPILLIÈRE — Membre de l'Institut, Inspecteur général des Mines, en retraite.

HENRY (E.) — Inspecteur général des Ponts et Chaussées, Président du Conseil de la vicinalité au Ministère de l'Intérieur.

HUET — Inspecteur général des Ponts et Chaussées en retraite.

LAUSSEDAT (le Colonel) — Membre de l'Institut, Directeur honoraire du Conservatoire national des Arts et Métiers.

Me LE BERQUIER — Avocat à la Cour d'appel de Paris.

LE ROUX — Ancien Directeur des Affaires départementales à la Préfecture de la Seine.

LOUIS MARTIN — Avocat, Professeur libre de droit, Membre de la Chambre des députés.

MAGNIN — Ancien Ministre de l'Agriculture, du Commerce et des Finances, Sénateur inamovible.

MARTINIE — Contrôleur général de l'Administration de l'Armée, Ancien Président de la Société de Topographie de France.

PHILIPPE — Directeur honoraire de l'Hydraulique agricole au Ministère de l'Agriculture.

PILLET — Professeur au Conservatoire des Arts et Métiers.

PIOT — Sénateur, ancien Entrepreneur de Travaux publics.

Le **Président** de l'Association philotechnique.

Le **Président** de l'Association polytechnique.

Le **Président** de la Société des Anciens Élèves des Écoles nationales d'Arts et Métiers.

Le **Président** de la Société des Ingénieurs auxiliaires, Sous-ingénieurs, Conducteurs, Contrôleurs et Commis des Ponts et Chaussées, des Mines, des Chemins de fer et de l'Hydraulique agricole.

Le **Président** de la Société des Ingénieurs civils de France.

Le **Président** de la Société des Ingénieurs coloniaux.

Le **Président** de la Société de Topographie de France.

QUENNEC — Directeur de l'Octroi de Paris.

RÉSAL — Professeur à l'École des Ponts et Chaussées.

ROUCHÉ — Professeur au Conservatoire des Arts et Métiers.

SANGUET — Président de la Société de Topographie parcellaire de France.

TISSERAND — Conseiller-maître à la Cour des Comptes.

BIBLIOTHÈQUE DU CONDUCTEUR DE TRAVAUX PUBLICS

Comité de rédaction

SIÈGE : 46, QUAI DE L'HÔTEL-DE-VILLE

Bureau

PRÉSIDENT :

JOLIBOIS — Conducteur des Ponts et Chaussées, Agent voyer cantonal (Service ordinaire et vicinal de la Seine), Président de la Société des Ingénieurs auxiliaires, Sous-ingénieurs, Conducteurs, Contrôleurs et Commis des Ponts et Chaussées, des Mines, des Chemins de fer et de l'Hydraulique agricole. Membre du Comité de la Société des Ingénieurs coloniaux. Membre des Sociétés des Ingénieurs civils de France, des anciens élèves des Ecoles d'Arts et Métiers, de Topographie de France, etc., Professeur à l'Association philotechnique.

SECRÉTAIRE GÉNÉRAL :

BONNAL — Ingénieur civil, Secrétaire de la Compagnie des Tramways à vapeur du département de l'Aude, Membre de la Société des Ingénieurs coloniaux, Professeur à l'Association philotechnique.

VICE-PRÉSIDENTS :

DACREMONT — Sous-inspecteur de l'Assainissement, Service municipal.
DARDART — Sous-ingénieur des Ponts et Chaussées (Service ordinaire et vicinal de la Seine).
FALCOU — Chef du Secrétariat des services d'architecture, des promenades et plantations.
VIDAL — Inspecteur particulier de l'exploitation commerciale des Chemins de fer de P.-L.-M.

SECRÉTAIRES :

BONDU — Commissaire de surveillance administrative des chemins de fer (P.-L.-M.), professeur à l'Association philomatique.
CANAL — Contrôleur des comptes des Chemins de fer (Orléans).
DEJUST — Ingénieur municipal (Service des Eaux), Ingénieur des Arts et Manufactures, Répétiteur à l'Ecole centrale des Arts et Manufactures.
DIÉBOLD — Sous-inspecteur de l'Assainissement, Service Municipal.

COMITÉ DE RÉDACTION

Membres du Comité :

AUCAMUS — Ingénieur des Arts et Manufactures, chef d'atelier aux chemins de fer du Nord.

DARIÈS — Ingénieur Municipal (Service des Eaux), Licencié ès Sciences, Professeur à l'Association philotechnique et à l'Ecole spéciale des Travaux publics.

COLAS — Sous-ingénieur aux Chemins de fer de l'Etat.

DECRESSAIN — Sous-ingénieur des Mines (Service des appareils à vapeur), Professeur à l'Ecole d'Horlogerie.

GRIMAUD — Ingénieur chef du service des Travaux publics de la Martinique.

HALLOUIN — Inspecteur principal de l'Exploitation commerciale des Chemins de fer de l'Etat.

LANAVE — Sous-ingénieur des Ponts et Chaussées, Chef de section à la C¹ᵉ du Chemin de fer Métropolitain.

LÉVY-SALVADOR — Ingénieur du Service technique de l'Hydraulique agricole au Ministère de l'Agriculture.

MALETTE (G.) — Sous-ingénieur des Ponts et Chaussées, Agent voyer cantonal (Service ordinaire et vicinal de la Seine).

PRADÈS — Sous-chef de bureau au Ministère de l'Agriculture, Membre du Conseil d'administration de l'Association philotechnique.

PRÉVOT — Conducteur faisant fonctions d'Ingénieur des Ponts et Chaussées (Service du nivellement général de la France).

REBOUL — Sous-ingénieur des Mines (Service des appareils à vapeur).

ROUSSEAU (Ph.) — Secrétaire général de la Société des Ingénieurs coloniaux.

ROUX — Sous-ingénieur faisant fonctions d'Ingénieur des Ponts et Chaussées (Service ordinaire et vicinal de l'Ardèche).

SIMONET — Conducteur des Ponts et Chaussées, Service municipal (Métropolitain).

SAINT-PAUL — Conducteur Municipal, Secrétaire adjoint de la Société de Topographie de France, Professeur à l'Association polytechnique.

WÉRY — Ingénieur sanitaire.

MATHÉMATIQUES

PREMIÈRE PARTIE

ANALYSE

CHAPITRE PREMIER

COMPLÉMENTS D'ALGÈBRE

§ 1. — Combinaisons et binôme de Newton

1. L'étude du calcul infinitésimal suppose la connaissance préalable de quelques notions d'algèbre qui ne sont généralement pas enseignées dans les ouvrages élémentaires. Ces notions se rapportent à la théorie des combinaisons et du binôme de Newton, aux quantités imaginaires, aux règles de convergence des séries, et aux logarithmes en général ; nous les étudierons dans le chapitre premier.

2. Définitions. — On entend par combinaisons, n à n, de m objets, les différents groupes que l'on peut former en associant n de ces objets de toutes les manières possibles.

Si l'on regarde comme distincts les groupes qui, composés des mêmes objets, diffèrent simplement par l'ordre dans lequel ils sont associés, on obtient des *arrangements*.

On nomme produits différents, ou simplement *combinaisons*, les groupes qui diffèrent par les objets qui y entrent.

Par exemple, trois lettres a, b, c peuvent être associées une à une, deux à deux, trois à trois. En les prenant une à une, on obtient les trois arrangements

$$a, \quad b, \quad c.$$

Pour former les arrangements deux à deux, il suffit d'ajouter à chaque lettre l'une des deux autres ; on trouve de cette façon :

$$ab, \quad bc, \quad ca,$$
$$ac, \quad ba, \quad cb;$$

soit en tout six arrangements, mais trois combinaisons seulement, car ab et ba ne forment qu'une seule combinaison ; de même bc et cb, ca et ac.

Enfin, pour obtenir les arrangements trois à trois, il faut ajouter à chacun des précédents la troisième lettre qui manque ; on obtient ainsi les six arrangements :

$$abc, \quad bca, \quad cab,$$
$$acb, \quad bac, \quad cba,$$

qui ne forment qu'une seule combinaison.

Proposons-nous d'établir les formules générales des arrangements et des combinaisons.

3. Arrangements. — Désignons symboliquement par A_m^n le nombre des arrangements de m objets pris n à n, par A_m^{n-1} celui des arrangements des mêmes objets pris $(n-1)$ à $(n-1)$.

Il est évident que, si tous les arrangements $(n-1)$ à $(n-1)$ étaient formés, on obtiendrait les arrangements n à n, en plaçant successivement à la suite de chacun des premiers les $[m-(n-1)]$ objets qui restent ; ainsi, chaque arrangement $(n-1)$ à $(n-1)$ fournit $[m-(n-1)]$ arrangements n à n ; le nombre de ces derniers est, par suite, $A_m^{n-1}[m-(n-1)]$ ou $A_m^{n-1}.(m-n+1)$.

Nous allons démontrer que cette dernière formule fournit tous les arrangements n à n, en effet.

D'abord chaque groupe se compose de n objets ; ensuite on peut toujours former un arrangement de n objets en plaçant le dernier d'entre eux à la suite de l'arrangement composé des $(n-1)$ autres ; enfin, deux arrangements quelconques sont différents, car les arrangements $(n-1)$ à $(n-1)$ étant distincts, ainsi que les $(m-n+1)$ objets que l'on place à la suite de chacun d'eux, il en est nécessairement de même des différents groupes obtenus. Ainsi, on a la relation :

$$A_m^n = (m-n+1) A_m^{n-1}.$$

Cette formule étant établie pour une valeur quelconque de n, on a de même pour les arrangements $(n-1)$ à $(n-1)$, $(n-2)$ à $(n-2)$..., etc. :

$$A_m^{n-1} = (m-n+2) A_m^{n-2},$$
$$A_m^{n-2} = (m-n+3) A_m^{n-3},$$
$$\dots\dots\dots\dots$$
$$A_m^2 = (m-1) A_m^1,$$
$$A_m^1 = m,$$

car le nombre des arrangements de m objets un à un est égal à m.

Multipliant ces égalités membre à membre, on obtient après réductions :

$$A_m^n = m(m-1)(m-2)\dots(m-n+1).$$

Le nombre des arrangements de m objets distincts, pris n à n, est égal au produit de n nombres entiers consécutifs, décroissants à partir de m.

Exemple. — Les huit cartes à jouer de la même couleur peuvent être disposées dans la main, en les prenant quatre à quatre, de :

$$A_8^4 = 8 \times 7 \times 6 \times 5 = 1680$$

façons différentes.

4. Permutations. — Si l'on fait $n = m$ dans la formule précédente, on obtient le nombre des arrangements m à m de m objets. Ces arrangements particuliers prennent le nom de *permutations*. Soit P_m leur nombre.

On a ainsi :
$$P_m = A_m^m = 1.2.3 \ldots m.$$

Le nombre des permutations de m objets est égal au produit des m premiers nombres entiers.

Exemple. — Quatre cartes à jouer peuvent être disposées dans la main de :
$$1 \times 2 \times 3 \times 4 = 24$$
manières différentes.

5. Combinaisons. — Désignons par C_m^n le nombre des combinaisons de m objets pris n à n. Si, dans chacune d'elles, on permute les objets de toutes les manières possibles, on obtient des arrangements de m objets, n à n. Nous allons montrer que l'on forme ainsi tous les arrangements possibles, et chacun d'eux une seule fois.

En effet, on forme tous les arrangements, car les objets qui composent l'un d'eux, étant considérés indépendamment de leur ordre, composent l'une des combinaisons, et, par suite, lorsqu'on permute les objets qui forment cette dernière, l'un des groupes obtenus est l'arrangement en question.

Deux arrangements quelconques sont distincts, car ceux qui proviennent d'une même combinaison diffèrent par l'ordre des objets, et ceux qui proviennent de deux combinaisons différentes ne sont pas composés des mêmes objets.

En résumé, on voit que l'on obtient toute la série des arrangements en permutant chaque combinaison de toutes les manières possibles. Or, une combinaison fournit $1.2.3 \ldots n$ arrangements distincts (4), donc :
$$A_m^n = C_m^n \times 1 . 2 . 3 \ldots n,$$
ou, d'après l'expression de A_m^n (3) :
$$C_m^n = \frac{m(m-1)(m-2)\ldots(m-n+1)}{1.2.3 \ldots n}.$$

Le nombre des combinaisons de m objets, pris n à n, est égal au produit de n nombres entiers consécutifs décroissants à partir de m, divisé par le produit des n premiers nombres entiers.

Exemple. — Il est quelquefois intéressant de connaître le nombre des questions que l'on serait amené à résoudre, en prenant successivement pour inconnue dans un problème deux des cinq variables x, y, z, t, u. Ce nombre est :

$$C_5^2 = \frac{5 \times 4}{1 \times 2} = 10;$$

il y aurait donc dix questions différentes.

6. Corollaires. — 1° *Le nombre des combinaisons de m objets pris n à n est le même que celui de m objets pris $(m-n)$ à $(m-n)$.*

En effet, si l'on considère un groupe de m objets et qu'on prenne n de ces objets pour former une combinaison quelconque, les $(m-n)$ objets qui restent constituent une autre combinaison. Donc les combinaisons n à n et $(m-n)$ à $(m-n)$ sont en nombre égal.

2° *Le nombre des combinaisons de m objets, pris n à n, est égal au nombre des combinaisons de $(m-1)$ objets n à n, plus le nombre des combinaisons de $(m-1)$ objets pris $(n-1)$ à $(n-1)$.*

En effet, on a d'après la formule précédente :

$$C_{m-1}^n = \frac{(m-1)(m-2)\ldots(m-n)}{1.2.3\ldots n},$$

$$C_{m-1}^{n-1} = \frac{(m-1)(m-2)\ldots(m-n+1)}{1.2.3\ldots(n-1)};$$

d'où l'on déduit immédiatement :

$$C_{m-1}^n + C_{m-1}^{n-1} = \frac{m(m-1)(m-2)\ldots(m-n+1)}{1.2.3\ldots n}.$$

Par exemple, le nombre des combinaisons de 7 objets 3 à 3 est égal au nombre des combinaisons de 6 objets pris 3 à 3, plus le nombre des combinaisons de 6 objets pris 2 à 2.

7. Produit de binômes qui diffèrent par le second terme. — S'il n'y a que deux binômes, on a immédiatement :

$$(x+a)(x+b) = x^2 + (a+b)x + ab;$$

pour trois facteurs, on trouve de même, en effectuant le produit :

$$(x+a)(x+b)(x+c)$$
$$= x^3 + (a+b+c)x^2 + (ab+ac+bc)x + abc.$$

La loi des coefficients se généralise sans qu'il soit nécessaire d'insister.

On a pour m binômes :

$$(1) \quad (x+a)(x+b)\ldots(x+l) = x^m + x^{m-1}\Sigma a + x^{m-2}\Sigma ab + x^{m-3}\Sigma abc + \ldots + abc\ldots l.$$

Σa, Σab, Σabc, ..., représentent respectivement la somme des seconds termes, la somme de leurs produits deux à deux, trois à trois, ..., etc.

8. Binôme de Newton. — Si dans la formule (1) on fait $a = b = c \ldots = l$, on obtient le développement de l'expression $(x+a)^m$ pour m *entier* et *positif*.

Le premier terme est toujours x^m ; le second devient max^{m-1}. Le coefficient de x^{m-2} devient égal à a^2 répété autant de fois que l'on peut former de combinaisons deux à deux avec m facteurs ; le troisième terme est donc (5) :

$$\frac{m(m-1)}{1.2} a^2 x^{m-2}.$$

Le coefficient de x^{m-3} devient égal à a^3, répété autant de fois que l'on peut former de combinaisons trois à trois avec m facteurs ; le quatrième terme est donc :

$$\frac{m(m-1)(m-2)}{1.2.3} a^3 x^{m-3}.$$

La loi est évidente, on peut écrire :

$$(x+a)^m = x^m + max^{m-1} + \frac{m(m-1)}{1.2} a^2 x^{m-2} + \ldots$$
$$+ \frac{m(m-1)\ldots(m-n+1)}{1.2\ldots n} a^n x^{m-n} + \ldots + a^m.$$

C'est la formule du *binôme de Newton* ; on démontre qu'elle est encore vraie pour m fractionnaire ou négatif.

9. Corollaires. — 1° On n'a fait aucune hypothèse sur le signe du nombre a, de sorte que ce dernier peut recevoir une valeur négative $-a$. On peut donc écrire, en observant que les puissances paires de $-a$ sont positives et les puissances impaires négatives :

$$(x-a)^m = x^m - max^{m-1} + \frac{m(m-1)}{1.2}a^2x^{m-2} - \ldots$$
$$\pm \frac{m(m-1)\ldots(m-n+1)}{1.2\ldots n}a^n x^{m-n} \mp \ldots \pm a^m.$$

Le signe du dernier terme est $+$ si m est pair, $-$ si m est impair.
EXEMPLES. — On vérifie aisément que :

$$(x+a)^3 = x^3 + 3ax^2 + 3a^2x + a^3,$$

et
$$(x-a)^4 = x^4 - 4ax^3 + 6a^2x^2 - 4a^3x + a^4.$$

2° *Les coefficients des termes également distants des extrêmes sont égaux.*

En effet, le coefficient de $a^n x^{m-n}$ est le nombre des combinaisons de m lettres n à n ; celui de $a^{m-n}x^n$ est le nombre des combinaisons de m lettres $(m-n)$ à $(m-n)$. Or ces nombres sont égaux (§).

3° *Les coefficients vont en augmentant du commencement jusqu'au milieu du développement, et en diminuant du milieu à la fin.*

§ 2. — QUANTITÉS IMAGINAIRES

10. Définitions. — Le calcul des racines d'une équation du second degré conduit quelquefois à des expressions de la forme : $\alpha + \beta\sqrt{-1}$, ou $\alpha + \beta i$ en posant $i = \sqrt{-1}$; α, β désignent deux quantités réelles quelconques. Ces expressions, auxquelles on donne le nom de *quantités imaginaires*, sont par elles-mêmes dénuées de sens et ne représentent rien ; mais, à l'aide de quelques conventions spéciales, on peut les introduire dans le calcul, raisonner sur elles comme sur les quantités réelles, et abréger considérablement dans certains cas les opérations algébriques.

11. Conventions. — 1° On dit que deux quantités imaginaires $\alpha + \beta i$ et $\alpha' + \beta' i$ sont égales, lorsqu'on a simultanément $\alpha = \alpha'$, $\beta = \beta'$. Autrement dit, toute équation entre quantités imaginaires telle que :

$$\alpha + \beta i = \alpha' + \beta' i$$

équivaut aux deux équations entre quantités réelles, obtenues en égalant respectivement les parties réelles d'une part, les coefficients de i de l'autre.

2° Toutes les opérations auxquelles peuvent donner lieu les quantités imaginaires s'effectuent comme si ces quantités étaient réelles, en convenant toutefois de traiter i comme une quantité réelle dont le carré serait -1. Par exemple, si l'on effectue le produit :

$$(\cos\theta + i\sin\theta)(\cos\theta' + i\sin\theta') = \cos\theta\cos\theta' + i\cos\theta\sin\theta' + i\sin\theta\cos\theta' + i^2\sin\theta\sin\theta',$$

on obtient, d'après cette convention, en mettant i en facteur commun :

(1) $(\cos\theta + i\sin\theta)(\cos\theta' + i\sin\theta') = \cos(\theta+\theta') + i\sin(\theta+\theta').$

De même, on vérifie aisément que :

$$i^3 = i^2 \times i = -i = -\sqrt{-1},$$
$$i^4 = i^2 \times i^2 = (i^2)^2 = 1,$$
$$i^5 = i^4 \times i = i = \sqrt{-1},$$
$$\ldots \ldots \ldots \ldots \ldots$$

Les deux quantités imaginaires $\alpha + \beta i$ et $\alpha - \beta i$, qui ne diffèrent que par le signe du coefficient de i, sont dites *conjuguées*; leur somme 2α et leur produit $\alpha^2 + \beta^2$ sont réels.

12. Transformation des quantités imaginaires. — Étant donnée la quantité imaginaire $\alpha + \beta i$, si l'on pose :

$$\alpha = r\cos\theta,$$
$$\beta = r\sin\theta,$$

d'où l'on déduit :

$$r = \sqrt{\alpha^2 + \beta^2}; \qquad \cos\theta = \frac{\alpha}{r}; \qquad \sin\theta = \frac{\beta}{r};$$

cette quantité prend la forme trigonométrique :

$$\alpha + \beta i = r(\cos\theta + i\sin\theta).$$

Dans cette nouvelle façon de représenter une quantité imaginaire, r est le *module* et θ l'*argument* de cette quantité.

Traçons dans le plan deux droites rectangulaires OX et OY ; prenons une abscisse OP $= \alpha$ et une ordonnée MP $= \beta$; le point M est le point figuratif de l'imaginaire $\alpha + \beta i$. On voit que la connaissance de cette imaginaire détermine la position de son point figuratif et réciproquement.

La figure donne les relations :

$$\text{OP} = \text{OM}\cos\text{MOX}, \qquad \text{MP} = \text{OM}\sin\text{MOX},$$

d'où l'on déduit :

$$\overline{\text{OM}}^2 = \overline{\text{OP}}^2 + \overline{\text{MP}}^2 = \alpha^2 + \beta^2 = r^2,$$
$$\cos\text{MOX} = \frac{\text{OP}}{\text{OM}} = \frac{\alpha}{r} = \cos\theta.$$

On voit que le module de l'imaginaire est précisément le rayon OM, et son argument l'angle MOX.

Désignons par r, r', r'' les modules ; par θ, θ', θ'', les arguments de trois quantités imaginaires ; soient ρ et φ le

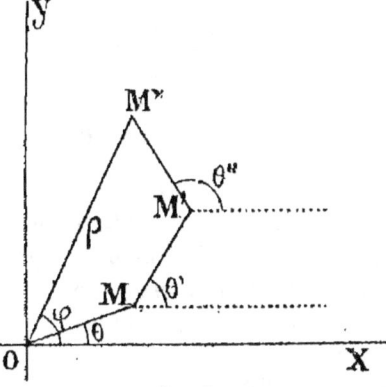

Fig. 1.   Fig. 2.

module et l'argument de leur somme

$$r(\cos\theta + i\sin\theta) + r'(\cos\theta' + i\sin\theta') + r''(\cos\theta'' + i\sin\theta''),$$

que l'on peut écrire :

$$r\cos\theta + r'\cos\theta' + r''\cos\theta'' + i(r\sin\theta + r'\sin\theta' + r''\sin\theta'').$$

Si l'on porte bout à bout, à partir de l'origine, les longueurs OM, MM′, M′M″, égales à r, r', r'', et faisant respectivement avec OX des angles θ, θ', θ'', l'extrémité M″ de la dernière droite aura pour coordonnées polaires ρ et φ. En effet, ses coordonnées rectangulaires sont

$$r\cos\theta + r'\cos\theta' + r''\cos\theta''.$$
$$r\sin\theta + r'\sin\theta' + r''\sin\theta''.$$

On voit que le module OM″ de la somme des trois imaginaires est plus petit que la somme de leurs modules. La même remarque s'applique à la somme d'un nombre quelconque d'imaginaires.

13. Théorème. — *Le produit de plusieurs quantités imaginaires est une nouvelle imaginaire qui a pour module le produit des modules et pour argument la somme des arguments.*

De la formule (1), on déduit :

(2) $\quad r(\cos\theta + i\sin\theta) \times r'(\cos\theta' + i\sin\theta')$
$$= rr'[\cos(\theta + \theta') + i\sin(\theta + \theta')],$$

ce qui montre que le produit est une quantité imaginaire dont le module est rr' et l'argument $\theta + \theta'$.

On aurait de même pour trois facteurs :

$$r(\cos\theta + i\sin\theta) \times r'(\cos\theta' + i\sin\theta') \times r''(\cos\theta'' + i\sin\theta'')$$
$$= rr'r''[\cos(\theta + \theta' + \theta'') + i\sin(\theta + \theta' + \theta'')],$$

$rr'r''$ est le module du produit, et $(\theta + \theta' + \theta'')$ son argument, etc.

14. Théorème. — *Le quotient de deux quantités imaginaires est une nouvelle imaginaire qui a pour module le quotient des modules et pour argument la différence des arguments.*

C'est-à-dire que l'on a

$$\frac{r(\cos\theta + i\sin\theta)}{r'(\cos\theta' + i\sin\theta')} = \frac{r}{r'}[\cos(\theta - \theta') + i\sin(\theta - \theta')].$$

En effet, cette égalité devient évidente si l'on chasse le dénominateur et que l'on effectue la multiplication du second membre d'après le théorème précédent.

15. Formule de Moivre. — Cette formule donne la m^{me} puissance de la quantité imaginaire $r(\cos\theta + i\sin\theta)$. Si l'on fait $\theta = \theta'$ et $r = r'$ dans la formule (2), on obtient :

$$r^2 (\cos\theta + i \sin\theta)^2 = r^2 (\cos 2\theta + i \sin 2\theta),$$

donc :

$$[r (\cos\theta + i \sin\theta)]^2 = r^2 (\cos 2\theta + i \sin 2\theta).$$

On trouverait de même pour trois facteurs égaux :

$$[r (\cos\theta + i \sin\theta)]^3 = r^3 (\cos 3\theta + i \sin 3\theta).$$

Et, en général :

$$[r (\cos\theta + i \sin\theta)]^m = r^m (\cos m\theta + i \sin m\theta).$$

La formule est encore vraie pour m fractionnaire et m négatif.

Supposons d'abord que m soit remplacé par $\frac{1}{m}$, m étant entier ; il faut démontrer que l'on a :

$$[r (\cos\theta + i \sin\theta)]^{\frac{1}{m}} = r^{\frac{1}{m}} \left(\cos\frac{\theta}{m} + i \sin\frac{\theta}{m} \right).$$

En effet, élevons les deux membres à la puissance m ; le premier donnera évidemment pour résultat $r(\cos\theta + i \sin\theta)$; et la règle donnée pour les puissances entières montre qu'il en est de même du second membre.

Supposons ensuite que le nombre soit négatif et égal à $-m$; il faut prouver que l'on a :

$$[r(\cos\theta + i \sin\theta)]^{-m} = r^{-m} [\cos(-m\theta) + i \sin(-m\theta)].$$

En effet, on a par définition des exposants négatifs :

$$[r (\cos\theta + i \sin\theta)]^{-m} = \frac{1}{[r (\cos\theta + i \sin\theta)]^m} ;$$

or, puisque m est positif :

$$\frac{1}{[r \cos(\theta + i \sin\theta)]^m} = \frac{1}{r^m (\cos m\theta + i \sin m\theta)},$$

ce que l'on peut écrire, en observant que $\cos 0 = 1$, $\sin 0 = 0$ (14) :

$$\frac{1}{r^m (\cos m\theta + i \sin m\theta)} = \frac{\cos 0 + i \sin 0}{r^m (\cos m\theta + i \sin m\theta)},$$

$$= r^{-m} [\cos(-m\theta) + i \sin(-m\theta)]$$

16. Problème. — *Exprimer* $\cos m\theta$ *et* $\sin m\theta$ *en fonction de* $\cos\theta$ *et de* $\sin\theta$.

On a d'abord :

$$(\cos\theta + i\sin\theta)^m = \cos m\theta + i\sin m\theta.$$

Si l'on développe le premier membre par la formule du binôme (8), et que l'on égale le résultat au second membre ; c'est-à-dire en écrivant que les parties réelles et les parties imaginaires sont respectivement égales, on obtient en remplaçant partout i^2 par -1 :

$$\cos m\theta = \cos^m\theta - \frac{m(m-1)}{1.2}\cos^{m-2}\theta\sin^2\theta$$
$$+ \frac{m(m-1)(m-2)(m-3)}{1.2.3.4}\cos^{m-4}\theta\sin^4\theta + \ldots$$
$$\sin m\theta = m\cos^{m-1}\theta\sin\theta - \frac{m(m-1)(m-2)}{1.2.3}\cos^{m-3}\theta\sin^3\theta + \ldots$$

§ 3. — Séries

17. Définitions. — Une *série* est une suite indéfinie de quantités se succédant suivant une certaine loi ; ces quantités sont les *termes* de la série.

On représente les termes d'une série par $u_0, u_1, \ldots, u_n$, et l'on dit que u_n est le terme général. Si l'on désigne par S_n la somme algébrique des n premiers termes, on a :

$$S_n = u_0 + u_1 + u_2 + \ldots + u_{n-1}.$$

Une série est *convergente* lorsque la somme S_n tend vers une limite finie et déterminée S, quand n croît indéfiniment ; au contraire, si S_n augmente sans cesse ou même ne tend vers aucune limite déterminée, la série est *divergente*.

Les séries divergentes ne représentent rien et ne sont d'aucune utilité.

Exemples. — 1° La progression géométrique :

$$1 + \alpha + \alpha^2 + \ldots + \alpha^n + \ldots$$

est une série convergente quand α est compris entre 0 et 1, c'est-à-dire que la progression est décroissante ; dans ce cas,

on a :
$$S = \frac{1}{1-\alpha}.$$

Au contraire, si $\alpha > 1$, la progression est croissante et la série est divergente, car S_n augmente indéfiniment.

2° La série :
$$+1-1+1-1\ldots-1+1-\ldots$$

est encore divergente, car S_n ne tend vers aucune limite déterminée, quand n croît d'une manière quelconque.

L'emploi des séries est fréquent en analyse, et il importe de savoir reconnaître si une série est convergente ou non ; nous indiquerons les critériums de convergence les plus usités.

Occupons-nous d'abord des *séries à termes positifs*.

18. Théorème. — *Pour qu'une série soit convergente, il faut que le terme général tende vers 0.*

La condition est nécessaire ; en effet, on a :
$$u_n = S_{n+1} - S_n ;$$

mais la série étant supposée convergente, on a aussi :
$$\lim S_{n+1} = S,$$
$$\lim S_n = S,$$

d'où :
$$\lim S_{n+1} - \lim S_n = \lim (S_{n+1} - S_n) = \lim u_n = 0.$$

La condition n'est pas suffisante, il suffit pour s'en convaincre de considérer la série *harmonique* :
$$\frac{1}{1} + \frac{1}{2} + \frac{1}{3} + \ldots + \frac{1}{n} + \frac{1}{n+1} + \ldots$$

dont le terme général $\frac{1}{n}$ tend vers zéro et qui est cependant divergente ; on observe, en effet, que l'on a les inégalités :

$$\frac{1}{3}+\frac{1}{4} > \frac{1}{4}+\frac{1}{4}, \quad \text{ou} \quad \frac{1}{3}+\frac{1}{4} > \frac{1}{2},$$

$$\frac{1}{5}+\frac{1}{6}+\frac{1}{7}+\frac{1}{8} > \frac{1}{8}+\frac{1}{8}+\frac{1}{8}+\frac{1}{8}, \quad \text{ou} \quad \frac{1}{5}+\frac{1}{6}+\frac{1}{7}+\frac{1}{8} > \frac{1}{2};$$

prenant alors successivement dans la série les parties qui ont pour dernier terme $\frac{1}{4}, \frac{1}{8}, \frac{1}{16}$ ..., on voit que la somme des termes est supérieure à $\frac{1}{2}$ répété autant de fois que l'on veut; ainsi S_n peut croître sans limite, ce qui indique la divergence.

19. Théorème. — *Lorsqu'une série a tous ses termes respectivement moindres, en valeur absolue, que les termes correspondants d'une série convergente à termes positifs, elle est aussi convergente.*

En effet, la somme des termes de la seconde série tend vers une limite finie, qui est évidemment supérieure à la limite vers laquelle tend la somme des termes de la première série ; donc cette dernière est convergente. Par conséquent, toutes les fois que, par un moyen quelconque, on vérifiera que les termes d'une série sont respectivement moindres que leurs correspondants d'une autre série convergente, on pourra en conclure la convergence de la première série.

Corollaire. — *Si une série est convergente, il en est de même de la série obtenue en multipliant respectivement les termes de la première par des facteurs qui ne deviennent pas infinis.*

En effet, soit S la limite vers laquelle tend la somme des termes de la première série, qui est convergente ; si α est le plus grand des facteurs par lesquels on multiplie les divers termes, la somme des termes de la seconde série reste inférieure à αS, quantité qui est finie ; donc cette série est convergente.

20. Théorème. — *Si, dans la série :*

$$u_0 + u_1 + u_2 + \ldots + u_n + \ldots$$

le rapport $\frac{u_{n+1}}{u}$ reste constamment moindre qu'une quantité fixe k plus petite que l'unité, la série est convergente; s'il reste constamment supérieur à l'unité, la série est divergente.

On a en effet dans le premier cas :

$$\frac{u_{n+1}}{u_n} < k, \quad \frac{u_{n+2}}{u_{n+1}} < k, \quad \ldots, \quad \frac{u_{n+p+1}}{u_{n+p}} < k\,;$$

d'où l'on déduit :

$$u_{n+1} < ku_n, \quad u_{n+2} < k^2 u_n, \quad \ldots, \quad u_{n+p+1} < k^p u_n\,;$$

et, par suite, à partir de u_n, la série proposée a ses termes respectivement moindres que ceux de même rang de la progression décroissante :

$$u_n + ku_n + k^2 u_n + \ldots + k^n u_n + \ldots$$

que l'on sait être une série convergente, puisque $k < 1$; donc elle est aussi convergente.

Dans le second cas, les termes de la série augmentent constamment, au moins à partir d'un certain rang, et, par suite, S_n croît indéfiniment; donc la série est divergente.

21. Corollaire I. — *Si le rapport $\frac{u_{n+1}}{u_n}$ tend vers une limite déterminée λ lorsque n croît sans limite, la série est convergente ou divergente, selon que λ est inférieure à l'unité ou lui est supérieure.*

En effet, dans le premier cas, on pourra choisir arbitrairement entre 1 et λ un nombre k plus petit que l'unité; alors le rapport d'un terme au précédent finira par être constamment moindre que k, c'est-à-dire que la série sera convergente. De même, dans le second cas, le rapport $\frac{u_{n+1}}{u_n}$ finira par être constamment supérieur à l'unité, et la série sera divergente.

Exemple. — La série :

$$1 + \frac{1}{1} + \frac{1}{1.2} + \frac{1}{1.2.3} + \ldots + \frac{1}{1.2\ldots n} +$$

est convergente, car le rapport $\dfrac{u_{n+1}}{u_n} = \dfrac{\frac{1}{1.2\ldots n}}{\frac{1}{1.2\ldots (n-1)}} = \dfrac{1}{n}$ a pour limite 0 lorsque n tend vers l'infini.

Lorsque λ est égale à l'unité, le théorème précédent ne peut plus décider de la convergence ou de la divergence de la série, il faut recourir à d'autres critériums. Cependant, si le rapport $\dfrac{u_{n+1}}{u_n}$ finit par être toujours supérieur à sa limite 1, la série est divergente.

COROLLAIRE II. — On peut donner une limite supérieure de l'erreur commise quand, pour calculer la somme S de la série convergente, on se borne à évaluer S_n.

Cette erreur ε est, en effet :

$$\varepsilon = u_n + u_{n+1} + \ldots,$$

quantité moindre que :

$$u_n(1 + k + k^2 + \ldots + k^p + \ldots) = \dfrac{u_n}{1-k} ; \; p \to \infty ;$$

donc :

$$\varepsilon < \dfrac{u_n}{1-k}.$$

La quantité ε constitue le reste de la série ; ce reste tend vers zéro lorsque n augmente indéfiniment.

22. THÉORÈME. — *Si, dans la série :*

$$u_0 + u_1 + u_2 + \ldots + u_n + \ldots$$

l'expression $\sqrt[n]{u_n}$ reste, à partir d'une certaine valeur de n, constamment moindre qu'une quantité fixe k plus petite que l'unité, la série est convergente ; si elle reste constamment supérieure à l'unité, la série est divergente.

On a en effet dans le premier cas :

$$\sqrt[n]{u_n} < k, \quad \text{ou} \quad u_n < k^n, \quad u_{n+1} < k^{n+1}, \quad u_{n+2} < k^{n+2}$$

de sorte que les termes de la série sont, à partir de u_n, respectivement inférieurs à ceux de même rang de la progression décroissante :

$$k^n + k^{n+1} + k^{n+2} + \ldots + k^{n+p} + \ldots,$$

que l'on sait être une série convergente, puisque $k < 1$; donc la série proposée est convergente. Dans le second cas, u_n reste constamment plus grand que l'unité et la série est divergente.

COROLLAIRE. — *Si l'expression $\sqrt[n]{u_n}$ tend vers une limite déterminée λ, lorsque n croit sans limite, la série est convergente ou divergente, selon que λ est inférieur à l'unité ou lui est supérieure.*

Ce corollaire se démontre comme celui du numéro 21.

23. THÉORÈME. — *Soient deux séries à termes positifs :*

$$u_0 + u_1 + u_2 + \ldots + u_n + \ldots + u_{n+p} + \ldots,$$
$$v_0 + v_1 + v_2 + \ldots + v_n + \ldots + v_{n+p} + \ldots;$$

si l'on a constamment, à partir d'un certain rang n, $\dfrac{v_{n+1}}{v_n} < \dfrac{u_{n+1}}{u_n}$, la convergence de la première série entraîne celle de la seconde.

En effet, on a les inégalités :

$$v_{n+1} < \frac{v_n}{u_n} u_{n+1}, \quad v_{n+2} < \frac{v_{n+1}}{u_{n+1}} u_{n+2} < \frac{v_n}{u_n} u_{n+2}, \ldots;$$

par suite, la seconde série a tous ses termes, à partir du $n+1^{me}$, inférieurs aux termes correspondants de la série convergente

$$\frac{v_n}{u_n}(u_{n+1} + u_{n+2} + u_{n+3} + \ldots + u_{n+p} + \ldots);$$

donc elle est aussi convergente. Si la première série était divergente, on aurait au contraire $\dfrac{v_n}{u_n} < \dfrac{v_{n+1}}{u_{n+1}}$, et la seconde série serait également divergente.

24. THÉORÈME. — *La série*

$$\frac{1}{1^m} + \frac{1}{2^m} + \frac{1}{3^m} + \ldots + \frac{1}{p^m} + \ldots$$

est convergente, si l'on suppose $m > 1$.

En effet, en groupant les termes de la manière suivante :

$$\frac{1}{1^m} + \left(\frac{1}{2^m} + \frac{1}{3^m}\right) + \left(\frac{1}{4^m} + \ldots + \frac{1}{7^m}\right) + \left(\frac{1}{8^m} + \ldots + \frac{1}{15^m}\right) + \ldots$$

on voit que, abstraction faite du premier terme, les divers groupes obtenus sont respectivement inférieurs à

$$\frac{2}{2^m}, \quad \frac{4}{4^m}, \quad \frac{8}{8^m}, \quad \frac{16}{16^m}, \ldots$$

Mais cette dernière suite constitue une progression géométrique dont la raison est $\frac{1}{2^{m-1}}$, quantité plus petite que l'unité si l'on suppose m plus grand que 1 ; donc la série proposée est convergente pour $m > 1$.

Lorsque $m = 1$, on retombe sur la série harmonique qui est divergente.

Enfin, si $m < 1$, les termes de la série proposée surpassent les termes correspondants de la série harmonique, de sorte qu'elle est divergente.

25. Étude de quelques séries. — 1° Soit la série

$$1 + \frac{x}{1} + \frac{x^2}{1.2} + \frac{x^3}{1.2.3} + \ldots + \frac{x^{n-1}}{1.2.3\ldots(n-1)} + \frac{x^n}{1.2.3\ldots n} + \ldots$$

Le rapport $\frac{u_{n+1}}{u_n}$ est ici représenté par $\frac{x}{n}$; pour n assez grand et pour une valeur déterminée de x, ce rapport finira toujours par descendre au-dessous de 1. Donc, quel que soit x, la série proposée est convergente.

2° Soit la série

$$\frac{x}{1} + \frac{x^2}{2} + \frac{x^3}{3} + \ldots + \frac{x^n}{n} + \frac{x^{n+1}}{n+1} + \ldots$$

On a ici

$$\frac{u_{n+1}}{u_n} = \frac{n}{n+1} x = \frac{x}{1 + \frac{1}{n}}.$$

Le rapport considéré a donc pour limite x lorsque n augmente indéfiniment. Si x est moindre que 1, la série est convergente ; elle est divergente si x est plus grand que l'unité.

3° Soit enfin la série :

$$\frac{1}{1.2} + \frac{1}{2.3} + \frac{1}{3.4} + \ldots + \frac{1}{(n-1)n} + \frac{1}{n(n+1)} + \ldots$$

COMPLÉMENTS D'ALGÈBRE

On a cette fois

$$\frac{u_{n+1}}{u_n} = \frac{1}{(n+1)(n+2)} : \frac{1}{n(n+1)} = \frac{n}{n+2} = \frac{1}{1 + \frac{2}{n}}.$$

La limite du rapport étant égale à l'unité, on ne peut rien affirmer ; mais en observant que

$$\frac{1}{n(n+1)} = \frac{1}{n} - \frac{1}{n+1},$$

on peut évidemment écrire :

$$S_n = 1 - \frac{1}{2} + \frac{1}{2} - \frac{1}{3} + \frac{1}{3} - \frac{1}{4} + \ldots + \frac{1}{n} - \frac{1}{n+1} = 1 - \frac{1}{n+1};$$

cette égalité prouve que la série est convergente et que sa limite est l'unité.

26. Séries alternées. — Lorsqu'une série a tous ses termes négatifs, elle rentre dans le cas que nous venons d'étudier. Considérons maintenant une série dont les termes ont des signes quelconques ; le théorème suivant suffit souvent pour décider de la convergence ou de la divergence.

27. Théorème. — *La série :*

(1) $\qquad u_0 + u_1 + u_2 + \ldots + u_n + \ldots$

est toujours convergente, lorsque la série obtenue en réduisant chaque terme à sa valeur absolue est convergente.

En effet, si l'on désigne par S_n la somme des n premiers termes de la série, par S'_n cette somme lorsque tous les termes sont pris avec le signe $+$, on a évidemment :

$$- S'_n < S_n < + S'_n.$$

Mais, si l'on fait croître n indéfiniment, S'_n a, par hypothèse, une limite déterminée S', puisque la série proposée est convergente lorsque chaque terme est pris en valeur absolue, c'est-à-dire avec le signe $+$; donc la somme S_n tend aussi vers une limite qui est comprise entre $-S'$ et $+S'$; par conséquent la série (1) est convergente.

EXEMPLE. — La série :

$$1 - \frac{1}{1} + \frac{1}{1.2} - \frac{1}{1.2.3} + \frac{1}{1.2.3.4} \cdots \mp \frac{1}{1.2.3\ldots n} \mp \cdots$$

est certainement convergente, car celle que l'on obtient en prenant tous les termes avec le signe $+$ est convergente (24).

REMARQUE. — Lorsque la série formée des valeurs absolues des termes n'est pas convergente, il peut encore arriver que la série proposée le soit ; le théorème suivant est alors fréquemment applicable.

28. THÉORÈME. — *Lorsque les termes de la série* (1) *sont alternativement positifs et négatifs, et, de plus, constamment et indéfiniment décroissants, la série est convergente.*

Appelons ρ_n la valeur numérique de u_n, son *module* comme on dit encore ; on a :

$$S_n = \rho_0 - \rho_1 + \rho_2 - \rho_3 + \cdots + \rho_{n-1},$$

ce que l'on peut écrire :

$$S_n = (\rho_0 - \rho_1) + (\rho_2 - \rho_3) + \cdots ;$$

mais, par hypothèse :

$$\rho_0 > \rho_1 > \rho_2 > \rho_3 \cdots,$$

donc toutes les différences du second membre de S_n sont positives, et S_n ne cesse d'augmenter avec n.

D'autre part, on a aussi :

$$S_n = \rho_0 - (\rho_1 - \rho_2) - (\rho_3 - \rho_4) - \cdots$$

ce qui montre que S_n reste toujours inférieur à ρ_0.

En résumé, S_n augmentant indéfiniment avec n tout en restant inférieure à ρ_0, tend nécessairement vers une limite finie, ce qui démontre la convergence.

Si l'on s'arrête dans la sommation au $n^{\text{ème}}$ terme u_{n-1}, le reste R_n de la série est précisément :

$$R_n = \rho_n - \rho_{n+1} + \rho_{n+2} \cdots \pm \rho_{n+p-1} \mp \cdots,$$

et l'on peut voir que $R_n < \rho_n$.

EXEMPLE. — La série :

$$1 - \frac{1}{2} + \frac{1}{3} - \frac{1}{4} + \cdots \pm \frac{1}{n} \mp \cdots,$$

est convergente, bien que la série des modules de ses termes, c'est-à-dire la série harmonique, soit divergente.

29. Séries imaginaires. — Les séries imaginaires ont des termes qui sont des quantités imaginaires $\alpha + \beta i$. Désignons par :
$$S_n = (\alpha_0 + \beta_0 i) + (\alpha_1 + \beta_1 i) + \ldots + (\alpha_{n-1} + \beta_{n-1} i),$$
la somme des n premiers termes de la série, on a encore :
$$S_n = (\alpha_0 + \alpha_1 + \alpha_2 + \ldots + \alpha_{n-1}) + (\beta_0 + \beta_1 + \beta_2 + \beta_{n-1}) i.$$

Si, pour des valeurs indéfiniment croissantes de n, S_n tend vers une limite finie et déterminée, la série est convergente ; il est nécessaire et suffisant, pour cela, que les séries réelles :
$$\alpha_0 + \alpha_1 + \alpha_2 + \ldots + \alpha_n + \ldots$$
$$\beta_0 + \beta_1 + \beta_2 + \ldots + \beta_n + \ldots,$$
soient convergentes. En désignant par A et B les sommes respectives de ces séries, la somme S de la série imaginaire sera $A + B i$.

30. Limite de l'expression $\left(1 + \dfrac{1}{m}\right)^m$, quand m augmente indéfiniment. — Quand les valeurs successives d'une quantité variable approchent indéfiniment d'une quantité fixe et déterminée, de manière à n'en différer qu'aussi peu qu'on voudra, cette quantité fixe est appelée la *limite* des valeurs de la variable. Cela posé, la formule du binôme donne (8), en supposant m entier et positif,
$$\left(1 + \frac{1}{m}\right)^m = 1 + m \cdot \frac{1}{m} + \frac{m(m-1)}{1.2} \cdot \frac{1}{m^2} + \ldots + \frac{1}{m^m};$$
le terme général de ce développement, c'est-à-dire le $(n+1)^{\text{ème}}$, est :
$$\frac{m(m-1)\ldots(m-n+1)}{1.2\ldots n} \frac{1}{m^n};$$
on peut l'écrire, en divisant chacun des n facteurs par m :
$$\frac{1}{1.2.3\ldots n} \times \left(1 - \frac{1}{m}\right)\left(1 - \frac{2}{m}\right) \ldots \left(1 - \frac{n-1}{m}\right);$$
cette dernière forme fait ressortir :

1° Que ce terme est positif, puisque tous ses facteurs le sont;

2° Qu'il augmente sans cesse avec m, n restant constant, puisque les fractions $\frac{1}{m}$, $\frac{2}{m}$, ... diminuent lorsque m augmente;

3° Qu'il tend vers la limite du premier facteur $\frac{1}{1.2.3\ldots n}$, car tous les autres facteurs se rapprochent de l'unité quand m croît indéfiniment.

Donc déjà l'expression $\left(1+\frac{1}{m}\right)^m$ a une valeur positive qui augmente constamment avec m, car chaque terme du développement augmente et le nombre des termes ne cesse de s'accroître.

En second lieu, cette valeur est moindre que la limite vers laquelle tend la somme des termes de la série convergente (21) :

$$1 + \frac{1}{1} + \frac{1}{1.2} + \cdots + \frac{1}{1.2\ldots n} + \cdots,$$

limite que l'on désigne par e, car chaque terme du développement $\left(1+\frac{1}{m}\right)^m$ est respectivement moindre que son correspondant de la série e.

La quantité variable $\left(1+\frac{1}{m}\right)^m$ augmentant indéfiniment sans jamais pouvoir dépasser la limite e, tend nécessairement vers cette limite; donc :

$$\lim \left(1+\frac{1}{m}\right)^m = e \quad \text{pour} \quad m \to \infty,$$

avec :

$$e = 1 + \frac{1}{1} + \frac{1}{1.2} + \cdots + \frac{1}{1.2\ldots n} + \cdots$$

REMARQUE I. — La démonstration précédente suppose m entier et positif, mais elle subsiste encore pour m fractionnaire ou négatif.

Admettons, par exemple, que m prenne la valeur négative $-\mu$

d'après les règles du calcul des exposants négatifs, on a la suite d'égalités :

$$\left(1+\frac{1}{m}\right)^m = \left(1-\frac{1}{\mu}\right)^{-\mu} = \left(\frac{\mu-1}{\mu}\right)^{-\mu} = \left(\frac{\mu}{\mu-1}\right)^{\mu} = \left(1+\frac{1}{\mu-1}\right)^{\mu};$$

ou encore

$$\left(1+\frac{1}{m}\right)^m = \left(1+\frac{1}{\mu-1}\right)^{\mu-1}\left(1+\frac{1}{\mu-1}\right).$$

Or, quand μ augmente indéfiniment, $\left(1+\dfrac{1}{\mu-1}\right)^{\mu-1}$ tend vers e, et $\left(1+\dfrac{1}{\mu-1}\right)$ tend vers l'unité ; donc encore

$$\lim \left(1+\frac{1}{m}\right)^m = e.$$

Le nombre e joue un rôle important en analyse, et l'on démontre qu'il n'est ni entier, ni fractionnaire de la forme $\dfrac{p}{q}$. La série précédente permet de calculer sa valeur avec autant d'approximation qu'on le veut ; on trouve :

$$e = 2{,}718\ 281\ 284\ \ldots$$

31. REMARQUE II. — Si l'on pose $\alpha = \dfrac{1}{m}$, la quantité α tend vers zéro lorsque m augmente indéfiniment, de sorte que l'on peut écrire :

$$\lim (1+\alpha)^{\frac{1}{\alpha}} = e \qquad \text{pour } \alpha \to 0.$$

32. REMARQUE III. — On peut observer qu'en posant $\dfrac{m}{x} = m'$, m' croît indéfiniment en même temps que m. On a d'ailleurs :

$$\left(1+\frac{x}{m}\right)^m = \left[\left(1+\frac{x}{m}\right)^{\frac{m}{x}}\right]^x = \left[\left(1+\frac{1}{m'}\right)^{m'}\right]^x.$$

La quantité $\left(1+\dfrac{1}{m'}\right)^{m'}$ a pour limite e ; ainsi

$$\lim \left(1+\frac{x}{m}\right)^m = e^x \qquad \text{pour} \qquad m \to \infty.$$

§ 4. — Logarithmes

33. Définitions. — Si deux quantités x et y sont liées par la relation

(1) $$y = a^x,$$

x est, par définition, le *logarithme* du nombre y dans le système dont la *base* est a.

On exprime cette dépendance par l'égalité :

$$x = \log y.$$

Lorsque x est un nombre entier et positif m, la valeur correspondante de y est parfaitement déterminée ; réciproquement, cette dernière valeur étant donnée à y, il n'y a que la valeur $x = m$ qui puisse satisfaire à la relation (1).

Si x est le nombre fractionnaire $\frac{p}{q}$, ou le nombre négatif $-m$, on a encore par définition :

$$y = a^{\frac{p}{q}} = \sqrt[q]{a^p}$$
$$y = a^{-m} = \frac{1}{a^m};$$

et l'on démontre dans les éléments que les règles du calcul des exposants subsistent encore quand ces derniers deviennent fractionnaires ou négatifs.

Enfin, si x est un nombre incommensurable m dont la valeur est la limite commune des nombres fractionnaires $\frac{p}{q}$ et $\frac{p+1}{q}$, la différence $\frac{1}{q}$ tendant vers 0, on définit y par la limite commune des expressions $a^{\frac{p}{q}}$ et $a^{\frac{p+1}{q}}$ entre lesquelles il est compris.

L'exposant x parcourant toute l'échelle des grandeurs depuis $-\infty$ jusqu'à $+\infty$, on voit que y augmente constamment depuis 0 jusqu'à $+\infty$; pour des valeurs négatives de x, $y < 1$; pour des valeurs positives, $y > 1$; y n'est jamais négatif.

La courbe de la fonction $y = a^x$ présente l'aspect de la figure 3; elle est asymptote à l'axe OX vers l'infini négatif; on a $OA = 1$.

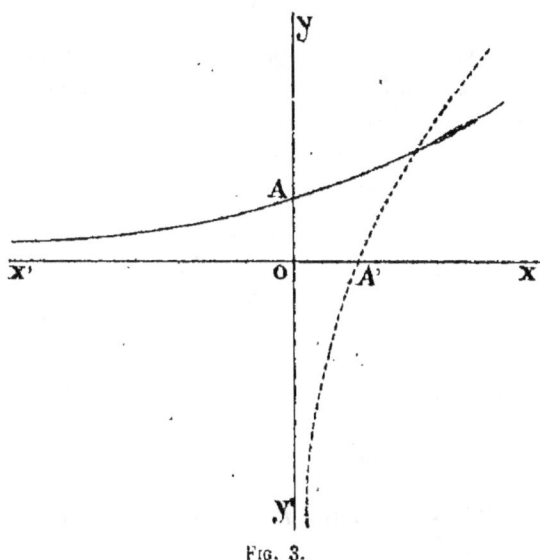

Fig. 3.

La fonction $y = \log x$ est représentée par la même courbe disposée autrement et asymptote à l'axe OY'; on a encore $OA' = 1$. La courbe est une *logarithmique*.

Il résulte des explications précédentes :

1° Que tout nombre positif peut avoir un logarithme et un seul, mais que les nombres négatifs en sont dépourvus; en réalité, les logarithmes des nombres négatifs sont des quantités imaginaires ;

2° Que l'on a les relations :

$$\log 0 = -\infty,$$
$$\log 1 = 0,$$
$$\log a = 1.$$

Ainsi, quel que soit le système de logarithmes que l'on considère, le logarithme de 0 est toujours égal à $-\infty$, celui de

1 toujours égal à 0, celui de la base constamment égal à l'unité.

Les logarithmes d'un même système jouissent de propriétés remarquables que nous allons faire connaître; nous supposerons toujours la base positive.

34. Théorème. — *Le logarithme d'un produit de plusieurs nombres est égal à la somme des logarithmes de ces nombres.*

Soient les nombres y, y', y'', ..., etc., et x, x', x'', ..., leurs logarithmes dans le système de base a.

On a par définition :

$$y = a^x,$$
$$y' = a^{x'},$$
$$y'' = a^{x''},$$
$$\cdots$$

d'où, pour le produit :

$$yy'y''\ldots = a^{x+x'+x''}\ldots;$$

cette égalité exprime que $x + x' + x'' + \ldots$ est le logarithme du produit $yy'y''\ldots$; donc :

$$\log(yy'y'') = \log y + \log y' + \log y'' + \ldots$$

35. Théorème. — *Le logarithme d'un quotient égale le logarithme du dividende, moins le logarithme du diviseur.*

En divisant membre à membre les deux égalités :

$$y = a^x,$$
$$y' = a^{x'};$$

on obtient :

$$\frac{y}{y'} = a^{x-x'},$$

égalité qui exprime que $x - x'$ est le logarithme du quotient $\frac{y}{y'}$, donc :

$$\log \frac{y}{y'} = \log y - \log y'.$$

36. Théorème. — *Le logarithme de la puissance d'un nombre égale le logarithme de ce nombre multiplié par l'indice de la puissance.*

Élevant à la m^e puissance les deux membres de l'égalité :
$$y = a^x,$$
on obtient :
$$y^m = a^{mx};$$
donc
$$\log(y^m) = mx,$$
ou encore
$$\log(y^m) = m \log y.$$

37. Théorème. — *Le logarithme de la racine d'un nombre égale le logarithme de ce nombre divisé par l'indice de la racine.*

On a, en effet :
$$\sqrt[m]{y} = y^{\frac{1}{m}},$$
mais
$$\log y^{\frac{1}{m}} = \frac{1}{m} \log y,$$
donc
$$\log \sqrt[m]{y} = \frac{\log y}{m}.$$

Nous n'insisterons pas sur la pratique du calcul logarithmique, cette partie étant développée dans les éléments.

38. Changement de base. — La base d'un système de logarithmes est un nombre positif constant que l'on est libre de choisir arbitrairement. Lorsqu'on a obtenu les logarithmes des nombres dans un système dont la base est a, il peut être utile de les obtenir dans un système de base a' ; c'est le problème du changement de base. Soient : x, le logarithme d'un nombre y dans le premier système ; x', le logarithme du même nombre dans le second ; on a par définition :
$$y = a^x = a'^{x'},$$
d'où, en prenant les logarithmes des deux membres de la

seconde égalité dans le système de base a:

$$x = x' \log a',$$

car $\log a = 1$; par suite:

$$x' = \frac{x}{\log a'}.$$

Ainsi, les logarithmes des mêmes nombres dans les deux systèmes sont proportionnels, et, *pour passer d'un système de logarithmes à un autre, il suffit de multiplier les logarithmes du premier système par l'inverse du logarithme de la nouvelle base pris dans le premier système.*

39. Différents systèmes de logarithmes. — L'invention des logarithmes est due à l'Écossais *Neper*, qui prit pour base de son système le nombre incommensurable e. Les logarithmes de ce système ont été appelés *logarithmes népériens*; ce sont ceux-là qui se présentent naturellement dans l'analyse mathématique; nous les désignerons dorénavant par la notation L.

Les logarithmes népériens sont peu commodes pour les calculs numériques, parce qu'ils ne s'accordent pas avec le système de numération décimale; frappé de cet inconvénient, *Briggs*, contemporain de Neper, a eu l'idée de remplacer la base e par la base 10 de notre système de numération. Les logarithmes de Briggs, surnommés aussi *logarithmes vulgaires*, sont presque exclusivement adoptés dans la pratique.

On appelle *module* d'un système de logarithmes le facteur constant qui permet de passer des logarithmes népériens à ceux du système considéré. Soient: a, la base d'un système de logarithmes; M, son module; on a:

$$M = \frac{1}{L \cdot a};$$

pour les logarithmes vulgaires: $M = 0{,}434294\ldots$

Lorsqu'on passe d'un système de base a à un autre système de base a', le facteur constant $\dfrac{1}{\log a}$ s'appelle *module relatif* du premier système au second.

EXERCICES

1. Trouver l'expression de la somme des carrés des n premiers entiers. — En posant
$$S_n^2 = 1^2 + 2^2 + 3^2 + \ldots + n^2,$$
on sait que
$$S_n^1 = \frac{n(n+1)}{2}.$$

On vérifie d'abord l'identité :
$$(n+1)^3 - (n-1)^3 = 6n^2 + 2,$$
de sorte que l'on peut écrire :
$$n^3 - (n-2)^3 = 6(n-1)^2 + 2$$
$$(n-1)^3 - (n-3)^3 = 6(n-2)^2 + 2$$
$$\cdots\cdots\cdots\cdots\cdots\cdots\cdots$$
$$3^3 - 1^3 = 6 \cdot 2^2 + 2$$
$$2^3 = 6 \cdot 1^2 ;$$
ajoutant, on obtient :
$$(n+1)^3 + n^3 - 1 = 6S_n^2 + 2n,$$
ou
$$2n^3 + 3n^2 + n = 6S_n^2,$$
enfin
$$S_n^2 = \frac{n(n+1)(2n+1)}{6}.$$

2. Démontrer les identités :
$$1^2 + 3^2 + \ldots + (2p-1)^2 = \frac{p(2p+1)(2p-1)}{3},$$
$$1 \cdot 3 + 3 \cdot 5 + 5 \cdot 7 + \ldots + (2p-1)(2p+1) = \frac{p(4p^2 + 6p - 3)}{3}.$$

3. Établir la convergence de la série :
$$\frac{1}{1} + \frac{1}{2^2} + \frac{1}{3^3} + \frac{1}{4^4} + \ldots + \frac{1}{n^n} + \ldots$$

4. Montrer que la série :

$$\frac{1}{\log 2} + \frac{1}{\log 3} + \frac{1}{\log 4} + \ldots + \frac{1}{\log n} + \ldots$$

est divergente.

5. Résoudre au moyen des logarithmes l'équation :

$$a^{2x+p} + ma^{x+q} + n = 0 ;$$

a, m, n, p, q sont des quantités données.

6. Le produit $\cos\frac{x}{2} \cos\frac{x}{4} \cos\frac{x}{8} \ldots \cos\frac{x}{2^n}$ a pour valeur $\frac{\sin x}{x}$ lorsque n augmente indéfiniment.

7. La série

$$1 + 2x + 3x^2 + 4x^3 + \ldots + nx^{n-1} + \ldots$$

est convergente pour $x < 1$, divergente pour $x \geq 1$; sa valeur est $\frac{1}{(1-x)^2}$.

8. Établir les inégalités :

$$\sqrt{n^n} < 1 \cdot 2 \cdot 3 \ldots n < \left(\frac{n+1}{2}\right)^n.$$

9. Vérifier que $(x+a)^m + (x-a)^m$ est plus grand que $2x^m$ en valeur absolue. En déduire le maximum de $x+y$ lorsque $x^m + y^m$ est donnée.

10. Trouver la somme des cubes des n premiers nombres entiers. — On trouve :

$$S_n^3 = \frac{n^2(n+1)^2}{4},$$

c'est-à-dire $S_n^3 = (S_n^1)^2$.

11. Résoudre le système :

$$x^r = y^r, \quad x^p = y^q.$$

On trouve :

$$x = \left(\frac{p}{q}\right)^{\frac{q}{p-q}}, \quad y = \left(\frac{p}{q}\right)^{\frac{p}{p-q}}.$$

12. La limite de $\frac{1}{n} + \frac{1}{n+1} + \frac{1}{n+2} + \ldots + \frac{1}{np}$, pour $n = \infty$ est égale à $\log p$.

CHAPITRE II

CALCUL DIFFÉRENTIEL

§ 1. — Dérivées et Différentielles

40. L'analyse infinitésimale est la partie des sciences mathématiques qui a spécialement pour objet l'étude des fonctions en général, et de leurs applications aux problèmes de la mécanique et de la physique. Elle se divise en deux grandes branches : le *calcul différentiel* et le *calcul intégral*. Les définitions de ces calculs seront données dans la suite.

41. Définition des fonctions. — Lorsque deux quantités variables x et y sont liées de telle façon que la variation de l'une entraîne la variation de l'autre, on dit qu'elles sont *fonctions* l'une de l'autre ; plus spécialement, si l'une d'elles x varie d'une manière tout à fait arbitraire, elle reçoit le nom de *variable indépendante ;* celui de fonction est alors réservé à y.

Ainsi, dans un cercle, le rayon R et l'aire S, liés par la relation $S = \pi R^2$, sont fonctions l'un de l'autre.

Si la relation qui lie x à y est exprimée par une équation résolue par rapport à y, comme :

$$y = f(x),$$

on dit que y est une *fonction explicite* de x ; par exemple :

$$y = x^2 + 5x + 4 \qquad (1)$$
$$y = \sin x \qquad (2)$$

En général, on représente une fonction y de x par la notation $y = f(x)$, qui s'énonce f de x. On emploie aussi les notations $F(x)$, $\varphi(x)$, $\psi(x)$. Le résultat de la substitution de a à la place de x dans $f(x)$ est indiqué par $f(a)$.

Quand la relation est exprimée par une équation non résolue, comme :

$$f(x, y) = 0,$$

y est une *fonction implicite* de x ; par exemple :

$$y^2 + x^3 + 5xy - 4 = 0.$$

De même, une variable z peut dépendre de deux autres variables x et y ; si ces dernières varient d'une façon arbitraire, elles sont variables indépendantes, et z est la fonction. C'est une fonction explicite si la relation qui réalise la dépendance des trois variables est exprimée par une équation résolue par rapport à z, comme :

$$z = f(x, y).$$

C'est une fonction implicite si cette relation est exprimée par une équation non résolue, comme :

$$f(x, y, z) = 0.$$

Par exemple, l'aire d'un rectangle dont les côtés sont x et y est fonction de ces deux variables, et l'on a $S = xy$.

On représente une fonction d'une seule variable par l'ordonnée d'une courbe plane ; une fonction de deux variables indépendantes est représentée par l'ordonnée d'une surface.

On pourrait, de même, considérer des fonctions explicites ou implicites de plus de deux variables, comme :

$$z = f(x, y, t),$$
$$f(x, y, z, t) = 0.$$

Les fonctions explicites sont *algébriques* ou *transcendantes*, suivant qu'elles peuvent ou non s'exprimer au moyen des variables par un nombre limité d'opérations simples : addition, soustraction, multiplication, division et élévation à des puissances constantes ; par exemple, la fonction (1) est algébrique, et la fonction (2) transcendante.

Une fonction algébrique est *rationnelle* lorsqu'elle ne renferme les variables sous aucun signe d exposant fractionnaire, par exemple la fonction (1) ; au contraire, la suivante est *irrationnelle* :

$$y = \frac{ax^3 + bx^{\frac{3}{2}} + cx^{\frac{1}{2}}}{(a+bx)^{\frac{2}{3}}}.$$

Une fonction algébrique est *entière* quand la variable n'entre qu'avec des exposants positifs, c'est-à-dire n'entre pas au dénominateur ; c'est le cas de la fonction (1). La fonction $y = \frac{1}{x^2 - 1}$ est rationnelle, mais n'est pas entière.

Si, dans une fonction simple, on remplace la variable par une fonction d'une autre variable, on obtient une *fonction de fonction* ; par exemple :

$$y = \sin(e^x).$$

Enfin, on dit qu'une fonction de la variable x est *uniforme* lorsqu'à une valeur donnée de cette variable correspond une valeur unique de la fonction ; c'est le cas de la fonction $y = ax^2 + bx + c$. Au contraire, la fonction $y = \sqrt{x}$ est *multiforme*, puisqu'à une valeur de x correspondent, pour y, les deux valeurs distinctes $\sqrt{x}$ et $-\sqrt{x}$.

42. Continuité des fonctions. — On dit qu'une quantité varie d'une manière continue entre deux limites α et β, lorsqu'elle ne peut passer, de la première valeur à la dernière, sans passer par toutes les valeurs intermédiaires.

On dit qu'une fonction $f(x)$ est *continue* pour une valeur α de sa variable, lorsque, à un accroissement très petit, positif ou négatif, de cette variable, correspond un accroissement très petit de la fonction. Autrement dit, $f(x)$ est continue pour $x = \alpha$, lorsqu'il est possible de trouver une quantité h telle que l'on ait :

$$f(\alpha + h) - f(\alpha) < \varepsilon,$$

ε étant aussi petite que l'on voudra.

Par exemple, la fonction algébrique du premier degré

$$y = ax + b$$

est continue pour $x = \alpha$, car il est toujours possible de déterminer h de façon que la différence

$$[a(\alpha + h) + b] - [a\alpha + b] = ah$$

soit moindre qu'une quantité ε aussi petite que l'on voudra; il suffit, en effet, pour réaliser cette condition, de satisfaire à l'inégalité :

$$h < \frac{\varepsilon}{a},$$

ce qui est toujours possible.

Pareillement, la fonction du second degré $y = ax^2 + bx + c$ est continue pour $x = \alpha$, car la différence :

$$[a(\alpha + h)^2 + b(\alpha + h) + c] - [a\alpha^2 + b\alpha + c] = h(ah + 2a\alpha + b)$$

tend vers zéro avec h et peut être rendue aussi voisine de zéro qu'on le voudra en prenant h suffisamment petit.

On verrait de même que la fonction $y = x^m$ est continue pour toute valeur finie de x. Enfin la fonction $y = a^x$ est aussi continue pour $x = \alpha$, car l'accroissement

$$a^{\alpha+h} - a^\alpha = a^\alpha(a^h - 1)$$

peut être rendu moindre que toute quantité donnée ε en prenant h assez voisin de zéro.

La fonction de deux variables $z = f(x, y)$ est continue pour les valeurs simultanées α et β de ses variables, lorsqu'il est possible de trouver deux quantités h et k telles que l'on ait :

$$f(\alpha + h, \beta + k) - f(\alpha, \beta) < \varepsilon,$$

ε étant toujours aussi petite que l'on voudra.

Toute fonction qui n'est pas continue est *discontinue*, par exemple $y = \tang x$ pour $x = \frac{\pi}{2}$, car pour cette valeur de la variable y saute brusquement de $+\infty$ à $-\infty$, ou inversement.

On démontre que la somme, la différence, le produit de plusieurs fonctions continues sont encore des fonctions continues ; mais cette conclusion apparaît comme évidente *a priori*.

Les fonctions qui expriment la plupart des phénomènes naturels sont des fonctions continues, au moins entre des limites déterminées. Pour toutes les fonctions que nous considérerons dans la suite, nous supposerons remplie la condition de continuité.

43. Infiniment petits. — On appelle infiniment petit une quantité essentiellement variable qui tend vers zéro. Les infiniment petits sont des auxiliaires qui servent à rendre plus aisé le calcul des quantités finies.

On dit que deux infiniment petits α et β sont du même ordre quand la limite de leur rapport $\frac{\beta}{\alpha}$ est différente de 0.

Lorsque la limite de $\frac{\beta}{\alpha}$ est nulle, on dit que β est d'ordre supérieur à α.

Plus généralement, si la limite de $\frac{\beta}{\alpha^m}$ est différente de 0, on dit que β est d'ordre m par rapport à α.

Dans une question d'analyse où l'on a divers infiniment petits à considérer, il y en a toujours un auquel on rapporte tous les autres, qui leur sert en quelque sorte d'étalon, et que, pour cette raison, on appelle *infiniment petit principal*.

Soit α l'infiniment petit principal, β sera infiniment petit d'ordre m, si l'on a :

$$\lim \frac{\beta}{\alpha^m} = k,$$

k désignant une quantité différente de 0. De cette formule on déduit, en appelant ε une quantité infiniment petite :

$$\frac{\beta}{\alpha^m} = k + \varepsilon,$$

d'où :
$$(1) \qquad \beta = \alpha^m (k + \varepsilon).$$

Tel est le type d'un *infiniment petit d'ordre m*, par rapport à l'infiniment petit principal α. Si $m = 1$, on a :

$$\beta = \alpha (k + \varepsilon),$$

et β est du premier ordre, c'est-à-dire du même ordre que α.

EXEMPLE. — Soit le triangle rectangle infinitésimal ABC (*fig. 4*), dans lequel on suppose l'hypoténuse α infiniment petit principal, l'angle C infiniment petit du premier ordre. On a pour le côté β :

$$\beta = \alpha \cos C,$$

d'où l'on déduit :

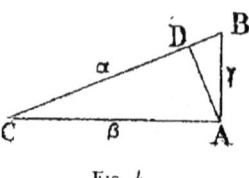

Fig. 4.

$$\frac{\beta}{\alpha} = \cos C, \quad \text{et par suite} \quad \lim \frac{\beta}{\alpha} = 1$$

ainsi β est du premier ordre.
D'autre part :

$$\gamma = \alpha \sin C ;$$

mais un arc infiniment petit et son sinus sont toujours du même ordre, puisque la limite de leur rapport est 1 ; donc sin C est du même ordre que C, et, par suite, du premier. Donc enfin γ, produit de deux infiniment petits du premier ordre, est du second ordre.

On a également :

$$AD = \beta \sin C, \qquad BD = \gamma \cos B = \gamma \sin C ;$$

donc AD est du second ordre et BD du troisième, toujours par rapport à α.

Considérons encore le triangle ABC ; mais supposons que l'hypoténuse ait une longueur finie α, l'angle C étant infiniment petit du premier ordre. La relation :

$$\beta = \alpha \cos C$$

montre que β a une grandeur finie, mais la différence

$$\alpha - \beta = \alpha(1 - \cos C) = 2\alpha \sin^2 \frac{C}{2}$$

est du second ordre, puisque $\frac{C}{2}$ est du premier ; ainsi, *lorsqu'on projette une droite finie sur une autre qui fait avec elle un angle infiniment petit, la différence entre la droite et sa projection est du second ordre par rapport à l'angle compris.*

REMARQUE. — On voit, d'après la formule (1), que la somme de plusieurs infiniment petits de même ordre, en nombre déterminé, est encore un infiniment petit du même ordre.

Le produit d'un infiniment petit par un facteur constant fini est aussi un infiniment petit du même ordre.

44. Principes fondamentaux. — Tout le parti que l'on peut tirer de la considération des infiniment petits résulte de l'application des deux théorèmes suivants.

1° *On peut, sans altérer la limite du rapport de deux infiniment petits, négliger dans chaque terme une quantité infiniment petite par rapport à lui.*

Soient β, β', γ, γ' quatre infiniment petits, les deux derniers différant respectivement des premiers de quantités infiniment petites par rapport à eux. Si ε et ε' ont pour limite zéro, on peut poser :

$$\beta = \gamma + \gamma\varepsilon,$$
$$\beta' = \gamma' + \gamma'\varepsilon',$$

car $\gamma\varepsilon$ et $\gamma'\varepsilon'$ sont d'ordre supérieur par rapport à γ et γ' ou β et β'. Le quotient des équations précédentes donne :

$$\frac{\beta}{\beta'} = \frac{\gamma}{\gamma'} \frac{1+\varepsilon}{1+\varepsilon'};$$

on voit que les rapports $\frac{\beta}{\beta'}$ et $\frac{\gamma}{\gamma'}$ tendent vers la même limite lorsque ε et ε' se rapprochent de zéro. Le second rapport peut donc à la limite être substitué au premier.

2° *On peut, sans altérer la limite d'une somme d'infiniment petits, en nombre infiniment grand, négliger dans chaque terme une quantité infiniment petite par rapport à lui.*

Soient β, β', β'', ..., une suite d'infiniment petits; γ, γ', γ'', ..., une autre suite telle que chacun d'eux diffère de son correspondant de la première suite d'une quantité infiniment petite par rapport à lui. On a comme plus haut, ε, ε', ε'', ..., ayant pour limite zéro.

$$\beta = \gamma + \gamma\varepsilon, \qquad \text{d'où} \qquad \frac{\beta}{\gamma} = 1 + \varepsilon,$$
$$\beta' = \gamma' + \gamma'\varepsilon', \qquad\qquad\qquad \frac{\beta'}{\gamma'} = 1 + \varepsilon',$$
$$\beta'' = \gamma'' + \gamma''\varepsilon'', \qquad\qquad\qquad \frac{\beta''}{\gamma''} = 1 + \varepsilon''.$$

On déduit de ces égalités d'après un théorème d'arithmétique, et en supposant que $\frac{\beta''}{\gamma''}$ et $\frac{\beta}{\gamma}$ sont respectivement le plus grand et le plus petit des rapports:

$$1 + \varepsilon < \frac{\beta + \beta' + \beta'' + \ldots}{\gamma + \gamma' + \gamma'' + \ldots} < 1 + \varepsilon'.$$

On voit que, lorsque ε et ε' tendent vers zéro, les sommes $\beta + \beta' + \beta'' \ldots$ et $\gamma + \gamma' + \gamma'' \ldots$ tendent vers la même limite, car leur quotient se rapproche de l'unité. Ainsi la seconde somme peut, à la limite, être substituée à la première ou inversement.

EXEMPLE. — Soit à chercher la limite du rapport:

$$\frac{\alpha^3 - \alpha}{2\alpha^2 - 3\alpha}, \quad \text{pour } \alpha = 0.$$

Si α est infiniment petit principal, α^3 et α^2 sont d'ordre supérieur par rapport à α et 3α, ou $(\alpha^3 - \alpha)$ et $(2\alpha^2 - 3\alpha)$; on peut donc les négliger, et la limite cherchée est celle de:

$$\frac{-\alpha}{-3\alpha} = \frac{1}{3}.$$

45. Dérivées et différentielles. — Soit la fonction explicite d'une seule variable:

$$y = f(x);$$

donnons à x un accroissement fini Δx, il en résulte pour y l'accroissement positif ou négatif Δy, et l'on a:

$$y + \Delta y = f(x + \Delta x),$$

d'où, par différence,

$$\Delta y = f(x + \Delta x) - f(x);$$

divisons par Δx les deux membres de cette équation, il vient:

$$\frac{\Delta y}{\Delta x} = \frac{f(x + \Delta x) - f(x)}{\Delta x}.$$

Si Δx tend vers 0, il en est de même de Δy; mais le rapport $\frac{\Delta y}{\Delta x}$ ne devient pas pour cela indéterminé; il tend, au contraire, vers une limite généralement finie et déterminée, limite qui dérive en quelque sorte de $f(x)$ et que, pour cette raison, on appelle la *dérivée* de cette fonction prise par rapport à la variable indépendante x.

La dérivée d'une fonction $f(x)$ est une seconde fonction de x que *Lagrange* a désignée par la notation $f'(x)$; on écrit d'après cela :

$$(1) \qquad \lim \frac{\Delta y}{\Delta x} = \lim \frac{f(x + \Delta x) - f(x)}{\Delta x} = f'(x).$$

De cette relation résulte la suivante :

$$\frac{\Delta y}{\Delta x} = f'(x) + \varepsilon,$$

ε étant une quantité qui tend vers 0.

Si les accroissements Δx et Δy deviennent infiniment petits, on les désigne alors sous le nom de *différentielles*, et l'on remplace les caractéristiques Δ par les caractéristiques d; d'autre part, ε devenant infiniment petit, sa valeur est négligeable (44) devant la quantité finie $f'(x)$; de sorte que l'on peut écrire :

$$\frac{dy}{dx} = f'(x),$$

d'où :

$$dy = f'(x)\, dx;$$

dy est la différentielle de la fonction, et dx celle de la variable.

Ainsi, on peut dire que la *différentielle d'une fonction est égale à sa dérivée multipliée par la différentielle de la variable*, ou inversement : *La dérivée d'une fonction est égale à sa différentielle divisée par la différentielle de la variable.*

La partie de l'analyse qui recherche les différentielles des fonctions est le *calcul différentiel*; différentier une fonction, c'est calculer sa différentielle.

Newton et Leibnitz ont été conduits simultanément à la découverte du calcul différentiel en cherchant une méthode générale pour mener les tangentes aux courbes planes représentées par des équations (159).

Soient la courbe MM', les points M (x, y), M' $(x + \Delta x, y + \Delta y)$, la sécante M'MS, et la tangente MT. On a MN $= \Delta x$, M'N $= \Delta y$, et :

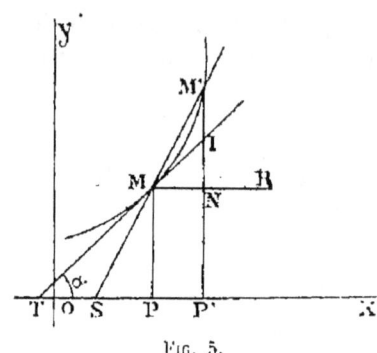

Fig. 5.

$$\tang M'MR = \frac{\Delta y}{\Delta x}.$$

Si l'accroissement Δx diminue jusqu'à zéro, il en est de même de Δy ; le point M' se rapproche indéfiniment de M, et à la limite la sécante devient tangente, c'est-à-dire que l'on a :

$$\tang JMR = \frac{dy}{dx} = \tang \alpha.$$

On voit que la dérivée d'une fonction $f(x)$, pour une valeur déterminée de la variable, n'est autre chose que la tangente trigonométrique de l'angle que fait avec OX la tangente à la courbe au point correspondant à la valeur de x.

46. Recherche directe de quelques différentielles. — La formule (1) du numéro précédent indique la marche à suivre pour trouver la dérivée, et, par suite, la différentielle d'une fonction explicite de x. Nous appliquerons cette méthode à quelques fonctions d'un emploi très général.

1° Soit, d'abord, la fonction :

$$y = x^m,$$

pour m entier et positif. On a :

$$\frac{\Delta y}{\Delta x} = \frac{(x + \Delta x)^m - x^m}{\Delta x},$$

d'où, en développant le numérateur du second membre par la formule du binôme de Newton :

$$\frac{\Delta y}{\Delta x} = mx^{m-1} + \frac{m(m-1)}{1.2} x^{m-2} \Delta x + \frac{m(m-1)(m-2)}{1.2.3} x^{m-3} \Delta x^2 + \ldots,$$

les termes suivants contenant tous le facteur Δx à des puissances supérieures à la seconde. Si l'on fait tendre Δx vers 0, le rapport $\frac{\Delta y}{\Delta x}$ tend vers $\frac{dy}{dx}$, et tous les termes du second membre, excepté le premier, tendent vers 0, car ils sont en nombre fini et contiennent le facteur Δx.

On a donc à la limite :

$$\frac{dy}{dx} = mx^{m-1},$$

d'où :

$$dy = mx^{m-1}dx.$$

Exemple. — Pour la fonction :

$$y = x^4,$$

on trouve :

$$dy = 4x^3 dx.$$

2° Soit en second lieu

$$y = \log x.$$

On a encore :

$$\frac{\Delta y}{\Delta x} = \frac{\log(x+\Delta x) - \log x}{\Delta x} = \frac{\log\left(1+\frac{\Delta x}{x}\right)}{\Delta x};$$

posons :

$$\Delta x = \frac{x}{m}.$$

x restant fini, pour faire tendre Δx vers 0, il suffit de faire croître m indéfiniment.

Or, si l'on remplace Δx par $\frac{x}{m}$ dans le second membre de la formule, on obtient :

$$\frac{\Delta y}{\Delta x} = \frac{m \log\left(1+\frac{1}{m}\right)}{x} = \frac{\log\left(1+\frac{1}{m}\right)^m}{x};$$

et, lorsque m tend vers l'infini, ou Δx vers 0, le logarithme de

$\left(1+\frac{1}{m}\right)^m$ tend vers $\log e$ (30); donc à la limite :

$$\frac{dy}{dx} = \frac{\log e}{x},$$

d'où :

$$dy = \frac{\log e}{x} dx.$$

Si les logarithmes sont népériens (39) :

$$y = \mathrm{L}x, \quad \text{et} \quad \mathrm{L}e = 1 ;$$

par suite :

$$dy = \frac{dx}{x}.$$

Le quotient $\frac{dx}{x}$ est quelquefois appelé la *différentielle logarithmique de x*.

3° Soit, enfin, la fonction :

$$y = \sin x ;$$

on a toujours par la même méthode :

$$\frac{\Delta y}{\Delta x} = \frac{\sin(x + \Delta x) - \sin x}{\Delta x} ;$$

remplaçant la différence de deux sinus par un produit,

$$\frac{\Delta y}{\Delta x} = \frac{2 \sin \frac{\Delta x}{2} \cos \left(x + \frac{\Delta x}{2}\right)}{\Delta x} ;$$

ce que l'on peut écrire :

$$\frac{\Delta y}{\Delta x} = \frac{\sin \frac{\Delta x}{2}}{\frac{\Delta x}{2}} \cos \left(x + \frac{\Delta x}{2}\right) ;$$

mais, Δx tendant vers 0, le rapport $\dfrac{\sin \frac{\Delta x}{2}}{\frac{\Delta x}{2}}$ tend vers l'unité, et le second facteur tend vers $\cos x$; donc à la limite :

$$\frac{dy}{dx} = \cos x,$$

d'où :

$$dy = \cos x \, dx.$$

47. Théorème. — *La différentielle d'une constante est nulle.* — Si l'on a :

$$y = k,$$

k désignant une constante, on a encore :

$$y + \Delta y = k,$$

d'où par différence :

$$\Delta y = 0,$$

et à la limite :

$$dy = 0.$$

Il résulte de là que la dérivée d'une constante est également nulle.

48. Théorème. — *La différentielle de la somme ou de la différence de deux fonctions est égale à la somme ou à la différence des différentielles de ces fonctions.*

Quand on considère plusieurs quantités variables x, y, z, u, on représente les accroissements simultanés de ces variables par $\Delta x, \Delta y, \Delta u, \Delta v$.

D'après cela, si on a :

$$y = u \pm v,$$

u et v désignant deux fonctions de x, on en déduit :

$$\Delta y = [(u + \Delta u) - u] \pm [(v + \Delta v) - v] = \Delta u \pm \Delta v,$$

et à la limite :

$$dy = du \pm dv.$$

Exemple. — Pour la fonction :

$$y = x^4 + 3 \sin x,$$

on trouve :
$$dy = 4x^3 dx + 3 \cos x\, dx.$$

Le théorème s'étend à la somme algébrique d'un nombre quelconque de fonctions.

49. THÉORÈME. — *La différentielle logarithmique d'un produit de plusieurs fonctions est égale à la somme des différentielles logarithmiques de ces fonctions.*

Soit le produit :
$$y = uvw,$$

u, v, w étant des fonctions de x ; prenons les logarithmes népériens des deux membres ; il vient :
$$L.y = L.u + L.v + L.w,$$

et, en différentiant (46) :
$$\frac{dy}{y} = \frac{du}{u} + \frac{dv}{v} + \frac{dw}{w};$$

cette égalité démontre le théorème. On met quelquefois cette formule sous la forme équivalente :
$$dy = vw\,du + uw\,dv + uv\,dw,$$

qui montre que *la différentielle d'un produit peut être obtenue en multipliant la différentielle de chaque facteur par le produit de tous les autres et faisant la somme des résultats.*

EXEMPLE. — Si l'on a le produit :
$$y = x^4 . Lx . \sin x,$$
on obtient :
$$dy = 4x^3 . Lx . \sin x\, dx + x^3 . \sin x . dx + x^4 . Lx . \cos x . dx.$$

50. THÉORÈME. — *La différentielle logarithmique du quotient de deux fonctions est égale à la différentielle logarithmique du dividende, moins la différentielle logarithmique du diviseur.*

En effet, de la relation :
$$y = \frac{u}{v},$$

on déduit :
$$vy = u,$$
et par suite :
$$\frac{dv}{v} + \frac{dy}{y} = \frac{du}{u},$$
ou encore :
$$\frac{dy}{y} = \frac{du}{u} - \frac{dv}{v};$$

ce qu'il fallait établir. Cette formule peut encore s'écrire :
$$dy = \frac{v\,du - u\,dv}{v^2},$$

ce qui montre que, pour obtenir la *différentielle d'un quotient*, *il faut multiplier le dénominateur par la différentielle du numérateur, retrancher de ce produit celui du numérateur par la différentielle du dénominateur, et diviser le résultat par le carré du dénominateur*.

Exemple. — Pour le quotient :
$$y = \frac{x^2}{\sin x},$$
on trouve :
$$dy = \frac{x\,(2\sin x - x\cos x)\,dx}{\sin^2 x}.$$

51. Fonctions de fonctions. — Si l'on a :
$$y = f(u),$$
avec
$$u = \varphi(x),$$
il est facile d'obtenir la dérivée de y par rapport à x. On a identiquement :
$$\frac{\Delta y}{\Delta x} = \frac{\Delta y}{\Delta u} \frac{\Delta u}{\Delta x},$$
ou, à la limite,
$$\frac{dy}{dx} = \frac{dy}{du} \frac{du}{dx};$$

c'est-à-dire que la dérivée de y par rapport à x est égale à la dérivée de y par rapport à u, multipliée par la dérivée de u par rapport à x.

EXEMPLE. — Si l'on a :
$$y = \log u, \quad \text{et} \quad u = x^4,$$
on trouve d'abord :
$$\frac{dy}{du} = \frac{\log e}{u}, \quad \frac{du}{dx} = 4x^3,$$
puis :
$$\frac{dy}{dx} = 4\,\frac{\log e}{x}.$$

Le même théorème s'étend sans difficulté à un nombre quelconque de fonctions intermédiaires ; par exemple, des trois fonctions :
$$y = \log u, \quad u = v^m, \quad v = \sin x,$$
on déduit :
$$\frac{dy}{dx} = m \log e \cotg x.$$

Il arrive quelquefois que les variables x et y sont exprimées en fonction d'une troisième variable α ; dans ce cas, on a encore l'identité :
$$\frac{\Delta y}{\Delta x} = \frac{\frac{\Delta y}{\Delta \alpha}}{\frac{\Delta x}{\Delta \alpha}},$$
qui devient à la limite :
$$\frac{dy}{dx} = \frac{\frac{dy}{d\alpha}}{\frac{dx}{d\alpha}};$$
pour obtenir la dérivée de y par rapport à x, il faut diviser la dérivée de y par rapport à α par la dérivée de x par rapport à α.

EXEMPLE. — Si l'on a :
$$y = \sin\alpha, \quad x = k\alpha,$$
on obtient :
$$\frac{dy}{dx} = \frac{\cos\alpha}{k} = \frac{\cos\frac{x}{k}}{k}.$$

52. Fonctions de variable imaginaire. — Étant donnés deux axes de coordonnées rectangulaires, à toute expression de la forme $\alpha + \beta i$, on fait correspondre un point m dont l'abscisse est α et l'ordonnée β.

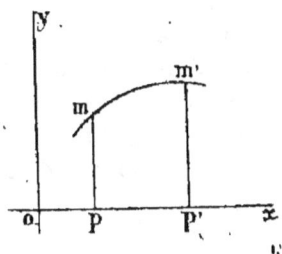 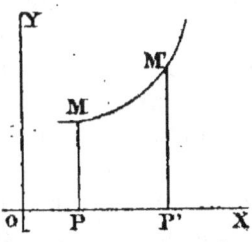

Fig. 6.

Pour concevoir une loi de succession de quantités imaginaires entre deux limites données, il suffit de tracer une courbe quelconque entre deux points m et m', et de considérer la suite des quantités imaginaires qui correspondent aux points compris entre m et m'.

Soit $u = f(z)$ un polynôme entier en z ; si l'on fait $z = x + iy$, on pourra écrire après transformation :
$$u = X + iY,$$
X et Y étant des fonctions de x et y.

Lorsque z prendra une succession quelconque de valeurs imaginaires, il en sera de même de u. Donc, à un chemin quelconque mm' représentant la variable $x + iy$ correspondra un autre chemin MM' qu'on obtiendra en construisant la suite des points dont les coordonnées sont X et Y. La courbe ainsi obtenue est la *transformée* de la première. La quantité u est une fonction de variable imaginaire.

Les fonctions élémentaires les plus intéressantes à étudier sont :

$$u = z^m, \quad u = e^z, \quad u = \sin z, \quad u = \log z, \quad u = \arcsin z.$$

Par exemple, la fonction e^z est définie au moyen de la série convergente (65) :

$$e^z = 1 + \frac{z}{1} + \frac{z^2}{1.2} + \frac{z^3}{1.2.3} + \cdots,$$

dans laquelle on fait $z = x + iy$.

On définit la continuité des fonctions imaginaires de la même façon que pour les quantités réelles. La fonction $f(z)$ est dite *continue* pour les valeurs de z qui répondent aux points compris dans l'intérieur d'un contour quelconque tracé sur un plan, lorsque, pour chacune de ces valeurs de z, le module de la différence $\Delta u = f(z + \Delta z) - f(z)$, décroît indéfiniment en même temps que le module de Δz, c'est-à-dire devient infiniment petit avec Δz.

La théorie des fonctions d'une variable imaginaire forme un sujet très étendu, extrêmement intéressant, qui s'est beaucoup développé depuis quelques années, et dont les applications au calcul intégral sont nombreuses et variées; mais, à cause du caractère élémentaire de l'ouvrage, il nous est impossible d'entrer dans de plus longs développements. Nous nous contenterons de démontrer une propriété remarquable des courbes z et u.

Différentions la fonction $u = f(z)$, il vient :

$$\frac{du}{dz} = f'(z);$$

on voit que le rapport $\frac{du}{dz}$, qui ne dépend que de f, est indépendant de la direction du déplacement infiniment petit qu'on peut donner au point m; c'est ce qu'on exprime en disant que u est une *fonction uniforme*.

Or on a :

$$\frac{du}{dz} = \frac{\partial X}{\partial z} + i\frac{\partial Y}{\partial z} = \frac{\frac{\partial X}{\partial x}dx + \frac{\partial X}{\partial y}dy + i\left(\frac{\partial Y}{\partial x}dx + \frac{\partial Y}{\partial y}dy\right)}{dz},$$

CALCUL DIFFÉRENTIEL

d'où l'on déduit :

$$\frac{du}{dz} = \frac{\frac{\partial X}{\partial x} + i\frac{\partial Y}{\partial x} + \left(\frac{\partial X}{\partial y} + i\frac{\partial Y}{\partial y}\right)\frac{dy}{dx}}{1 + i\frac{dy}{dx}}.$$

Le second membre devant être indépendant de $\frac{dy}{dx}$, il faut qu'on ait :

$$\frac{\partial X}{\partial x} + i\frac{\partial Y}{\partial x} = \left(\frac{\partial X}{\partial y} + i\frac{\partial Y}{\partial y}\right)\frac{1}{i};$$

et, comme dx, dy, dX, dY sont des quantités réelles, cette équation se décompose en deux autres :

$$\frac{\partial X}{\partial x} = \frac{\partial Y}{\partial y}, \qquad \frac{\partial X}{\partial y} = -\frac{\partial Y}{\partial x}.$$

Soient maintenant ds et dS deux éléments d'arcs correspondants décrits par les points m et M. On a (175) :

$$dS^2 = dX^2 + dY^2 = \left(\frac{\partial Y}{\partial y} dx\right)^2 + dY^2,$$

d'où :

$$dS^2 = \left(\frac{\partial Y}{\partial y}\right)^2 (dx^2 + dy^2) = ds^2 \left(\frac{\partial Y}{\partial y}\right)^2,$$

d'où enfin :

$$dS = ds\,\frac{\partial Y}{\partial y}.$$

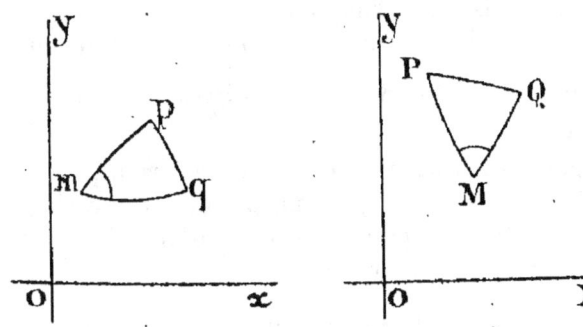

Fig. 7.

Cela posé, donnons à m trois déplacements infiniment petits mp, pq, qm, de manière à décrire un triangle infinitésimal. Le point M prendra les déplacements correspondants MP, PQ, QM, et l'on aura :

$$mp = MP\frac{\partial Y}{\partial y}, \qquad pq = PQ\frac{\partial Y}{\partial y}, \qquad qm = QM\frac{\partial Y}{\partial y};$$

d'où l'on tire :

$$\frac{mp}{MP} = \frac{pq}{PQ} = \frac{qm}{QM}.$$

Les triangles mpq et MPQ sont donc semblables, ce qui prouve que *les angles correspondants dans les deux figures sont toujours égaux*, et ce qui constitue une propriété remarquable de ce mode de transformation.

53. Fonctions explicites de plusieurs variables. — Soit la fonction de deux variables indépendantes :

$$z = f(xy),$$

dont on cherche la différentielle. On peut d'abord ne faire varier que l'une des variables et changer, par exemple, x en $x + dx$, y demeurant constant ; la variation élémentaire que subit alors la fonction f est sa *différentielle partielle* par rapport à x; elle est égale à la *dérivée partielle* de f prise par rapport à x multipliée par dx (45). On représente cette dérivée partielle par la notation $f'_x(xy)$, ou encore par les symboles $\frac{\partial f}{\partial x}$ ou $\frac{\partial z}{\partial x}$, avec des ∂ pour indiquer qu'il ne s'agit pas d'un quotient, mais d'une simple notation.

De même, en regardant x comme constant, on obtient la différentielle partielle $f'_y(xy)$, ou $\frac{\partial f}{\partial y}$, ou encore $\frac{\partial z}{\partial y}$, par rapport à y.

Supposons maintenant que x et y varient simultanément et deviennent $x + dx$, $y + dy$, la fonction z varie alors d'une quantité infiniment petite dz, que l'on appelle sa *différentielle totale*, et dont la valeur est :

$$dz = f(x + dx, y + dy) - f(xy),$$

ou encore :

$$dz = f(x + dx, y + dy) - f(x, y + dy) + f(x, y + dy) - f(xy)$$

Sous cette forme, on observe que les deux premiers termes du second membre représentent la différentielle partielle de la fonction $f(x, y + dy)$ par rapport à x, ou encore la différentielle par rapport à x de la fonction $f(x,y)$, car dy est infiniment petit et peut être négligé à la limite ; l'ensemble de ces deux termes peut donc s'écrire :

$$\frac{\partial z}{\partial x} dx.$$

Pour la même raison, l'ensemble des deux derniers peut s'écrire :

$$\frac{\partial z}{\partial y} dy.$$

On a donc, en résumé :

$$dz = \frac{\partial z}{\partial x} dx + \frac{\partial z}{\partial y} dy.$$

La différentielle totale est égale à la somme des différentielles partielles. — La même propriété subsiste pour une fonction d'un nombre quelconque de variables indépendantes ; la démonstration est identique. Dans le cas d'une fonction de trois variables $u = f(xyz)$, on aurait :

$$du = \frac{\partial u}{\partial x} dx + \frac{\partial u}{\partial y} dy + \frac{\partial u}{\partial z} dz.$$

Quand une fonction de plusieurs variables est constante, sa différentielle totale est nulle.

Exemple. — Soit la fonction de deux variables :

$$z = x^3 + 2xy^2 + y^3,$$

on trouve d'abord :

$$\frac{\partial z}{\partial x} = 3x^2 + 2y^2,$$

puis :

$$\frac{\partial z}{\partial y} = 4xy + 3y^2 ;$$

donc :
$$dz = (3x^2 + 2y^2) dx + (4xy + 3y^2) dy.$$

54. Fonctions implicites. — Soit l'équation :
$$f(xy) = 0,$$

qui définit une fonction implicite y de la variable x. Si x devient $x + dx$, y devient $y + dy$, et l'on doit encore avoir :
$$f(x + dx, y + dy) = 0,$$

d'où, par différence des deux équations,
$$f(x + dx, y + dy) - f(xy) = 0.$$

Mais cette relation exprime aussi que la différentielle totale de la fonction $f(xy)$, considérée comme fonction de deux variables, est constamment nulle ; on a donc d'après le numéro 53 :
$$\frac{\partial f}{\partial x} dx + \frac{\partial f}{\partial y} dy = 0,$$

par suite :
$$dy = -\frac{\frac{\partial f}{\partial x}}{\frac{\partial f}{\partial y}} dx.$$

Exemple. — Si la fonction implicite est définie par l'équation :
$$y^3 - 3axy + x^3 = 0,$$

on trouve, en effectuant les calculs,
$$dy = \frac{ay - x^2}{y^2 - ax} dx.$$

Lorsque les *variables sont séparées*, l'équation se présente sous la forme :
$$f(y) = \varphi(x),$$

et l'on obtient alors $f'(y) dy = \varphi'(x) dx$, d'où l'on tire :
$$dy = \frac{\varphi'(x)}{f'(y)} dx.$$

EXEMPLE. — Pour la fonction :
$$y = x^{\frac{m}{n}}, \quad \text{que l'on peut écrire} \quad y^n = x^m,$$
on trouve $ny^{n-1}dy = mx^{m-1}dx$, d'où l'on déduit :
$$dy = \frac{m}{n}\frac{x^{m-1}}{y^{n-1}}dx,$$
c'est-à-dire, en éliminant y^{n-1} :
$$dy = \frac{m}{n} x^{\frac{m}{n}-1} dx ;$$
c'est l'extension de la formule du numéro 46 au cas où m est fractionnaire.

On obtiendrait de même pour :
$$y = x^{-m},$$
$$dy = -mx^{-m-1}dx,$$
ce qui est encore l'extension de la même formule au cas où m est négatif.

Si l'on avait deux fonctions implicites de x définies par les équations :
$$f(xyz) = 0, \quad \varphi(xyz) = 0,$$
on déduirait, en observant que les différentielles totales des deux fonctions f et φ, considérées comme fonctions de trois variables, sont constamment nulles :
$$\frac{\partial f}{\partial x}dx + \frac{\partial f}{\partial y}dy + \frac{\partial f}{\partial z}dz = 0,$$
$$\frac{\partial \varphi}{\partial x}dx + \frac{\partial \varphi}{\partial y}dy + \frac{\partial \varphi}{\partial z}dz = 0.$$

Ces deux équations du premier degré permettent de calculer les dérivées $\frac{dy}{dx}$ et $\frac{dz}{dx}$.

Plus généralement, si l'on a n équations entre $n+1$ variables, on égalera à zéro les différentielles des premiers membres de toutes ces équations; on obtiendra n équations du premier degré, d'où l'on tirera $\frac{dy}{dx}, \frac{dz}{dx}$, etc.

54 ANALYSE

55. Différentielles d'un usage courant. — Nous allons appliquer les principes qui précèdent à la recherche de quelques différentielles d'un emploi assez fréquent.

1° Soit d'abord la fonction :

$$y = \sqrt[n]{u} = u^{\frac{1}{n}},$$

u étant une fonction de x. On obtient successivement, d'après la règle du paragraphe précédent :

$$dy = \frac{1}{n} u^{\frac{1}{n}-1} du = \frac{1}{n} \frac{du}{u^{1-\frac{1}{n}}} = \frac{du}{n \sqrt[n]{u^{n-1}}}.$$

Par exemple pour :

$$y = \sqrt{ax^2 + bx + c},$$

on trouve d'après la règle des fonctions de fonctions, en observant que $n = 2$:

$$dy = \frac{(2ax + b)\, dx}{2\sqrt{ax^2 + bx + c}}.$$

2° Soit la *fonction exponentielle* :

$$y = a^x;$$

on peut d'abord séparer les variables en prenant les logarithmes des deux membres ; il vient :

$$\log y = x \log a,$$

puis [(46) et (54)] :

$$\frac{\log e \cdot dy}{y} = \log a \cdot dx,$$

d'où :

$$dy = \frac{\log a}{\log e} a^x dx.$$

Si l'on fait $a = e$ base du système de logarithmes népériens, il vient :

$$y = e^x,$$

et :
$$\frac{dy}{dx} = e^x ;$$

ainsi la fonction e^x jouit de la propriété remarquable de se reproduire par dérivation ; elle est la seule dans ce cas.

Si l'on avait la fonction :
$$y = a^{mx},$$

on obtiendrait, en suivant la même marche,
$$dy = m \frac{\log a}{\log e} a^{mx} dx.$$

On rencontre souvent des expressions de la forme :
$$y = \lambda e^{mx} + \mu e^{-mx},$$

λ et μ désignant des constantes ; dans ce cas, on trouve :
$$dy = m(\lambda e^{mx} - \mu e^{-mx}) dx.$$

3° Soit encore la fonction logarithmique :
$$y = L(x + \sqrt{1 + x^2}) ;$$

on obtient successivement, d'après la règle des fonctions de fonctions :
$$dy = \frac{d(x + \sqrt{1 + x^2})}{x + \sqrt{1 + x^2}} = \frac{1 + \frac{x}{\sqrt{1 + x^2}}}{x + \sqrt{1 + x^2}} dx,$$

d'où :
$$dy = \frac{(\sqrt{1 + x^2} + x) dx}{(x + \sqrt{1 + x^2}) \sqrt{1 + x^2}} = \frac{dx}{\sqrt{1 + x^2}}.$$

4° Soit la *fonction circulaire* :
$$y = \cos x = \sin\left(\frac{\pi}{2} - x\right) ;$$

on a toujours, d'après les numéros 46 et 51 :

$$dy = \cos\left(\frac{\pi}{2} - x\right) d\left(\frac{\pi}{2} - x\right) = -\sin x dx.$$

Pour la fonction :

$$y = \tang x = \frac{\sin x}{\cos x},$$

on obtient d'après la règle relative à un quotient :

$$dy = \frac{\cos x \cdot d\sin x - \sin x \cdot d\cos x}{\cos^2 x} = \frac{dx}{\cos^2 x}.$$

Pour les fonctions :

$$y = \cotg x, \qquad y = \sec x,$$

on obtiendrait de même :

$$dy = -\frac{dx}{\sin^2 x}; \qquad dy = \frac{\sin x dx}{\cos^2 x}.$$

5° Si dans la relation $y = \sin x$, on prend y pour variable indépendante et x pour fonction, on a la *fonction inverse* :

$$x = \arc \sin y.$$

On dit, dans ce cas, que x est l'arc dont le sinus est y. Cherchons les différentielles de quelques fonctions inverses et, pour revenir à la notation courante de x variable indépendante et y fonction, considérons d'abord la fonction :

$$y = \arc \sin x;$$

cette équation s'écrit, en passant à la fonction directe,

$$x = \sin y,$$

équation où les variables sont séparées ; on a donc :

$$dx = \cos y dy,$$

d'où, en observant que $\cos y = \pm \sqrt{1-x^2}$:

(1) $$dy = \frac{dx}{\cos y} = \frac{dx}{\pm \sqrt{1-x^2}}.$$

Pour la fonction inverse :
$$y = \text{arc cos } x,$$
on trouverait de même :
$$dy = -\frac{dx}{\pm \sqrt{1-x^2}}.$$

Dans les formules précédentes, (1) par exemple, l'ambiguïté du signe disparaît si le sinus est donné en grandeur et en signe. Soit, pour fixer les idées, $x > 0$; le plus petit arc qui correspond à ce sinus est compris entre 0 et $\frac{\pi}{2}$; donc :
$$\cos y = + \sqrt{1-x^2};$$
par suite :
$$dy = \frac{dx}{+\sqrt{1-x^2}}.$$

Au contraire, si $x < 0$, le plus petit arc qui correspond à ce sinus a son extrémité dans le troisième quadrant et $\cos y$ est négatif ; donc :
$$dy = \frac{dx}{-\sqrt{1-x^2}}.$$

Pour la fonction :
$$y = \text{arc tang } x,$$
on a d'abord :
$$x = \text{tang } y,$$
puis :
$$dx = \frac{dy}{\cos^2 y} = (1 + \text{tang}^2 y)\, dy,$$
et ensuite :
$$dy = \frac{dx}{1+x^2}.$$

Enfin, pour la fonction :
$$y = \operatorname{arc\,cotg} x,$$
on trouverait pareillement :
$$dy = -\frac{dx}{1+x^2}.$$

Fonctions homogènes. — On dit qu'une fonction $f(x, y, z)$ de plusieurs variables est homogène lorsqu'on a d'une façon générale :

(1) $$f(tx, ty, tz) = t^m f(x, y, z);$$

m est alors le degré de la fonction.

Par exemple le polynôme :
$$f(x, y, z) = Ax^2 + By^2 + Cz^2 + Dxy + Exz + Fyz,$$
est homogène et du second degré. En effet, si l'on remplace x par tx, y par ty, z par tz, on obtient :
$$f(tx, ty, tz) = t^2(Ax^2 + By^2 + Cz^2 + Dxy + Exz + Fyz),$$
c'est-à-dire :
$$f(tx, ty, tz) = t^2 f(x, y, z).$$

De même la fonction :
$$xy^2 + 2xyz \operatorname{L} \frac{y}{x} + z^3,$$
est homogène et du troisième degré.

On voit que, si l'on divise une fonction homogène de degré m par une des variables élevée à la puissance m, la fonction ne dépendra plus que des rapports des autres variables à celle-ci, et réciproquement.

Posons : $tx = u$, $ty = v$, $tz = w$, et prenons les dérivées des deux membres de (1) par rapport à t d'après la règle des fonctions de fonctions, en regardant x, y, z comme constantes. On obtient :
$$x\frac{\partial f}{\partial u} + y\frac{\partial f}{\partial v} + z\frac{\partial f}{\partial w} = mt^{m-1} f(x, y, z).$$

Mais, si l'on fait $t = 1$, il en résulte : $u = x$, $v = y$, $w = z$; par suite on peut écrire :
$$x\frac{\partial f}{\partial x} + y\frac{\partial f}{\partial y} + z\frac{\partial f}{\partial z} = m f(x, y, z).$$

Ainsi, *la somme des dérivées partielles d'une fonction homogène, multipliées respectivement par la variable correspondante, est égale à la fonction multipliée par son degré.*

On se rend parfaitement compte que la somme ou la différence de plusieurs fonctions homogènes de même degré est une fonction homogène d'un degré égal.

56. Différentielles successives des fonctions explicites d'une seule variable. — La dérivée d'une fonction y, ou $f(x)$, est elle-même une fonction de x dont on peut prendre la dérivée ; on obtient ainsi la *dérivée seconde* de y que l'on représente par les notations y'' ou $f''(x)$, ou encore $\frac{d^2y}{dx^2}$; par exemple, si la fonction proposée est :

$$y = x^m,$$

on obtient d'abord :

$$y' = \frac{dy}{dx} = mx^{m-1},$$

puis, pour la dérivée seconde,

$$y'' = \frac{d^2y}{dx^2} = m(m-1)x^{m-2}.$$

Le symbole $\frac{d^2y}{dx^2}$ ne doit pas être confondu avec un quotient.

La dérivée seconde étant une fonction de x, on peut en prendre la dérivée et obtenir ainsi la dérivée troisième, que l'on représente de même par les notations y''', ou $f'''(x)$, ou encore $\frac{d^3y}{dx^3}$. Sur l'exemple précédent on a :

$$y''' = \frac{d^3y}{dx^3} = m(m-1)(m-2)x^{m-3}.$$

En général, la dérivée d'ordre (n) se représente par les notations $y^{(n)}$, ou $f^{(n)}(x)$, ou encore $\frac{d^n y}{dx^n}$; et, sur le même exemple, on a, en supposant $m > n$:

$$y^{(n)} = \frac{d^n y}{dx^n} = m(m-1)(m-2)\ldots(m-n+1)x^{m-n}.$$

Pour $n = m$, il vient :

$$y^{(m)} = m(m-1)(m-2)\ldots(m-n+1) = C^{te};$$

la dérivée d'ordre m de x^m est constante. Ainsi la dérivée seconde de x^2 est constante et égale à 2 ; la dérivée troisième de x^3 est aussi constante et égale à 6 ; etc.

La notation des différentielles successives se déduit aisément de celle des dérivées. On a par définition :

$$dy = f'(x)\,dx = \frac{dy}{dx}\,dx;$$

si l'on suppose dx constant, ce qui a lieu généralement dans le cours d'un même calcul, il vient, en représentant par d^2y la différentielle du second ordre,

$$d^2y = d.dy = d.f'(x)\,dx = f''(x)\,dx^2,$$

c'est-à-dire :

$$d^2y = \frac{d^2y}{dx^2}\,dx^2.$$

On aurait de même pour la différentielle du troisième ordre :

$$d^3y = f'''(x)\,dx^3 = \frac{d^3y}{dx^3}\,dx^3;$$

et, en général,

$$d^n y = \frac{d^n y}{dx^n}\,dx^n.$$

Il ne faut pas perdre de vue que ces formules supposent dx constant ; s'il était variable, elles ne seraient plus vraies et il faudrait appliquer la règle des fonctions de fonctions.

On a quelquefois besoin de former la différentielle d'ordre n du produit uv de deux fonctions de x. On a d'abord (49) :

$$d.uv = u\,dv + v\,du;$$

différentiant une seconde fois, il vient :

$$d^2.uv = u\,d^2v + 2\,du\,dv + v\,d^2u;$$

une troisième différentiation donne :

$$d^3.uv = ud^3v + 3du d^2v + 3d^2u dv + v d^3u.$$

L'analogie de ces formules avec les puissances successives d'un binôme est évidente (8), et conduit à la loi générale suivante :

$$d^n.uv = ud^nv + ndu d^{n-1}v + \frac{n(n-1)}{1.2} d^2u d^{n-2}v + \ldots + v d^n u ;$$

cette loi se démontre comme celle du binôme par le passage de n à $n+1$.

57. Différentielles successives des fonctions explicites de plusieurs variables. — Soit $z = f(xy)$ une fonction de deux variables ; la dérivée partielle de cette fonction (53), prise par rapport à x, est elle-même, en général, une fonction de x et y dont on peut prendre la dérivée partielle par rapport à x ; on représente cette dérivée du second ordre par la notation $\frac{\partial^2 z}{\partial x^2}$; cette dernière étant encore une fonction de x et y, on peut en prendre la dérivée partielle par rapport à x et obtenir la dérivée du troisième ordre $\frac{\partial^3 z}{\partial x^3}$; ainsi de suite.

On représente de même les dérivées partielles des divers ordres, prises par rapport à y, par $\frac{\partial z}{\partial y}$, $\frac{\partial^2 z}{\partial y^2}$, $\frac{\partial^3 z}{\partial y^3}$, ..., $\frac{\partial^n z}{\partial y^n}$.

Mais, après avoir pris la dérivée partielle par rapport à x et obtenu la fonction $\frac{\partial z}{\partial x}$, on peut prendre la dérivée partielle de cette dernière par rapport à y ; on représente le résultat par $\frac{\partial^2 z}{\partial x \partial y}$. On peut, au contraire, après avoir pris la dérivée par rapport à y et obtenu $\frac{\partial z}{\partial y}$, prendre la dérivée par rapport à x et obtenir ainsi $\frac{\partial^2 z}{\partial y \partial x}$.

En général, on peut, après avoir pris p dérivées partielles successives par rapport à x, prendre ensuite q dérivées partielles successives du résultat par rapport à y. Le résultat final est une dérivée d'ordre $p+q$, que l'on représente par :

$$\frac{\partial^{q+p} z}{\partial x^p \partial y^q}.$$

EXEMPLE. — Soit la fonction :

$$z = x^m y^n ;$$

on trouve d'abord :

$$\frac{\partial z}{\partial x} = m x^{m-1} y^n, \qquad \frac{\partial z}{\partial y} = n x^m y^{n-1} ;$$

puis :

$$\frac{\partial^2 z}{\partial x^2} = m(m-1) x^{m-2} y^n, \frac{\partial^2 z}{\partial x \partial y} = mn x^{m-1} y^{n-1}, \frac{\partial^2 z}{\partial y^2} = n(n-1) x^m y^{n-2}.$$

On trouve d'autre part, en commençant par y,

$$\frac{\partial^2 z}{\partial y \partial x} = mn x^{m-1} y^{n-1} = \frac{\partial^2 z}{\partial x \partial y};$$

ainsi l'ordre des dérivations est indifférent. En général, on a pour la dérivée d'ordre $p+q$:

$$\frac{\partial^{p+q} z}{\partial x^p \partial y^q} = m(m-1)\ldots(m-p+1) n(n-1)\ldots(n-q+1) x^{m-p} y^{n-q}.$$

On vient de vérifier sur l'exemple précédent la relation :

$$\frac{\partial^2 z}{\partial x \partial y} = \frac{\partial^2 z}{\partial y \partial x};$$

on démontre dans les cours que la même relation subsiste pour les dérivées partielles d'un ordre quelconque de toutes les fonctions à deux variables ; ainsi, *l'ordre des dérivations est indifférent*, et l'on peut écrire d'une façon générale :

$$\frac{\partial^{p+q} z}{\partial x^p \partial y^q} = \frac{\partial^{p+q} z}{\partial y^q \partial x^p}.$$

Reprenons maintenant la fonction $z = f(xy)$ pour laquelle on a trouvé (53) :

$$dz = \frac{\partial z}{\partial x} dx + \frac{\partial z}{\partial y} dy.$$

Si l'on différentie les deux membres de cette égalité, on obtient :

$$d^2z = d \cdot \frac{\partial z}{\partial x} dx + d \cdot \frac{\partial z}{\partial y} dy;$$

or, puisque $\frac{\partial z}{\partial x}$ et $\frac{\partial z}{\partial y}$ sont des fonctions de deux variables, on a aussi, en observant que $d^2x = d^2y = 0$, car, x et y étant variables indépendantes, dx et dy sont considérées comme constantes :

$$d \cdot \frac{\partial z}{\partial x} = \frac{\partial^2 z}{\partial x^2} dx + \frac{\partial^2 z}{\partial x \partial y} dy,$$

$$d \cdot \frac{\partial z}{\partial y} = \frac{\partial^2 z}{\partial y \partial x} dx + \frac{\partial^2 z}{\partial y^2} dy;$$

par suite :

$$(2) \quad d^2z = \frac{\partial^2 z}{\partial x^2} dx^2 + 2 \frac{\partial^2 z}{\partial x \partial y} dx dy + \frac{\partial^2 z}{\partial y^2} dy^2.$$

Si x et y étaient des *variables dépendantes*, on n'aurait plus $d^2x = d^2y = 0$, et il faudrait différentier en faisant tout varier ; la formule serait alors :

$$(3) \quad d^2z = \frac{\partial^2 z}{\partial x^2} dx^2 + 2 \frac{\partial^2 z}{\partial x \partial y} dx dy + \frac{\partial^2 z}{\partial y^2} dy^2 + \frac{\partial z}{\partial x} d^2x + \frac{\partial z}{\partial y} d^2y.$$

Tout ce qui précède s'étend sans difficulté à des fonctions de trois ou d'un plus grand nombre de variables dépendantes ou indépendantes. On pourrait aussi calculer d^4z, ..., d^nz ; mais les résultats ne sont d'aucune utilité pratique.

58. Différentielles successives des fonctions implicites. — Si y est une fonction implicite de x donnée par l'équation $f(xy) = 0$, on a d'abord (54) :

$$\frac{\partial f}{\partial x} dx + \frac{\partial f}{\partial y} dy = 0, \quad \text{ou} \quad \frac{\partial f}{\partial x} + \frac{\partial f}{\partial y} \frac{dy}{dx} = 0;$$

dérivant de nouveau et observant que $d^2x = 0$, puisque dx

est considérée comme constante :

$$\frac{\partial^2 f}{\partial x^2} + 2\frac{\partial^2 f}{\partial x \partial y}\frac{dy}{dx} + \frac{\partial^2 f}{\partial y^2}\left(\frac{dy}{dx}\right)^2 + \frac{\partial f}{\partial y}\frac{d^2 y}{dx^2} = 0;$$

cette équation permettrait de calculer $\frac{d^2 y}{dx^2}$. En différentian de nouveau, on obtiendra $\frac{d^3 y}{dx^3}$, $\frac{d^4 y}{dx^4}$, ..., etc.

Si l'on a une seule équation entre trois variables $f(xyz) = 0$, elle définit une fonction implicite z des deux variables indépendantes x et y. Différentiant par rapport à x, on trouve d'abord :

$$(\alpha) \qquad \frac{\partial f}{\partial x} + \frac{\partial f}{\partial z}\frac{\partial z}{\partial x} = 0,$$

d'où l'on tire $\frac{\partial z}{\partial x}$. On a de même $\frac{\partial z}{\partial y}$ par l'équation :

$$(\beta) \qquad \frac{\partial f}{\partial y} + \frac{\partial f}{\partial z}\frac{\partial z}{\partial y} = 0.$$

Différentiant ensuite l'équation (α) par rapport à x, on aura, en observant la règle des fonctions de fonctions :

$$\frac{\partial^2 f}{\partial x^2} + 2\frac{\partial^2 f}{\partial x \partial z}\frac{\partial z}{\partial x} + \frac{\partial^2 f}{\partial z^2}\left(\frac{\partial z}{\partial x}\right)^2 + \frac{\partial f}{\partial z}\frac{\partial^2 z}{\partial x^2} = 0,$$

d'où l'on tire $\frac{\partial^2 z}{\partial x^2}$.

En différentiant l'équation (β) par rapport à x, ou l'équation (α) par rapport à y, on trouve également :

$$\frac{\partial^2 f}{\partial x \partial y} + \frac{\partial^2 f}{\partial y \partial z}\frac{\partial z}{\partial x} + \frac{\partial^2 f}{\partial x \partial z}\frac{\partial z}{\partial y} + \frac{\partial^2 f}{\partial z^2}\frac{\partial z}{\partial x}\frac{\partial z}{\partial y} + \frac{\partial f}{\partial z}\frac{\partial^2 z}{\partial x \partial y} = 0,$$

d'où l'on déduit $\frac{\partial^2 z}{\partial x \partial y}$, etc. Nous n'insisterons pas davantage sur ces développements, qui présentent peu d'intérêt.

59. Changement des variables. — Considérons l'expression $f\left(x, y, \frac{dy}{dx}, \frac{d^2 y}{dx^2}, \ldots\right)$, dans laquelle   est une fonction de x, et proposons-nous d'éliminer de cette expression la variable indépendante x pour introduire à sa place une nouvelle variable t, liée à x par une équation donnée $x = \varphi(t)$. Les dérivées successives de y par rapport à x devront également être remplacées par les dérivées par rapport à t. C'est le problème du changement des variables, qui présente une grande importance au point de vue des applications de l'analyse.

De la relation $x = \varphi(t)$, on déduit d'abord $dx = \varphi'(t)\, dt$; d'autre part on peut écrire (52) :

$$(1) \qquad \frac{dy}{dx} = \frac{\dfrac{dy}{dt}}{\dfrac{dx}{dt}}.$$

Différentiant cette équation par rapport à t en appliquant les règles relatives à un quotient et à une fonction de fonction, on obtient :

$$\frac{d^2y}{dx^2}\frac{dx}{dt} = \frac{\dfrac{dx}{dt}\dfrac{d^2y}{dt^2} - \dfrac{dy}{dt}\dfrac{d^2x}{dt^2}}{\left(\dfrac{dx}{dt}\right)^2},$$

d'où l'on tire :

$$(2) \qquad \frac{d^2y}{dx^2} = \frac{\dfrac{dx}{dt}\dfrac{d^2y}{dt^2} - \dfrac{dy}{dt}\dfrac{d^2x}{dt^2}}{\left(\dfrac{dx}{dt}\right)^3}.$$

La différentiation de cette équation conduirait pareillement à l'expression de $\dfrac{d^3y}{dx^3}$, et ainsi de suite pour les dérivées successives de y par rapport à x. On voit que la dérivée première $\dfrac{dy}{dx}$ est la seule dont l'expression par les différentielles de x et de y reste la même quand on cesse de prendre x pour variable indépendante, ou quand dx cesse d'être constante.

Après avoir obtenu ces dérivées en fonction de t, il suffira de les introduire dans l'expression proposée

$$f\left(x, y, \frac{dy}{dx}, \frac{d^2y}{dx^2}, \ldots\right),$$

pour avoir cette expression avec t comme variable indépendante.

EXEMPLES. — 1° Considérons l'équation différentielle :

$$(1 - x^2)\frac{d^2y}{dx^2} - x\frac{dy}{dx} + m^2 y = 0 ;$$

faisons le changement de variable en posant $x = \cos t$. On a d'abord :

$$\frac{dx}{dt} = -\sin t, \qquad \frac{d^2x}{dt^2} = -\cos t ;$$

puis d'après (1) et (2) :

$$\frac{dy}{dx} = -\frac{1}{\sin t}\frac{dy}{dt}, \qquad \frac{d^2y}{dx^2} = \frac{1}{\sin^2 t}\frac{d^2y}{dt^2} - \frac{\cos t}{\sin^3 t}\frac{dy}{dt}.$$

Portant ces valeurs dans l'équation proposée, elle devient après réduction :

$$\frac{d^2y}{dt^2} + m^2 y = 0.$$

2° Considérons encore l'expression du rayon de courbure (171) :

$$R = \frac{\left[1 + \left(\frac{dy}{dx}\right)^2\right]^{\frac{3}{2}}}{\frac{d^2y}{dx^2}},$$

et cherchons ce que devient cette expression lorsqu'on substitue aux variables x et y d'autres variables r et θ liées aux premières par les relations

$$x = r\cos\theta, \qquad y = r\sin\theta.$$

On déduit d'abord de ces relations :

$$\frac{dx}{d\theta} = \cos\theta\frac{dr}{d\theta} - r\sin\theta, \qquad \frac{dy}{d\theta} = \sin\theta\frac{dr}{d\theta} + r\cos\theta ;$$

$$\frac{d^2x}{d\theta^2} = \cos\theta\frac{d^2r}{d\theta^2} - 2\sin\theta\frac{dr}{d\theta} - r\cos\theta ;$$

$$\frac{d^2y}{d\theta^2} = \sin\theta\frac{d^2r}{d\theta^2} + 2\cos\theta\frac{dr}{d\theta} - r\sin\theta.$$

Les équations (1) et (2) deviennent, en remplaçant t par θ :

$$\frac{dy}{dx} = \frac{\sin\theta \frac{dr}{d\theta} + r\cos\theta}{\cos\theta \frac{dr}{d\theta} - r\sin\theta};$$

$$\frac{d^2y}{dx^2} = \frac{r^2 + 2\frac{dr^2}{d\theta^2} - r\frac{d^2r}{d\theta^2}}{\left(\cos\theta \frac{dr}{d\theta} - r\sin\theta\right)^3}.$$

Substituant enfin ces valeurs dans l'expression proposée, elle devient après réductions :

$$R = \frac{\left[r^2 + \left(\frac{dr}{d\theta}\right)^2\right]^{\frac{3}{2}}}{r^2 + 2\frac{dr^2}{d\theta^2} - r\frac{d^2r}{d\theta^2}}.$$

Nous retrouverons cette formule dans le rayon de courbure des courbes planes.

§ 2. — Développements en séries

60. Formule de Taylor. — La formule de Taylor donne le développement de la fonction $f(x+h)$ suivant les puissances croissantes de h au moyen des dérivées successives de $f(x)$. Deux cas sont à considérer, suivant que la fonction $f(x)$ est ou n'est pas entière ; ces deux cas utilisent, d'ailleurs, une identité célèbre que nous allons d'abord établir.

On a identiquement :

$$f(x) = \frac{f(x) - f(a)}{x - a}(x - a) + f(a),$$

ou encore, en posant :

$$\varphi(x) = \frac{f(x) - f(a)}{x - a},$$

(I_0) $$f(x) = (x - a)\varphi(x) + f(a);$$

prenons les dérivées successives des deux membres de cette

équation, on obtient :

$$(I_1) \qquad f'(x) = (x-a)\varphi'(x) + \varphi(x),$$
$$(I_2) \qquad f''(x) = (x-a)\varphi''(x) + 2\varphi'(x),$$
$$\cdots\cdots\cdots\cdots\cdots\cdots\cdots\cdots\cdots$$
$$(I_n) \qquad f^{(n)}(x) = (x-a)\varphi^{(n)}(x) + n\varphi^{(n-1)}(x);$$

multiplions les identités $(I_0), (I_1), \ldots, (I_n)$, respectivement par :

$$1, \quad \frac{(a-x)}{1}, \quad \frac{(a-x)^2}{1.2}, \quad \ldots, \quad \frac{(a-x)^n}{1.2\ldots n};$$

et ajoutons les résultats, il vient après réductions :

$$f(x) + \frac{(a-x)}{1}f'(x) + \frac{(a-x)^2}{1.2}f''(x) + \ldots + \frac{(a-x)^n}{1.2\ldots n}f^{(n)}(x)$$
$$= f(a) + \frac{(a-x)^n(x-a)}{1.2\ldots n}\varphi^{(n)}(x).$$

Si maintenant on pose $a = x + h$, la formule précédente peut s'écrire :

$$(1)\quad f(x+h) = f(x) + \frac{h}{1}f'(x) + \frac{h^2}{1.2}f''(x) + \ldots + \frac{h^n}{1.2\ldots n}f^{(n)}(x)$$
$$+ \frac{h^{n+1}}{1.2\ldots n}\varphi^{(n)}(x),$$

c'est l'*identité de Taylor*.

61. Fonction entière. — Lorsque $f(x)$ est une fonction entière de degré m, on peut remarquer que $\varphi(x)$ représente une fonction entière de degré $(m-1)$; on a, par suite, $\varphi^{(m)}(x) = 0$ (56), et la formule (1) donne, en faisant $n = m$:

$$f(x+h) = f(x) + \frac{h}{1}f'(x) + \frac{h^2}{1.2}f''(x) + \ldots + \frac{h^m}{1.2\ldots m}f^{(m)}(x).$$

Soit, par exemple, la fonction entière du troisième degré :

$$f(x) = x^3 + px^2 + qx + r.$$

On a :
$$f(x+h) = (x+h)^3 + p(x+h)^2 + q(x+h) + r,$$

ou, en développant chaque terme du second membre par la formule du binôme :

$$f(x+h) = x^3 + 3x^2h + 3xh^2 + h^3 + px^2 + 2pxh + ph^2 + qx + qh + r.$$

Ordonnant par rapport à h, il vient :

$$f(x+h) = x^3 + px^2 + qx + r + \frac{h}{1}(3x^2 + 2px + q) + \frac{h^2}{1.2}(6x + 2p) + \frac{h^3}{1.2.3} \times 6,$$

ce que l'on peut écrire :

$$f(x+h) = f(x) + \frac{h}{1} f'(x) + \frac{h^2}{1.2} f''(x) + \frac{h^3}{1.2.3} f'''(x).$$

62. Fonction quelconque. — Si $f(x)$ représente une fonction quelconque, on peut toujours poser :

$$\varphi^{(n)}(x) = \frac{h^p}{n+p+1} R,$$

R étant une seconde fonction de x ; on a alors :

$$f(x+h) - f(x) = \frac{h}{1} f'(x) + \frac{h^2}{1.2} f''(x) + \ldots + \frac{h^n}{1.2\ldots n} f^{(n)}(x)$$
$$+ \frac{h^{n+p+1}}{1\ldots n(n+p+1)} R ;$$

$f(x)$ et ses dérivées successives étant, bien entendu, des fonctions continues. Supposons que $n+p$ soit une quantité positive ou nulle, p désignant une quantité arbitraire, R une inconnue à déterminer ; on a, en posant $x_1 = x + h$,

$$(a) \quad f(x_1) - f(x) = (x_1 - x) f'(x) + \ldots$$
$$+ \frac{(x_1 - x)^n}{1.2\ldots n} f^{(n)}(x) + \frac{(x_1 - x)^{n+p+1}}{1\ldots n(n+p+1)} R.$$

Considérons maintenant la fonction de z, $\psi(z)$, définie par l'identité :

$$\psi(z) = f(x_1) - f(z) - \frac{(x_1 - z)}{1} f'(z) - \frac{(x_1 - z)^2}{1.2} f''(z) \ldots$$
$$- \frac{(x_1 - z)^n}{1.2\ldots n} f^{(n)}(z) - \frac{(x_1 - z)^{n+p+1}}{1\ldots n(n+p+1)} R.$$

Prenons-en la dérivée, on obtient après simplifications :

$$\psi'(z) = -\frac{(x_1-z)^n}{1.2\ldots n} f^{(n+1)}(z) + \frac{(x_1-z)^{n+p}}{1.2\ldots n} R,$$

ou encore :

(b) $\quad \psi'(z) = \frac{(x_1-z)^n}{1.2\ldots n}[R(x_1-z)^p - f^{(n+1)}(z)].$

Ceci posé, on observe que l'on a évidemment :

$$\psi(x_1) = 0,$$

car, pour $z = x_1$, tous les termes de l'expression de $\psi(z)$ se détruisent.

D'après l'égalité (a), on a de même :

$$\psi(x) = 0.$$

La dérivée $\psi'(z)$ s'annule, par suite, d'après le théorème de Rolle (118), pour une valeur de z comprise entre x et x_1, c'est-à-dire x et $x+h$, valeur que l'on peut représenter par $x+\theta h$, en supposant $0 < \theta < 1$. L'identité (b) donne, d'après cela,

$$R(x_1 - x - \theta h)^p - f^{(n+1)}(x + \theta h) = 0,$$

d'où

$$R = \frac{f^{(n+1)}(x+\theta h)}{h^p(1-\theta)^p}.$$

On a donc finalement :

(2) $\quad f(x+h) = f(x) + \frac{h}{1}f'(x) + \frac{h^2}{1.2}f''(x) + \ldots$
$$+ \frac{h^n}{1.2\ldots n} f^{(n)}(x) + M_n,$$

en posant :

$$M_n = \frac{h^{n+1}}{1\ldots n(n+p+1)} \frac{f^{(n+1)}(x+\theta h)}{(1-\theta)^p}.$$

La formule (2) est l'identité de Taylor pour une fonction

quelconque; M_n se nomme le terme complémentaire, ou le reste du développement; on peut donner à ce terme deux formes remarquables que nous allons indiquer.

Si l'on suppose $p = 0$, il vient :

$$M_n = \frac{h^{n+1}}{1 \ldots n(n+1)} f^{(n+1)}(x + \theta h);$$

cette forme, qui est la plus employée, est due à *Lagrange*.

Lorsqu'on suppose $n + p = 0$, on obtient :

$$M_n = \frac{h^{n+1}}{1 . 2 \ldots n} (1 - \theta)^n f^{(n+1)}(x + \theta h);$$

c'est la forme indiquée par *Cauchy*.

63. Formule de Maclaurin. — Si dans l'identité (2), qui a lieu pour toutes les valeurs de x et de h, on fait $x = 0$, $h = x$, $p = 0$, on obtient :

$$(3) \quad f(x) = f(0) + \frac{x}{1} f'(0) + \frac{x^2}{1.2} f''(0) + \ldots + \frac{x^n}{1.2 \ldots n} f^{(n)}(0) + M_n;$$

avec

$$M_n = \frac{x^{n+1}}{1 \ldots (n+1)} f^{(n+1)}(\theta x).$$

C'est la formule de *Maclaurin*.

REMARQUE. — Lorsqu'on applique les formules de Taylor ou de Maclaurin au développement d'une fonction donnée, il est indispensable de s'assurer que le reste M_n tend vers 0, car il faut que la série obtenue soit convergente pour pouvoir représenter la fonction (17).

64. Applications. — 1° Considérons les fonctions exponentielles e^x et e^{-x} et développons-les par la formule de Maclaurin.

Les dérivées successives de e^x sont toutes égales à e^x et, pour $x = 0$, elles sont toutes égales à 1 ; on a donc d'après (3) :

$$e^x = 1 + \frac{x}{1} + \frac{x^2}{1.2} + \frac{x^3}{1.2.3} + \ldots + \frac{x^{n+1}}{1.2 \ldots (n+1)} e^{\theta x}.$$

Il est facile de voir que :

$$\frac{x^{n+1}}{1 \cdot 2 \ldots (n+1)}$$

tend vers 0 quand n augmente indéfiniment, et, par suite, que la série est convergente. En effet, x ne devient pas infini et, n augmentant sans cesse, dès que n devient supérieur à x chaque terme du développement est moindre que le précédent et les termes successifs ne cessent de diminuer (23). D'ailleurs $e^{\theta x}$ conserve une valeur finie ; donc le reste tend bien vers 0.

Pour e^{-x}, on remarque que les dérivées successives de cette fonction sont alternativement $-e^{-x}$ et $+e^{-x}$; pour $x = 0$, elles se réduisent alternativement à -1 et $+1$; d'ailleurs, comme la fonction e^{-x} se réduit elle-même à $+1$, on a :

$$e^{-x} = 1 - \frac{x}{1} + \frac{x^2}{1 \cdot 2} - \frac{x^3}{1 \cdot 2 \cdot 3} + \ldots \pm \frac{x^{n+1}}{1 \ldots (n+1)} e^{-\theta x} ;$$

le reste tend vers 0 pour les mêmes raisons que ci-dessus.

2° Soient ensuite les fonctions circulaires $\sin x$ et $\cos x$. Les dérivées successives de $\sin x$ sont :

$$+\cos x, \quad -\sin x, \quad -\cos x, \quad +\sin x, \quad \ldots ;$$

pour $x = 0$, elles prennent les valeurs :

$$+1, \quad 0, \quad -1, \quad 0, \quad \ldots ;$$

et $\sin x$ lui-même se réduit à 0. On a donc d'après la formule de Maclaurin,

$$\sin x = \frac{x}{1} - \frac{x^3}{1 \cdot 2 \cdot 3} + \frac{x^5}{1 \cdot 2 \ldots 5} - \ldots \pm \frac{x^{n+1}}{1 \cdot 2 \ldots (n+1)} \cos \theta x ; \quad (n \text{ pair})$$

le reste tend vers 0 quand n augmente indéfiniment, et la série est convergente (20).

Pour $\cos x$, on obtient de même :

$$\cos x = 1 - \frac{x^2}{1.2} + \frac{x^4}{1.2.3.4} - \ldots \pm \frac{x^{n+1}}{1.2\ldots(n+1)} \cos \theta x; \quad (n \text{ impair})$$

et le reste tend également vers 0.

3° Soient enfin les fonctions logarithmiques $L(1+x)$ et $L(1-x)$, L désignant des logarithmes népériens.

Si l'on pose :
$$f(x) = L(1+x),$$

on trouve en différentiant :

$$f'(x) = (1+x)^{-1}, \quad f''(x) = -1(1+x)^{-2}, \quad \ldots,$$
$$f^{(n+1)}(x) = \pm 1.2\ldots n(1+x)^{-(n+1)};$$

et, pour $x = 0$,

$$f(0) = 0, \quad f'(0) = +1, \quad f''(0) = -1, \quad f'''(0) = +1.2, \quad \ldots$$

La formule de Maclaurin donne donc, après simplifications,

$$(1) \quad L(1+x) = \frac{x}{1} - \frac{x^2}{2} + \frac{x^3}{3} - \frac{x^4}{4} + \ldots \pm \frac{x^{n+1}}{n+1}(1+\theta x)^{-(n+1)};$$

le reste peut s'écrire :

$$\pm \frac{1}{n+1}\left(\frac{x}{1+\theta x}\right)^{n+1};$$

on voit qu'il tend vers 0 si $x \leq 1$, car le dénominateur $1+\theta x$ est plus grand que l'unité, et l'on sait que les puissances successives d'une fraction diminuent indéfiniment.

Pour $L(1-x)$, on obtient par les mêmes calculs :

$$(2) \quad L(1-x) = -\frac{x}{1} - \frac{x^2}{2} - \frac{x^3}{3} - \ldots - \frac{x^{n+1}}{n+1}(1-\theta x)^{-(n+1)};$$

le reste tend encore vers 0 si $x \leq 1$.

On déduit des formules (1) et (2) celle qui sert à calculer les logarithmes népériens des nombres (39). Si l'on suppose

$x < 1$; ces séries sont convergentes et on peut négliger les restes (25).

Retranchons les formules (1) et (2) membre à membre, il vient :

$$L\frac{1+x}{1-x} = 2\left(\frac{x}{1} + \frac{x^3}{3} + \frac{x^5}{5} + \cdots +\right);$$

posons ensuite :

$$x = \frac{1}{2n+1},$$

d'où :

$$\frac{1+x}{1-x} = \frac{n+1}{n};$$

on peut donc écrire :

$$L\frac{n+1}{n} = L(n+1) - Ln = 2\left[\frac{1}{2n+1} + \frac{1}{3(2n+1)^3} + \frac{1}{5(2n+1)^5} + \cdots\right].$$

Faisant successivement :

$$n = 1, \quad n = 2, \quad n = 3, \quad \ldots$$

dans cette formule, on obtient les logarithmes népériens des nombres 2, 3, 4, ...

La formule précédente est très convergente; les huit premiers termes donnent L.2 à moins d'un cent millième. A partir du nombre 1.000, le premier terme suffit.

Ayant construit une table de logarithmes népériens, il suffit de les multiplier tous par le module $M = 0{,}4342945$ (39) pour obtenir les logarithmes vulgaires.

65. Formules d'Euler. — Si, dans le développement de e^x, $\cos x$, $\sin x$, on substitue à la variable réelle x la variable imaginaire $z = x + iy$, chaque série se subdivise en deux autres qui sont également convergentes.

D'après cela, on écrit :

$$e^z = 1 + \frac{z}{1} + \frac{z^2}{1.2} + \frac{z^3}{1.2.3} + \frac{z^4}{1.2.3.4} + \cdots$$

$$\cos z = 1 - \frac{z^2}{1.2} + \frac{z^4}{1.2.3.4} - \frac{z^6}{1.2\ldots 6} + \cdots$$

$$\sin z = z - \frac{z^3}{1.2.3} + \frac{z^5}{1.2\ldots 5} - \frac{z^7}{1.2\ldots 7} + \cdots$$

Dans la première équation, remplaçons z par $z\sqrt{-1}$ ou iz; il vient, en observant que $i^2 = -1$:

$$e^{iz} = 1 + iz - \frac{z^2}{1.2} - \frac{iz^3}{1.2.3} + \frac{z^4}{1.2\ldots 4} + \frac{iz^5}{1.2\ldots 5} - \cdots$$

ce que l'on peut écrire, en séparant les parties réelles et imaginaires :

$$e^{iz} = \left(1 - \frac{z^2}{1.2} + \frac{z^4}{1.2.3.4} - \cdots\right) + i\left(z - \frac{z^3}{1.2.3} + \frac{z^5}{1.2\ldots 5} - \cdots\right),$$

c'est-à-dire

$$e^{iz} = \cos z + i \sin z.$$

Si l'on change z en $-z$ dans cette dernière relation, on a également :

$$e^{-iz} = \cos z - i \sin z.$$

Enfin on déduit par addition et soustraction :

$$\cos z = \frac{e^{iz} + e^{-iz}}{2}, \qquad \sin z = \frac{e^{iz} - e^{-iz}}{2i};$$

ce sont les formules d'Euler, qui trouvent des applications dans un certain nombre de questions pratiques, en résistance et en électricité.

APPLICATION. — On connaît la relation :

$$1 + x + x^2 + \ldots + x^{n-1} = \frac{x^n - 1}{x - 1},$$

qui a lieu pour toute valeur réelle ou imaginaire de x. Si l'on pose $x = e^{i\theta}$, il vient :

$$1 + e^{i\theta} + e^{2i\theta} + e^{3i\theta} + \ldots + e^{(n-1)i\theta} = \frac{e^{ni\theta} - 1}{e^{i\theta} - 1};$$

mais, d'autre part, on a identiquement :

$$\frac{e^{ni\theta} - 1}{e^{i\theta} - 1} = \frac{e^{\frac{ni\theta}{2}} - e^{-\frac{ni\theta}{2}}}{e^{\frac{i\theta}{2}} - e^{-\frac{i\theta}{2}}} e^{\frac{n-1}{2} i\theta},$$

ce que l'on peut écrire :

(1) $$\frac{e^{ni\theta} - 1}{e^{i\theta} - 1} = \frac{\sin \frac{n\theta}{2}}{\sin \frac{\theta}{2}} \left[\cos (n-1) \frac{\theta}{2} + i \sin (n-1) \frac{\theta}{2} \right].$$

Si l'on observe ensuite que :

(2) $$1 + e^{i\theta} + e^{2i\theta} + e^{3i\theta} + \ldots = 1 + \cos \theta + \cos 2\theta + \cos 3\theta + \ldots$$
$$+ i (\sin \theta + \sin 2\theta + \sin 3\theta + \ldots),$$

il en résulte, en égalant séparément les parties réelles et imaginaires de (1) et (2) :

$$1 + \cos \theta + \cos 2\theta + \ldots + \cos (n-1) \theta = \frac{\sin \frac{n\theta}{2} \cos (n-1) \frac{\theta}{2}}{\sin \frac{\theta}{2}},$$

$$\sin \theta + \sin 2\theta + \ldots + \sin (n-1) \theta = \frac{\sin \frac{n\theta}{2} \sin (n-1) \frac{\theta}{2}}{\sin \frac{\theta}{2}}.$$

66. Formule de Taylor pour les fonctions de plusieurs variables. — Considérons la fonction de deux variables :

$$z = f(x, y),$$

et proposons-nous de développer l'expression $f(x + h, y + k)$, suivant les puissances croissantes de h et k, au moyen des dérivées partielles successives de la fonction f. Supposons que cette fonction et ses dérivées partielles restent déterminées et finies dans les limites entre lesquelles on fait varier x et y.

Cela posé, considérons la fonction de la variable t :

$$\varphi(t) = f(x + ht, y + kt); \qquad 0 < t < 1,$$

et développons cette fonction par la formule de Maclaurin ; il vient :

(1) $\quad \varphi(t) = \varphi(0) + t\varphi'(0) + \dfrac{t^2}{1.2}\varphi''(0) + \ldots + \dfrac{t^n}{1.2.3\ldots n}\varphi^{(n)}(0) + M_n,$

M_n ayant une des deux formes connues (62).

Pour calculer les dérivées successives de $\varphi(t)$, posons :

$$X = x + ht, \qquad Y = y + kt;$$

en appliquant la règle de différentiation des fonctions de fonctions, on obtient :

$$\varphi'(t) = \frac{\partial f}{\partial X}\frac{\partial X}{\partial t} + \frac{\partial f}{\partial Y}\frac{\partial Y}{\partial t} = h\frac{\partial f}{\partial X} + k\frac{\partial f}{\partial Y},$$

puis

$$\varphi''(t) = h\left(h\frac{\partial^2 f}{\partial X^2} + k\frac{\partial^2 f}{\partial X \partial Y}\right) + k\left(h\frac{\partial^2 f}{\partial Y \partial X} + k\frac{\partial^2 f}{\partial Y^2}\right),$$

ce que l'on peut écrire :

$$\varphi''(t) = h^2\frac{\partial^2 f}{\partial X^2} + 2hk\frac{\partial^2 f}{\partial X \partial Y} + k^2\frac{\partial^2 f}{\partial Y^2}.$$

Cette dernière dérivée s'écrit ordinairement sous la forme symbolique :

$$\varphi''(t) = \left(h\frac{\partial f}{\partial X} + k\frac{\partial f}{\partial Y}\right)^2;$$

pour la dérivée d'ordre n, on a la forme semblable :

$$\varphi^{(n)}(t) = \left(h\frac{\partial f}{\partial X} + k\frac{\partial f}{\partial Y}\right)^n.$$

Si maintenant on observe que, pour $t = 0$, on a $X = x$, $Y = y$, il en résulte :

$$\varphi^{(n)}(0) = \left(h\frac{\partial f}{\partial x} + k\frac{\partial f}{\partial y}\right)^n;$$

de sorte que le développement (1) peut s'écrire :

$$f(x + ht, y + kt) = f(x, y) + t\left(h\frac{\partial f}{\partial x} + k\frac{\partial f}{\partial y}\right) + \cdots$$
$$+ \frac{t^n}{1.2\ldots n}\left(h\frac{\partial f}{\partial x} + k\frac{\partial f}{\partial y}\right)^n + M_n.$$

Si dans cette formule on fait $t = 1$, on obtient le développement de Taylor pour une fonction de deux variables :

$$(2)\ f(x+h, y+k) = f(x,y) + \left(h\frac{\partial f}{\partial x} + k\frac{\partial f}{\partial y}\right) + \frac{1}{1.2}\left(h\frac{\partial f}{\partial x} + k\frac{\partial f}{\partial y}\right)^2 + \cdots$$
$$+ \frac{1}{1.2\ldots n}\left(h\frac{\partial f}{\partial x} + k\frac{\partial f}{\partial y}\right)^n + \cdots M_n.$$

Le reste M_n a une des deux formes :

$$M_n = \frac{1}{1.2.3\ldots(n+1)}\left(h\frac{\partial f}{\partial x} + k\frac{\partial f}{\partial y}\right)^{n+1}, \qquad \textit{(Lagrange)}$$

$$M_n = \frac{(1-\theta)^n}{1.2.3\ldots n}\left(h\frac{\partial f}{\partial x} + k\frac{\partial f}{\partial y}\right)^{n+1}, \qquad \textit{(Cauchy)}$$

dans lesquelles on fait : $X = x + \theta h$, $Y = y + \theta k$, avec $o < \theta < 1$.

On aurait des expressions analogues pour le développement d'une fonction de trois ou d'un plus grand nombre de variables indépendantes.

On peut aussi étendre aux fonctions de plusieurs variables la série de Maclaurin. Si l'on change successivement x en h et h en x, puis y en k et k en y, dans le développement (2), et si l'on fait $h = k = o$, on obtient :

$$f(x, y) = f(o, o) + \left[x\left(\frac{\partial f}{\partial x}\right)_0 + y\left(\frac{\partial f}{\partial y}\right)_0\right]$$
$$+ \frac{1}{1.2}\left[x^2\left(\frac{\partial^2 f}{\partial x^2}\right)_0 + 2xy\left(\frac{\partial^2 f}{\partial x \partial y}\right)_0 + y^2\left(\frac{\partial^2 f}{\partial y^2}\right)_0\right]$$
$$+ \cdots \frac{1}{1.2.3\ldots(n+1)}\left[x\left(\frac{\partial f}{\partial x}\right)_0 + y\left(\frac{\partial f}{\partial y}\right)_0\right]^{n+1}.$$

Les expressions symboliques :

$$f(o, o),\quad \left(\frac{\partial f}{\partial x}\right)_0,\quad \left(\frac{\partial f}{\partial y}\right)_0,\quad \left(\frac{\partial^2 f}{\partial y^2}\right)_0,\quad \left(\frac{\partial^2 f}{\partial x \partial y}\right)_0,\quad \left(\frac{\partial^2 f}{\partial x^2}\right)_0^2,\quad \ldots,$$

représentent ce que deviennent respectivement :

$$f(x, y), \quad \frac{\partial f}{\partial x}, \quad \frac{\partial f}{\partial y}, \quad \frac{\partial^2 f}{\partial y^2}, \quad \frac{\partial^2 f}{\partial x \partial y}, \quad \frac{\partial^2 f}{\partial x^2}, \quad \ldots$$

quand on y fait simultanément $x = 0$, $y = 0$.

§ 3. — Variation des fonctions

Maxima et Minima

67. Une des applications les plus importantes du calcul des dérivées est l'étude des variations d'une fonction donnée et, plus particulièrement, la détermination des valeurs maxima et minima de cette fonction.

Théorème. — *Une fonction $f(x)$ est croissante ou décroissante à partir d'une valeur déterminée de x, suivant que sa dérivée est positive ou négative.*

La formule de Taylor s'écrit, en ne prenant que trois termes dans le second membre et en faisant passer $f(x)$ dans le premier :

$$f(x + h) - f(x) = h \left[f'(x) + \frac{h}{2} f''(x + \theta h) \right];$$

mais, si $f'(x)$ est différent de 0, on peut toujours prendre la quantité positive h assez petite pour que $\frac{h}{2} f''(x + \theta h)$ soit moindre, en valeur absolue, que $f'(x)$; par conséquent, lorsque la variable x croît, si $f'(x)$ est positif, $f(x + h)$ est plus grand que $f(x)$, et la fonction est croissante ; au contraire, si $f'(x)$ est négatif, $f(x + h)$ est moindre que $f(x)$, et la fonction est décroissante.

Lorsqu'une fonction cesse d'augmenter pour se mettre à diminuer, on dit qu'elle passe par un *maximum*; au contraire, lorsqu'elle cesse de diminuer pour se mettre à augmenter, elle passe par un *minimum*. Dans les deux cas, la dérivée changeant de signe doit nécessairement s'annuler ; ainsi les valeurs de la variable pour lesquelles la fonction passe par un maximum ou par un minimum sont précisément celles qui annulent la dérivée.

Exemple. — Soit la fonction :
$$f(x) = 3x^2 - 5x + 1;$$
sa dérivée est :
$$f'(x) = 6x - 5,$$
et, si on égale cette dérivée à 0, on obtient l'équation :
$$6x - 5 = 0, \quad \text{d'où} \quad x = \frac{5}{6}.$$

Pour toute valeur de x comprise entre $-\infty$ et $\frac{5}{6}$, la dérivée est négative, donc la fonction est décroissante ; pour des valeurs de x supérieures à $\frac{5}{6}$, la dérivée est constamment positive, et la fonction ne cesse d'augmenter.

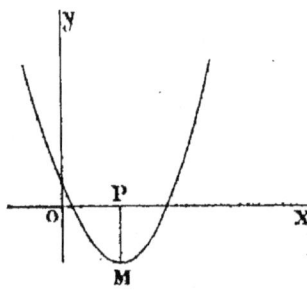

Fig. 8.

Pour $x = \frac{5}{6}$, la fonction passe par un minimum. La marche de la fonction est représentée par la figure 8. Les coordonnées du point minimum M sont :
$$OP = \frac{5}{6}, \qquad MP = -\frac{13}{12}.$$

68. Définitions. — Soit ε une quantité positive variable et aussi petite que l'on voudra ; d'après ce qui précède, la fonction $f(x)$ passe par un *maximum*, pour $x = \alpha$, lorsque l'on a :
$$f(\alpha - \varepsilon) < f(\alpha), \qquad f(\alpha + \varepsilon) < f(\alpha);$$
au contraire, elle passe par un *minimum* lorsque, dans les mêmes conditions, on a :
$$f(\alpha - \varepsilon) > f(\alpha), \qquad f(\alpha + \varepsilon) > f(\alpha).$$

Une fonction peut avoir plusieurs valeurs maxima et minima, lesquelles doivent se succéder alternativement. Un maximum peut être moindre qu'un minimum. Un maximum négatif devient un minimum quand on fait abstraction de son signe, et de même un minimum négatif pris positivement devient un maximum.

69. Théorème. — *Soit $f(x)$ une fonction quelconque restant finie et continue; si, pour $x = \alpha$, on suppose que l'on ait :*

$$f'(\alpha) = 0, \quad f''(\alpha) = 0, \quad \ldots, \quad f^{(n-1)}(\alpha) = 0,$$

et

$$f^{(n)}(\alpha) \neq 0 :$$

1° Si n est un nombre pair, la fonction, pour $x = \alpha$, passe par un maximum lorsque $f^{(n)}(\alpha) < 0$; au contraire, elle passe par un minimum quand $f^{(n)}(\alpha) > 0$;

2° Si n est un nombre impair, la fonction est croissante lorsque $f^{(n)}(\alpha) > 0$, décroissante quand $f^{(n)}(\alpha) < 0$.

La formule de Taylor donne, en adoptant pour le reste la forme de Lagrange :

$$f(x + h) - f(x) = \frac{h}{1} f'(x) + \frac{h^2}{1 \cdot 2} f''(x) + \ldots$$
$$+ \frac{h^n}{1 \cdot 2 \ldots n} f^{(n)}(x) + \frac{h^{n+1}}{1 \cdot 2 \ldots (n+1)} f^{(n+1)}(x + \theta h) ;$$

si l'on remplace x par α, il vient, en tenant compte des hypothèses $f'(\alpha) = f''(\alpha) = \ldots = 0$:

$$f(\alpha + h) - f(\alpha) = \frac{h^n}{1 \cdot 2 \ldots n} \left[f^{(n)}(\alpha) + \frac{h}{n+1} f^{(n+1)}(\alpha + \theta h) \right].$$

Mais la fonction $f(x)$ étant continue, ainsi que ses dérivées successives, au moins jusqu'à la $(n+1)^{\text{me}}$, on voit que la parenthèse du second membre a pour limite $f^{(n)}(\alpha)$, quand h tend vers 0. D'après cela, la formule montre que :

1° Si n est un nombre pair, pour des valeurs de h suffisamment petites, positives ou négatives, la différence

$$f(\alpha + h) - f(\alpha)$$

a le signe de $f^n(\alpha)$; la fonction passe donc par un maximum ou par un minimum, suivant que $f^{(n)}(\alpha)$ est négatif ou positif (68);

2° Si n est un nombre impair, le second membre change de signe en même temps que h; la fonction $f(x)$ est donc croissante ou décroissante, suivant que l'on suppose $f^{(n)}(\alpha) > 0$ ou $f^{(n)}(\alpha) < 0$.

70. Ordinairement, le nombre α qui annule la dérivée première de la fonction donnée ne rend pas nulle la dérivée seconde, de sorte que le théorème général que nous venons d'établir donne lieu au corollaire suivant :

COROLLAIRE. — *Les valeurs de x qui font passer une fonction $f(x)$ par un maximum ou par un minimum sont celles qui annulent la dérivée première $f'(x)$, sans annuler la dérivée seconde $f''(x)$* (67).

Il y a, pour cette valeur de x qui annule la dérivée $f'(x)$, un maximum ou un minimum pour $f(x)$, suivant que la dérivée seconde $f''(x)$ est négative ou positive.

APPLICATIONS. — 1° *Parmi tous les cylindres que l'on peut inscrire dans un hémisphère, trouver celui dont la surface totale est maximum.*

Soit r le rayon de la sphère et x le rayon de base variable du cylindre. La surface à rendre maximum a pour expression :

$$2\pi x^2 + 2\pi x \sqrt{r^2 - x^2};$$

égalons à 0 la dérivée de cette fonction, il vient :

$$2x + \sqrt{r^2 - x^2} - \frac{x^2}{\sqrt{r^2 - x^2}} = 0,$$

ou

$$2x\sqrt{r^2 - x^2} + r^2 - 2x^2 = 0;$$

isolant le radical et élevant au carré, on obtient :

$$4x^2(r^2 - x^2) = 4x^4 - 4r^2x^2 + r^4,$$

ou

$$8x^4 - 8r^2x^2 + r^4 = 0.$$

Cette équation bicarrée donne pour racines réelles et admissibles :

$$x = \frac{r}{2}\sqrt{2 \pm \sqrt{2}}.$$

La solution qui correspond à la plus petite valeur de x donne un maximum et l'autre un minimum ; on pourrait s'en convaincre par le calcul de la dérivée seconde, mais le résultat apparaît comme évident *a priori*.

2° *Parmi tous les cylindres de volume donné, quel est celui dont la surface totale est minimum.*

Soient : $V = \pi a^3$ le volume donné ; x et y, le rayon de base et la hauteur du cylindre. On doit avoir :

(1) $$\pi x^2 y = \pi a^3,$$

et la surface à rendre minimum a pour expression :

$$2\pi x^2 + 2\pi x y,$$

ou, en éliminant y,

$$2\pi x^2 + \frac{2\pi a^3}{x};$$

égalant la dérivée à 0, on obtient l'équation :

$$4\pi x - \frac{2\pi a^3}{x} = 0, \quad \text{ou} \quad 2x - \frac{a^3}{x^2} = 0;$$

par suite :

$$x^3 = \frac{a^3}{2}.$$

Si l'on substitue cette valeur dans l'équation (1), on en déduit :

$$y = 2x.$$

Ainsi le minimum de surface est réalisé lorsque la hauteur est égale au diamètre de la base.

Le minimum a pour valeur :

$$2\pi x^2 + 2\pi x y = 2\pi x^2 + 4\pi x^2 = 6\pi x^2,$$

ou encore :

$$\frac{6\pi a^2}{\sqrt[3]{4}} = 6\sqrt[3]{\frac{\pi V^2}{4}}.$$

Si l'on pose :

$$f(x) = 2\pi x^2 + \frac{2\pi a^3}{x},$$

on a successivement

$$f'(x) = 4\pi x - \frac{2\pi a^3}{x^2},$$

$$f''(x) = 4\pi + \frac{4\pi a^3}{x^3},$$

84   ANALYSE

et, pour $x^3 = \dfrac{a^3}{2}$, la dérivée seconde est positive, ce qui montre que la valeur de x trouvée correspond bien à un minimum.

3° *Chercher le nombre x dont la racine d'ordre x est un maximum.*

La fonction dont il faut chercher le maximum est :
$$y = \sqrt[x]{x};$$

on en déduit :
$$y = x^{\frac{1}{x}} \quad \text{et} \quad \log y = \frac{1}{x} \log x.$$

Si l'on prend la dérivée, il vient (46)
$$\frac{\log e}{y} y' = \frac{1}{x} \frac{\log e}{x} - \frac{\log x}{x^2},$$

c'est-à-dire :
$$y' = \frac{y}{\log e} \left(\frac{\log e - \log x}{x^2} \right).$$

Pour que la dérivée soit nulle, il faut donc que l'on ait :
$$\log e - \log x = 0 \quad \text{ou} \quad x = e.$$

Pour une valeur plus petite de x, la dérivée est positive; pour une valeur plus grande, elle est négative; donc, pour $x = e$, la fonction passe par un maximum. On voit que le nombre cherché est la base des logarithmes népériens.

71. Remarque. — Il peut arriver que l'on ait besoin de connaître la plus grande et la plus petite des valeurs que prend une fonction $f(x)$ quand x varie entre deux limites données a et b; un tel maximum ou minimum est dit un *maximum relatif* ou un *minimum relatif*. Pour résoudre cette question, il est nécessaire d'étudier les variations de la fonction $f(x)$ en faisant usage de sa dérivée (67). Lorsque la dérivée reste finie et conserve son signe, quand x varie de a à b, le maximum et le minimum relatifs seront les valeurs extrêmes $f(a)$ et $f(b)$. Si la fonction $f(x)$ a plusieurs maxima et minima absolus, entre les limites considérées, le plus grand des maxima est dit le *maximum maximorum*, et le plus petit des minima le *minimum minimorum*; dans ce cas, le maximum maximorum satisfera à la condition du maximum relatif, s'il surpasse toutefois les valeurs extrêmes $f(a)$ et $f(b)$; de même, le minimum minimorum sera le minimum relatif, s'il est inférieur aux valeurs extrêmes.

72. Cas d'une fonction de deux variables liées par une relation donnée. — Il arrive quelquefois que l'on doit chercher les maxima ou minima d'une fonction $f(x, y)$ de deux variables liées entre elles par une équation donnée $\varphi(x, y) = 0$. En réalité, à cause de cette équation, f ne dépend toujours que d'une seule variable, et y est fonction de x.

Comme la dérivée totale de $f(x, y)$ par rapport à x doit être nulle pour que cette fonction soit maximum ou minimum, on aura :

$$\frac{\partial f}{\partial x} + \frac{\partial f}{\partial y} \frac{dy}{dx} = 0;$$

d'autre part, la relation $\varphi(xy) = 0$ donne par différentiation :

$$\frac{\partial \varphi}{\partial x} + \frac{\partial \varphi}{\partial y} \frac{dy}{dx} = 0.$$

Éliminant $\frac{dy}{dx}$ entre ces deux équations, on obtient :

(1) $$\frac{\partial f}{\partial x} \frac{\partial \varphi}{\partial y} - \frac{\partial f}{\partial y} \frac{\partial \varphi}{\partial x} = 0.$$

Cette équation ne renferme plus que x et y ; en la combinant avec l'équation $\varphi(xy) = 0$, on en déduira les systèmes de valeurs de x et de y qui répondent à un maximum ou à un minimum de $f(xy)$, et l'on vérifiera si l'un ou l'autre a lieu par les conditions particulières du problème que l'on étudie.

EXEMPLE. — Dans le problème ci-dessus (70 — 2°), on avait à rendre minimum l'expression :

$$f(xy) = 2\pi x^2 + 2\pi xy,$$

les variables x et y étant liées par l'équation :

$$\varphi(xy) = \pi x^2 y - \pi a^3 = 0.$$

On trouve d'abord :

$$\frac{\partial f}{\partial x} = 4\pi x + 2\pi y, \qquad \frac{\partial f}{\partial y} = 2\pi x;$$

$$\frac{\partial \varphi}{\partial x} = 2\pi xy, \qquad \frac{\partial \varphi}{\partial y} = \pi x^2.$$

Portant ces valeurs dans l'équation (1), on obtient après réductions :

$$y - 2x = 0;$$

c'est la relation, déjà obtenue, qui correspond au minimum de surface.

73. Maxima et minima des fonctions de deux variables. — Soit la fonction de deux variables indépendantes $z = f(x, y)$. Appelons α et β les valeurs de x et y pour lesquelles la fonction atteint son maximum ou son minimum. La formule de Taylor pour les fonctions à deux variables donne (66) :

$$f(\alpha + h, \beta + k) - f(\alpha, \beta) = h\frac{\partial f}{\partial \alpha} + k\frac{\partial f}{\partial \beta}$$
$$+ \frac{1}{1.2}\left[h^2 \frac{\partial^2 f}{\partial \alpha^2} + 2hk \frac{\partial^2 f}{\partial \alpha \partial \beta} + k^2 \frac{\partial^2 f}{\partial \beta^2}\right] + \cdots;$$

h et k sont des accroissements infiniment petits de α et β.

S'il y a maximum ou minimum, le premier membre ne doit pas changer de signe lorsque h et k varient entre $+\varepsilon$ et $-\varepsilon$ (68). Or, h et k étant très petits, les deux premiers termes du second membre donnent leur signe au développement, et, pour que ce signe soit indépendant de celui de h et de k, il faut qu'on ait :

$$\frac{\partial f}{\partial \alpha} = 0, \qquad \frac{\partial f}{\partial \beta} = 0.$$

Ces équations répondent au maximum ou au minimum de la fonction ; les racines sont précisément les valeurs de α et de β cherchées.

Pour distinguer le maximum du minimum, on peut observer que le signe du second membre sera donné par l'ensemble des termes du second degré en h et k. En posant

$\frac{k}{h} = \rho$, on peut écrire ces termes comme il suit :

$$\frac{h^2}{2}\left(\frac{\partial^2 f}{\partial \alpha^2} + 2\rho \frac{\partial^2 f}{\partial \alpha \partial \beta} + \rho^2 \frac{\partial^2 f}{\partial \beta^2}\right).$$

Comme ρ peut prendre une valeur quelconque, ce trinôme du second degré peut changer de signe avec h et k, et, pour que son signe soit invariable, il faut qu'on ait :

$$\frac{\partial^2 f}{\partial \alpha^2} \frac{\partial^2 f}{\partial \beta^2} - \left(\frac{\partial^2 f}{\partial \alpha \partial \beta}\right)^2 > 0.$$

Il peut alors arriver que le trinôme reste positif ou négatif suivant le signe de $\frac{\partial^2 f}{\partial \beta^2}$; dans le premier cas, il y aura minimum ; dans le deuxième, maximum.

Comme cas particulier, on peut supposer :

$$\frac{\partial^2 f}{\partial \alpha^2} \frac{\partial^2 f}{\partial \beta^2} - \left(\frac{\partial^2 f}{\partial \alpha \partial \beta}\right)^2 = 0 \, ;$$

alors le trinôme est un carré parfait, et, en appelant ρ' la racine double, on pourra l'écrire :

$$\frac{1}{2}\frac{\partial^2 f}{\partial \beta^2}(k - \rho' h)^2.$$

§ 4. — Expressions indéterminées

74. Certaines fonctions ayant la forme d'une fraction se présentent quelquefois pour une valeur particulière de la variable sous la forme illusoire ou *indéterminée* $\frac{0}{0}$; cela tient ordinairement à la présence d'un facteur commun qui entre à la fois dans les deux termes de la fraction et qui s'annule pour la valeur particulière de la variable qui donne à la fonction la forme $\frac{0}{0}$.

Par exemple, la fraction

$$\frac{x^3 - \alpha^3}{x^2 - \alpha^2}$$

prend la forme $\frac{0}{0}$ quand on fait $x = \alpha$; mais, si l'on supprime aux deux termes le facteur commun $x - \alpha$, il vient :

$$\lim \frac{x^3 - \alpha^3}{x^2 - \alpha^2} = \lim \frac{x^2 + \alpha x + \alpha^2}{x + \alpha} = \frac{3}{2}\alpha; \qquad \text{(pour } x = \alpha\text{)}$$

$\frac{3}{2}\alpha$ est la *vraie valeur* de la fonction $\frac{x^3 - \alpha^3}{x^2 - \alpha^2}$ pour $x = \alpha$.

Règle de L'Hôpital. — Plus généralement, lorsque $f(x)$ se présente sous une forme illusoire pour $x = \alpha$, on entend par valeur de $f(x)$ pour $x = \alpha$, valeur que l'on désigne par la notation $f(\alpha)$, la limite vers laquelle tend $f(x)$ lorsque x tend vers α. Pour déterminer cette limite, on remplace x par $\alpha + h$, h étant une quantité que l'on fait tendre ensuite vers 0; le résultat final est évidemment le même que si l'on eût fait tout d'abord $x = \alpha$, seulement la forme indéterminée a souvent disparu.

Soit en effet la fonction :

$$f(x) = \frac{\varphi(x)}{\psi(x)},$$

on a :

$$f(\alpha) = \lim \frac{\varphi(\alpha + h)}{\psi(\alpha + h)}; \qquad h \to 0;$$

développons les deux termes par la formule de Taylor, il vient :

$$\frac{\varphi(\alpha + h)}{\psi(\alpha + h)} = \frac{\varphi(\alpha) + h\varphi'(\alpha) + \dfrac{h^2}{1.2}\varphi''(\alpha) + \dfrac{h^3}{1.2.3}\varphi'''(\alpha) + \ldots}{\psi(\alpha) + h\psi'(\alpha) + \dfrac{h^2}{1.2}\psi''(\alpha) + \dfrac{h^3}{1.2.3}\psi'''(\alpha) + \ldots};$$

mais, par hypothèse :

$$\varphi(\alpha) = \psi(\alpha) = 0;$$

les deux termes du second membre sont, par suite, divisibles par h, et l'on a :

$$\frac{\varphi(\alpha + h)}{\psi(\alpha + h)} = \frac{\varphi'(\alpha) + \frac{h}{1.2}\varphi''(\alpha) + \frac{h^2}{1.2.3}\varphi'''(\alpha) + \ldots}{\psi'(\alpha) + \frac{h}{1.2}\psi''(\alpha) + \frac{h^2}{1.2.3}\psi'''(\alpha) + \ldots}.$$

Si maintenant on fait tendre h vers 0, il ne reste dans le second membre que le premier terme de chaque développement, de sorte que l'on a en définitive :

$$f(\alpha) = \frac{\varphi'(\alpha)}{\psi'(\alpha)}.$$

Si les dérivées $\varphi'(x)$ et $\psi'(x)$ s'annulaient simultanément pour $x = \alpha$, on pourrait encore appliquer la même règle à l'expression $\frac{\varphi'(x)}{\psi'(x)}$, c'est-à-dire substituer à chacun des deux termes sa dérivée et faire ensuite $x = \alpha$; ce qui donnerait

$$f(\alpha) = \frac{\varphi''(\alpha)}{\psi''(\alpha)}.$$

et ainsi de suite.

On peut donc énoncer la règle suivante due à *L'Hôpital* :

Pour trouver la vraie valeur d'une expression qui se présente sous la forme $\frac{0}{0}$, *on peut, en général, remplacer le numérateur et le dénominateur par leurs dérivées relatives au paramètre variable en vertu duquel la fraction devient* $\frac{0}{0}$.

EXEMPLE. — La fraction

$$\frac{x - \sin x}{1 - \cos x}$$

prend la forme $\frac{0}{0}$ pour $x = 0$; appliquons la règle ci-dessus ; on obtient :

$$\frac{1 - \cos x}{\sin x},$$

et, pour $x = 0$, on a de nouveau $\frac{0}{0}$; appliquons encore la même règle; il vient :

$$\frac{\sin x}{\cos x},$$

expression qui, pour $x = 0$, se réduit à 0; la vraie valeur de la fraction est donc 0.

La règle de L'Hôpital n'est pas sans exception; elle s'appuie en effet sur le développement de Taylor et tombe en défaut chaque fois que $\varphi(x)$ et $\psi(x)$ ne sont pas développables par cette formule, pour $x = \alpha$.

75. Cas particuliers. — On peut encore appliquer la règle de L'Hôpital aux expressions qui prennent la forme $\frac{\infty}{\infty}$; soit en effet une fraction :

$$\frac{\varphi(x)}{\psi(x)},$$

qui prend cette forme pour $x = \alpha$; on peut l'écrire :

$$\frac{\frac{1}{\psi(x)}}{\frac{1}{\varphi(x)}}.$$

Désignons par $\psi_1(x)$ et $\varphi_1(x)$ les deux termes de la fraction; puisque, par hypothèse, $\psi(\alpha) = \varphi(\alpha) = \infty$, il en résulte :

$$\frac{1}{\psi(\alpha)} = \frac{1}{\varphi(\alpha)} = 0,$$

c'est-à-dire :

$$\psi_1(\alpha) = \varphi_1(\alpha) = 0.$$

On est ainsi ramené à chercher la vraie valeur d'une expression :

$$\frac{\psi_1(x)}{\varphi_1(x)},$$

dont les deux termes s'annulent pour $x = \alpha$; cette valeur est :
$$\frac{\psi'_1(\alpha)}{\varphi'_1(\alpha)}.$$

EXEMPLE. — Soit l'expression :
$$\frac{1}{(1-x)\tang\frac{\pi x}{2}} = \frac{(1-x)^{-1}}{\tang\frac{\pi x}{2}},$$

qui, pour $x = 1$, prend la forme illusoire $\frac{\infty}{\infty}$; on peut l'écrire :
$$\frac{\cotg\frac{\pi x}{2}}{1-x},$$

et, pour $x = 1$, on a la forme $\frac{0}{0}$.

En appliquant la règle, on obtient :
$$\left[\frac{\pi}{2} \cdot \frac{\frac{1}{\sin^2\frac{\pi x}{2}}}{1}\right]_{x=1} = \frac{\pi}{2}.$$

Si une expression telle que $\varphi(x)\psi(x)$ se présentait sous la forme indéterminée $0 \times \infty$ pour la valeur particulière α de la variable, on poserait $\psi_1(x) = \frac{1}{\psi(x)}$, et l'on serait ramené à chercher la vraie valeur d'une fraction $\frac{\varphi(x)}{\psi_1(x)}$ qui se présente sous la forme $\frac{0}{0}$ pour $x = \alpha$.

EXERCICES

1. Calculer les dérivées des fonctions suivantes :

$y = L \tang \frac{x}{2}$; $y' = \frac{1}{\sin x}$;

$y = x^x$; $y' = x^x(1 + Lx)$;

$y = \frac{1}{3}\cotg x \left(2 + \frac{1}{\sin^2 x}\right)$; $y' = -\frac{1}{\sin^4 x}$;

$y = \arc\tang \frac{x\sqrt{2}}{\sqrt{1-x^2}}$; $y' = \frac{\sqrt{2}}{(1+x^2)\sqrt{1-x^2}}$.

2. Dérivée de y dans l'équation :

$$x^2 + y^2 - a^2 e^{2 \text{ arc tang} \frac{y}{x}} = 0, \qquad y' = \frac{x+y}{x-y}.$$

3. Dérivée de y dans l'équation :

$$4y^3 - 3y + \sin x = 0; \qquad y' = \frac{y \cos x}{3(\sin x - 2y)}.$$

4. Dérivée d'ordre n de la fonction :

$$y = (a + bx)^m;$$

on trouve :

$$y^{(n)} = m(m-1)(m-2)\ldots(m-n+1) b^n (a+bx)^{m-n}.$$

5. Dérivée d'ordre n de la fonction :

$$y = e^{x \cos \theta} \cos(x \sin \theta);$$

on trouve :

$$y^{(n)} = e^{x \cos \theta} \cos(x \sin \theta + n\theta).$$

6. Transformer l'expression :

$$\frac{d^2z}{dx^2} - \frac{d^2z}{dy^2} = 0,$$

en prenant pour variables indépendantes u et t définies par les relations :

$$x + y = u, \qquad x - y = t.$$

L'expression devient :

$$\frac{d^2z}{du\,dt} = 0.$$

7. Couper un cône circulaire droit par un plan parallèle à l'une des génératrices, de telle façon que le segment de parabole obtenu soit le plus grand possible.

8. Un tronc de pyramide régulière, à bases octogonales, est circonscrit à une sphère de rayon donné r. Étudier la variation du volume lorsque varie l'inclinaison des faces latérales sur les bases.

9. Vraie valeur de l'expression :

$$\frac{1 - (m+1)x^m + mx^{m+1}}{(1-x)^2}, \qquad \text{pour} \quad x = 1;$$

on trouve :

$$\frac{m(m+1)}{2}.$$

CHAPITRE III

CALCUL INTÉGRAL

§ 1. — Procédés d'intégration

76. Définitions. — Étant donnée une fonction $f(x)$, s'il est possible de trouver une autre fonction $F(x)$ satisfaisant à l'égalité :

$$F'(x) = f(x),$$

on dit que $F(x)$ est l'*intégrale* de $f(x)$. En posant $Y = F(x)$, on peut dire encore que la dérivée de Y est égale à $f(x)$ et poser, d'après cela,

$$dY = f(x)\,dx.$$

On représente ordinairement l'intégrale Y par la notation :

$$\int f(x)\,dx,$$

et l'on a par suite :

$$Y = \int f(x)\,dx.$$

On énonce le signe $\int$ en disant *somme de*, ou *intégrale de*; et l'opération par laquelle on passe de la différentielle d'une fonction à cette fonction se nomme *intégration*.

77. Interprétation géométrique de l'intégrale.

— Considérons la courbe plane dont l'équation est $y = f(x)$. Prenons deux ordonnées, l'une M_0P_0 fixe, l'autre MP variable; l'aire du trapèze curviligne MPM_0P_0 est évidemment une fonction de x, puisque sa variation dépend de celle de x. Désignons cette fonction par Y et proposons-nous de déterminer sa différentielle dY.

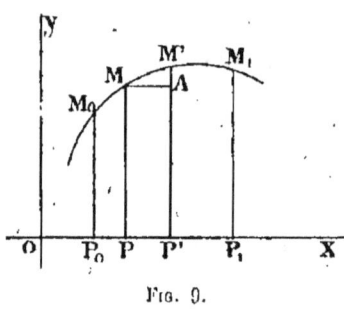

Fig. 9.

Pour cela, prenons une troisième ordonnée M'P' très voisine de MP; $PP' = dx$ et $M'P' = y + dy$; menons MA parallèle à OX. L'accroissement de Y est représenté par l'aire du trapèze élémentaire MPM'P', qui peut être considéré comme formé de deux parties : le rectangle MAPP' égal à ydx, et le triangle curviligne MM'A plus petit que le rectangle dont les dimensions seraient MA et M'A. L'aire de ce dernier rectangle, étant égale à $dydx$, est un infiniment petit du second ordre au moins, qui peut être négligé devant ydx; il résulte de là que la valeur principale de dY est égale à ydx et que l'on a :

$$dY = f(x)\,dx.$$

La fonction Y n'est donc autre chose que l'intégrale de $f(x)$ (76). On peut donc dire que toute fonction a une intégrale.

78. Intégrale générale.

— Lorsque deux fonctions $F(x)$ et $f(x)$ sont telles que l'on a :

$$F'(x) = f(x),$$

on a vu plus haut que $F(x)$ représentait l'intégrale de $f(x)$; il est plus exact de dire une intégrale particulière de $f(x)$, car la même fonction $f(x)$ engendre une infinité d'intégrales :

En effet, soit C une *constante arbitraire*, la dérivée de $F(x) + C$ est toujours $F'(x)$ quel que soit C (47); il résulte de là que toutes les fonctions comprises dans la formule générale $F(x) + C$ peuvent être considérées comme des intégrales de $f(x)$.

$F(x) + C$ représente donc *l'intégrale générale* de $f(x)$. Par exemple, $3x^2$ est la dérivée de x^3 ; l'intégrale générale de $3x^2$ est $x^3 + C$.

79. Intégrale indéfinie, intégrale définie. — Si l'on considère (*fig.* 9) l'aire MPM_0P_0 comprise entre l'ordonnée fixe M_0P_0 et l'ordonnée variable MP, cette aire ayant pour différentielle $f(x)\,dx$ peut se représenter soit par $F(x) + C$, soit par $\int f(x)\,dx$; par conséquent :

$$\text{aire } MPM_0P_0 = F(x) + C = \int f(x)\,dx\,;$$

pour $x = OP_0 = a$, l'aire correspondante est égale à 0, donc

$$F(a) + C = 0, \qquad \text{d'où} \qquad C = -F(a);$$

par suite :

$$\text{aire } MPM_0P_0 = F(x) - F(a).$$

Pour indiquer que l'intégrale en question est nulle pour $x = a$, on convient de placer la lettre a au bas du signe $\int$; pour indiquer, de même, que l'intégrale donne l'aire de la courbe correspondante entre l'ordonnée fixe M_0P_0 et l'ordonnée variable MP, on place la lettre x en haut du même signe ; on a donc avec ces conventions :

$$\text{aire } MPM_0P_0 = F(x) - F(a) = \int_a^x f(x)\,dx.$$

$\int_a^x f(x)\,dx$ est *l'intégrale indéfinie* de $f(x)$.

Si l'on veut obtenir l'aire comprise entre deux ordonnées fixes M_0P_0, M_1P_1, il faut dans la formule précédente, remplacer x par l'abscisse $OP_1 = b$; on a d'après cela :

$$\text{aire } M_1P_1M_0P_0 = F(b) - F(a) = \int_a^b f(x)\,dx.$$

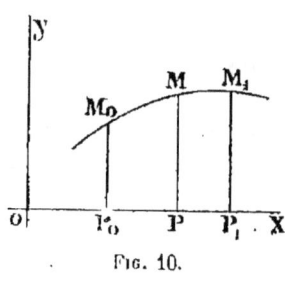

Fig. 10.

L'expression :

$$\int_a^b f(x)\,dx$$

est une *intégrale définie ;* sa valeur est parfaitement déterminée, on connaît sa signification géométrique (77).

80. Propriétés des intégrales définies. — 1° De l'égalité :

$$(1) \qquad \int_a^b f(x)\,dx = F(b) - F(a),$$

on déduit, en permutant les limites :

$$\int_b^a f(x)\,dx = F(a) - F(b) = -\int_a^b f(x)\,dx.$$

On voit donc qu'*une intégrale définie change de signe, en conservant la même valeur absolue, quand on intervertit ses limites.*

2° En désignant par c une valeur de x intermédiaire entre a et b, on a également :

$$\int_a^b f(x)\,dx = \int_a^c f(x)\,dx + \int_c^b f(x)\,dx.$$

En effet, si l'on pose $OP_2 = c$, le premier terme du second membre représente l'aire $M_0P_0M_2P_2$, et le second l'aire $M_2P_2M_1P_1$; ainsi la somme des deux représente l'aire $M_0P_0M_1P_1$, c'est-à-dire $\int_a^b f(x)\,dx.$

La propriété est générale et s'étend à un nombre quelconque de valeurs x intermédiaires entre a et b, pourvu que $f(x)$ reste finie et continue dans l'intervalle considéré. On a toujours :

$$\int_a^b f(x)\,dx = \int_a^c f(x)\,dx + \int_c^e f(x)\,dx + \int_e^g f(x)\,dx + \int_g^b f(x)\,dx.$$

3° Si $\varphi(x)$ est une fonction de x telle que l'on ait $\varphi(x) < f(x)$ pour toutes les valeurs de x comprises entre a et b, on a encore :

$$\int_a^b f(x)\,dx > \int_a^b \varphi(x)\,dx.$$

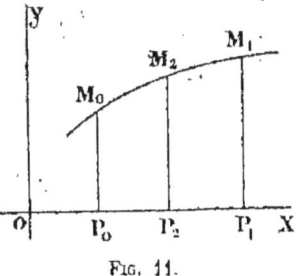

Fig. 11.

En effet, considérant les deux intégrales comme des limites de sommes, on voit que chaque élément $f(x)\,dx$ de la première somme est plus grand que l'élément correspondant $\varphi(x)\,dx$ de la seconde ; celle-ci est donc inférieure à l'autre.

Pareillement, si $\psi(x)$ est une fonction x telle que $\psi(x) > f(x)$ de $x = a$ à $x = b$, on aura :

$$\int_a^b f(x)\,dx < \int_a^b \psi(x)\,dx.$$

81. Intégration immédiate. — Le calcul de $\int f(x)\,dx$ est un problème souvent difficile, même pour des fonctions de forme simple. Il n'existe pas de règles générales comme pour le problème inverse, la différentiation. Nous indiquerons les procédés qui peuvent être employés dans les divers cas.

Si m désigne un coefficient constant, on a :

$$\int m f(x)\,dx = m \int f(x)\,dx,$$

car en différentiant les deux membres de cette équation on

98   ANALYSE

obtient une identité. Ainsi tout facteur constant peut être mis hors du signe d'intégration.

Lorsque, dans l'expression à intégrer, on reconnait la différentielle d'une fonction connue, il suffit d'ajouter à cette dernière une constante arbitraire pour obtenir l'intégrale générale. D'après cela, si l'on utilise les résultats obtenus au chapitre précédent, on obtient immédiatement :

$$\int x^m\, dx = \frac{x^{m+1}}{m+1} + C,$$

$$\int e^x\, dx = e^x + C,$$

$$\int e^{mx}\, dx = \frac{e^{mx}}{m} + C,$$

$$\int \frac{dx}{x} = Lx + C,$$

$$\int \cos x\, dx = \sin x + C,$$

$$\int \sin x\, dx = -\cos x + C,$$

$$\int \frac{dx}{\cos^2 x} = \tang x + C,$$

$$\int \frac{dx}{\sin^2 x} = -\cotg x + C,$$

$$\int \frac{dx}{1+x^2} = \arc \tang x + C,$$

$$\int \frac{dx}{\sqrt{1-x^2}} = \arc \sin x + C,$$

$$\int \frac{dx}{x\sqrt{x^2-1}} = \arc \cos \frac{1}{x} + C,$$

$$\int \frac{dx}{\sqrt{x^2+a^2}} = L(x+\sqrt{x^2+a^2}) + C,$$

$$\int \frac{f'(x)\, dx}{f(x)} = L \cdot f(x) + C,$$

$$\int \frac{dx}{x Lx} = L \cdot Lx + C,$$

$$\int \frac{f'(x)\, dx}{1 + f^2(x)} = \arc \tang f(x) + C,$$

$$\int \frac{f'(x)\, dx}{\sqrt{1 - f^2(x)}} = \arc \sin f(x) + C.$$

82. Intégration par décomposition. — Elle s'appuie sur l'identité évidente :

$$\int (u + v + \ldots + w)\, dx = \int u\, dx + \int v\, dx + \ldots + \int w\, dx,$$

$u, v, \ldots, w$ désignant des fonctions de x. Dans ce cas, on décompose l'intégrale proposée en une somme d'intégrales que l'on traite séparément.

Exemple. — Soit à intégrer :

$$\int \frac{dx}{\sin x};$$

on observe que :

$$\frac{2}{\sin x} = \frac{\sin \frac{x}{2}}{\cos \frac{x}{2}} + \frac{\cos \frac{x}{2}}{\sin \frac{x}{2}};$$

par conséquent :

$$\int \frac{dx}{\sin x} = \frac{1}{2} \int \frac{\sin \frac{x}{2}}{\cos \frac{x}{2}} dx + \frac{1}{2} \int \frac{\cos \frac{x}{2}}{\sin \frac{x}{2}} dx;$$

chaque numérateur étant la dérivée de son dénominateur, on obtient :

$$\int \frac{dx}{\sin x} = - L \cos \frac{x}{2} + L \sin \frac{x}{2} + C = L . \tang \frac{x}{2} + C.$$

83. **Intégration par substitution.** — Dans cette méthode, on procède par changement de variable. Soit $f(x)$ la fonction donnée ; si l'on pose :

$$x = \varphi(t),$$

on a :

$$dx = \varphi'(t) dt,$$

d'où

$$f(x) dx = f[\varphi(t)] \varphi'(t) dt;$$

et il peut arriver que

$$\int f[\varphi(t)] \varphi'(t) dt$$

soit facilement intégrable.

EXEMPLES. — Soit à intégrer :

$$\int \frac{dx}{\sqrt{\alpha^2 - x^2}};$$

posons :

$$x = \alpha t, \qquad \text{d'où} \qquad dx = \alpha dt;$$

il vient en substituant :

$$\int \frac{dx}{\sqrt{\alpha^2 - x^2}} = \int \frac{\alpha dt}{\sqrt{\alpha^2 - \alpha^2 t^2}} = \int \frac{dt}{\sqrt{1 - t^2}} = \arcsin t + C;$$

ou, en revenant à la variable x,

$$\int \frac{dx}{\sqrt{\alpha^2 - x^2}} = \arcsin \frac{x}{\alpha} + C.$$

Soit encore à intégrer :

$$\int (ax + b)^m \, dx.$$

Si l'on pose $ax + b = t$, il vient : $adx = dt$; par suite :

$$\int (ax + b)^m \, dx = \frac{1}{a} \int t^m dt = \frac{1}{a} \frac{t^{m+1}}{m + 1} + C.$$

Revenant à la variable x :

$$\int (ax + b)^m \, dx = \frac{(ax + b)^{m+1}}{a(m + 1)} + C.$$

84. Intégration par parties. — La relation (49) :

$$d(u \cdot v) = vdu + udv,$$

dans laquelle u et v sont des fonctions de x, donne en intégrant :

$$uv = \int vdu + \int udv,$$

d'où l'on déduit :

$$\int u\,dv = uv - \int v\,du.$$

Toutes les fois que la différentielle donnée $f(x)\,dx$ pourra être décomposée en un produit d'une fonction u par la différentielle dv d'une autre fonction, la formule précédente ramènera la question à l'intégration de $v\,du$, qui pourra être plus facile à effectuer.

EXEMPLE. — 1° Soit à intégrer :

$$\int x \sin x\,dx;$$

posons :

$$x = u, \quad \sin x\,dx = dv, \quad \text{d'où} \quad \cos x = v;$$

par suite on peut écrire :

$$\int x \sin x\,dx = -x \cos x + \int \cos x\,dx,$$

c'est-à-dire :

$$\int x \sin x\,dx = -x \cos x + \sin x + C.$$

2° Soit encore à intégrer :

$$\int x^m \mathrm{L} x\,dx;$$

faisons :

$$u = \mathrm{L}x, \quad dv = x^m dx, \quad \text{d'où} \quad v = \frac{x^{m+1}}{m+1};$$

on trouve :

$$\int x^m \mathrm{L}x\,dx = \frac{x^{m+1}\mathrm{L}x}{m+1} - \frac{x^{m+1}}{(m+1)^2} + C.$$

85. Intégration des fonctions rationnelles. — Soit d'abord à intégrer le polynôme entier :

$$A_0 x^m + A_1 x^{m-1} + A_2 x^{m-2} + \ldots + A_m,$$

on a immédiatement (81) :

$$\int (A_0 x^m + A_1 x^{m-1} + \ldots + A_m) \, dx = \int A_0 x^m \, dx$$
$$+ \int A_1 x^{m-1} \, dx + \ldots + \int A_m \, dx;$$

c'est-à-dire :

$$\frac{A_0}{m+1} x^{m+1} + \frac{A_1}{m} x^m + \frac{A_2}{m-1} x^{m-1} + \ldots + A_m x + C.$$

Par exemple :

$$\int (x^3 - 3x^2 + x - 1) \, dx = \frac{x^4}{4} - x^3 + \frac{x^2}{2} - x + C.$$

Considérons ensuite une différentielle algébrique fractionnaire ; il n'y a lieu que d'étudier le cas où le numérateur est de degré moindre que le dénominateur, car, dans le cas contraire, on peut effectuer la division, et le quotient se compose d'une partie entière et d'une fraction dont le numérateur est de degré moindre que le dénominateur proposé.

Par exemple, si l'on a à calculer :

$$\int \frac{x^3 + x^2 - 2x + 7}{x^2 + 1} \, dx,$$

on effectue la division, ce qui donne :

$$\frac{x^3 + x^2 - 2x + 7}{x^2 + 1} = x + 1 + \frac{-3x + 6}{x^2 + 1};$$

d'où l'on déduit :

$$\int \frac{x^3 + x^2 - 2x + 7}{x^2 + 1} \, dx = \frac{x^2}{2} + x + \int \frac{-3x + 6}{x^2 + 1} \, dx + C.$$

Supposons, pour commencer, que le dénominateur soit du premier degré, et soit à intégrer :

$$\int \frac{A \, dx}{mx + n};$$

on a, puisque A et m sont des constantes,

$$\int \frac{A\,dx}{mx+n} = \frac{A}{m} \int \frac{m\,dx}{mx+n};$$

sous cette forme, on voit que le numérateur de l'expression placée sous le signe somme est la différentielle du dénominateur; on a donc:

$$\int \frac{A\,dx}{mx+n} = \frac{A}{m} L(mx+n) + C.$$

EXEMPLE. — On a:

$$\int \frac{3\,dx}{4x-1} = \frac{3}{4} L(4x-1) + C.$$

Supposons ensuite que le dénominateur soit du second degré; le numérateur sera, en général, du premier, et la différentielle donnée aura la forme:

$$\frac{(mx+n)\,dx}{ax^2+bx+c};$$

trois cas sont alors à distinguer suivant que les racines du dénominateur sont réelles et inégales, réelles et égales, imaginaires.

1° Dans le cas où les racines α et β sont réelles et inégales, le dénominateur peut s'écrire:

$$a(x-\alpha)(x-\beta).$$

La méthode consiste à poser:

$$(1) \quad \frac{mx+n}{(x-\alpha)(x-\beta)} = \frac{A}{x-\alpha} + \frac{B}{x-\beta},$$

et à déterminer A et B par la condition que cette relation ait lieu identiquement, c'est-à-dire quel que soit x. Chassons les dénominateurs, il vient en égalant les numérateurs :

$$mx + n = A(x - \beta) + B(x - \alpha);$$

si l'on fait successivement $x = \alpha$ et $x = \beta$, on obtient les deux équations :

$$m\alpha + n = A(\alpha - \beta),$$
$$m\beta + n = B(\beta - \alpha),$$

qui permettent de calculer A et B. On trouve ainsi :

$$A = \frac{m\alpha + n}{\alpha - \beta},$$
$$B = -\frac{m\beta + n}{\alpha - \beta}.$$

A et B étant connus, l'équation (1) donne :

$$\int \frac{mx + n}{a(x - \alpha)(x - \beta)} dx = \frac{A}{a} \int \frac{dx}{x - \alpha} + \frac{B}{a} \int \frac{dx}{x - \beta};$$

c'est-à-dire :

$$\int \frac{mx + n}{a(x - \alpha)(x - \beta)} dx = \frac{A}{a} L(x - \alpha) + \frac{B}{a} L(x - \beta) + C.$$

Exemple. — Soit à intégrer :

$$\int \frac{dx}{a^2 - x^2};$$

on trouve immédiatement :

$$\int \frac{dx}{a^2 - x^2} = \frac{1}{2a} L \frac{a + x}{a - x} + C.$$

2° Lorsque les racines du dénominateur sont réelles et

égales, la différentielle prend la forme :

$$\frac{(mx+n)\,dx}{a(x-\alpha)^2},$$

α désignant la racine double. Changeons de variable et posons :

$$x - \alpha = t, \qquad \text{d'où} \qquad dx = dt;$$

il vient :

$$\int \frac{(mx+n)\,dx}{a(x-\alpha)^2} = \int \frac{(mt + m\alpha + n)\,dt}{at^2},$$

c'est-à-dire, en décomposant l'intégrale,

$$\int \frac{(mx+n)\,dx}{a(x-\alpha)^2} = \frac{m}{a}\int \frac{dt}{t} + \frac{m\alpha + n}{a}\int \frac{dt}{t^2},$$

et enfin, en intégrant et revenant à la variable x,

$$\int \frac{(mx+n)\,dx}{a(x-\alpha)^2} = \frac{m}{a}\,L(x-\alpha) - \frac{m\alpha + n}{a}\cdot\frac{1}{x-\alpha} + C.$$

EXEMPLE. — On a :

$$\int \frac{(4x+1)\,dx}{3(x-2)^2} = \frac{4}{3}\,L(x-2) - \frac{3}{x-2} + C.$$

3° Enfin, dans le cas où les racines du dénominateur sont imaginaires, on sait que ce dernier peut s'écrire :

$$a\left[(x-\alpha)^2 + \beta^2\right];$$

posons :

$$x - \alpha = \beta t, \qquad \text{d'où :} \qquad dx = \beta\,dt;$$

il vient en substituant dans la différentielle proposée :

$$\int \frac{(mx+n)\,dx}{a[(x-\alpha)^2+\beta^2]} = \int \frac{(m\beta t + m\alpha + n)\,dt}{a\beta(1+t^2)} =$$

$$= \frac{m}{a}\int \frac{t\,dt}{1+t^2} + \frac{m\alpha+n}{a\beta}\int \frac{dt}{1+t^2};$$

on est ainsi ramené à des différentielles connues. On a (81) :

$$\int \frac{t\,dt}{1+t^2} = \frac{1}{2}L(1+t^2),$$

$$\int \frac{dt}{1+t^2} = \text{arc tang } t;$$

donc :

$$\int \frac{(mx+n)\,dx}{a[(x-\alpha)^2+\beta^2]} = \frac{m}{2a}L(1+t^2) + \frac{m\alpha+n}{a\beta}\text{arc tang } t + C,$$

ou, en revenant à la variable x,

$$\int \frac{(mx+n)\,dx}{a[(x-\alpha)^2+\beta^2]} = \frac{m}{2a}L\left[1+\frac{(x-\alpha)^2}{\beta^2}\right]$$

$$+ \frac{m\alpha+n}{a\beta}\text{arc tang }\frac{x-\alpha}{\beta} + C.$$

EXEMPLE. — On a :

$$\int \frac{(4x+1)\,dx}{3x^2-30x+87} = \frac{2}{3}L\left[1+\frac{(x-5)^2}{4}\right] + \frac{7}{2}\text{arc tang }\frac{x-5}{2} + C.$$

86. Intégration des fractions rationnelles. — Quand le dénominateur de la fraction est d'un degré quelconque, on apprend en algèbre à décomposer les fractions rationnelles en fractions simples, de sorte que l'on est ramené, comme pour le second degré, à intégrer des différentielles fractionnaires beaucoup plus simples. En réalité, dès que le degré dépasse le troisième, les calculs ne laissent pas que d'être très compliqués et au surplus peu utiles dans les applications. Pour cette raison, nous nous bornerons à traiter quelques exemples numériques où le dénominateur est du troisième degré.

Soit donc à intégrer la différentielle :

$$\frac{(x^2 - 5x + 3)\, dx}{(x+1)(x-1)(x-2)};$$

posons comme précédemment :

$$\frac{x^2 - 5x + 3}{(x+1)(x-1)(x-2)} = \frac{A}{x+1} + \frac{B}{x-1} + \frac{C}{x-2};$$

d'où, en chassant les dénominateurs,

$$x^2 - 5x + 3 = A(x-1)(x-2) + B(x+1)(x-2) + C(x+1)(x-1);$$

cette relation devant avoir lieu identiquement, faisons successivement $x = -1$, $x = +1$, $x = +2$; on obtient les conditions :

$$9 = 6A, \quad \text{d'où} \quad A = \frac{3}{2};$$

$$-1 = -2B, \quad \text{d'où} \quad B = \frac{1}{2};$$

$$-3 = 3C, \quad \text{d'où} \quad C = -1.$$

On a par conséquent :

$$\int \frac{(x^2 - 5x + 3)\, dx}{(x+1)(x-1)(x-2)} = \frac{3}{2}\int \frac{dx}{x+1} + \frac{1}{2}\int \frac{dx}{x-1} - \int \frac{dx}{x-2};$$

les intégrations sont immédiates, on obtient :

$$\int \frac{(x^2 - 5x + 3)\, dx}{(x+1)(x-1)(x-2)} = \frac{3}{2}L(x+1) + \frac{1}{2}L(x-1) - L(x-2) + C.$$

Soit encore à intégrer la différentielle :

$$\frac{x^2 - 5x + 3}{(x+1)(x-2)^2} dx ;$$

dans ce cas, il convient de poser :

$$\frac{x^2 - 5x + 3}{(x+1)(x-2)^2} = \frac{A}{x+1} + \frac{Bx + C}{(x-2)^2} ;$$

d'où, en chassant les dénominateurs,

$$x^2 - 5x + 3 = A(x-2)^2 + (Bx + C)(x+1) ;$$

on détermine encore les coefficients en donnant à x trois valeurs différentes, par exemple : $x = -1$, $x = 2$, $x = 0$; il vient :

pour $x = -1$: $\quad 9 = 9A,\quad$ d'où $\quad A = 1$
$\quad -\ x = 2$: $\quad -3 = 3(2B + C)$
$\quad -\ x = 0$: $\quad +3 = 4A + C.$

Les deux dernières relations donnent $C = -1$ et $B = 0$, de sorte que :

$$\int \frac{(x^2 - 5x + 3)dx}{(x-1)(x-2)^2} = \int \frac{dx}{x+1} - \int \frac{dx}{(x-2)^2} = L(x+1) + \frac{1}{x-2} + C.$$

Si l'on avait à intégrer l'expression :

$$\frac{x^2 - 5x + 3}{(x-2)^3},$$

on poserait :

$$x - 2 = t, \quad \text{d'où} \quad dx = dt,$$

par suite

$$\frac{(x^2 - 5x + 3) dx}{(x-2)^3} = \frac{dt}{t} - \frac{dt}{t^2} - 3\frac{dt}{t^3} ;$$

les intégrations sont encore immédiates, et l'on obtient en

revenant à la variable x :

$$\int \frac{(x^2 - 5x + 3)\,dx}{(x-2)^3} = \mathrm{L}(x-2) + \frac{1}{x-2} + \frac{3}{2}\frac{1}{(x-2)^2} + \mathrm{C}.$$

87. Intégration des fonctions irrationnelles. — Soit à intégrer l'expression :

$$\int f(x^{\frac{m}{n}},\ x^{\frac{p}{q}},\ x^{\frac{r}{s}})\,dx,$$

qui ne contient que des irrationnelles monômes.

Faisons un changement de variable en posant $x^{\frac{1}{nqs}} = t$ on déduit :

$$x = t^{nqs}, \qquad dx = nqs\,t^{nqs-1}\,dt,$$

puis :

$$x^{\frac{m}{n}} = t^{mqs}, \qquad x^{\frac{p}{q}} = t^{nps}, \qquad x^{\frac{r}{s}} = t^{nqr}.$$

Si l'on porte ces valeurs dans la fonction f, on est ramené à intégrer une fonction rationnelle en t (85) ; il suffit ensuite de revenir à la variable x.

On pourrait plus simplement poser $x = t^{m'}$, m' étant le plus petit commun multiple des nombres n, q, s.

EXEMPLE. — Soit l'intégrale :

$$\int \frac{(1 + x^{\frac{1}{2}} - x^{\frac{2}{3}})\,dx}{1 + x^{\frac{1}{3}}}.$$

Posons $x^{\frac{1}{6}} = t$, d'où $x = t^6$, $dx = 6t^5\,dt$; il vient

$$\int \frac{(1 + x^{\frac{1}{2}} - x^{\frac{2}{3}})\,dx}{1 + x^{\frac{1}{3}}} = \int \frac{(1 + t^3 - t^4)\,6t^5\,dt}{1 + t^2};$$

il ne reste plus qu'à intégrer la fraction rationnelle en t.

On ramène au cas précédent toute fonction qui ne contient que des radicaux portant sur un même binôme du premier degré; par exemple les différentielles de la forme

$$f[(a+bx)^{\frac{p}{q}} (a+bx)^{\frac{p'}{q'}} x] \, dx.$$

Il suffit de poser $a + bx = t^{qs}$.

88. Différentielles qui contiennent un radical du second degré. — Soit à intégrer une différentielle de la forme $f(xy) \, dx$, f désignant une fonction rationnelle des variables x, y; et y le radical $\sqrt{a + bx + x^2}$.

Supposons $a > 0$ et changeons de variable en posant :

$$\sqrt{a + bx + x^2} = \sqrt{a} + tx;$$

élevant au carré et divisant par x, on obtient :

$$b + x = 2t\sqrt{a} + t^2 x,$$

d'où :

$$dx = t^2 dx + 2(\sqrt{a} + tx) \, dt.$$

On déduit de ces équations :

$$x = \frac{2t\sqrt{a} - b}{1 - t^2}, \qquad y = \frac{\sqrt{a}t^2 - bt + \sqrt{a}}{1 - t^2},$$

$$dx = \frac{(t^2\sqrt{a} - bt + \sqrt{a}) \, 2dt}{(1 - t^2)^2};$$

de sorte que x, y et dx s'expriment rationnellement en fonction de t.

La différentielle $f(xy) \, dx$, étant ainsi rendue rationnelle, s'intègre comme nous l'avons indiqué (86); on revient ensuite à la variable x par la formule :

$$t = \frac{\sqrt{a + bx + x^2} - \sqrt{a}}{x}.$$

EXEMPLE. — Supposons que l'on ait :

$$y = \frac{1}{\sqrt{a + bx + x^2}};$$

développant les calculs précédents, on obtient :

$$\int \frac{dx}{\sqrt{a+bx+x^2}} = L\left(\frac{b}{2} + x + \sqrt{a+bx+x^2}\right) + C.$$

On obtiendrait pareillement :

$$\int \frac{(gx+h)dx}{\sqrt{a+bx+x^2}} = g\sqrt{a+bx+x^2} + \left(h - \frac{gb}{2}\right) L\left(\frac{b}{2} + x + \sqrt{a+bx+x^2}\right).$$

La méthode s'applique de la même façon lorsque le terme x^2 sous le radical est précédé du signe —. Par exemple on trouve :

$$\int \frac{dx}{\sqrt{a+bx-x^2}} = \arcsin \frac{2x-b}{\sqrt{b^2+4a}} + C.$$

En particulier, pour $a = 7$, $b = 6$, la dernière formule donne :

$$\int \frac{dx}{\sqrt{7+6x-x^2}} = \arcsin \frac{x-3}{4} + C.$$

L'intégrale suivante, qu'il est utile de connaître, s'obtient par la même méthode :

$$\int \sqrt{x^2 \pm a^2}\, dx = \frac{1}{2}\left[\pm a^2 L(x + \sqrt{x^2 \pm a^2}) + x\sqrt{x^2 \pm a^2}\right] + C.$$

Enfin cette méthode permet d'intégrer les fonctions rationnelles :

$$f(x, \sqrt{x+a}, \sqrt{x+b})\, dx,$$

qui contiennent des radicaux portant sur deux binômes différents du premier degré ; il suffit de poser $\sqrt{x+a} = t$.

89. Différentielles binômes. — On donne ce nom aux différentielles de la forme

$$x^m (a + bx^n)^p \, dx,$$

m, n, p désignant des nombres quelconques, entiers ou fractionnaires, positifs ou négatifs, mais commensurables.

On peut toujours supposer que m et n sont entiers, car s'ils étaient fractionnaires de la forme $m = \dfrac{r}{s}$, $n = \dfrac{r'}{s'}$, on poserait $x^{\frac{1}{ss'}} = t$, d'où $x = t^{ss'}$; $x^m = t^{rs'}$, $x^n = t^{r's}$, et $dx = ss' t^{ss'-1} dt$; on serait ainsi ramené à une différentielle binôme dont m et n seraient entiers.

Les différentielles binômes sont intégrables lorsque p est entier, et dans les deux cas ci-après :

lorsque $\quad\quad\quad \dfrac{m+1}{n}$ est entier,

lorsque $\quad\quad\quad \dfrac{m+1}{n} + p$ est entier.

En effet, posons $a + bx^n = t$; on déduit :

$$x = \frac{(t-a)^{\frac{1}{n}}}{b^{\frac{1}{n}}}, \qquad dx = \frac{1}{nb}\left(\frac{t-a}{b}\right)^{\frac{1}{n}-1} dt;$$

par suite :

$$x^m (a + bx^n)^p \, dx = \frac{1}{nb}\left(\frac{t-a}{b}\right)^{\frac{m+1}{n}-1} t^p dt.$$

Cette forme montre que l'intégration n'est possible que lorsque le quotient $\dfrac{m+1}{n}$ est entier, car on est ramené à intégrer une fonction rationnelle.

D'autre part la différentielle proposée peut s'écrire :

$$x^m (a + bx^n)^p \, dx = x^{m+np}(ax^{-n} + b)^p \, dx;$$

appliquant le critérium précédent à cette nouvelle forme, on obtient la condition $\dfrac{m+1}{n} + p$ entier.

Les différentielles binômes s'intègrent ordinairement par parties.

Exemple. — Soit la différentielle :
$$x^4(1-x^2)^{-\frac{3}{2}}dx;$$

on a $m = 4$, $n = 2$, $p = -\frac{3}{2}$; d'où $\frac{m+1}{n} + p = 1$, ce qui montre que l'intégration est possible.

Procédant par parties (84), on obtient successivement :
$$\int x^4(1-x^2)^{-\frac{3}{2}}dx = x^3(1-x^2)^{-\frac{1}{2}} - 3\int x^2(1-x^2)^{-\frac{1}{2}}dx + C,$$

puis
$$\int x^2(1-x^2)^{-\frac{1}{2}}dx = -\frac{x}{2}(1-x^2)^{\frac{1}{2}} + \frac{1}{2}\int(1-x^2)^{-\frac{1}{2}}dx + C;$$

enfin :
$$\int x^4(1-x^2)^{-\frac{3}{2}}dx = x^3(1-x^2)^{-\frac{1}{2}} + \frac{3}{2}x(1-x^2)^{\frac{1}{2}} - \frac{3}{2}\arcsin x + C.$$

Les intégrales suivantes s'obtiennent également par la méthode d'intégration par parties ; la première est immédiate :

$$\int \frac{dx}{\sqrt{1-x^2}} = \arcsin x + C.$$

$$\int \frac{dx}{\sqrt{1+x^2}} = L\left(x + \sqrt{1+x^2}\right) + C.$$

$$\int \sqrt{1-x^2}\,dx = \frac{1}{2}\left[\arcsin x + x\sqrt{1-x^2}\right] + C.$$

$$\int \sqrt{1+x^2}\,dx = \frac{1}{2}\left[L\left(x + \sqrt{1+x^2}\right) + x\sqrt{1+x^2}\right] + C.$$

90. Intégration des fonctions circulaires. — Soit à intégrer la différentielle :
$$f(\sin x, \cos x)\,dx,$$

f désignant une fonction rationnelle. La méthode générale

consiste à poser :
$$\tan\frac{x}{2} = t,$$
d'où l'on déduit :
$$x = 2 \text{ arc tang } t, \qquad dx = \frac{2dt}{1+t^2}.$$

Comme, d'autre part, on a :
$$\sin x = 2\sin\frac{x}{2}\cos\frac{x}{2} = \frac{2t}{1+t^2},$$
$$\cos x = \cos^2\frac{x}{2} - \sin^2\frac{x}{2} = \frac{1-t^2}{1+t^2},$$

on est ramené à intégrer la fonction rationnelle :
$$f\left(\frac{2t}{1+t^2}\cdot\frac{1-t^2}{1+t^2}\right)\frac{2dt}{1+t^2}.$$

Exemple. — Soit la différentielle :
$$\frac{dx}{\cos x};$$
on a successivement :
$$\int\frac{dx}{\cos x} = 2\int\frac{dt}{1-t^2} = L\frac{1+t}{1-t} = L\frac{1+\tan\frac{x}{2}}{1-\tan\frac{x}{2}},$$
ou encore :
$$\int\frac{dx}{\cos x} = L\tan\left(\frac{\pi}{4}+\frac{x}{2}\right) + C.$$

On trouve par la même méthode :
$$\int\tan x\,dx = -L\cos x + C, \qquad \int\sqrt{1+\cos x}\,dx = -2\sqrt{2}\cos\frac{x}{2} + C.$$
$$\int\cot x\,dx = L\sin x + C, \qquad \int\frac{dx}{\sin x\cos x} = L\tan x + C.$$

Lorsque la fonction f est de degré pair, on peut faire le

changement de variable :

$$\tang x = t.$$

Soit, par exemple, la différentielle :

$$\frac{dx}{a\sin^2 x + 2b \sin x \cos x + c \cos^2 x};$$

on peut l'écrire :

$$\frac{\dfrac{dx}{\cos^2 x}}{a \tang^2 x + 2b \tang x + c}.$$

Posons :

$$\tang x = t, \quad \text{d'où} \quad dt = \frac{dx}{\cos^2 x},$$

il vient :

$$\frac{\dfrac{dx}{\cos^2 x}}{a \tang^2 x + 2b \tang x + c} = \frac{dt}{at^2 + 2bt + c},$$

différentielle que l'on sait intégrer (85).

Les différentielles des fonctions trigonométriques s'intègrent encore à l'aide des formules d'Euler. On a (65) :

$$\sin x = \frac{e^{ix} - e^{-ix}}{2i}, \quad \cos x = \frac{e^{ix} + e^{-ix}}{2};$$

posons :

$$e^{ix} = z, \quad \text{d'où} \quad dz = ie^{ix} dx.$$

Si l'on introduit ces valeurs dans la fonction $f(\sin x, \cos x)$, il vient :

$$f(\sin x, \cos x)\, dx = f\left(\frac{e^{ix} - e^{-ix}}{2i}, \frac{e^{ix} + e^{-ix}}{2}\right) dx,$$

c'est-à-dire :

$$f(\sin x, \cos x)\, dx = f\left(\frac{z - \frac{1}{z}}{2i}, \frac{z + \frac{1}{z}}{2}\right) \frac{dz}{iz};$$

on voit que l'on est ramené à une fonction rationnelle en z. Le résultat est réel, car les imaginaires disparaissent.

Par cette méthode on obtient rapidement l'intégrale :

$$\int \sin(ax+b)\sin(a'x+b')\,dx$$
$$= \frac{\sin[(a-a')x+b-b']}{2(a-a')} - \frac{\sin[(a+a')x+b+b']}{2(a+a')} + C.$$

On trouverait de même :

$$\int \frac{dx}{a\sin x + b\cos x} = \frac{1}{\sqrt{a^2+b^2}}\, L\, \tang \frac{x+k}{2} + C;$$

on a posé :

$$\frac{a}{\sqrt{a^2+b^2}} = \cos k, \qquad \frac{b}{\sqrt{a^2+b^2}} = \sin k.$$

Mais les différentielles simples des fonctions circulaires s'intègrent souvent par substitution, par parties, ou encore directement.

EXEMPLE. — Soient les différentielles :

$$\cos^2 x\,dx, \qquad \text{et} \qquad \sin^2 x\,dx\,;$$

on a d'abord :

$$\int \cos^2 x\,dx + \int \sin^2 x\,dx = \int (\cos^2 x + \sin^2 x)\,dx = x + C\,;$$

d'autre part,

$$\int \cos^2 x\,dx - \int \sin^2 x\,dx = \int \cos 2x\,dx = \frac{\sin 2x}{2} + C\,;$$

d'où, par addition et soustraction,

$$\int \cos^2 x\,dx = \frac{x}{2} + \frac{\sin 2x}{4} + C,$$
$$\int \sin^2 x\,dx = \frac{x}{2} - \frac{\sin 2x}{4} + C.$$

On observe de même que :

$$\int \sin x \cos x\,dx = \frac{1}{2}\int \sin 2x\,dx = -\frac{\cos 2x}{4} + C,$$

et aussi :

$$\int \sin^2 x \cos^2 x\,dx = \frac{1}{4}\int \sin^2 2x\,dx = \frac{x}{8} - \frac{\sin 4x}{32} + C.$$

Si l'on avait à intégrer :

$$\operatorname{tang}^2 x\,dx = \frac{\sin^2 x}{\cos^2 x}\,dx,$$

on remarquerait que :

$$\int \frac{\sin^2 x}{\cos^2 x}\,dx = \int \frac{1-\cos^2 x}{\cos^2 x}\,dx = \int \frac{dx}{\cos^2 x} - \int dx = \operatorname{tang} x - x + C.$$

Les différentielles qui renferment des fonctions circulaires inverses, telles que arc sin x, arc tang x, ..., etc., s'intègrent généralement par parties. On trouve, en effet,

$$\int \operatorname{arc\,sin} x\,dx = \operatorname{arc\,sin} x \cdot x - \int \frac{x\,dx}{\sqrt{1-x^2}},$$

c'est-à-dire :

$$\int \operatorname{arc\,sin} x\,dx = x\operatorname{arc\,sin} x + \sqrt{1-x^2} + C;$$

on trouverait de même :

$$\int \operatorname{arc\,tang} x\,dx = x\operatorname{arc\,tang} x - \frac{1}{2}L(1+x^2) + C,$$

$$\int \operatorname{arc\,cos} x\,dx = x\operatorname{arc\,cos} x - \sqrt{1-x^2} + C.$$

91. Intégration des fonctions exponentielles. — Soit à intégrer la différentielle exponentielle :

$$f(e^{mx})\,e^{mx}dx,$$

f désignant toujours une fonction rationnelle. Il convient, dans ce cas, de poser :

$$e^{mx} = t, \quad \text{d'où} \quad me^{mx}dx = dt;$$

en substituant, on est ramené à intégrer :

$$\frac{1}{m} f(t)\, dt,$$

qui est encore une expression rationnelle.

EXEMPLE. — On trouve sans difficulté :

$$\int (e^{mx} \pm e^{-mx})\, dx = \frac{1}{m}(e^{mx} \mp e^{-mx}) + C.$$

La méthode serait la même si l'on avait la différentielle

$$f(a^x)\, a^x\, dx, \text{ ou } f(\mathrm{L}x)\, \frac{dx}{x};$$ on poserait a^x ou $\mathrm{L}x = t$.

C'est encore par parties que l'on intègre les différentielles simples contenant à la fois des fonctions circulaires et exponentielles. On a par exemple

$$\int e^x \cos x\, dx = e^x \sin x - \int e^x \sin x\, dx;$$

mais :

$$-\int e^x \sin x\, dx = \int e^x(-\sin x)\, dx = e^x \cos x - \int e^x \cos x\, dx;$$

par suite :

$$\int e^x \cos x\, dx = e^x(\sin x + \cos x) - \int e^x \cos x\, dx,$$

et enfin

$$\int e^x \cos x\, dx = \frac{e^x}{2}(\sin x + \cos x) + C.$$

Plus généralement on obtient :

$$\int e^{ax} \cos bx\, dx = \frac{e^{ax}(a \cos bx + b \sin bx)}{a^2 + b^2} + C.$$

$$\int e^{ax} \sin bx\, dx = \frac{e^{ax}(a \sin bx + b \cos bx)}{a^2 + b^2} + C.$$

Si l'on voulait intégrer $\int x^m e^x dx$, on écrirait :

$$\int x^m e^x dx = x^m e^x - \int m x^{m-1} e^x dx = x^m e^x - m \int x^{m-1} e^x dx ;$$

et l'on serait ainsi ramené à une intégrale de même forme que la proposée, mais où l'exposant de x est diminué d'une unité. Si m est entier et positif, en répétant m fois l'opération, on sera ramené à $\int e^x dx$ qu'on sait effectuer.

Par exemple, pour calculer $\int x^2 e^x dx$, on pose :

$$\int x^2 e^x dx = x^2 e^x - 2 \int x e^x dx = x^2 e^x - \left[2x e^x - \int e^x dx \right],$$

ou bien

$$\int x^2 e^x dx = x^2 e^x - 2x e^x + 2 e^x + C,$$

enfin

$$\int x^2 e^x dx = e^x \left[x^2 - 2x + 2 \right] + C.$$

Pour la différentielle :

$$Lx \cdot dx,$$

on trouve de même

$$\int L x \, dx = L x \cdot x - \int \frac{dx}{x} \cdot x + C = x L x - x + C.$$

Plus généralement on a :

$$\int (Lx)^m \, dx = x (Lx)^m - m \int (Lx)^{m-1} \, dx + C.$$

L'intégrale du second membre est de la même forme que celle du premier, l'exposant étant diminué d'une unité.

§ 2. — Intégrales définies

92. Calcul des intégrales définies. — Lorsqu'on a obtenu l'intégrale indéfinie d'une différentielle, la formule (1) du numéro 80 fournit son intégrale définie entre les limites données.

La valeur de cette intégrale définie s'obtient en faisant la différence des deux valeurs que prend l'intégrale indéfinie quand on y remplace la variable successivement par les deux limites.

Exemple I. — Soit à calculer :

$$I = \int_0^1 x^m dx, \qquad m > 0,$$

l'intégrale indéfinie étant :

$$\frac{x^{m+1}}{m+1};$$

on trouve pour l'intégrale définie, en remplaçant successivement x par 1 et zéro :

$$I = \left[\frac{x^{m+1}}{m+1}\right]_{x=1} - \left[\frac{x^{m+1}}{m+1}\right]_{x=0} = \left[\frac{x^{m+1}}{m+1}\right]_0^1 = \frac{1}{m+1},$$

car le second terme de la différence est nul pour $x = 0$.

Exemple II. — Soit encore à calculer :

$$I_1 = \int_0^\pi \cos^2 x\, dx, \qquad I_2 = \int_0^\pi \sin^2 x\, dx$$

es intégrales définies étant (90) :

$$\frac{x}{2} + \frac{\sin 2x}{4}, \qquad \frac{x}{2} - \frac{\sin 2x}{4},$$

on obtient, en faisant $x = \pi$ puis $x = 0$, et, retranchant :

$$I_1 = \left(\frac{x}{2} + \frac{\sin 2x}{4}\right)_0^\pi = \frac{\pi}{2},$$
$$I_2 = \left(\frac{x}{2} - \frac{\sin 2x}{4}\right)_0^\pi = \frac{\pi}{2};$$

ainsi :

$$I_1 = I_2 = \frac{\pi}{2}.$$

Le calcul d'une intégrale définie n'est pas toujours aussi simple ; dans certains cas, il faut recourir à de véritables artifices pour éviter l'indétermination du résultat. Soit par exemple l'intégrale :

$$I = \int_1^\infty \frac{(x^2 - 2)\, dx}{x^3 \sqrt{x^2 - 1}}.$$

Décomposons cette intégrale en deux autres I_1 et I_2 :

$$I_1 = \int_1^\infty \frac{dx}{x \sqrt{x^2 - 1}} = \int_1^\infty \frac{\frac{dx}{x^2}}{\sqrt{1 - \frac{1}{x^2}}} = \left(-\arcsin\frac{1}{x}\right)_1^\infty,$$

ou bien

$$I_1 = \frac{\pi}{2}.$$

D'autre part :

$$I_2 = -\int_1^\infty \frac{2\, dx}{x^3 \sqrt{x^2 - 1}};$$

si l'on pose $\frac{1}{x} = z$, il vient en procédant par parties :

$$I_2 = \int_1^0 \frac{2z^2\, dz}{\sqrt{1 - z^2}} = 2\left(z\sqrt{1 - z^2} - \int \sqrt{1 - z^2}\, dz\right)_0^1 = -\frac{\pi}{2}.$$

122   ANALYSE

Donc en définitive :

$$I = I_1 + I_2 = 0;$$

l'intégrale proposée est nulle.

Le tableau ci-après donne quelques intégrales définies obtenues par les mêmes procédés.

Tableau d'intégrales définies.

$$\int_0^1 \frac{dx}{1+x^2} = \int_1^\infty \frac{dx}{1+x^2} = \frac{\pi}{4},$$

$$\int_0^\infty \frac{dx}{a^2+x^2} = \frac{\pi}{2a},$$

$$\int_0^\infty \frac{dx}{a+bx^2} = \frac{\pi}{2\sqrt{ab}},$$

$$\int_0^1 \frac{dx}{1+2x\cos\alpha+x^2} = \frac{\alpha}{2\sin\alpha},$$

$$\int_0^a \frac{dx}{\sqrt{a^2-x^2}} = \frac{\pi}{2},$$

$$\int_0^a \frac{x^m dx}{\sqrt{ax-x^2}} = \frac{1 \cdot 3 \ldots (2m-1)}{2 \cdot 4 \ldots 2m}\pi a^m,$$

$$\int_0^\pi \frac{dx}{a+b\cos x} = \frac{\pi}{\sqrt{a^2-b^2}},$$

$$\int_0^\pi \frac{dx}{1-2\alpha\cos x+\alpha^2} = \frac{\pi}{1-\alpha^2},$$

$$\int_0^\pi \frac{x \sin x\, dx}{1 + \cos^2 x} = \frac{\pi^2}{4},$$

$$\int_0^{\frac{\pi}{2}} \frac{dx}{a^2 \sin^2 x + b^2 \cos^2 x} = \frac{\pi}{2ab},$$

$$\int_0^{\frac{\pi}{2}} \sin^{2n} x\, dx = \frac{1 \cdot 3 \ldots (2n-1)}{2 \cdot 4 \ldots 2n} \cdot \frac{\pi}{2},$$

$$\int_0^{\frac{\pi}{2}} \sin^{2n+1} x\, dx = \frac{2 \cdot 4 \ldots 2n}{3 \cdot 5 \ldots (2n+1)}.$$

$$\int_0^\infty \frac{\sin x}{x}\, dx = \frac{\pi}{2},$$

$$\int_0^\infty \frac{\cos x}{x}\, dx = \infty,$$

$$\int_0^\infty e^{-ax^2}\, dx = \frac{1}{2}\sqrt{\frac{\pi}{a}},$$

$$\int_0^x \frac{dx}{\mathrm{L}x} = \mathrm{C} + \mathrm{L}(-\mathrm{L}x) + \mathrm{L}x + \frac{1}{2}\frac{(\mathrm{L}x)^2}{1.2} + \frac{1}{3}\frac{(\mathrm{L}x)^3}{1.2.3} + \ldots \quad (0 < x < 1),$$

$\mathrm{C} = 0{,}5772156 = $ constante d'Euler.

93. Intégration par les séries. — Lorsqu'une série ayant pour termes des fonctions de x est uniformément convergente dans l'intervalle x_0 à x, on peut intégrer cette série, c'est-à-dire que l'intégrale de la somme de la série s'obtient en prenant les intégrales de tous les termes et les additionnant.

Soit la série

$$u_0 + u_1 + u_2 + \ldots + u_n + \ldots,$$

dont le terme général est $u_n = f(x)$; cette série sera uniformément convergente dans l'intervalle x_0 à x si l'on peut trouver un nombre entier N assez grand pour que, $n \geq N$, la somme $u_{n+1} + u_{n+2} + u_{n+3} + \ldots$ puisse être rendue moindre qu'une quantité ε aussi petite que l'on voudra, et cela quel que soit x dans l'intervalle considéré.

Désignons par $F(x)$ la somme de la série ; on a :

$$F(x) = u_0 + u_1 + u_2 + \ldots + u_n + R_n, \qquad R_n < \varepsilon;$$

et en intégrant :

$$\int_{x_0}^{x} F(x)dx = \int_{x_0}^{x} u_0 dx + \int_{x_0}^{x} u_1 dx + \int_{x_0}^{x} u_2 dx + \ldots + \int_{x_0}^{x} u_n dx + \int_{x_0}^{x} R_n dx;$$

mais, par hypothèse, $R_n < \varepsilon$, donc :

$$\int_{x_0}^{x} R_n dx < \int_{x_0}^{x} \varepsilon\, dx = \varepsilon \int_{x_0}^{x} dx = \varepsilon(x - x_0).$$

Comme le produit $\varepsilon(x - x_0)$ tend vers zéro avec ε, à la limite on peut écrire :

$$\int_{x_0}^{x} F(x)\, dx = \lim \left[\int_{x_0}^{x} u_0 dx + \int_{x_0}^{x} u_1 dx + \ldots + \int_{x_0}^{x} u_n dx + \ldots \right].$$

EXEMPLE. — On a l'égalité :

$$\int_0 \frac{dx}{1 + x^2} = \text{arc tang}\, x;$$

d'autre part, la formule de Maclaurin donne :

$$\frac{1}{1 + x^2} = 1 - x^2 + x^4 - x^6 + x^8 - \ldots,$$

Pour toute valeur de x comprise entre 0 et 1, cette série est uniformément convergente ; donc

$$\int_0^{x} \frac{dx}{1 + x^2} = \text{arc tang}\, x = x - \frac{x^3}{3} + \frac{x^5}{5} - \frac{x^7}{7} + \ldots \pm \frac{x^n}{n} \ldots;$$

c'est le développement en série de la fonction arc tang x.

94. Intégrales elliptiques. — On donne ce nom à des intégrales que l'on est amené à considérer quand on veut rectifier l'ellipse ou l'hyperbole; ce sont des transcendantes irréductibles, qui sont de trois espèces:

$$\int_0^x \frac{dx}{\sqrt{(1-x^2)(1-k^2x^2)}}, \ldots \text{première espèce};$$

$$\int_0^x \frac{x^2\,dx}{\sqrt{(1-x^2)(1-k^2x^2)}}, \ldots \text{seconde espèce};$$

$$\int_0^x \frac{dx}{(1+nx^2)\sqrt{(1-x^2)(1-k^2x^2)}}, \ldots \text{troisième espèce}.$$

k est le *module* et n le *paramètre* de l'intégrale de troisième espèce.

Si l'on pose $x = \sin\varphi$, les intégrales elliptiques prennent les formes remarquables :

$$\int_0^\varphi \frac{d\varphi}{\sqrt{1-k^2\sin^2\varphi}},$$

$$\int_0^\varphi \frac{\sin^2\varphi\,d\varphi}{\sqrt{1-k^2\sin^2\varphi}},$$

$$\int_0^\varphi \frac{d\varphi}{(1+n\sin^2\varphi)\sqrt{1-k^2\sin^2\varphi}}.$$

L'emploi des séries permet d'obtenir la valeur des intégrales elliptiques avec autant d'approximation qu'on le désire; il suffit de développer en série la fonction placée sous le signe $\int$ et d'intégrer chaque terme entre les limites 0 et x. On obtient pour l'intégrale de première espèce, la seule que nous aurons à utiliser :

$$\int_0^x \frac{dx}{\sqrt{(1-x^2)(1-k^2x^2)}} =$$

$$= \left[1 + \left(\frac{1}{2}\right)^2 k^2 + \left(\frac{1.3}{2.4}\right)^2 k^4 + \left(\frac{1.3.5}{2.4.6}\right)^2 k^6 + \ldots\right] \arcsin x$$
$$- x\sqrt{1-x^2}\left[\frac{1}{2}\frac{k^2}{2} + \frac{1.3}{2.4}\left(x^2 + \frac{3}{2}\right)\frac{k^4}{4} + \frac{1.3.5}{2.4.6}\left(x^4 + \frac{5}{4}x^2 + \frac{3.5}{2.4}\right)\frac{k^6}{6} + \ldots\right],$$

avec la condition $-1 < x < +1$.

Plus généralement, considérons l'intégrale

$$\int f(x\sqrt{X})dx,$$

dans laquelle f est une fonction rationnelle et X un polynôme entier en x. Si X est un polynôme du premier ou du second degré, on sait effectuer l'intégration (88) ; lorsque X est du troisième ou du quatrième degré, on est ramené à des intégrales elliptiques.

95. Calcul approché des intégrales définies. — Bon nombre de questions de mécanique, physique, probabilité, etc., conduisent à des intégrales définies dont l'expression exacte ne peut être obtenue par les méthodes exposées plus haut. Il arrive même quelquefois que la fonction à intégrer n'est pas donnée par son expression analytique, et que l'on n'en connaît qu'une série de valeurs correspondantes à des valeurs plus ou moins rapprochées de la variable ; c'est ce qui arrive, par exemple, lorsqu'on veut mesurer l'aire de la section d'un cours d'eau. Il est donc nécessaire, pour traiter ces divers cas, de posséder des méthodes approximatives permettant d'obtenir, aussi exactement que possible, la valeur de l'intégrale définie. Ces méthodes sont au nombre de trois.

Soit à évaluer l'aire z du trapèze curviligne ABCD limité par une courbe quelconque BD, l'axe des x, et deux ordonnées y_0, Y. Divisons l'intervalle AC de ces ordonnées en un certain nombre de parties égales, soit h l'une de ces parties.

Par tous les points de division, menons des ordonnées, que nous désignerons successivement par $y_1, y_2 \ldots y_{n-1}$.

1° La *méthode des trapèzes* consiste à assimiler chaque élément de courbe, tel que HK, à une portion de ligne droite; de sorte que l'aire totale ABCD est une somme de trapèzes rectilignes.

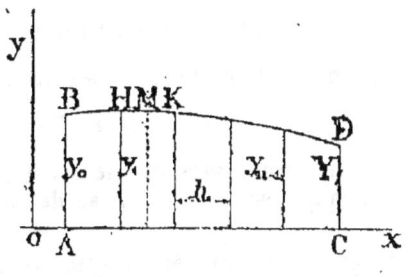

Fig. 12.

On a par suite :

$$z = h \frac{y_0 + y_1}{2} + h \frac{y_1 + y_2}{2} + \ldots + h \frac{y_{n-1} + Y}{2},$$

ce qui donne en simplifiant :

$$(1) \quad z = h \left[\frac{1}{2} y_0 + y_1 + y_2 + \ldots + y_{n-1} + \frac{1}{2} Y \right].$$

EXEMPLE. — Soit à évaluer l'intégrale définie :

$$z = \int_{0,1}^{0,7} \frac{0,084}{x} dx;$$

la courbe correspondante à l'équation

$$y = \frac{0,084}{x}$$

est une hyperbole, et z représente l'aire comprise entre cette hyperbole, l'axe des x, et les ordonnées $x = 0,1$, $x = 0,7$.

Calculons successivement les ordonnées $y_0, y_1, \ldots, y_2$, Y, correspondantes à $x = 0,1$, $x = 0,2$, …, $x = 0,7$, c'est-à-dire faisons $h = 0,1$.

On trouve :

$y_0 = 0,84$, $y_4 = 0,168$,
$y_1 = 0,42$, $y_5 = 0,14$,
$y_2 = 0,28$, $Y = 0,12$.
$y_3 = 0,21$,

La formule (1) donne ensuite :

$$z = 0,1 (0,42 + 0,42 + 0,28 + 0,21 + 0,168 + 0,14 + 0,06) = 0,1698.$$

La valeur exacte de l'intégrale définie étant

$$z = 0,084 \text{L} \cdot 7 = 0,1635,$$

on voit que l'erreur commise ne porte que sur le troisième chiffre décimal, ce qui est quelquefois suffisant.

2° Supposons maintenant que l'intervalle AC des ordonnées y_0, Y soit divisé en un nombre *pair*, n, de parties égales ; le nombre des ordonnées est, par suite, impair et égal à $(n+1)$.

La méthode de *Thomas Simpson* consiste à assimiler l'arc HK à un arc de parabole du second degré ; l'axe de cette parabole est parallèle à OY et la courbe passe par les points H, M, K, l'ordonnée du point M étant équidistante de celles des points H et K.

Si l'on traduit algébriquement cette condition, on parvient à la formule :

$$(2) \quad z = \frac{h}{3} [(y_0 + \text{Y}) + 4(y_1 + y_3 + \ldots + y_{n-1}) + 2(y_2 + y_4 + \ldots + y_{n-2})].$$

Appliquant cette formule à l'exemple précédent, on obtient :

$$z = \frac{0,1}{3} [(0,84 + 0,12) + 4(0,42 + 0,21 + 0,14) + 2(0,28 + 0,168)] = 0,1645,$$

résultat plus approché que celui fourni par la formule des trapèzes.

3° Le général *Poncelet* a préconisé la formule suivante préférable encore à la formule (1) :

$$(3) \quad z = h \left[2(y_1 + y_3 + \ldots + y_{n-1}) + \frac{1}{4}(y_0 + \text{Y}) - \frac{1}{4}(y_1 + y_{n-1}) \right] \quad (n \text{ pair})$$

Cette formule s'obtient en menant par tous les points tels

CALCUL INTÉGRAL

que M une tangente à l'arc HK et en prenant la demi-somme des aires des trapèzes rectangles circonscrits et inscrits dans le trapèze curviligne ABCD.

Sur le même exemple ci-dessus, on obtient :

$$z = 0,1\left[2(0,42 + 0,21 + 0,14) + \frac{1}{4}(0,84 + 0,12) - \frac{1}{4}(0,42 + 0,14)\right] = 0,1640,$$

résultat encore plus approché que celui fourni par la formule de Simpson.

Nous avons supposé que la courbe était déterminée par des ordonnées équidistantes ; lorsque cette condition n'est pas réalisée, on peut, après avoir tracé la courbe à l'aide des ordonnées connues et inégalement distantes, faire abstraction des ordonnées intermédiaires et les remplacer par des ordonnées équidistantes dont on prendrait la valeur sur l'épure même.

REMARQUE. — Lorsque la courbe de la fonction coupe l'axe des x en plusieurs points B, et C, il faut évaluer séparément les aires telles que AMB situées au-dessus de OX, et les aires BmC placées au-dessous ; ces dernières sont prises avec le signe —, car l'ordonnée est négative.

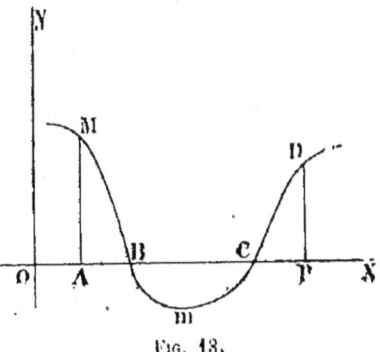

Fig. 13.

Par exemple, si l'on pose $oA = a$, $oP = b$, l'intégrale définie prise de a à b a pour valeur :

$$\int_a^b = \text{aire AMB} - \text{aire BmC} + \text{aire CDP}.$$

96. Intégrale multiple. — Soit $F(x)$ l'intégrale de la fonction $f(x)$; on a :

$$F(x) = \int f(x)\,dx.$$

MATHÉMATIQUES.

Si l'on cherche l'intégrale de la fonction $F(x)$, on obtient une autre fonction $F_1(x)$:

$$F_1(x) = \int F(x)\,dx = \int dx \int f(x)\,dx.$$

On peut chercher pareillement l'intégrale de $F_1(x)$ et obtenir :

$$F_2(x) = \int F_1(x)\,dx = \int dx \int dx \int f(x)\,dx,$$

puis chercher l'intégrale de $F_2(x)$:

$$F_3(x) = \int F_2(x)\,dx.$$

Après n intégrations successives, on arrivera à l'intégrale multiple d'ordre n :

$$\int dx \int dx \int dx \ldots \int f(x)\,dx,$$

que l'on représente simplement par la notation :

$$\int\int\int \cdots \int f(x)\,dx^n.$$

Cette intégrale d'ordre n renfermera n constantes, car chaque intégration en introduit une.

§ 3. — Équations différentielles

97. Définition — Une *équation différentielle du n^{me} ordre* est une relation entre une variable, une fonction de cette variable, et les dérivées ou différentielles des divers ordres de cette fonction jusqu'au n^{me} inclusivement.

Nous considérerons principalement les équations du premier et du second ordre; ce sont les seules que l'on rencontre dans les applications.

Une équation du premier ordre est donc de la forme :

$$f\left(x, y, \frac{dy}{dx}\right) = 0;$$

en la résolvant par rapport à $\frac{dy}{dx}$, on obtient une ou plusieurs équations de la forme :

$$\frac{dy}{dx} = f(x, y), \quad \text{ou} \quad M dx + N dy = 0,$$

M et N désignant des fonctions connues de x et y.

La forme d'une équation du second ordre est, de même,

$$f\left(x, y, \frac{dy}{dx}, \frac{d^2y}{dx^2}\right) = 0.$$

Exemples. — L'équation différentielle

$$\frac{dy}{dx} + y - x^3 = 0$$

est du premier ordre ; la suivante :

$$\frac{d^2y}{dx^2} + \frac{1}{x}\frac{dy}{dx} - \frac{y}{x^2} = 0,$$

est du second ordre.

98. Génération des équations différentielles. — Il est facile de se rendre compte du mode de génération des équations différentielles ; soit en effet

(1) $$F(x, y, C) = 0,$$

une équation renfermant deux variables x, y, et une constante arbitraire C ; si l'on différentie cette équation par rapport à x, on obtient une seconde équation :

$$\frac{\partial F}{\partial x} + \frac{\partial F}{\partial y}\frac{dy}{dx} = 0,$$

qui renferme encore, en général, la constante C. Si ensuite

on élimine cette constante entre les deux équations précédentes, le résultat de l'élimination conduit à une équation différentielle

$$f\left(x,\ y,\ \frac{dy}{dx}\right) = 0,$$

indépendante de C, et ne renfermant plus que les variables x, y, et la dérivée de y par rapport à x. Cette équation différentielle a donc lieu entre x, y, $\frac{dy}{dx}$, indépendamment de toute valeur attribuée à C dans l'équation (1); autrement dit, elle exprime une propriété commune à toutes les courbes qui se déduisent de l'équation (1) en faisant varier le paramètre C.

Exemple. — L'équation

$$y^2 - 2Cx - C^2 = 0$$

donne en différentiant :

$$y\frac{dy}{dx} - C = 0;$$

et, par élimination de C, l'équation du premier ordre :

$$y^2 - 2xy\frac{dy}{dx} - y^2\frac{dy^2}{dx^2} = 0,$$

à laquelle satisfont toutes les courbes que représente l'équation donnée, en supposant C variable.

De la même façon, une équation :

$$F(x,\ y,\ C,\ C') = 0,$$

renfermant deux constantes arbitraires C et C', engendre, par double différentiation et par élimination de ces constantes entre les deux équations obtenues et l'équation primitive, l'équation différentielle du second ordre :

$$f\left(x,\ y,\ \frac{dy}{dx},\ \frac{d^2y}{dx^2}\right) = 0,$$

ne dépendant plus des constantes C et C'.

Plus généralement, une équation :

$$F(x, y, C, C', ..., C^{(n-1)}) = 0,$$

renfermant n constantes, donne lieu à une équation différentielle du n^{me} ordre, indépendante de ces constantes.

On arrive donc à cette conclusion que toute équation entre deux variables x, y, renfermant n constantes arbitraires, peut être remplacée par une équation différentielle du n^{me} ordre ne contenant plus de constante, et ayant la même généralité.

Par exemple, si l'on considère la famille de cercles dont l'équation est (157) :

$$x^2 + y^2 + 2ax + 2by + c = 0,$$

avec trois constantes a, b, c, on obtient en dérivant trois fois de suite :

$$x + y\frac{dy}{dx} + a + b\frac{dy}{dx} = 0,$$

$$1 + \frac{dy^2}{dx^2} + y\frac{d^2y}{dx^2} + b\frac{d^2y}{dx^2} = 0,$$

$$2\frac{dy}{dx}\frac{d^2y}{dx^2} + \frac{dy}{dx}\frac{d^2y}{dx^2} + y\frac{d^3y}{dx^3} + b\frac{d^3y}{dx^3} = 0.$$

L'élimination de a, b, c entre les quatre équations conduit à l'équation différentielle du troisième ordre :

$$3\frac{dy}{dx}\left(\frac{d^2y}{dx^2}\right)^2 - \left[1 + \frac{dy^2}{dx^2}\right]\frac{d^3y}{dx^3} = 0.$$

L'équation différentielle des coniques (180) :

$$y = ax + b \pm \sqrt{px^2 + qx + r},$$

s'obtient de la même façon ; elle est du cinquième ordre et peut s'écrire :

$$\left[\left(\frac{d^2y}{dx^2}\right)^{-\frac{2}{3}}\right]^{(3)} = 0.$$

99. Intégrale générale. Intégrale singulière. — Intégrer une équation différentielle, c'est remonter de cette équation à la relation primitive qui existe entre les variables. Comme l'équation a été obtenue par élimination des constantes, il faut s'attendre à voir reparaître par intégration ces constantes arbitraires disparues par différentiation.

Cauchy a, en effet, démontré que *toute équation différentielle du n^{me} ordre admet une intégrale générale contenant n constantes arbitraires.*

En donnant aux constantes arbitraires des valeurs particulières, on obtient des *intégrales particulières* de l'équation.

Mais, outre l'intégrale générale et les intégrales particulières qui en résultent, une équation différentielle peut avoir d'autres solutions. Considérons les équations :

$$(1) \qquad f(x, y, C) = 0, \qquad \frac{\partial f}{\partial x} + \frac{\partial f}{\partial y} \frac{dy}{dx} = 0,$$

et l'équation différentielle obtenue en éliminant C :

$$\varphi\left(x, y, \frac{dy}{dx}\right) = 0.$$

D'après ce qui précède, $f(x, y, C) = 0$ est l'intégrale générale de $\varphi\left(x, y, \frac{dy}{dx}\right) = 0$.

Différentions l'intégrale en considérant C non plus comme une constante, mais comme une fonction de x; on obtient :

$$\frac{\partial f}{\partial x} + \frac{\partial f}{\partial y}\frac{dy}{dx} + \frac{\partial f}{\partial C}\frac{dC}{dx} = 0,$$

ce qui peut s'écrire, puisque la somme des deux premiers termes est égale à zéro d'après (1) :

$$(2) \qquad \frac{\partial f}{\partial C}\frac{dC}{dx} = 0.$$

Or cette relation peut être satisfaite de deux façons :

1° En posant $\frac{dC}{dx} = 0$, d'où $C = C^{te}$, ce qui donne l'intégrale générale $f(x, y, C) = 0$

2° En posant $\frac{\partial f}{\partial C} = 0$; alors l'élimination de C entre les deux équations $f(x, y, C) = 0$ et $\frac{\partial f}{\partial C} = 0$ conduit à une équation $\psi(x, y) = 0$, qui ne renferme pas de constante arbitraire, et qui est la *solution singulière* de l'équation

$$\varphi\left(x, y, \frac{dy}{dx}\right) = 0.$$

On voit donc que l'intégrale générale $f(x, y, C) = 0$ et l'intégrale singulière $\psi(x, y) = 0$ sont les seules solutions de l'équation différentielle $\varphi\left(x, y, \frac{dy}{dx}\right) = 0$.

100. Séparation des variables. — On ne sait intégrer qu'un petit nombre de types d'équations du premier ordre. Nous indiquerons les plus importants de ces types. L'équation s'intègre immédiatement quand les variables peuvent être séparées, car alors elle se présente sous la forme :

$$f(x)\,dx = \varphi(y)\,dy,$$

et l'on a :

$$\int f(x)\,dx = \int \varphi(y)\,dy + C.$$

C'est ce qui arrive si l'équation est :

$$\frac{dy}{dx} = f(x)\,\varphi(y);$$

on sépare les variables en l'écrivant :

$$f(x)\,dx = \frac{dy}{\varphi(y)}.$$

EXEMPLES. — 1° Soit d'abord :

$$x^m\,dx + y^n\,dy = 0;$$

l'intégrale est :

$$\frac{x^{m+1}}{m+1} + \frac{y^{n+1}}{n+1} = C.$$

2° Soit ensuite l'équation

$$\frac{dy}{dx} = \frac{y+a}{x^2},$$

que l'on peut écrire

$$\frac{dy}{y+a} = \frac{dx}{x^2};$$

l'intégrale est :

$$L(y+a) = C - \frac{1}{x},$$

ou, en passant des logarithmes aux exponentielles,

$$y + a = e^{C - \frac{1}{x}}.$$

101. Équations homogènes du premier ordre. — On peut encore séparer les variables lorsque les coefficients M et N de l'équation du premier ordre :

$$M dx + N dy = 0,$$

sont des fonctions homogènes et du même degré des variables x et y. On a, dans ce cas, m étant le degré d'homogénéité,

$$M = x^m \varphi\left(\frac{y}{x}\right), \qquad N = x^m \psi\left(\frac{y}{x}\right),$$

et l'équation proposée, divisée par x^m, devient :

$$(1) \qquad \varphi\left(\frac{y}{x}\right) dx + \psi\left(\frac{y}{x}\right) dy = 0.$$

Si l'on pose alors :

$$\frac{y}{x} = z, \quad \text{d'où} \quad y = zx, \quad \text{et} \quad dy = x dz + z dx,$$

l'équation (1) s'écrit, en divisant par $x[\varphi(z) + z\psi(z)]$,

$$\frac{dx}{x} + \frac{\psi(z) dz}{\varphi(z) + z\psi(z)} = 0;$$

les variables sont ainsi séparées.

Exemple. — Soit l'équation du premier ordre :
$$xdy - ydx = \sqrt{x^2 + y^2}\,dx;$$

elle est homogène et du premier degré par rapport à x et y.
La méthode précédente la ramène à la forme :
$$\frac{dx}{x} = \frac{dz}{\sqrt{1 + z^2}},$$

d'où l'on déduit, en désignant par LC la constante d'intégration,
$$Lx = L\left(z + \sqrt{1 + z^2}\right) + LC;$$

passant des logarithmes aux nombres et remplaçant z par sa valeur $\frac{y}{x}$, on obtient :
$$x^2 - 2Cy - C^2 = 0.$$

On peut quelquefois rendre homogène une équation qui ne semble pas l'être. Soit, par exemple, l'équation :
$$(ax + by + c)\,dx + (a'x + b'y + c')\,dy = 0;$$

si l'on fait le changement de variables :
$$x = x' + \alpha, \qquad y = y' + \beta,$$

α et β étant deux constantes indéterminées ; l'équation devient :
$$(ax' + by' + a\alpha + b\beta + c)\,dx' + (a'x' + b'y' + a'\alpha + b'\beta + c')\,dy' = 0,$$

et, pour la rendre homogène, il suffit de déterminer α et β par les conditions :
$$a\alpha + b\beta + c = 0,$$
$$a'\alpha + b'\beta + c' = 0,$$

d'où l'on déduit :
$$\alpha = \frac{bc' - cb'}{ab' - ba'}; \qquad \beta = \frac{ac' - ca'}{ab' - ba'};$$

il reste, en effet, l'équation homogène :
$$(ax' + by')\,dx' + (a'x' + b'y')\,dy' = 0.$$

102. Équations linéaires du premier ordre.

— On donne ce nom à des équations de la forme :

(1) $$\frac{dy}{dx} + Py = Q,$$

P et Q désignant deux fonctions de x. Pour intégrer ces équations, il est commode de poser :

$$y = uz,$$

d'où l'on déduit, en différentiant et tenant compte de (1) :

(2) $$u\frac{dz}{dx} + \left(\frac{du}{dx} + Pu\right)z = Q;$$

mais on peut choisir arbitrairement un des facteurs de y, u par exemple, en le déterminant par la condition :

(3) $$\frac{du}{dx} + Pu = 0;$$

l'équation (2) se réduit alors à :

(4) $$u\frac{dz}{dx} = Q.$$

Or l'équation (3) donne, en intégrant,

$$\int \frac{du}{u} = -\int P\,dx, \quad \text{ou} \quad \mathrm{L}u = -\int P\,dx;$$

ou encore, en passant des logarithmes aux exponentielles,

$$u = e^{-\int P\,dx}.$$

Il n'est pas nécessaire d'ajouter une constante, car il suffit qu'une valeur particulière de u satisfasse à l'équation (3).

Si l'on remplace u par sa valeur dans l'équation (4), on obtient :

$$\frac{dz}{dx} = Q e^{\int P\,dx}, \quad \text{d'où} \quad z = \int Q e^{\int P\,dx}\,dx + C,$$

par suite :
$$y = e^{-\int P dx} \left(\int Q e^{\int P dx} dx + C \right).$$

EXEMPLE. — Soit l'équation linéaire :
$$(1 + x^2) \frac{dy}{dx} - xy = a ;$$

on a :
$$P = -\frac{x}{1+x^2}, \quad -\int P dx = \int \frac{x dx}{1+x^2} = L\sqrt{1+x^2}, \quad Q = \frac{a}{1+x^2} ;$$

donc :
$$y = \sqrt{1+x^2} \left[\int \frac{a dx}{(1+x^2)^{\frac{3}{2}}} + C \right], \quad \text{car} \quad e^{-\int P dx} = \sqrt{1+x^2} ;$$

mais :
$$\int \frac{a dx}{(1+x^2)^{\frac{3}{2}}} = \frac{ax}{\sqrt{1+x^2}} ;$$

donc enfin :
$$y = ax + C\sqrt{1+x^2}.$$

103. Équation de Bernoulli. — Elle est de la forme :
$$\frac{dy}{dx} + Py = Qy^n,$$

P et Q désignant deux fonctions de x.

On ramène son intégration à celle d'une équation linéaire en divisant par y^n ; il vient :
$$y^{-n} \frac{dy}{dx} + Py^{1-n} = Q.$$

Posant $y^{1-n} = (1-n) z$, d'où $y^{-n} dy = dz$, l'équation en z s'écrit :
$$\frac{dz}{dx} + (1-n) Pz = Q ;$$

c'est bien une équation linéaire (102).

L'*équation de Riccati* est un cas particulier de celle de Bernoulli; cette équation est de la forme :

$$\frac{dy}{dx} + Py = Qy^2 + R,$$

P, Q, R désignant des fonctions de x.

Si l'on connaît une fonction y_0 qui vérifie cette équation, c'est-à-dire une intégrale particulière, on pourra effectuer l'intégration; il suffira de poser :

$$y = y_0 + z,$$

d'où l'on déduit :

$$\frac{dz}{dx} + (P - 2Qy_0)\, z = Qz^2\,;$$

c'est une équation de Bernoulli en z.

104. Équation de Clairaut. — On donne ce nom à une équation du premier ordre qui se présente sous la forme :

(1) $$y = x\frac{dy}{dx} + \varphi\left(\frac{dy}{dx}\right);$$

cette équation ne renferme x et y qu'au premier degré, mais la fonction $\varphi\left(\frac{dy}{dx}\right)$ est quelconque.

Dérivons par rapport à x, il vient :

$$\frac{dy}{dx} = \frac{dy}{dx} + x\frac{d^2y}{dx^2} + \varphi'\left(\frac{dy}{dx}\right)\frac{d^2y}{dx^2},$$

c'est-à-dire

$$\frac{d^2y}{dx^2}\left[x + \varphi'\left(\frac{dy}{dx}\right)\right] = 0.$$

Cette équation se décompose en deux autres :

1° $\frac{d^2y}{dx^2} = 0$, d'où $\frac{dy}{dx} = C^{te}$, ce qui donne dans l'équation proposée :

(2) $$y = Cx + \varphi(C).$$

C'est la solution générale obtenue en remplaçant $\frac{dy}{dx}$ par une constante. On voit que l'équation (2), du premier degré en x et y, représente une droite.

2° $x + \varphi'\left(\frac{dy}{dx}\right) = 0$. Éliminant $\frac{dy}{dx}$ entre cette relation et l'équation (1), on obtient une relation entre x et y sans constante arbitraire ; c'est la solution singulière qui représente l'enveloppe des droites fournies par la solution générale (99).

105. Équations du second ordre de la forme $f\left(\frac{dy}{dx} \cdot \frac{d^2y}{dx^2}\right) = 0$. — Les équations différentielles d'un ordre supérieur au premier ne sont intégrables que dans quelques cas particuliers ; nous examinerons quelques-uns de ces cas pour les équations du second ordre. Soit l'équation :

$$\frac{d^2y}{dx^2} = f\left(\frac{dy}{dx}\right),$$

si l'on pose :

$$\frac{dy}{dx} = p, \qquad \text{d'où} \qquad \frac{d^2y}{dx^2} = \frac{dp}{dx};$$

elle devient :

$$\frac{dp}{dx} = f(p),$$

d'où l'on déduit :

(1) $$x = \int \frac{dp}{f(p)} + C.$$

Tirant p de cette équation en fonction de x, on obtient :

$$p = \varphi(x), \qquad \text{d'où} \qquad p\,dx = \varphi(x)\,dx = dy;$$

par suite

$$y = \int \varphi(x)\,dx + C'.$$

Cette dernière équation, qui contient deux constantes arbitraires C et C', est l'intégrale de l'équation proposée.

Si dans l'équation (1) on ne sait pas expliciter p en fonction de x, on observe que :

$$dy = p\,dx = \frac{p\,dp}{f(p)},$$

d'où :

(2) $$y = \int \frac{p\,dp}{f(p)} + C';$$

il ne reste plus qu'à éliminer p entre les équations (1) et (2).

Exemple. — *Trouver la courbe dont le rayon de courbure est constant et égal à a.* On doit avoir d'après la géométrie (171) :

$$\frac{\left(1 + \dfrac{dy^2}{dx^2}\right)^{\frac{3}{2}}}{\dfrac{d^2y}{dx^2}} = a,$$

ou, en posant $\dfrac{dy}{dx} = p$,

$$\frac{(1 + p^2)^{\frac{3}{2}}}{\dfrac{dp}{dx}} = a\,;$$

ou encore :

$$dx = \frac{a\,dp}{(1 + p^2)^{\frac{3}{2}}};$$

intégrant cette équation, on obtient :

(α) $$x = \frac{ap}{\sqrt{1 + p^2}} + C.$$

La formule (2) donne ensuite :

(β) $$y = \int \frac{ap\,dp}{(1 + p^2)^{\frac{3}{2}}} + C' = -\frac{a}{\sqrt{1 + p^2}} + C';$$

l'élimination de p entre les équations (α) et (β) donne enfin :

$$(x-C)^2 + (y-C')^2 = a^2;$$

c'est l'équation d'un cercle de rayon a.

106. Équations du second ordre de la forme $\dfrac{d^2y}{dx^2} = f(y)$.
— Soit l'équation :

$$\frac{d^2y}{dx^2} = f(y);$$

si l'on multiplie les deux membres par $2dy$, il vient :

$$2\frac{d^2y}{dx^2}dy = 2f(y)dy;$$

d'où en intégrant :

$$\left(\frac{dy}{dx}\right)^2 = 2\int f(y)\,dy + C;$$

on tire de cette équation :

$$dx = \frac{dy}{\sqrt{2\int f(y)\,dy + C}};$$

intégrant une seconde fois, on obtient :

$$x = \int \frac{dy}{\sqrt{2\int f(y)\,dy + C}} + C'.$$

Cette équation, qui contient deux constantes arbitraires C et C', est l'intégrale générale de l'équation proposée.

Par exemple, pour intégrer l'équation :

$$\frac{d^2y}{dx^2} = y,$$

on pose :

$$\frac{dy}{dx} = p;$$

il vient $\dfrac{dp}{dx} = y$, d'où $pdp = ydy$, et en intégrant :

$$p^2 = y^2 + C,$$

ou bien :

$$p = \sqrt{y^2 + C},$$

c'est-à-dire :

$$\dfrac{dy}{dx} = \sqrt{y^2 + C}, \quad \text{et} \quad dx = \dfrac{dy}{\sqrt{y^2 + C}}.$$

Intégrant de nouveau, on obtient (84) :

$$x = L\,(y + \sqrt{y^2 + C}) + C'.$$

L'intégration des équations de la forme

$$\dfrac{d^2y}{dx^2} = f(x)$$

est immédiate d'après ce que l'on sait. On a :

$$\dfrac{dy}{dx} = \int f(x)\,dx + C,$$

puis

$$y = \int dx \int f(x)\,dx + Cx + C'.$$

Par exemple, si l'on a l'équation :

$$\dfrac{d^2y}{dx^2} = \sin x,$$

on obtient successivement :

$$\dfrac{dy}{dx} = -\cos x + C, \qquad y = -\sin x + Cx + C'.$$

On traiterait de la même façon l'équation :

$$\dfrac{d^n y}{dx^n} = f(x),$$

mais l'intégrale contiendrait n constantes arbitraires.

107. Équations homogènes du second ordre. — On peut ramener au premier ordre une équation du second ordre qui est homogène par rapport à y et à ses dérivées.

1° Soit, par exemple, l'équation :

$$\frac{d^2y}{dx^2} + \frac{1}{x}\frac{dy}{dx} - \frac{y}{x^2} = 0,$$

remplissant cette condition. Faisons le changement de variable défini par l'équation :

$$y = e^{\int z\,dx};$$

on a d'abord :

$$\frac{dy}{dx} = z e^{\int z\,dx};$$

$$\frac{d^2y}{dx^2} = \left(\frac{dz}{dx} + z^2\right) e^{\int z\,dx};$$

puis, en substituant dans l'équation proposée,

$$\frac{dz}{dx} + z^2 + \frac{z}{x} - \frac{1}{x^2} = 0,$$

équation du premier ordre que l'on peut encore écrire :

$$\frac{x\,dz + z\,dx}{dx} + \frac{z^2 x^2 - 1}{x} = 0.$$

Posons maintenant $zx = u$, il vient :

$$\frac{du}{dx} + \frac{u^2 - 1}{x} = 0,$$

ou, si l'on sépare les variables,

$$\frac{dx}{x} + \frac{du}{u^2 - 1} = 0.$$

L'intégration donne :

$$Lx + \frac{1}{2}\Big[L(u-1) - L(u+1)\Big] = \frac{1}{2}LC,$$

d'où l'on déduit en passant des logarithmes aux nombres :

$$x^2 \frac{u-1}{u+1} = C,$$

ou encore :

$$u = \frac{x^2 + C}{x^2 - C}, \quad \text{et} \quad z = \frac{x^2 + C}{x(x^2 - C)};$$

il résulte de là :

$$\int z\,dx = \int \frac{(x^2 + C)\,dx}{x(x^2 - C)} = L \cdot C \frac{x^2 - C}{x};$$

enfin :

$$y = e^{\int z\,dx} = C' \frac{x^2 - C}{x} = C'x - \frac{C'}{x}.$$

2° Soit encore l'équation :

$$\frac{d^2y}{dx^2} = f(y)\left(\frac{dy}{dx}\right)^2.$$

Posant $p = \frac{dy}{dx}$, elle revient à :

$$p\frac{dp}{dy} = f(y)\,p^2,$$

ou encore

$$\frac{dp}{p} = f(y)\,dy.$$

Une première intégration donne, en appelant LC la constante :

$$Lp + LC = \int f(y)\,dy,$$

ce que l'on peut écrire en passant des logarithmes aux exponentielles :

$$p = \frac{1}{C} e^{\int f(y)\,dy}.$$

On a ensuite :

$$dx = \frac{dy}{p};$$

une seconde intégration fournit immédiatement :

$$x = C' + C \int e^{-\int f(y)\,dy} dy.$$

108. Équations linéaires. — Les équations linéaires sont celles dans lesquelles la fonction cherchée et ses dérivées successives n'entrent qu'au premier degré et ne sont pas multipliées entre elles. Leur forme générale pour l'ordre m est :

$$(1) \quad \frac{d^m y}{dx^m} + P \frac{d^{m-1} y}{dx^{m-1}} + Q \frac{d^{m-2} y}{dx^{m-2}} + \ldots + T \frac{dy}{dx} + Uy = V,$$

P, Q, ..., T, U, V désignant des fonctions de x. L'intégration de ces équations repose sur les propriétés suivantes.

1. *Propriétés des équations sans second membre.* — Supposons que l'on ait $V = 0$, et représentons le premier membre de l'équation par $F(y)$.

1° *Si une fonction particulière y_1 satisfait à l'équation :*

$$(2) \quad F(y) = \frac{d^m y}{dx^m} + P \frac{d^{m-1} y}{dx^{m-1}} + Q \frac{d^{m-2} y}{dx^{m-2}} + \ldots + T \frac{dy}{dx} + Uy = 0,$$

le produit de cette fonction par une constante arbitraire $C_1 y$ satisfait également :

En effet, on peut se rendre compte sur un exemple que :

$$F(C_1 y_1) = C_1 F(y_1) ;$$

cela résulte d'ailleurs de ce que, dans les dérivations successives, les constantes subsistent devant chaque dérivée. Si $F(y_1) = 0$, il en résulte $F(C_1 y_1) = 0$, c'est-à-dire que $C_1 y_1$ satisfait à l'équation (2).

2° *Si des fonctions particulières $y_1, y_2, y_3, \ldots, y_n$ satisfont à l'équation (2), la somme des produits de ces fonctions par des constantes arbitraires $C_1, C_2, C_3, \ldots, C_n$, y satisfait également.*

En effet on observe que :

$$F(C_1 y_1 + C_2 y_2 + C_3 y_3 + \ldots) = F(C_1 y_1) + F(C_2 y_2) + F(C_3 y_3) + \ldots ;$$

mais on a généralement :

$$F(Cy) = CF(y);$$

on peut donc écrire :

$$F(C_1y_1 + C_2y_2 + C_3y_3 + \ldots) = C_1F(y_1) + C_2F(y_2) + C_3F(y_3) + \ldots$$

Si $F(y_1) = F(y_2) = F(y_3) = \ldots = 0$, il en résulte que le second membre est égal à zéro ainsi que le premier, et que la somme $C_1y_1 + C_2y_2 + C_3y_3 + \ldots$ satisfait à l'équation (2).

On infère de cette propriété que, si l'on connaît m solutions particulières de l'équation (2), on aura l'*intégrale générale* en posant :

$$y = C_1y_1 + C_2y_2 + C_3y_3 + \ldots C_my_m.$$

Le nombre des constantes est alors égal à m.

II. *Équations à coefficients constants sans second membre.* — On sait intégrer complètement l'équation (2), lorsque les coefficients P, Q, ..., T, U sont des constantes. Reprenons cette équation :

$$(2) \quad \frac{d^m y}{dx^m} + P\frac{d^{m-1}y}{dx^{m-1}} + Q\frac{d^{m-2}y}{dx^{m-2}} + \ldots + Uy = 0;$$

posons $y = e^{\alpha x}$ et cherchons à déterminer la constante α de manière que y satisfasse à l'équation (2); on trouve en différentiant :

$$\frac{dy}{dx} = \alpha e^{\alpha x}, \quad \frac{d^2y}{dx^2} = \alpha^2 e^{\alpha x}, \quad \ldots, \quad \frac{d^m y}{dx^m} = \alpha^m e^{\alpha x};$$

portant ces valeurs dans (2), on obtient :

$$e^{\alpha x}(\alpha^m + P\alpha^{m-1} + Q\alpha^{m-2} + \ldots + T\alpha + U) = 0.$$

On voit que le premier membre sera nul si α est racine de l'équation :

$$\alpha^m + P\alpha^{m-1} + Q\alpha^{m-2} + \ldots + T\alpha + U = 0;$$

c'est l'*équation caractéristique* de l'équation différentielle proposée. Si cette équation caractéristique a m racines distinctes $\alpha_1, \alpha_2, \alpha_3, \ldots, \alpha_m$, on a les m solutions de (2) :

$$y_1 = e^{\alpha_1 x}, \quad y_2 = e^{\alpha_2 x}, \quad y_3 = e^{\alpha_3 x}, \quad \ldots, \quad y_m = e^{\alpha_m x};$$

et l'intégrale générale de (2) est alors :

$$y = C_1 e^{\alpha_1 x} + C_2 e^{\alpha_2 x} + C_3 e^{\alpha_3 x} + \ldots + C_m e^{\alpha_m x}.$$

Exemples. — 1° Soit à intégrer l'équation du second ordre :

$$\frac{d^2 y}{dx^2} - a^2 y = 0.$$

L'équation caractéristique est :

$$\alpha^2 - a^2 = 0, \quad \text{ou} \quad (\alpha - a)(\alpha + a) = 0;$$

ses deux racines sont a et $-a$, ce qui donne l'intégrale générale :

$$y = C_1 e^{ax} + C_2 e^{-ax}.$$

2° Pour l'équation :

$$(n) \qquad \frac{d^2 y}{dx^2} + a^2 y = 0,$$

on a l'équation caractéristique $\alpha^2 + a^2 = 0$, dont les racines imaginaires sont $\alpha = \pm ai$, et d'où l'on déduit :

$$y = C_1 e^{aix} + C_2 e^{-aix}.$$

Pour faire disparaître les exponentielles imaginaires, on utilise les formules d'Euler (65), qui donnent :

$$e^{aix} = \cos ax + i \sin ax,$$
$$e^{-aix} = \cos ax - i \sin ax;$$

d'où l'on tire :

$$C_1 e^{aix} = C_1 \cos ax + C_1 i \sin ax,$$
$$C_2 e^{-aix} = C_2 \cos ax - C_2 i \sin ax.$$

Additionnant, il vient :

$$y = (C_1 + C_2) \cos ax + (C_1 - C_2) i \sin ax;$$

et si l'on pose :

$$C_1 + C_2 = A, \qquad (C_1 - C_2) i = B,$$

A et B désignant deux nouvelles constantes arbitraires, on obtient :

$$y = A \cos ax + B \sin ax;$$

c'est l'intégrale générale de (n).

3° Pour l'équation :

$$\frac{d^2y}{dx^2} + p\frac{dy}{dx} + qy = 0,$$

l'équation caractéristique est :

$$\alpha^2 + p\alpha + q = 0.$$

Lorsque l'équation caractéristique admet des racines égales, il n'y a plus m racines distinctes ni m constantes arbitraires, de sorte que y n'est plus l'intégrale générale de (2). Dans ce cas, si α_1 est racine double par exemple, il faut, suivant une remarque de d'Alembert, poser $y_1 = e^{\alpha_1 x}(C_1 + C_2 x)$; alors l'intégrale générale est :

$$y = e^{\alpha_1 x}(C_1 + C_2 x) + C_3 e^{\alpha_3 x} + \ldots + C_m e^{\alpha_m x};$$

il y a encore m constantes arbitraires, et l'on vérifie aisément que cette intégrale satisfait à l'équation (2).

Si α_1 était racine triple, l'intégrale s'écrirait :

$$y = e^{\alpha_1 x}(C_1 + C_2 x + C_3 x^2) + C_4 e^{\alpha_4 x} + \ldots + C_m e^{\alpha_m x}.$$

Enfin, si la racine α_1 était quadruple, on aurait pareillement :

$$y = e^{\alpha_1 x}(C_1 + C_2 x + C_3 x^2 + C_4 x^3) + C_5 e^{\alpha_5 x} + \ldots + C_m e^{\alpha_m x};$$

le nombre des constantes arbitraires serait toujours égal à m.

Quand l'équation caractéristique a des racines imaginaires, la solution se complique d'imaginaires, mais on peut les faire disparaître au moyen des formules d'Euler, comme nous l'avons indiqué sur l'exemple développé plus haut.

III. *Équations avec second membre.* — Lorsque l'équation linéaire à coefficients constants est complète, c'est-à-dire pourvue d'un second membre fonction de x, la méthode de la variation des constantes arbitraires permet de déterminer une intégrale particulière de l'équation complète; et *l'inté-*

grale générale de cette dernière s'obtient alors en ajoutant l'intégrale particulière obtenue à l'intégrale générale de l'équation privée de second membre.

Mais la méthode de la variation des constantes est compliquée et généralement fort laborieuse, de sorte qu'elle ne constitue pas une méthode pratique. Dans la plupart des cas, il sera plus simple d'opérer comme nous allons l'indiquer par un exemple.

Soit l'équation linéaire d'ordre m :

$$\frac{d^m y}{dx^m} + P\frac{d^{m-1} y}{dx^{m-1}} + Q\frac{d^{m-2} y}{dx^{m-2}} + \ldots + Uy = V,$$

V étant une fonction entière du second degré en x. Si l'on pose généralement $y_1 = ax^2 + bx + c$, on pourra déterminer les coefficients a, b, c de telle sorte que y_1 soit une intégrale particulière de l'équation proposée. Si V était une fonction du premier ou du troisième degré en x, on prendrait de même pour y_1 une expression du premier ou du troisième degré.

EXEMPLE. — Soit l'équation du quatrième ordre :

$$\frac{d^4 y}{dx^4} - y = x^2 ;$$

l'équation caractéristique est $\alpha^4 - 1 = 0$, c'est-à-dire

$$(\alpha^2 + 1)(\alpha^2 - 1) = 0 ;$$

ses racines sont $\alpha = \pm 1$, $\alpha = \pm i$. L'intégrale de l'équation sans second membre est donc :

$$y = C_1 e^x + C_2 e^{-x} + A \cos x + B \sin x.$$

Posons maintenant, puisque V est du second degré :

$$y_1 = ax^2 + bx + c ;$$

on trouve en différentiant :

$$\frac{dy_1}{dx} = 2ax + b, \qquad \frac{d^2 y_1}{dx^2} = 2a, \qquad \frac{d^3 y_1}{dx^3} = \frac{d^4 y_1}{dx^4} = 0.$$

Si l'on porte ces valeurs dans l'équation proposée, elle devient :

$$-(ax^2 + bx + c) = x^2 ;$$

et, pour que cette relation ait lieu identiquement, il suffit de faire

$$a = -1, \qquad b = c = 0.$$

La solution particulière cherchée est donc $y_1 = -x^2$, et l'intégrale générale :

$$y = C_1 e^x + C_2 e^{-x} + A \cos x + B \sin x - x^2;$$

il y a quatre constantes arbitraires, puisque l'équation est du 4° ordre. On peut vérifier que cette intégrale satisfait bien à l'équation proposée.

La méthode précédente peut toujours s'appliquer lorsque le second membre V est une fonction entière de x; elle convient encore quand il renferme, sans dénominateur, des exponentielles, des sinus, des cosinus, dans lesquels x n'entre qu'au premier degré. Si, par exemple, le second membre contient e^{ax} ou $\sin ax$, on introduit dans l'expression de y_1 des termes de la forme Ae^{ax} ou $A \cos ax + B \sin ax$, A et B étant deux indéterminées dont on précise la valeur par la condition que y_1 satisfasse à l'équation proposée :

Ainsi l'intégrale générale de l'équation :

$$\frac{d^2y}{dx^2} + n^2 y = \cos mx,$$

est :

$$y = C_1 \cos nx + C_2 \sin nx + \frac{\cos mx}{n^2 - m^2}.$$

Les deux premiers termes constituent l'intégrale de l'équation sans second membre ; le troisième s'obtient en posant

$$y_1 = A \cos mx + B \sin mx;$$

on trouve que

$$A = \frac{1}{n^2 - m^2}, \qquad B = 0.$$

IV. *Équations à coefficients variables.* — Lorsque les coefficients P, Q, R, ... V de l'équation (2) sont des fonctions de x, ce n'est que dans quelques cas particuliers que l'on peut effectuer l'intégration :

1° Soit par exemple l'équation :

$$\frac{d^m y}{dx^m} + \frac{A_1}{ax+b}\frac{d^{m-1}y}{dx^{m-1}} + \frac{A_2}{(ax+b)^2}\frac{d^{m-2}y}{dx^{m-2}}$$
$$+ \cdots \frac{A_n}{(ax+b)^n}\frac{d^{m-n}y}{dx^{m-n}} + \cdots + \frac{A_m}{(ax+b)^m} = V,$$

dans laquelle $A_1, A_2, \ldots A_m$, a et b sont des constantes, le second membre V étant une fonction quelconque de x.

Cette équation peut être transformée en une autre dans laquelle les coefficients sont constants; il suffit pour cela de poser :

$$ax + b = e^t,$$

et de prendre t pour variable indépendante au lieu de x. On obtient en différentiant :

$$\frac{dy}{dx} = \frac{a}{ax+b}\frac{dy}{dt},$$
$$\frac{d^2y}{dx^2} = \frac{a^2}{(ax+b)^2}\left(\frac{d^2y}{dt^2} - \frac{dy}{dt}\right),$$

. . . .

En substituant ces valeurs et en multipliant ensuite par $(ax+b)^m$, on obtiendra une équation linéaire dans laquelle les coefficients seront constants.

2° Soit l'équation :

$$x^2\frac{d^2y}{dx^2} - (2n-1)x\frac{dy}{dx} + n^2 y = 0;$$

posons $y = x^\alpha$ et cherchons à déterminer α de façon que x^α satisfasse à l'équation proposée. On obtient en différentiant :

$$\frac{dy}{dx} = \alpha x^{\alpha-1}, \quad \frac{d^2y}{dx^2} = (\alpha-1)\alpha x^{\alpha-2};$$

portant ces valeurs dans l'équation et divisant par x^α, il reste comme équation caractéristique :

$$\alpha(\alpha-1) - (2n-1)\alpha + n^2 = 0,$$

ou
$$(\alpha - n)^2 = 0.$$

Les deux racines sont égales à n; on a donc les deux intégrales particulières :
$$y_1 = x^n, \qquad y_2 = x^n \mathrm{L}x;$$

et, par conséquent, l'intégrale générale de l'équation proposée est :
$$y = x^n (\mathrm{C}_1 + \mathrm{C}_2 \mathrm{L}x).$$

109. Équations simultanées. — Dans le problème des équations différentielles simultanées, on donne généralement n équations renfermant la variable x et n fonctions inconnues y, z, u, ... de cette variable, avec leurs dérivées successives d'ordre quelconque; et il faut déterminer ces n fonctions.

Soit le système linéaire à deux fonctions inconnues y et z :
$$\frac{dy}{dx} + \mathrm{P}y + \mathrm{Q}z = \mathrm{U},$$
$$\frac{dz}{dx} + \mathrm{L}y + \mathrm{M}z = \mathrm{V};$$

P, Q, L, M, U, V sont des fonctions de x ou des constantes.

On tire z de la première équation :
$$z = \frac{\mathrm{U} - \mathrm{P}y - \dfrac{dy}{dx}}{\mathrm{Q}},$$

d'où l'on déduit :
$$\frac{dz}{dx} = \frac{\mathrm{Q}\left(\dfrac{d\mathrm{U}}{dx} - \mathrm{P}\dfrac{dy}{dx} - y\dfrac{d\mathrm{P}}{dx} - \dfrac{d^2 y}{dx^2}\right) - \left(\mathrm{U} - \mathrm{P}y - \dfrac{dy}{dx}\right)\dfrac{d\mathrm{Q}}{dx}}{\mathrm{Q}^2}.$$

Portant ces valeurs de z et $\dfrac{dz}{dx}$ dans la seconde équation, on obtient une équation linéaire du deuxième ordre en y. Lorsque les coefficients P, Q, L, ..., sont constants, l'équation linéaire obtenue est à coefficients constants et l'on peut effectuer l'intégration.

EXEMPLE I. — Soit le système :

$$\frac{dy}{dx} = -z, \qquad \frac{dz}{dx} = y.$$

Différentiant la première équation, on obtient par élimination de z :

$$\frac{d^2y}{dx^2} + y = 0;$$

l'équation caractéristique est $\alpha^2 + 1 = 0$, d'où l'intégrale (108) :

(1) $\qquad y = A \cos x + B \sin x.$

Connaissant y, on obtient z par dérivation, $z = -\frac{dy}{dx}$, c'est-à-dire :

(2) $\qquad z = A \sin x - B \cos x.$

Les équations (1) et (2) sont les intégrales du système ; il y a deux constantes arbitraires.

EXEMPLE II. — Soit à intégrer le système du second ordre :

$$\frac{d^2z}{dx^2} = y, \qquad z\frac{dy}{dx} - y\frac{dz}{dx} = 0.$$

La seconde équation peut s'écrire :

$$\frac{\frac{dy}{dx}}{y} = \frac{\frac{dz}{dx}}{z},$$

d'où l'on déduit par intégration, en appelant LC la constante :

(1) $\qquad Ly = Lz + LC, \quad$ et $\quad y = Cz.$

La première équation devient alors :

$$\frac{d^2z}{dx^2} - Cz = 0;$$

son intégrale générale est :

(2) $\qquad z = C_1 e^{\sqrt{C}x} + C_2 e^{-\sqrt{C}x}.$

Les équations (1) et (2) sont les intégrales du système ; il y a trois constantes arbitraires, car l'une des équations proposées est du second ordre et exige deux constantes.

110. Équations aux dérivées partielles.

— On appelle équation aux dérivées partielles d'une fonction z, une relation entre cette fonction, les variables indépendantes x, y, ..., et les dérivées partielles des divers ordres de z par rapport à ces variables. L'équation est d'ordre n lorsque la dérivée partielle d'ordre le plus élevé qui y figure est d'ordre n. Ainsi l'équation :

$$f(x, y) \frac{\partial z}{\partial x} + \varphi(x, y) \frac{\partial z}{\partial y} + \psi(x, y) = 0,$$

est du premier ordre ; l'équation suivante est du second ordre :

$$f\left(x, y, z, \frac{\partial z}{\partial x}, \frac{\partial z}{\partial y}, \frac{\partial^2 z}{\partial x \partial y}\right) = 0.$$

La génération des équations aux dérivées partielles peut être expliquée comme il suit :

Soit en général :

(1) $$\beta = \varphi(\alpha),$$

une relation entre deux fonctions connues des trois variables x, y, z ; on a par exemple :

$$\alpha = f_1(x, y, z), \qquad \beta = f_2(x, y, z).$$

Si l'on prend les dérivées de (1) successivement par rapport à x et y, on obtient deux nouvelles équations qui permettent d'éliminer la fonction φ ; le résultat de l'élimination est une équation de la forme :

(2) $$P \frac{\partial z}{\partial x} + Q \frac{\partial z}{\partial y} = V,$$

P, Q, V étant des fonctions de x, y, z (287).

De même, si l'on a une relation entre trois fonctions de quatre variables :

$$\varphi(\alpha, \beta, \gamma) = 0,$$

avec :

$$\alpha = f_1(x, y, z, u), \quad \beta = f_2(x, y, z, u), \quad \gamma = f_3(x, y, z, u),$$

en dérivant successivement par rapport à x, y, u, et éliminant ensuite la fonction arbitraire φ, on obtient l'équation du premier ordre :

$$P \frac{\partial z}{\partial x} + Q \frac{\partial z}{\partial y} + R \frac{\partial z}{\partial u} = V,$$

P, Q, R, V, étant des fonctions de x, y, u, z.

Ces deux exemples montrent que l'on est conduit aux équations aux dérivées partielles par l'élimination des fonctions arbitraires qui lient plusieurs fonctions des variables en présence.

Intégrer une équation aux dérivées partielles de z par rapport à x et y, c'est trouver la relation finie $f(x, y, z) = 0$ qui existe entre ces variables. De même que l'intégrale générale d'une équation différentielle d'ordre n contient n constantes arbitraires (98), l'intégrale d'une équation aux dérivées partielles d'ordre n renfermera n *fonctions arbitraires*. Ainsi l'intégrale de l'équation (2) contiendra une fonction arbitraire.

Nous indiquerons les procédés employés pour intégrer les équations aux dérivées partielles du premier ordre, les seules que l'on rencontre dans les applications, avec l'équation des cordes vibrantes qui est du second ordre.

Lorsque les dérivées partielles ne sont relatives qu'à une seule variable, il faut opérer comme si l'on avait une équation différentielle ordinaire, mais après l'intégration remplacer les constantes arbitraires par des fonctions arbitraires des autres variables indépendantes.

La forme des équations linéaires à deux variables indépendantes est :

(2) $$P \frac{\partial z}{\partial x} + Q \frac{\partial z}{\partial y} = V.$$

Pour intégrer cette équation, on considère le système simultané (109) :

$$\frac{dx}{P} = \frac{dy}{Q} = \frac{dz}{V}.$$

Soient $f_1(x, y, z) = \alpha$ et $f_2(x, y, z) = \beta$, les intégrales de ce système, α et β représentant les constantes; on peut observer qu'en désignant par φ une fonction arbitraire, et en posant $\beta = \varphi(\alpha)$, c'est-à-dire :

$$(3) \qquad f_2(x, y, z) = \varphi[f_1(x, y, z)],$$

cette équation représente l'intégrale générale de l'équation (2). En effet, elle contient une fonction arbitraire, et, si on élimine cette fonction après avoir dérivé par rapport à x et y, on retombe sur l'équation (2).

Pareillement, si l'on avait à intégrer l'équation à trois variables indépendantes x, y, u :

$$(4) \qquad P\frac{\partial z}{\partial x} + Q\frac{\partial z}{\partial y} + R\frac{\partial z}{\partial u} = V,$$

on intégrerait d'abord le système simultané :

$$\frac{dx}{P} = \frac{dy}{Q} = \frac{du}{R} = \frac{dz}{V};$$

cette dernière intégration introduirait trois constantes α, β, γ :

$$\alpha = f_1(x, y, u, z), \quad \beta = f_2(x, y, z, u), \quad \gamma = f_3(x, y, z, u);$$

puis on obtiendrait l'intégrale générale de (4) en posant :

$$\alpha = \varphi(\beta, \gamma),$$

c'est-à-dire :

$$f_1(x, y, z, u) = \varphi[f_2(x, y, z, u) f_3(x, y, z, u)].$$

EXEMPLES. — 1° Proposons-nous de déterminer l'équation des surfaces conoïdes d'après leur équation aux dérivées partielles (291). Cette équation s'obtient en exprimant que le plan tangent en chaque point contient la génératrice qui y passe. Prenant la directrice pour axe des z et le plan directeur pour celui des xy, on trouve en coordonnées cartésiennes :

$$x\frac{\partial z}{\partial x} + y\frac{\partial z}{\partial y} = 0.$$

Pour intégrer cette équation, on cherchera les intégrales des équations simultanées :

$$\frac{dx}{x} = \frac{dy}{y} = \frac{dz}{0},$$

qui sont

$$\frac{y}{x} = \alpha, \qquad z = \beta,$$

α et β étant des constantes.

On a donc, en appelant φ la fonction arbitraire :

$$z = \varphi\left(\frac{y}{x}\right);$$

telle est l'équation intégrale des conoïdes.

2° Pour l'équation aux dérivées partielles des cylindres :

$$a\frac{\partial z}{\partial x} + b\frac{\partial z}{\partial y} = 1,$$

on poserait :

$$\frac{dx}{a} = \frac{dy}{b} = \frac{dz}{1},$$

d'où l'on déduit :

$$dx - a\,dz = 0, \qquad dy - b\,dz = 0.$$

Les intégrales de ces équations sont :

$$x - az = \alpha, \qquad y - bz = \beta;$$

par suite, l'intégrale de l'équation des cylindres est :

$$y - bz = \varphi(x - az).$$

3° Soit enfin l'équation aux dérivées partielles :

$$x\frac{\partial z}{\partial y} - y\frac{\partial z}{\partial x} = h,$$

h désignant une constante.

Suivant la méthode, on posera :

$$-\frac{dx}{y} = \frac{dy}{x} = \frac{dz}{h},$$

d'où l'on déduit d'après une propriété des rapports :

$$-\frac{dx}{y} = \frac{dy}{x} = \frac{dz}{h} = \frac{x\,dy - y\,dx}{x^2 + y^2} = \frac{x\,dx + y\,dy}{0}.$$

L'intégration de ces équations donne :

$$x^2 + y^2 = \alpha, \qquad \frac{z}{h} - \text{arc tang}\,\frac{y}{x} = \beta;$$

par conséquent l'intégrale générale est :

$$z = h\,\text{arc tang}\,\frac{y}{x} + \varphi(x^2 + y^2).$$

111. Équation des cordes vibrantes. — Cette équation se présente en physique mathématique ; elle est du second ordre de la forme :

$$\frac{\partial^2 z}{\partial t^2} - a^2 \frac{\partial^2 z}{\partial x^2} = 0.$$

On satisfait à cette équation de la manière la plus générale en posant :

$$z = \varphi(x + at) + \psi(x - at),$$

φ et ψ désignant des fonctions arbitraires.

En effet, on trouve successivement en différentiant :

$$\frac{\partial z}{\partial t} = a\varphi'(x + at) - a\psi'(x - at),$$

$$\frac{\partial z}{\partial x} = \varphi'(x + at) + \psi'(x - at),$$

$$\frac{\partial^2 z}{\partial t^2} = a^2\varphi''(x + at) + a^2\psi''(x - at),$$

$$\frac{\partial^2 z}{\partial x^2} = \varphi''(x + at) + \psi''(x - at);$$

et l'on voit que l'équation proposée est évidemment satisfaite par ces deux dernières valeurs.

On verrait de même que l'équation

$$\frac{\partial^2 z}{\partial x \partial y} = 0$$

est satisfaite de la manière la plus générale en posant :

$$z = \varphi(x) + \psi(y) + cxy,$$

φ et ψ étant des fonctions arbitraires et c une constante.

112. Calcul des variations. — Dans ce calcul, on considère une intégrale définie

$$I = \int_{x_0}^{x_1} V\left(x, y, \frac{dy}{dx}\right) dx,$$

et l'on demande de trouver pour y une fonction $f(x)$ telle que cette intégrale ait une valeur plus grande ou plus petite que si l'on remplaçait $f(x)$ par une fonction d'une forme un peu différente. Les problèmes de ce genre se présentent dans certaines questions de mécanique et de résistance.

Considérons, par exemple, deux points C et D, et proposons-nous de trouver une courbe plane CMD telle que l'aire de la surface de révolution engendrée par la rotation de l'arc CMD autour de l'axe OX situé dans son plan, soit minimum. Soit S l'aire de la surface ; posons $OP = x_0$, $OQ = x_1$. Pour un élément

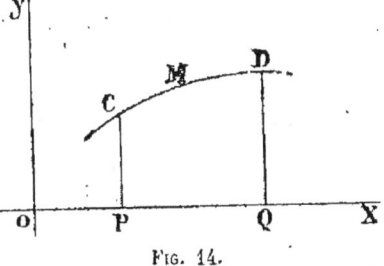

Fig. 14.

d'arc ds, l'aire engendrée est la surface latérale d'un cylindre de rayon y et de hauteur ds, de sorte que l'on a $dS = 2\pi y\,ds$, et :

$$(1) \qquad S = 2\pi \int_{x_0}^{x_1} y\,ds = 2\pi \int_{x_0}^{x_1} y\,\frac{ds}{dx}\,dx.$$

On voit qu'il faut trouver une fonction de x, $y = f(x)$, telle que l'intégrale précédente ait une valeur plus petite que toutes celles qu'on obtiendrait en modifiant infiniment peu la forme de la fonction $f(x)$.

Pour résoudre les problèmes de ce genre, Lagrange a pris le point de départ suivant, qui lui a permis de ramener la question à des questions ordinaires de maxima et minima. Supposons le problème résolu et soit $y = f(x)$ une fonction rendant l'intégrale minimum. On peut imaginer une infinité de fonctions $y = F(x, \alpha)$ dépendant d'un paramètre arbitraire α, qui, pour $\alpha = \alpha_0$, se réduisent à $f(x)$ et prennent, quelle que soit la valeur de α, les valeurs y_0 et y_1 pour les valeurs $x = x_0$ et $x = x_1$. On peut, par exemple, prendre pour y la fonction :

$$y = f(x) + (x - x_1)(x - x_0)(\alpha - \alpha_0)\,\psi(x, \alpha),$$

$\psi(x, \alpha)$ étant une fonction absolument arbitraire. Si donc nous remplaçons y par cette fonction $F(x, \alpha)$, l'intégrale I deviendra une fonction de α qui devra être maximum ou minimum pour $\alpha = \alpha_0$.

Représentons par d et δ les différentielles relatives aux deux variables x et α; ces variables sont indépendantes, de sorte que, U étant une fonction quelconque de ces deux variables, on a:

$$d\delta U = \delta d U.$$

La différentielle δF par rapport à α sera, d'une manière générale, dite la *variation* de la fonction F. Ceci posé, concevons que dans l'intégrale:

$$I = \int_{x_0}^{x_1} V\left(x, y, \frac{dy}{dx}\right) dx = \int_{x_0}^{x_1} V(x, y, y') dx,$$

y ait été remplacé par la fonction $F(x, \alpha)$; nous devons écrire que la dérivée $\frac{\partial I}{\delta \alpha}$ ou la variation δI est nulle pour $\alpha = \alpha_0$; or, puisque x est constant,

$$\delta I = \int_{x_0}^{x_1} \left(\frac{\partial V}{\partial y} \delta y + \frac{\partial V}{\partial y'} \delta y'\right) dx.$$

Si l'on considère la courbe $y = F(x, \alpha)$ pour $\alpha = \alpha_0$, et la courbe voisine α, qui correspond à l'accroissement $\delta \alpha$, δy représente la différence des ordonnées des deux courbes correspondant à une même valeur de x.

Transformons δI, et pour cela considérons d'abord:

$$I_1 = \int_{x_0}^{x_1} \frac{\partial V}{\partial y'} \delta y' dx;$$

le produit $\delta y' dx$ peut s'écrire $\delta(y' dx)$, ou δdy, ou enfin $d\delta y$, et l'on a:

$$I_1 = \int_{x_0}^{x_1} \frac{\partial V}{\partial y'} d\delta y.$$

Si l'on intègre par parties, il reste $-\int_{x_0}^{x_1} \frac{d}{dx}\left(\frac{\partial V}{\partial y'}\right) \delta y \, dx$, car le terme $\left(\dfrac{\partial V}{\partial y'}\,\delta y\right)_{x_0}^{x_1}$ est nul en vertu des hypothèses faites, puisque δy est nul aux limites quel que soit α. En définitive on a :

$$\delta I = \int_{x_0}^{x_1}\left(\dfrac{\partial V}{\partial y} - \dfrac{d}{dx}\dfrac{\partial V}{\partial y'}\right)\delta y\,dx.$$

Je dis que, si l'on fait $\alpha = \alpha_0$, valeur pour laquelle δI est nulle, le multiplicateur de $\delta y\,dx$ doit être une fonction de x identiquement nulle. En effet, si $\dfrac{\partial V}{\partial y} - \dfrac{d}{dx}\dfrac{\partial V}{\partial y'}$ n'était pas nul en même temps que δI, c'est que les éléments de l'intégrale n'auraient pas tous le même signe, et, comme dx est positif, δy pourrait être de signe contraire à $\dfrac{\partial V}{\partial y} - \dfrac{d}{dx}\left(\dfrac{\partial V}{\partial y'}\right)$; or, lorsqu'on passe de la courbe α_0 à la courbe α, comme cette courbe est arbitraire, δy est lui-même arbitraire, et par suite on peut toujours supposer que le signe de δy est le même que celui de son multiplicateur, ou que les éléments de δI sont positifs ; donc, pour que δI soit nulle, il faut que l'on ait identiquement :

(m) $$\dfrac{\partial V}{\partial y} - \dfrac{d}{dx}\left(\dfrac{\partial V}{\partial y'}\right) = 0.$$

Mais, si l'on observe que :

$$\dfrac{d}{dx}\left(\dfrac{\partial V}{\partial y'}\right) = \dfrac{d}{dy}\left(\dfrac{\partial V}{\partial y'}\,y'\right),$$

on peut écrire la formule précédente :

(n) $$\dfrac{\partial V}{\partial y} - \dfrac{d}{dy}\left(\dfrac{\partial V}{\partial y'}\,y'\right) = 0.$$

Telles sont les relations auxquelles doit satisfaire la fonction $y = f(x)$ qui rend l'intégrale I maximum ou minimum. Le plus souvent, par la nature de la question, il sera facile de reconnaître si l'on est en présence d'un maximum ou d'un minimum.

Reprenons le problème énoncé plus haut et observons que (175) :

$$\dfrac{ds}{dx} = \sqrt{1 + \dfrac{dy^2}{dx^2}} = \sqrt{1 + y'^2};$$

alors :

$$S = 2\pi \int_{x_0}^{x_1} y\sqrt{1 + y'^2}\,dx.$$

Actuellement :
$$V = y\sqrt{1 + y'^2}, \qquad \frac{\partial V}{\partial y} = \sqrt{1 + y'^2}, \qquad \frac{\partial V}{\partial y'} = \frac{yy'}{\sqrt{1 + y'^2}};$$

de sorte que l'équation (n) donne, en intégrant par rapport à y et désignant par c la constante arbitraire :
$$V - \frac{\partial V}{\partial y'} y' = c,$$

ce que l'on peut écrire :
$$y\sqrt{1 + y'^2} - \frac{yy'^2}{\sqrt{1 + y'^2}} = c,$$

ou encore en simplifiant :
$$\frac{y}{\sqrt{1 + y'^2}} = c.$$

On tire de là :
$$dx = \frac{c\,dy}{\sqrt{y^2 - c^2}}, \qquad \text{d'où} \qquad \frac{x - c'}{c} = L\,\frac{y + \sqrt{y^2 - c^2}}{c},$$

c' étant une seconde constante.

On peut écrire d'autre part :
$$\frac{y + \sqrt{y^2 - c^2}}{c} = e^{\frac{x - c'}{c}}, \qquad \frac{y - \sqrt{y^2 - c^2}}{c} = e^{-\frac{x - c'}{c}},$$

d'où :
$$y = \frac{c}{2}\left[e^{\frac{x - c'}{c}} + e^{-\frac{x - c'}{c}}\right],$$

ce qui est l'équation d'une chaînette. Ainsi la courbe CMD doit être une chaînette pour que l'aire engendrée par sa rotation autour de OX soit minimum.

CHAPITRE IV

THÉORIE DES ÉQUATIONS

§ 1. — Théorèmes généraux

113. Définitions. — La forme la plus générale d'une *équation algébrique de degré m* est :

$$(1) \quad A_0 x^m + A_1 x^{m-1} + A_2 x^{m-2} + \ldots + A_{m-1} x + A_m = 0,$$

$A_0, A_1, \ldots, A_m$ désignant des coefficients constants.

Exemple. — L'équation :

$$x^4 + 3x^3 + 2x^2 - 8x + 5 = 0$$

est une équation algébrique du quatrième degré.

Si l'on considère le premier membre de l'équation (1) comme une fonction entière de la variable x, cette fonction est *continue*, car c'est une somme de fonctions continues (42).

114. Théorème. — *Lorsque deux nombres a et b, substitués à x dans le premier membre d'une équation algébrique, donnent des résultats de signes contraires, cette équation a au moins une racine réelle comprise entre a et b.*

Supposons, en effet, que x varie d'une manière continue depuis la valeur $x = a$ jusqu'à $x = b$; alors le premier membre de l'équation (1) variera lui-même d'une manière continue et, passant d'une valeur positive à une valeur négative, ou inversement, il devra nécessairement changer de signe, et, par suite, toujours à cause de la continuité, prendre la valeur 0 intermédiaire entre les valeurs positives et négatives.

Plus généralement on pourrait démontrer que, *si deux nombres a et b, substitués à x dans le premier membre d'une équation algébrique, donnent des résultats de signes contraires, ils comprennent un nombre impair de racines.*

115. Théorème de d'Alembert. — *Toute équation algébrique a une racine.*

Ce théorème est ordinairement considéré comme un postulatum, bien que Gauss et Walecki en aient donné des démonstrations rigoureuses. Ces démonstrations étant très longues, nous ne les reproduirons pas.

Corollaire. — *Toute équation algébrique de degré m admet m racines réelles ou imaginaires.*

Posons, en effet,

$$(1) \quad f(x) = A_0 x^m + A_1 x^{m-1} + \ldots + A_m = 0;$$

l'équation ainsi obtenue a une racine en vertu du postulatum précédent; soit a cette racine; $f(x)$ s'annulant pour $x = a$ est divisible par $(x - a)$; par suite :

$$f(x) = f_1(x)(x - a).$$

On trouverait de la même façon, en désignant par $b, c, \ldots, l$, des racines successives,

$$f_1(x) = f_2(x)(x - b),$$
$$f_2(x) = f_3(x)(x - c),$$
$$\ldots = \ldots \ldots \ldots$$
$$f_{m-1}(x) = f_m(x)(x - l),$$

$f_m(x)$ étant une constante (56), $f_{m-1}(x)$ un polynôme du premier degré, $f_{m-2}(x)$ un polynôme du second degré, etc. Multipliant les relations précédentes membre à membre, on obtient après réductions :

$$f(x) = f_m(x)(x - a)(x - b) \ldots (x - l).$$

La constante $f_m(x)$ est égale à A_0, car, si l'on effectue les produits du second membre et que l'on rapproche les deux expressions de $f(x)$, les coefficients du terme x^m doivent être égaux.

Si maintenant on pose :

$$f(x) = 0,$$

ou bien, puisque $f_m(x) \neq 0$:

$$(x - a)(x - b)(x - c) \ldots (x - l) = 0,$$

on voit que cette équation est satisfaite pour :

$$x = a, \quad x = b, \quad \ldots, \quad x = l;$$

donc..., etc.

Par exemple, si a et b sont les racines de l'équation du second degré, on a :

$$A_0 x^2 + A_1 x + A_2 = A_0 (x - a)(x - b).$$

116. REMARQUES. I. — Il pourrait arriver que quelques-uns des facteurs $(x - a)$, $(x - b)$, ..., fussent égaux ; alors l'équation $f(x) = 0$ n'aurait plus m racines distinctes ; mais, en considérant comme doubles, triples, ..., etc., les racines qui correspondent aux facteurs binômes entrant deux, trois fois, ..., etc., on peut toujours dire qu'une équation de degré m a m racines.

II. — On démontre encore que *toute équation algébrique à coefficients réels admet le même nombre de fois la racine imaginaire* $(\alpha + \beta i)$ *et la racine conjuguée* $(\alpha - \beta i)$. En effet, remplaçant x par $\alpha + \beta i$ dans l'équation, on arrive à l'expression $A + Bi = 0$, et, comme $\alpha + \beta i$ est racine, on a $A = 0$, $B = 0$.

Si l'on remplace x par $\alpha - \beta i$, les coefficients de $f(x)$ étant supposés réels, le résultat obtenu ne différera du précédent que par le changement de i en $-i$. On aura donc pour le premier membre $A - Bi$, et ce premier membre sera bien égal à zéro, puisqu'on a $A = 0$, $B = 0$, c'est-à-dire que $\alpha - \beta i$ sera racine.

III. — Une équation de degré m ne pouvant avoir plus de m racines, il en résulte que deux polynômes de degré m

en x ne peuvent être égaux pour plus de m valeurs de cette variable, sans être complètement identiques. Si, en effet, on égale leur différence à zéro, on obtiendra une équation de degré m, qui, si elle n'est pas identique, ne peut être satisfaite pour plus de m valeurs de la variable.

117. Relations entre les coefficients et les racines d'une équation algébrique. — Ces relations s'écrivent

$$\frac{A_1}{A_0} = -(a + b + c + \ldots + l) = -\Sigma . a,$$

$$\frac{A_2}{A_0} = ab + ac + ad + \ldots = \Sigma ab,$$

$$\frac{A_3}{A_0} = -(abc + abd + \ldots) = -\Sigma abc,$$

$$\ldots = \ldots = \ldots$$

$$\ldots = \ldots = \ldots$$

$$\frac{A_m}{A_0} = \pm\, abc \ldots l.$$

En effet, le premier membre de l'équation (1) peut s'écrire :

$$A_0(x - a)(x - b) \ldots (x - l).$$

Mais on a vu au numéro 7 le développement de ce produit, et, si l'on égale respectivement les coefficients des mêmes puissances de x, on obtient les relations précédentes.

Exemples. — 1° Soit l'équation du troisième degré :

$$3x^3 - 15x^2 + 9x - 45 = 0 ;$$

ses trois racines a, b, c, satisfont aux relations :

$$a + b + c = \frac{15}{3}, \quad ab + ac + bc = \frac{9}{3}, \quad abc = \frac{45}{3}.$$

2° Considérons l'équation $x^3 + px + q = 0$, et proposons-nous de la résoudre, sachant qu'elle a deux racines égales.

Le terme en x^2 manquant a pour coefficient 0, ce qui apprend que la somme des racines est nulle. Désignons par x' la racine simple et par x'' la racine double ; on aura donc :

$$x' + 2x'' = 0, \quad \text{d'où} \quad x' = -2x''.$$

THÉORIE DES ÉQUATIONS

Mais la somme des produits des racines prises deux à deux est égale à p, ce qui donne la relation :

$$2x'x'' + x'^2 = -4x''^2 + x'^2 = p,$$

ou bien
$$p = -3x''^2.$$

On a donc :
$$x'' = \pm\sqrt{-\frac{p}{3}}, \qquad x' = \mp 2\sqrt{-\frac{p}{3}}.$$

Un seul signe convient, et l'on doit prendre ensemble, soit les signes supérieurs, ou les signes inférieurs.

118. Théorème de Rolle. — *Deux racines réelles consécutives a et b d'une équation $f(x) = 0$, comprennent au moins une racine réelle de l'équation dérivée $f'(x) = 0$.*

En effet, si l'on suppose que x varie depuis a jusqu'à b, la fonction $f(x)$ part de 0 pour revenir à 0 ; comme cette fonction est continue, elle commence d'abord par augmenter pour diminuer ensuite, ou inversement elle diminue d'abord et augmente ensuite. Dans les deux cas, la dérivée change de signe et, comme cette dérivée est aussi une fonction continue, elle s'annule pour une valeur de x intermédiaire entre a et b.

Ce théorème, comme on le voit, suppose essentiellement que la fonction $f(x)$ et sa dérivée restent continues pour toute valeur de x comprise entre a et b ; il s'applique aux équations transcendantes aussi bien qu'aux équations algébriques.

Exemple. — Soit l'équation :
$$x^2 - 6x + 8 = 0,$$
qui admet les deux racines réelles $a = 2$ et $b = 4$. L'équation dérivée est :
$$2x - 6 = 0;$$
on voit qu'elle admet la racine 3 intermédiaire entre 2 et 4.

La fonction $f(x)$ pouvant subir entre a et b plusieurs alternatives d'accroissement et de diminution, il en résulte que la dérivée peut s'annuler plusieurs fois dans l'intervalle ; il peut donc y avoir plusieurs racines de l'équation dérivée comprises entre deux racines consécutives de l'équation proposée.

Corollaire. — *Deux racines consécutives a', b' de l'équation dérivée peuvent ne comprendre aucune racine de l'équation proposée, mais elles n'en comprennent jamais plus d'une.*

En effet, si dans l'intervalle $a'b'$ se trouvaient plusieurs racines de l'équation proposée, en prenant deux consécutives a, b de ces racines, on aurait dans l'équation $f'(x) = 0$ deux racines consécutives ne comprenant aucune racine de l'équation dérivée, ce qui est inadmissible.

119. Séparation des racines réelles d'une équation. — Il résulte du corollaire précédent que, si l'on sait trouver les racines de l'équation dérivée, on pourra compter le nombre des racines réelles de l'équation proposée. Désignons, en effet, par a', b', c', ... l', les racines réelles de l'équation dérivée rangées par ordre de grandeur; remplaçons successivement x, dans l'équation $f(x) = 0$, par les nombres :

$$-\infty, \quad a', \quad b', \quad ..., \quad l', \quad +\infty.$$

Si les résultats de deux substitutions consécutives sont de signes contraires, il y a dans l'intervalle correspondant une racine de cette équation (114) et une seule. Si les résultats sont de même signe, il n'y a dans l'intervalle aucune racine de la même équation, car il ne peut y en avoir plus d'une. En résumé, chaque changement de signe dans les substitutions successives accuse l'existence d'une racine réelle de l'équation $f(x) = 0$; ainsi, les racines de l'équation dérivée permettent de séparer les racines réelles de l'équation proposée.

Si m est le nombre des racines réelles de l'équation dérivée, $(m+1)$ sera celui des intervalles; et, par suite, l'équation $f(x) = 0$ aura au maximum $m+1$ racines réelles.

120. Théorème. — *Lorsqu'une équation a toutes ses racines réelles, il en est de même de son équation dérivée.*

Considérons une équation de degré $(m+1)$ dont les $m+1$

racines réelles, rangées par ordre de grandeur croissante, soient :

$$a, \quad b, \quad c, \quad d, \quad \ldots, \quad h, \quad k, \quad l.$$

Il y a $m+1$ racines et, par suite, m intervalles. Entre chaque groupe de deux racines tombe une racine de l'équation dérivée (118) et une seule. Les m racines de l'équation $f'(x) = 0$ sont donc réelles.

121. Théorème. — *Pour des valeurs suffisamment grandes de x, le polynôme*

$$A_0 x^m + A_1 x^{m-1} + A_2 x^{m-2} + \ldots + A_m$$

prend le signe de son premier terme.

Ce polynôme peut s'écrire :

$$x^m \left(A_0 + \frac{A_1}{x} + \frac{A_2}{x^2} + \ldots + \frac{A_m}{x^m} \right).$$

Lorsqu'on attribue à x des valeurs de plus en plus grandes, les termes $\frac{A_1}{x}, \frac{A_2}{x^2}, \ldots$ diminuent et tendent vers zéro ; par suite, l'expression entre parenthèses s'approche indéfiniment de la limite A_0, et finit par prendre le même signe que ce coefficient. Son produit par x^m, c'est-à-dire le polynôme, prend alors le signe de $A_0 x^m$.

122. Théorème. — *Si, dans le polynôme*

$$A_0 x^m + A_1 x^{m-1} + \ldots + A_n x^{m-n},$$

on donne à x des valeurs de plus en plus petites, le polynôme finira par prendre le signe de son dernier terme.

On a, en effet :

$$A_0 x^m + A_1 x^{m-1} + \ldots + A_n x^{m-n}$$
$$= x^{m-n} (A_0 x^n + A_1 x^{n-1} + \ldots + A_{n-1} x + A_n).$$

Lorsque la valeur absolue de x devient très petite, l'expression entre parenthèses a pour limite A_n ; elle finit donc par prendre le signe de ce coefficient. Son produit par x^{m-n}, c'est-à-dire le polynôme proposé, finit donc par prendre le signe de $A_n x^{m-n}$.

123. Théorèmes. — 1° *Une équation algébrique, de degré impair, à coefficients réels, a au moins une racine réelle de signe contraire à son dernier terme.* — En effet, le premier membre prend les valeurs $+\infty$ et $-\infty$ quand on y fait $x = \pm\infty$ et $x = \mp\infty$.

2° *Une équation algébrique, de degré pair, à coefficients réels, dont le dernier terme est négatif, a au moins deux racines réelles.* — En effet, $f(o)$ et $f(+\infty)$ sont de signes contraires ainsi que $f(o)$ et $f(-\infty)$.

124. Théorème de Descartes. — Ce théorème permet d'assigner, à la seule inspection d'une équation algébrique, une limite supérieure du nombre des racines positives et négatives qu'elle peut avoir.

Lorsque deux termes consécutifs d'une équation sont de signes contraires, on dit qu'ils présentent une *variation* de signe; lorsqu'ils ont le même signe, on dit qu'ils présentent une *permanence*.

Exemple. — L'équation

$$(1) \qquad x^5 - 3x^4 - 2x^3 + x^2 + 7x - 8 = 0$$

présente trois variations et deux permanences. Si l'on change x en $-x$ dans cette équation, on obtient sa *transformée* en $-x$:

$$-x^5 - 3x^4 + 2x^3 + x^2 - 7x - 8 = 0,$$

qui contient deux variations et trois permanences.

Une équation algébrique, $f(x) = 0$, dont le premier membre est une fonction rationnelle et entière de x, ne peut pas avoir plus de racines positives qu'il n'y a de variations de signes dans ses coefficients.

La même équation ne peut pas avoir plus de racines négatives qu'il n'y a de variations de signes dans les coefficients de sa transformée en $-x$.

Par exemple l'équation (1) ne peut admettre plus de trois racines positives et de deux racines négatives.

1° *Racines positives.* — Pour démontrer ce théorème, nous ferons voir que, s'il est admis pour une équation de degré $m-1$, il est vrai par cela même pour une équation de degré m.

Admettons donc que, dans une équation de degré $m-1$, le nombre des *racines positives* ne puisse surpasser le nombre de variations de son premier membre, et prouvons qu'il en est de même dans une équation de degré m.

Soit l'équation :

$$(2)\ f(x) = x^m + A_1 x^{m-1} + A_2 x^{m-2} + \ldots + A_p x^{m-p} + A_m = 0.$$

Désignons par V le nombre des variations de son premier membre, et $p_1, p_2, \ldots, p_k$ les racines positives, en nombre k, et rangées par ordre de grandeur.

Il faut prouver que l'on a $V \geq k$.

A cet effet, considérons la dérivée de l'équation proposée :

$$f'(x) = m x^{m-1} + (m-1) A_1 x^{m-2} + \ldots + (m-p) A_p x^{m-p-1};$$

elle a tous les termes de même signe que ceux de (2), le dernier seul a disparu ; elle aura donc le même nombre V de variations, ou un nombre $V-1$ moindre d'une unité, selon que les termes $A_p x^{m-p}$ et A_m formeront ou non une variation, qui a pu seule disparaître.

Considérons successivement ces deux cas :

Supposons les termes $A_p x^{m-p}$ et A_m de même signe. La dérivée $f'(x)$ a alors le même nombre de variations V que $f(x)$; nous allons voir qu'elle a aussi k racines positives au moins. On sait, en effet (118), que les racines positives de l'équation proposée étant $p_1, p_2, p_3, \ldots, p_k$, la dérivée en a une au moins entre p_1 et p_2, une entre p_2 et p_3, ..., une entre p_{k-1} et p_k, ce qui fait en tout $k-1$ racines positives dont l'existence est certaine. Je dis, de plus, qu'il y en a une comprise entre o et p_1 et qui complète le nombre k. Substituons, en effet, dans le premier membre de $f'(x)$, les deux nombres h et $p_1 - h$; par la substitution du nombre très petit h, $f'(x)$ prendra (122) le signe du terme qui contient h avec le moindre exposant, c'est-à-dire le signe de A_p.

Par la substitution de $p_1 - h$, p_1 étant racine, $f'(x)$ prendra un signe contraire à celui de $f(x)$. Or la proposée n'ayant aucune racine entre o et p_1 ni, par suite, entre o et $p_1 - h$, $f(o)$ et $f(p_1 - h)$ sont de même signe (114). $f(o)$ est égal à A_m; $f(p_1 - h)$ est donc de même signe que A_m, par suite de même signe que A_p; donc $f'(p_1 - h)$ est de signe contraire à A_p. Or $f'(h)$ est, comme nous l'avons dit plus haut, de même signe que A_p; $f'(p_1 - h)$ et $f'(h)$ sont donc de signes différents; donc enfin l'équation $f'(x) = o$ admet une racine positive comprise entre h et $p_1 - h$, ou, ce qui revient au même, entre o et p_1. Cette racine, jointe aux $k - 1$ autres, dont l'existence a été démontrée plus haut, fait en tout k racines positives. Mais l'équation $f'(x) = o$ étant de degré $m - 1$, le théorème de Descartes s'y applique par hypothèse; le nombre V de ses variations ne peut donc être moindre que k, et l'on a, comme on voulait le démontrer, $V \geq k$.

Supposons maintenant que les termes $A_p x^{m-p}$ et A_m soient de signes contraires; la dérivée $f'(x)$ n'aura que $V - 1$ variations puisque celle que formaient ces deux termes disparaîtra avec le terme A_m. Or elle a $k - 1$ racines positives, savoir : une comprise entre p_1 et p_2, une entre p_2 et p_3, ..., une entre p_{k-1} et p_k; et, comme elle est de degré $m - 1$, le théorème de Descartes s'y applique par hypothèse. On a donc

$$V - 1 \geq k - 1,$$

ce qui équivaut à l'inégalité $V \geq k$. Cette inégalité est donc vraie dans tous les cas.

Le théorème se trouve ainsi démontré pour une équation quelconque de degré m, pourvu qu'il soit supposé vrai pour les équations de degré $m - 1$. Ce théorème est d'ailleurs évident pour une équation du premier degré; donc il est vrai pour une équation du second, puis pour une du troisième degré, etc.

2° *Racines négatives.* — Si, dans l'équation $f(x) = o$, on remplace x par $-x$, on obtient une équation nouvelle

$$f(-x) = o,$$

dans laquelle les termes de degré pair ont conservé leur signe, tandis que ceux de degré impair en ont changé. Les racines de l'équation transformée sont évidemment égales et de signes contraires à celles de la proposée, car, si $x = \alpha$ satisfait à l'équation $f(x) = 0$, on aura $f(\alpha) = 0$, ce qui peut s'écrire $f[-(-\alpha)] = 0$, et, par suite, $-\alpha$ est racine de l'équation transformée en $-x$.

Les racines négatives de l'équation proposée seront donc en même nombre que les racines positives de sa transformée en $-x$, et, par suite, le nombre des variations de la transformée est une limite supérieure du nombre des racines négatives de la proposée.

Si, en appliquant les règles précédentes, on trouve que le nombre des racines positives d'une équation de degré m ne peut surpasser V, et que celui des racines négatives ne peut surpasser V', si l'on a $V + V' < m$, on en conclura évidemment que l'équation n'a pas toutes ses racines réelles.

Exemple. — Soit l'équation :
$$x^8 + 5x^3 + 2x - 1 = 0,$$
qui n'a qu'une variation ; elle ne peut avoir plus d'une racine positive. Sa transformée en $-x$:
$$x^8 - 5x^3 - 2x - 1 = 0,$$
n'ayant, elle aussi, qu'une variation, l'équation proposée ne peut avoir plus d'une racine négative ; ce qui fait deux racines réelles au plus, et, par conséquent, six racines imaginaires au moins.

Corollaire. — *Si une équation a un nombre pair de variations, elle a aussi un nombre pair de racines positives ; si elle a un nombre impair de variations, elle a un nombre impair de racines positives.*

Ainsi l'équation (1) pourra avoir trois racines positives, ou une seule ; sa transformée en $-x$ en aura deux, ou pas du tout.

125. Racines égales. — Il est utile, lorsqu'on opère sur des équations numériques, de pouvoir reconnaître si l'équation proposée a des racines égales, car, lorsque ce cas se présente, on peut décomposer l'équation en d'autres de degré moindre, qui n'admettent que des racines inégales, et le problème se trouve simplifié.

D'une façon générale, on dit qu'une équation $f(x) = 0$ admet n fois la racine a, lorsque $f(x)$ est divisible par $(x — a)^n$.

Théorème. — *Pour qu'un nombre a soit n fois racine d'une équation algébrique $f(x) = 0$, il faut et il suffit que, mis à la place de x, il annule le polynôme $f(x)$ et ses $n — 1$ premières dérivées.*

En effet, on peut remplacer identiquement x par $a + (x — a)$ et écrire :

$$f(x) = f[a + (x — a)].$$

Développant $f[a + (x — a)]$ par la formule de Taylor (64), il vient :

$$f(x) = f(a) + f'(a)(x — a) + f''(a)\frac{(x-a)^2}{1.2} + \ldots + \frac{f^n(a)(x-a)^n}{1.2.3\ldots n} + \ldots$$

On voit alors que, si le nombre a annule $f(a), f'(a), f''(a), \ldots, f^{n-1}(a)$, les termes qui resteront dans le second membre contiendront tous $(x — a)^n$; de sorte que $f(x)$ sera divisible par $(x — a)^n$, c'est-à-dire admettra a comme racine multiple d'ordre n. Ainsi la condition énoncée est suffisante ; prouvons qu'elle est nécessaire.

Supposons que $f(x)$ étant divisible par $(x — a)^n$, et $f^p(x)$ étant la première des dérivées de $f(x)$ qui ne s'annule pas pour $x = a$, on ait $p < n$; l'équation précédente deviendra :

$$f(x) = \frac{f^p(a)}{1.2\ldots p}(x-a)^p + \frac{f^{p+1}(a)}{1.2\ldots(p+1)}(x-a)^{p+1} + \ldots + \frac{f^m(a)}{1.2.3\ldots m}(x-a)^m ;$$

si l'on divise les deux membres par $(x — a)^p$, on obtient :

$$\frac{f(x)}{(x-a)^p} = \frac{f^p(a)}{1.2\ldots p} + \frac{f^{p+1}(a)}{1.2\ldots(p+1)}(x-a) + \ldots + \frac{f^m(a)}{1.2\ldots m}(x-a)^{m-p} ;$$

mais cette égalité est impossible, car $f(x)$ renfermant par hypothèse $(x — a)^n$ en facteur, et n étant plus grand que p, le premier membre s'annule pour $x = a$ et le second prend la valeur $\dfrac{f^p(a)}{1.2\ldots p}$ différente de zéro. Donc $p \geqq n$, et la condition énoncée est à la fois suffisante et nécessaire.

Corollaire. — *Pour qu'un nombre a soit n fois racine d'une équation algébrique $f(x) = 0$, il faut et il suffit que, mis à la place de x, il annule le polynôme $f(x)$ et qu'il soit, en outre, $n-1$ fois racine de l'équation dérivée $f'(x) = 0$.*

D'après le théorème précédent, on voit que les conditions nécessaires et suffisantes sont exprimées par les équations :

$$f(a) = 0, \; f'(a) = 0, \; f''(a) = 0, \ldots, f^{n-1}(a) = 0;$$

or les $n-1$ dernières équations expriment que a est racine de l'équation $f'(x) = 0$ et de ses $n-2$ premières dérivées; et, par suite, que a est $n-1$ fois racine de l'équation $f'(x) = 0$.

D'après ce corollaire, si l'on a, en mettant seulement en évidence les racines égales :

$$f(x) = (x-a)^n (x-b)^p (x-c)^q \ldots,$$

on aura aussi :

$$f'(x) = (x-a)^{n-1}(x-b)^{p-1}(x-c)^{q-1}\ldots$$

Par suite, le polynôme $f(x)$ et sa dérivée $f'(x)$ admettront les facteurs communs $(x-a)^{n-1}$, $(x-b)^{p-1}$, $(x-c)^{q-1}\ldots$ D'ailleurs ils ne pourront en admettre d'autres, car, si le facteur $x-l$ entrait à la fois dans $f(x)$ et $f'(x)$, il correspondrait à une racine double de l'équation $f(x) = 0$.

Donc, d'une manière générale, le plus grand commun diviseur de $f(x)$ et de sa dérivée $f'(x)$ est formé de tous les facteurs premiers du premier degré qui correspondent aux racines multiples de l'équation $f(x) = 0$, chaque facteur premier entrant dans le plus grand commun diviseur avec un exposant inférieur d'une unité à l'ordre de multiplicité de la racine qu'il représente.

Pour reconnaître si une équation $f(x) = 0$ a des racines égales, on cherchera le plus grand commun diviseur de $f(x)$ et $f'(x)$. Si ce plus grand commun diviseur n'existe pas l'équation n'admettra pas de racines égales. S'il existe, les racines simples de ce plus grand commun diviseur égalé à zéro seront racines doubles de l'équation proposée; ses racines doubles seront racines triples de cette même équation; etc.

La recherche du plus grand commun diviseur entre deux polynômes s'opère comme pour les nombres entiers, en divisant le polynôme de degré le plus élevé par le second polynôme, ce dernier par le premier reste, le premier reste par le second, etc.

126. Transformation des équations. — La transformation des équations a pour objet de déduire d'une équation donnée une autre équation dont les racines aient avec celles de la première une relation déterminée. Ce problème donne lieu à des applications très nombreuses, mais nous donnerons seulement deux exemples.

1° *Augmenter ou diminuer les racines d'une équation d'une même quantité h.*

Supposons qu'il s'agisse de réduire les racines. Si x représente une racine quelconque de l'équation proposée, y la racine correspondante de l'équation cherchée, on devra avoir :

$$y = x - h, \qquad \text{d'où} \qquad x = y + h.$$

Il faut donc remplacer x par $y + h$; et, si $f(x) = 0$ représente l'équation donnée, sa transformée en y sera :

$$f(h+y) = f(h) + f'(h)y + \frac{f''(h)}{1.2}y^2 + \frac{f'''(h)}{1.2.3}y^3 + \ldots + \frac{f^m(h)}{1.2\ldots m}y^m = 0.$$

Par exemple, l'équation

$$2x^4 - 7x^3 - 8x^2 + 5x - 1 = 0$$

devient, quand on diminue toutes les racines de 3 :

$$2y^4 + 17y^3 + 37y^2 - 16y - 85 = 0.$$

Si l'on voulait augmenter les racines de la quantité h, on changerait h en $-h$ dans ce qui précède.

2º *Multiplier par une quantité quelconque h les racines d'une équation* $f(x) = 0$.

Soit x une racine quelconque de l'équation proposée, y la racine correspondante de l'équation cherchée; on devra avoir :
$$y = hx, \quad \text{d'où} \quad x = \frac{y}{h}.$$

Il suffira donc, pour résoudre le problème, de substituer à x cette valeur, ou, ce qui revient au même, la valeur $\frac{x}{h}$; il viendra alors :
$$A_0 \frac{x^m}{h^m} + A_1 \frac{x^{m-1}}{h^{m-1}} + A_2 \frac{x^{m-2}}{h^{m-2}} + \ldots + A_m = 0,$$

d'où, en multipliant par h^m :
$$A_0 x^m + A_1 h x^{m-1} + A_2 h^2 x^{m-2} + \ldots + A_m h^m = 0.$$

Il faudra donc, pour avoir la transformée en hx, multiplier respectivement les termes de l'équation proposée par les puissances $h^0, h^1, h^2, h^3, \ldots, h^m$. Dans chaque terme la somme des exposants du multiplicateur h et de l'inconnue x est toujours égale à m.

127. Limites des racines d'une équation. — On entend par *limite supérieure* des racines positives ou négatives d'une équation, tout nombre plus grand que la plus grande des racines. On entend, de même, par *limite inférieure*, tout nombre moindre que la plus petite de ces racines.

Lorsqu'on veut calculer les racines réelles d'une équation algébrique, il est intéressant de connaître les limites de ces racines. Voici quelques règles à ce sujet :

1º Règle de Lagrange. — *Si, dans une équation algébrique de degré m :*
$$x^m + A_1 x^{m-1} + A_2 x^{m-2} + \ldots + A_{m-1} x + A_m = 0,$$

la valeur absolue du plus grand coefficient négatif est N, *et si* n *est la différence entre le degré de l'équation et celui du premier* terme négatif, $1 + \sqrt[n]{N}$ est une limite supérieure des racines positives.

Représentons par $f(x)$ le premier membre de l'équation, on peut écrire, puisque N est le plus grand coefficient négatif :

$$f(x) > x^m - N(x^{m-n} + x^{m-n-1} + \ldots + x + 1),$$

ou bien, en faisant la somme de la progression :

$$f(x) > x^m - N \frac{x^{m-n+1} - 1}{x - 1},$$

c'est-à-dire

$$f(x) > \frac{x^m(x-1) - Nx^{m-n+1} + N}{x - 1}.$$

et a fortiori

$$f(x) > \frac{x^m(x-1) - Nx^{m-n+1}}{x - 1}.$$

On rendra donc $f(x)$ positif en prenant à la fois :

$$x > 1, \quad x^m(x-1) - Nx^{m-n+1} > 0;$$

mais la seconde inégalité peut s'écrire en divisant par x^{m-n+1} :

$$x^{n-1}(x-1) - N > 0;$$

et elle sera satisfaite a fortiori si l'on prend :

$$(x-1)^n - N > 0,$$

ou

$$x > 1 + \sqrt[n]{N}.$$

On voit donc que $1 + \sqrt[n]{N}$ est une limite supérieure des racines positives, et, si $N > 1$, on reconnaît que $N + 1$ sera à plus forte raison une limite supérieure des racines.

2° RÈGLE DE NEWTON. — *Tout nombre qui rend positifs le premier membre d'une équation algébrique et toutes ses dérivées est une limite supérieure des racines positives.*

Soit α un nombre qui rend positif le polynôme $f(x)$ et toutes ses dérivées, h une quantité positive; la formule de Taylor donne :

$$f(\alpha + h) = f(\alpha) + hf'(\alpha) + \frac{h^2}{1.2} f''(\alpha) + \ldots + \frac{h^n}{1.2\ldots n} f^n(\alpha) + \ldots$$

Si $f(\alpha)$, $f'(\alpha)$, $f''(\alpha)$, ... sont positifs ainsi que h, $f(\alpha + h)$ le sera aussi, quelle que soit la valeur de h; ceci revient à dire que α est une limite supérieure des racines positives.

EXEMPLE. — Soit l'équation :

$$x^5 + 7x^4 - 12x^3 - 49x^2 + 52x - 13 = 0.$$

Pour appliquer la première règle, on a :

$$N = 49, \quad n = 2;$$

par suite :

$$1 + \sqrt[n]{N} = 1 + \sqrt{49} = 8;$$

ainsi 8 est une limite supérieure des racines positives.

Pour appliquer la seconde règle, on a :

$$f(x) = x^5 + 7x^4 - 12x^3 - 49x^2 + 52x - 13,$$
$$f'(x) = 5x^4 + 28x^3 - 36x^2 - 98x + 52,$$
$$\frac{1}{1.2} f''(x) = 10x^3 + 42x^2 - 36x - 49,$$
$$\frac{1}{1.2.3} f'''(x) = 10x^2 + 28x - 12,$$
$$\frac{1}{1.2.3.4} f^{IV}(x) = 5x + 7,$$
$$\frac{1}{1.2.3.4.5} f^{V}(x) = 1.$$

On voit que tout nombre positif rend $f^{IV}(x)$ positif; que le nombre 1 rend positif $f'''(x)$; que le nombre 2 rend positifs $f''(x)$ et $f'(x)$; et qu'enfin le nombre 3, qui rend positifs $f(x)$ et toutes ses dérivées, est une limite supérieure des racines positives.

Pour obtenir une *limite inférieure* des racines positives d'une équation donnée, on pose $x = \frac{1}{z}$ dans cette équation, et l'on cherche une limite supérieure des racines de l'équation ainsi transformée.

EXEMPLE. — Soit l'équation :

$$x^3 + 3x^2 - 17x + 5 = 0;$$

l'équation transformée est :
$$5z^3 - 17z^2 + 3z + 1 = 0.$$

Le nombre 4 étant une limite supérieure des racines positives de cette dernière équation, $\frac{1}{4}$ est une limite inférieure des racines positives de la première.

Racines négatives. — Pour obtenir les limites inférieure et supérieure des racines négatives d'une équation donnée, on pose de même $x = -z$, et l'on cherche les limites supérieure et inférieure des racines positives de l'équation transformée.

128. Calcul des différences. — Considérons une suite de nombres :
$$\alpha_0, \quad \alpha_1, \quad \alpha_2, \quad ..., \quad \alpha_n, \quad ...,$$

se succédant suivant une loi quelconque ; en retranchant chacun d'eux de celui qui le suit, on obtient les *différences premières* de ces nombres, que l'on représente par les notations :
$$\Delta\alpha_0, \quad \Delta\alpha_1, \quad ..., \quad \Delta\alpha_n, \quad ...,$$

de sorte que l'on a :
$$\alpha_1 - \alpha_0 = \Delta\alpha_0, \quad \alpha_2 - \alpha_1 = \Delta\alpha_1, \quad ..., \quad \alpha_{n+1} - \alpha_n = \Delta\alpha_n, \quad ...$$

Si l'on considère la suite des différences premières, on peut opérer sur elle comme sur la précédente et obtenir une suite de différences *secondes* que l'on représente par :
$$\Delta^2\alpha_0, \quad \Delta^2\alpha_1, \quad \Delta^2\alpha_2, \quad ..., \quad \Delta^2\alpha_n, \quad ...,$$

de sorte que l'on a encore :
$$\Delta\alpha_1 - \Delta\alpha_0 = \Delta^2\alpha_0, \quad \Delta\alpha_2 - \Delta\alpha_1 = \Delta^2\alpha_1, \quad ..., \quad \Delta\alpha_{n+1} - \Delta\alpha_n = \Delta^2\alpha_n, \quad ...$$

On peut considérer de la même façon la suite des différences secondes et obtenir les différences *troisièmes*, ainsi de suite.

EXEMPLE. — Considérons la suite des carrés des nombres entiers :

$$1, \quad 4, \quad 9, \quad 16, \quad 25, \quad 36, \quad 49, \quad \ldots$$

les différences premières sont :

$$3, \quad 5, \quad 7, \quad 9, \quad 11, \quad 13, \quad \ldots$$

et les différences secondes :

$$2, \quad 2, \quad 2, \quad 2, \quad 2, \quad \ldots$$

Ces dernières étant constantes, les différences troisièmes, et, par suite, les différences d'un ordre supérieur, sont nulles.

Formules générales. — Lorsque $(n+1)$ nombres

$$\alpha, \quad \alpha_1, \quad \ldots, \quad \alpha_n,$$

sont donnés, il est facile d'obtenir les différences successives jusqu'à la n^{me} inclusivement. On a d'abord :

$$\Delta \alpha = \alpha_1 - \alpha,$$
$$\Delta \alpha_1 = \alpha_2 - \alpha_1;$$

mais :

$$\Delta^2 \alpha = \Delta \alpha_1 - \Delta \alpha,$$

donc :

$$\Delta^2 \alpha = \alpha_2 - 2\alpha_1 + \alpha.$$

$\Delta^2 \alpha_1$ étant formé avec $\alpha_3, \alpha_2, \alpha_1$, comme $\Delta^2 \alpha$ avec $\alpha, \alpha_1, \alpha_2$, on a aussi :

$$\Delta^2 \alpha_1 = \alpha_3 - 2\alpha_2 + \alpha_1;$$

par suite,

$$\Delta^3 \alpha = \Delta^2 \alpha_1 - \Delta^2 \alpha = \alpha_3 - 3\alpha_2 + 3\alpha_1 - \alpha.$$

On obtiendrait de la même façon :

$$\Delta^4 \alpha = \alpha_4 - 4\alpha_3 + 6\alpha_2 - 4\alpha_1 + \alpha;$$

la loi de formation est évidente et se généralise sans difficulté ; les coefficients numériques qui entrent dans l'expression des différences des divers ordres sont les coefficients des puissances correspondantes du binôme $(x-a)$. On a donc en général :

$$(1) \quad \Delta^n \alpha = a_n - n a_{n-1} + \frac{n(n-1)}{1.2} a_{n-2} - \ldots \pm a_n.$$

Réciproquement, si l'on donne α et ses n différences successives $\Delta\alpha$, $\Delta^2\alpha$, ..., $\Delta^n\alpha$, il est possible de calculer les termes successifs α_1, α_2, ..., α_n. On a, en effet :

$$\alpha_1 = \alpha + \Delta\alpha,$$
$$\alpha_2 = \alpha_1 + \Delta\alpha_1;$$

mais :

$$\Delta\alpha_1 = \Delta\alpha + \Delta^2\alpha,$$

d'où, en ajoutant ces trois équations :

$$\alpha_2 = \alpha + 2\Delta\alpha + \Delta^2\alpha.$$

On aurait de même :

$$\alpha_3 = \alpha + 3\Delta\alpha + 3\Delta^2\alpha + \Delta^3\alpha;$$

et en général :

$$(2) \quad \alpha_n = \alpha + n\Delta\alpha + \frac{n(n-1)}{1.2}\Delta^2\alpha + \ldots + \Delta^n\alpha.$$

Les coefficients du second membre sont ceux du développement de $(x+a)^m$ (8).

Cas d'un polynôme entier. — Supposons maintenant que la quantité α, au lieu d'être un nombre quelconque, soit un polynôme entier du m^{me} degré en x, et que α_0, α_1, ..., α_m, ..., soient les valeurs successives que prend ce polynôme lorsqu'on donne à x les valeurs en progression x_0, $x_0 + h$, $x_0 + 2h$, ..., $x_0 + (m-1)h$. Dans ce cas :

$$\alpha = A_0 x^m + A_1 x^{m-1} + A_2 x^{m-2} + \ldots + A_{m-1} x + A_m,$$

par suite :

$$\Delta\alpha = A_0[(x+h)^m - x^m] + A_1[(x+h)^{m-1} - x^{m-1}] + \ldots + A_{m-1}h.$$

Développant les différentes parenthèses et ordonnant les

résultats par rapport à x, on obtient le polynôme du $(m-1)^{\text{me}}$ degré :

$$\Delta \alpha = m A_0 h x^{m-1} + A'_1 x^{m-2} + A'_2 x^{m-3} + \ldots + A'_{m-1},$$

$A'_1, A'_2, \ldots, A'_{m-1}$ étant toujours des coefficients constants.

La différence seconde $\Delta^2 \alpha$ s'exprime, de même, par le polynôme du $(m-2)^{\text{me}}$ degré en x :

$$\Delta^2 \alpha = m(m-1) A_0 h^2 x^{m-2} + A''_1 x^{m-3} + \ldots + A''_{m-2}.$$

On obtiendrait enfin pour la différence m^{me} $\Delta^m \alpha$:

$$\Delta^m \alpha = 1 \cdot 2 \cdot 3 \ldots m A_0 h^m,$$

quantité indépendante de x. Ainsi :

Si dans un polynôme en x, de degré m, on substitue à x une suite de nombres en progression arithmétique, les différences m^{mes} des résultats obtenus sont constantes.

EXEMPLE. — Soit le polynôme du troisième degré :

$$\alpha = x^3 + p x^2 + q x + r;$$

remplaçant x par $(x + h)$, puis retranchant l'équation précédente du résultat, on obtient :

(3) $\quad \Delta \alpha = 3 x^2 h + (3 h^2 + 2 p h) x + h^3 + p h^2 + q h;$

remplaçant encore x par $(x + h)$ dans cette dernière équation et la retranchant ensuite du résultat, il vient :

(4) $\quad \Delta^2 \alpha = 6 x h^2 + 6 h^3 + 2 p h^2.$

Opérant toujours de la même façon, on trouve pour les différences troisièmes :

$$\Delta^3 \alpha = 6 h^3,$$

quantité constante.

On obtiendrait les valeurs de $\Delta \alpha_0, \Delta \alpha_1, \ldots, \Delta^2 \alpha_0, \Delta^2 \alpha_1, \ldots$, en remplaçant dans les formules (3) et (4) : x par $x_0, (x_0 + h), \ldots$, etc.

Utilité des différences. — La considération des différences est utile pour l'établissement des tables numériques de toute espèce. Supposons, par exemple, que l'on veuille construire une table de cubes des nombres entiers. Considérons, pour cela, la fonction $\alpha = x^3$ et donnons à x les valeurs successives 0, 1, 2, 3, ...; la différence troisième est constante et égale à $6h^3 = 6$, puisque $h = 1$. Traçons ensuite le tableau ci-dessous, et, pour le commencer, écrivons dans la première colonne les trois premiers cubes 0, 1, 8; dans la seconde colonne, les deux différences premières 1, 7; dans la troisième, la différence seconde 6; enfin, dans la dernière, la différence troisième constante 6.

	Δ	Δ^2	Δ^3
0	1	6	6
1	7	12	6
8	19	18	6
27	37	24	
64	61		
125			

Les nombres de la colonne Δ^2 se déduisent immédiatement par addition de la première différence seconde et de la différence troisième; on a :

$$12 = 6 + 6$$
$$18 = 12 + 6$$
$$24 = 18 + 6$$
$$\cdots\cdots$$
$$\cdots\cdots$$

Les nombres de la colonne Δ se déduisent, de même, des deux différences premières 1 et 7 et des différences secondes; on obtient :

$$19 = 7 + 12$$
$$37 = 19 + 18$$
$$61 = 37 + 24$$
$$\cdots\cdots$$
$$\cdots\cdots$$

Enfin, les cubes des nombres entiers s'obtiennent, toujours par addition, à l'aide des différences premières; on trouve ainsi :

$$27 = 8 + 19$$
$$64 = 27 + 37$$
$$125 = 64 + 61$$
$$\cdots\cdots$$
$$\cdots\cdots$$

L'emploi des différences est encore utile dans certains cas pour la résolution des équations numériques ou transcendantes.

129. Interpolation. — Considérons une certaine fonction inconnue, $\alpha = f(x)$, de la variable x, et supposons que cette fonction *soit assujettie* à prendre les valeurs connues :

$$\alpha_0, \quad \alpha_1, \quad \alpha_2, \quad \ldots, \quad \alpha_m,$$

lorsqu'on donne à x les valeurs :

$$x_0, \quad x_1, \quad x_2, \quad \ldots, \quad x_m.$$

Le problème de l'interpolation se propose de déterminer la fonction $f(x)$ par les $m+1$ conditions que nous venons d'indiquer ; ce problème est, en général, indéterminé, parce qu'on peut trouver une infinité de fonctions satisfaisant à ces conditions.

En analyse, on détermine le problème en substituant à la fonction absolument quelconque $f(x)$ une fonction algébrique entière de degré m :

$$\alpha = A_0 x^m + A_1 x^{m-1} + A_2 x^{m-2} + \ldots + A_m,$$

dont on détermine les $m+1$ coefficients inconnus par les $m+1$ conditions précédentes.

La formule générale qui répond à cette solution algébrique a été indiquée par Lagrange ; mais cette formule est trop longue pour être utilisée dans les applications.

Formule de Newton. — Examinons le cas plus pratique où les valeurs $x_0, x_1, \ldots, x_m$ de la variable forment une progression arithmétique de raison h ; on a par exemple :

$$x_0 = 0, \quad x_1 = h, \quad x_2 = 2h, \quad \ldots, \quad x_m = mh.$$

La connaissance des valeurs $\alpha_0, \alpha_1, \alpha_2, \ldots, \alpha_m$ de la fonction α, permet de calculer les différences successives :

$$\Delta \alpha_0, \quad \Delta^2 \alpha_0, \quad \Delta^3 \alpha_0, \quad \ldots, \quad \Delta^m \alpha_0.$$

D'autre part, la formule (2) (128) donne, en faisant $n = p$ et en supposant $p > m$,

$$\alpha_p = \alpha_0 + p \Delta \alpha_0 + \frac{p(p-1)}{1 \cdot 2} \Delta^2 \alpha_0 + \ldots + \frac{p(p-1)\ldots(p-m+1)}{1 \cdot 2 \ldots m} \Delta^m \alpha_0 ;$$

ce développement de α_p s'arrête naturellement au terme contenant $\Delta^m \alpha_0$, car la fonction entière α étant de degré m, on a $\Delta^{m+1} \alpha_0 = 0$.

Faisons $p = \dfrac{x}{h}$ et posons :

$$(1) \quad \alpha = \alpha_0 + \frac{x}{h} \Delta \alpha_0 + \frac{x}{h}\left(\frac{x}{h} - 1\right) \frac{\Delta^2 \alpha_0}{1 \cdot 2} + \cdots$$
$$+ \frac{x}{h}\left(\frac{x}{h} - 1\right) \cdots \left(\frac{x}{h} - m + 1\right) \frac{\Delta^m \alpha_0}{1 \cdot 2 \cdots m}.$$

Cette fonction se réduit à α_p quand on y fait $x = ph$; par suite, elle prend les valeurs :

$$\alpha_0, \quad \alpha_1, \quad \alpha_2, \quad \ldots, \quad \alpha_m,$$

lorsqu'on suppose x égal à :

$$0, \quad h, \quad 2h, \quad \ldots, \quad mh;$$

et, comme c'est une fonction algébrique entière de degré m, c'est une solution de la question, car elle satisfait à toutes les conditions imposées.

La formule (1) a été indiquée par Newton; on l'écrit quelquefois sous une forme légèrement différente en posant $\dfrac{x}{h} = z$; alors :

$$(2) \quad \alpha = \alpha_0 + z \Delta \alpha_0 + \frac{z(z-1)}{1 \cdot 2} \Delta^2 \alpha_0 + \ldots + \frac{z(z-1)\ldots(z-m+1)}{1 \cdot 2 \ldots m} \Delta^m \alpha_0.$$

Lorsque les différences d'ordre supérieur au premier sont assez petites pour qu'on puisse les négliger, la formule se réduit à :

$$\alpha = \alpha_0 + z \Delta \alpha_0,$$

d'où :

$$\alpha - \alpha_0 = z \Delta \alpha_0;$$

l'accroissement $\alpha - \alpha_0$ de la fonction est alors proportionnel à l'accroissement z de la variable; on dit dans ce cas que l'on interpole *par parties proportionnelles*, c'est le mode d'interpolation le plus communément employé dans les applications.

Si l'on ne peut négliger que les différences du troisième ordre et au delà, la formule d'interpolation devient :

$$\alpha = \alpha_0 + z\Delta\alpha_0 + \frac{z(z-1)}{1.2}\Delta^2\alpha_0.$$

Exemple. — La fonction $\alpha = \log x$ a pour différences successives :

$$\Delta\alpha = \log(x+h) - \log x = \log\left(1 + \frac{h}{x}\right) = M\left(\frac{h}{x} - \frac{h^2}{2x^2} + \frac{h^3}{3x^3} - \ldots\right),$$

$$\Delta^2\alpha = \log(x+2h) - 2\log(x+h) + \log x = \log\left(1 + \frac{2h}{x}\right) - 2\log\left(1 + \frac{h}{x}\right)$$
$$= -M\left(\frac{h^2}{x^2} - \frac{2h^3}{x^3} + \ldots\right),$$

$$\Delta^3\alpha = \log(x+3h) - 3\log(x+2h) + 3\log(x+h) - \log x$$
$$= \log\left(1 + \frac{3h}{x}\right) - 3\log\left(1 + \frac{2h}{x}\right) + 3\log\left(1 + \frac{h}{x}\right) = M\left(\frac{2h^3}{x^3} - \ldots\right).$$

Pour $h = 1$ et $x = 1000$, on a, en observant que $M = 0,434294$ (39),

$$\Delta\alpha = 0,000043427076863,$$
$$\Delta^2\alpha = -0,000000004342076,$$
$$\Delta^3\alpha = 0,000000000800868.$$

On voit que les différences décroissent avec rapidité; comme la différence seconde est moindre qu'une unité du huitième ordre décimal, on peut la négliger lorsqu'on emploie les tables de logarithmes à sept décimales, et interpoler par parties proportionnelles.

§ 2. — Résolution des équations

130. Théoriquement, lorsqu'on veut résoudre une équation numérique dont les coefficients sont des nombres donnés, on doit commencer par chercher les racines entières et fractionnaires et supprimer les facteurs correspondants.

Ensuite on doit rechercher si l'équation a des racines égales et déterminer ces racines, de façon à pouvoir opérer sur de nouvelles équations n'ayant que des racines inégales.

Le théorème de Descartes fera d'ailleurs préalablement

connaître une limite supérieure du nombre des racines positives et une limite du nombre des racines négatives.

Enfin il est intéressant de fixer dès l'abord une limite supérieure des racines positives et une limite inférieure des racines négatives que peut avoir l'équation proposée.

Mais, dans l'application, on ne s'astreint pas toujours à effectuer ces diverses opérations, qui ont l'inconvénient d'être longues et fastidieuses.

On trouvera au chapitre xi tous les éléments nécessaires pour apprendre à résoudre pratiquement une équation numérique quelconque, ou une équation transcendante. Dans ce paragraphe, nous nous bornerons aux équations binômes et aux équations des troisième et quatrième degrés.

131. Équation binôme. — La forme générale de l'équation binôme est :

$$x^m - A = 0,$$

A désignant une quantité connue réelle ou imaginaire. Résoudre cette équation, c'est trouver les quantités réelles ou imaginaires qui, mises à la place de x, satisfont à l'équation.

Posons (12) :

$$A = r(\cos\theta + i\sin\theta), \qquad x = \rho(\cos\omega + i\sin\omega);$$

r et θ sont des quantités connues, ρ et ω les inconnues; l'équation proposée devient :

$$[\rho(\cos\omega + i\sin\omega)]^m = r(\cos\theta + i\sin\theta).$$

Mais la formule de Moivre (15) donne :

$$[\rho(\cos\omega + i\sin\omega)]^m = \rho^m(\cos m\omega + i\sin m\omega);$$

par suite, on doit avoir :

$$\rho^m(\cos m\omega + i\sin m\omega) = r(\cos\theta + i\sin\theta);$$

pour que ces deux quantités imaginaires soient égales, il est nécessaire que leurs modules soient égaux et que leurs arguments soient égaux ou diffèrent d'un multiple quelconque de circonférence. Ainsi, en général, on doit avoir :

$$\rho^m = r \qquad \text{et} \qquad m\omega = 0 + 2k\pi,$$

d'où l'on déduit :

$$\rho = r^{\frac{1}{m}}, \qquad \omega = \frac{0 + 2k\pi}{m}.$$

Les diverses valeurs de l'inconnue x sont alors données par la formule :

$$x = r^{\frac{1}{m}} \left(\cos \frac{0 + 2k\pi}{m} + i \sin \frac{0 + 2k\pi}{m} \right)$$

dans laquelle $r^{\frac{1}{m}}$ est la racine arithmétique de r, et la lettre k désigne un nombre entier quelconque positif ou négatif. On pourrait d'ailleurs faire voir, sur cette formule, que l'inconnue x admet au plus m valeurs distinctes correspondantes aux m valeurs de k : 0, 1, 2, ..., $(m-1)$.

EXEMPLE. — Soit l'équation binôme :

$$x^3 - 1 = 0;$$

on a A $= 1$, d'où $r = 1$ et $\theta = 0$. La formule précédente donne donc :

$$x = \cos \frac{2k\pi}{3} + i \sin \frac{2k\pi}{3};$$

faisant successivement $k = 0, 1, 2$, on obtient :

$$x_0 = 1,$$
$$x_1 = \cos \frac{2\pi}{3} + i \sin \frac{2\pi}{3} = -\frac{1}{2} + i \frac{\sqrt{3}}{2},$$
$$x_2 = \cos \frac{4\pi}{3} + i \sin \frac{4\pi}{3} = -\frac{1}{2} - i \frac{\sqrt{3}}{2}.$$

On peut remarquer que la troisième racine x_2 est le carré de la seconde x_1 ; en effet :

$$\left(-\frac{1}{2} - i \frac{\sqrt{3}}{2} \right)^2 = \frac{1}{4} - \frac{3}{4} + i \frac{\sqrt{3}}{2} = -\frac{1}{2} + i \frac{\sqrt{3}}{2};$$

si donc on pose:
$$j = \frac{-1 + i\sqrt{3}}{2},$$

les trois racines de l'équation $x^3 - 1 = 0$ seront représentées par $1, j, j^2$.

132. Équation du troisième degré. — La forme générale de l'équation du troisième degré est :
$$x^3 + A_1 x^2 + A_2 x + A_3 = 0;$$

mais on peut toujours substituer à cette forme une autre plus simple que nous allons indiquer. Posons :
$$x = z - \frac{A_1}{3},$$

il vient, en remplaçant dans l'équation proposée :
$$\left(z - \frac{A_1}{3}\right)^3 + A_1 \left(z - \frac{A_1}{3}\right)^2 + A_2 \left(z - \frac{A_1}{3}\right) + A_3 = 0;$$

si l'on développe les différentes puissances du premier membre, ce dernier prend, après réductions, la forme simple :
$$z^3 + pz + q = 0,$$

p et q désignant de nouveaux coefficients.

Exemple. — Soit l'équation :
$$x^3 - 3x^2 + 4x + 5 = 0;$$
posons :
$$x = z + 1,$$
il vient
$$(z+1)^3 - 3(z+1)^2 + 4(z+1) + 5 = 0,$$
ou en développant
$$z^3 + 3z^2 + 3z + 1 - 3z^2 - 6z - 3 + 4z + 4 + 5 = 0,$$
et réduisant
$$z^3 + z + 7 = 0.$$

Formule générale. — Soit donc à résoudre l'équation :

$$x^3 + px + q = 0;$$

posons pour cela :

$$x = y + z,$$

elle devient :

$$y^3 + 3y^2z + 3yz^2 + z^3 + p(y+z) + q = 0,$$

ce que l'on peut écrire :

$$y^3 + z^3 + (y+z)(3yz + p) + q = 0.$$

Les quantités inconnues y et z n'étant assujetties qu'à la seule condition d'avoir pour somme x, on peut établir entre elles une relation arbitraire et poser :

(1) $\quad 3yz + p = 0, \quad$ d'où $\quad y^3z^3 = -\dfrac{p^3}{27};$

il reste alors :

(2) $\quad y^3 + z^3 + q = 0.$

Or, on peut résoudre les équations (1) et (2) en remarquant qu'elles font connaître la somme et le produit des deux quantités y^3 et z^3 en fonction des quantités connues p et q; y^3 et z^3 sont donc les racines de l'équation du second degré :

$$X^2 + qX - \frac{p^3}{27} = 0;$$

par conséquent on a :

(3) $\quad\begin{aligned} y^3 &= -\frac{q}{2} + \sqrt{\frac{q^2}{4} + \frac{p^3}{27}}, \\ z^3 &= -\frac{q}{2} - \sqrt{\frac{q^2}{4} + \frac{p^3}{27}}; \end{aligned}$

ce qui donne pour x :

(4) $\quad x = y + z = \sqrt[3]{-\dfrac{q}{2} + \sqrt{\dfrac{q^2}{4} + \dfrac{p^3}{27}}} + \sqrt[3]{-\dfrac{q}{2} - \sqrt{\dfrac{q^2}{4} + \dfrac{p^3}{27}}}.$

Cette formule a été indiquée pour la première fois par *Cardan*.

Les équations (3) donnent trois valeurs pour y et autant pour z; en associant ces valeurs deux à deux, l'équation (4) semble fournir neuf valeurs différentes pour la racine x, ce qui peut paraître paradoxal; mais en réalité, comme d'après l'équation (1) il ne faut associer que des valeurs de y et z ayant un produit réel, l'équation (4) ne fournit que trois racines distinctes pour x.

Propriétés de l'équation du troisième degré. — Avant de donner quelques applications, nous résumerons les principales propriétés de l'équation du troisième degré ramenée à la forme normale :

$$x^3 + px + q = 0.$$

1° Le terme tout connu est égal et de signe contraire au produit des trois racines (117);

2° La somme des trois racines est égale à zéro. Si l'une d'elles est imaginaire de la forme $\alpha + \beta i$, sa conjuguée $\alpha - \beta i$ est également racine de l'équation (116), de sorte qu'il n'y a plus qu'une racine réelle;

3° Lorsque p est *positif*, l'équation a deux racines *imaginaires* comme sa dérivée (124);

4° Lorsque p est *négatif*, l'équation a trois racines *réelles* et inégales si $\dfrac{p^3}{27} + \dfrac{q^2}{4} < 0$; trois racines *réelles* dont deux égales si $\dfrac{p^3}{27} + \dfrac{q^2}{4} = 0$; enfin, elle a deux racines *imaginaires* si $\dfrac{p^3}{27} + \dfrac{q^2}{4} > 0$. Ces conclusions se mettent rapidement en évidence par le théorème de Rolle.

EXEMPLE I. — Soit à résoudre l'équation :

$$x^3 - 6x + 6 = 0.$$

On a ici :

$$\frac{p^3}{27} + \frac{q^2}{4} = -8 + 9 = 1;$$

donc l'équation n'a qu'une racine réelle. La formule de Cardan donne :

$$x = \sqrt[3]{-3+1} + \sqrt[3]{-3-1} = -\sqrt[3]{2}(1+\sqrt[3]{2})\,;$$

la racine cubique de 2, à $\dfrac{1}{100}$ près, est égale à 1,26 ; par suite :

$$x = -1,26 \times 2,26 = -2,84.$$

EXEMPLE II. — Soit encore l'équation :

$$x^3 + 3\alpha^2 x + \alpha^2(\beta - \alpha) = 0.$$

On a dans ce cas :

$$\frac{p^3}{27} + \frac{q^2}{4} = \alpha^3\beta^3 + \frac{\alpha^2\beta^2}{4}(\beta-\alpha)^2 = \frac{\alpha^2\beta^2}{4}(\beta+\alpha)^2\,;$$

donc l'équation n'a qu'une racine réelle ; on trouve :

$$x = \sqrt[3]{\alpha^2\beta} - \sqrt[3]{\beta^2\alpha}.$$

La formule de Cardan n'est réellement avantageuse que pour le cas assez rare où l'équation proposée n'a qu'une racine réelle. Lorsque les trois racines sont réelles, cette formule se complique d'imaginaires, qui rendent son emploi très pénible. Il est préférable alors de procéder par les méthodes approximatives développées au chapitre XI ou d'utiliser les relations trigonométriques.

Résolution trigonométrique de l'équation. — Supposons que l'équation ait ses trois racines réelles et inégales ; alors on a $\dfrac{p^3}{27} + \dfrac{q^2}{4} < 0$; la quantité placée sous les radicaux du second degré de la formule (4) est négative, et la valeur de x se présente comme somme de deux quantités imaginaires.

On a :

$$(4) \quad x = \sqrt[3]{-\frac{q}{2} + \sqrt{\frac{q^2}{4} + \frac{p^3}{27}}} + \sqrt[3]{-\frac{q}{2} - \sqrt{\frac{q^2}{4} + \frac{p^3}{27}}}.$$

Posons :

$$-\frac{q}{2} = r\cos\theta, \qquad \frac{q^2}{4} + \frac{p^3}{27} = -r^2\sin^2\theta\,;$$

il viendra :

$$x = \sqrt[3]{r(\cos\theta + i\sin\theta)} + \sqrt[3]{r(\cos\theta - i\sin\theta)};$$

en appliquant la formule de Moivre (15), on pourra écrire :

$$x = \sqrt[3]{r}\left(\cos\frac{2k\pi + \theta}{3} + i\sin\frac{2k\pi + \theta}{3}\right)$$
$$+ \sqrt[3]{r}\left(\cos\frac{2k\pi + \theta}{3} - i\sin\frac{2k\pi + \theta}{3}\right).$$

Dans cette formule, on doit donner successivement à k les valeurs 0, 1, 2 ; k doit recevoir la même valeur dans les deux parenthèses pour que le produit yz reste réel et égal à $-\frac{p}{3}$.

On aura donc simplement, puisque x est réel :

$$x = 2\sqrt[3]{r}\cos\frac{2k\pi + \theta}{3}.$$

Mais des deux relations :

$$-\frac{q}{2} = r\cos\theta, \qquad \frac{q^2}{4} + \frac{p^3}{27} = -r^2\sin^2\theta,$$

on déduit :

$$\frac{q^2}{4} = r^2\cos^2\theta, \qquad r^2 = -\frac{p^3}{27},$$

d'où :

$$r = \sqrt{-\frac{p^3}{27}}, \qquad \text{et} \qquad \cos\theta = -\frac{q}{2r};$$

ces équations permettent de calculer r et θ.

Les trois racines de l'équation du troisième degré seront :

$$x_1 = 2\sqrt[3]{r}\cos\frac{\theta}{3}, \qquad x_2 = 2\sqrt[3]{r}\cos\left(120° + \frac{\theta}{3}\right),$$
$$x_3 = 2\sqrt[3]{r}\cos\left(240° + \frac{\theta}{3}\right).$$

ou plus simplement, en observant que deux arcs ont des cosinus égaux et de signes contraires ou égaux et de même signe, suivant que leur somme est égale à π ou à 2π :

$$x_1 = 2\sqrt[3]{r}\cos\frac{\theta}{3}, \qquad x_2 = -2\sqrt[3]{r}\cos\left(60° - \frac{\theta}{3}\right),$$
$$x_3 = 2\sqrt[3]{r}\cos\left(120° - \frac{\theta}{3}\right).$$

Si la formule $\cos\theta = -\dfrac{q}{2r}$ donne pour $\cos\theta$ une valeur négative, on cherche dans les tables l'arc θ' qui a le même cosinus pris positivement ; θ est alors le supplément de θ'.

Lorsque deux racines sont égales, on a $\dfrac{p^3}{27} + \dfrac{q^2}{4} = 0$, c'est-à-dire que $\theta = 0°$.

En appliquant la méthode ci-dessus à l'équation :

$$x^3 - 7x + 7 = 0,$$

qui a ses trois racines réelles, on trouve :

$$x_1 = 1{,}692, \quad x_2 = -3{,}049, \quad x_3 = 1{,}357.$$

133. Équation du quatrième degré. — La forme générale de l'équation complète du quatrième degré est :

$$x^4 + px^3 + qx^2 + rx + s = 0,$$

p, q, r, s désignant des coefficients connus ; pour résoudre cette équation, on emploie la méthode suivante indiquée par *Ferrari*.

L'équation peut s'écrire :

$$\left(x^2 + \tfrac{1}{2}px\right)^2 - \left(\frac{p^2}{4} - q\right)x^2 + rx + s = 0,$$

ou encore :

$$\left(x^2 + \tfrac{1}{2}px\right)^2 = \left(\frac{p^2}{4} - q\right)x^2 - rx - s.$$

Si le second membre était un carré parfait, l'équation serait évidemment résolue ; ajoutons aux deux membres l'expression $2\left(x^2 + \frac{1}{2} px\right) y + y^2$, y étant une inconnue auxiliaire ; il vient :

$$\left(x^2 + \frac{1}{2} px\right)^2 + 2 \left(x^2 + \frac{1}{2} px\right) y + y^2$$
$$= \left(\frac{p^2}{4} - q + 2y\right) x^2 + (py - r) x + y^2 - s ;$$

le premier membre reste toujours un carré, quel que soit y ; mais le second ne sera carré parfait que si l'inconnue auxiliaire y satisfait à l'équation :

$$(py - r)^2 - 4 \left(\frac{p^2}{4} - q + 2y\right) (y^2 - s) = 0 ;$$

cette dernière est du troisième degré en y, et, quand on aura calculé une de ses racines, l'équation proposée pourra être abaissée au second degré.

EXEMPLE. — Soit à résoudre l'équation :

$$x^4 - 2x^3 - 6x + 3 = 0 ;$$

on peut l'écrire :

$$(x^2 - x)^2 = x^2 + 6x - 3 ;$$

puis, en désignant par y une inconnue auxiliaire :

$$(x^2 - x)^2 + 2 (x^2 - x) y + y^2 = 2 (x^2 - x) y + y^2 + x^2 + 6x - 3.$$

Déterminant y par la condition que le second membre soit un carré parfait, on obtient l'équation du troisième degré :

$$(6 - 2y)^2 - 4 (2y + 1) (y^2 - 3) = 0,$$

ou, en développant et réduisant :

$$8y^3 - 36 - 12 = 0,$$

ce qui donne immédiatement :

$$y^3 = 6 \quad \text{et} \quad y = \sqrt[3]{6}.$$

L'équation proposée devient, par suite :

$$(x^2 - x + \sqrt[3]{6})^2 = [(2\sqrt[3]{6} + 1) x + \sqrt[3]{6} - 3]^2 ;$$

THÉORIE DES ÉQUATIONS

d'où l'on déduit :
$$x^2 - x + \sqrt[3]{6} = \pm [(2\sqrt[3]{6} + 1)x + \sqrt[3]{6} - 3].$$

On est ainsi ramené à la résolution de deux équations du second degré.

EXERCICES PROPOSÉS

1. Démontrer que, si toutes les racines de l'équation
$$x^m - Ax^{m-1} + Bx^{m-2} + \ldots + H = 0$$
sont en progression arithmétique, et si m est un nombre impair, $\dfrac{A}{m}$ est une des racines de l'équation.

2. Démontrer que l'équation à coefficients réels :
$$\frac{A^2}{x-a} + \frac{B^2}{x-b} + \frac{C^2}{x-c} + \ldots + \frac{L^2}{x-l} - H = 0,$$
a toutes ses racines réelles.

3. Exprimer que l'équation
$$Ax^3 + Bx^2 + Cx + D = 0$$
admet deux racines égales et de signes contraires.
La condition demandée est $AD = BC$.

4. Exprimer que les trois racines de l'équation
$$x^3 + px^2 + qx + r = 0$$
sont les côtés d'un triangle rectangle, et résoudre l'équation dans ce cas particulier.
Désignant par a, b, c les racines, la condition cherchée est :
$$p^4(p^2 - 2q) = 2(2pq - 2r - p^3)^2.$$

5. Exprimer que l'équation
$$x^3 + px + q = 0$$
admet une racine double.
On trouve la condition :
$$\left(\frac{p}{3}\right)^3 + \left(\frac{q}{2}\right)^2 = 0.$$

ANALYSE

6. Résoudre un triangle, connaissant le périmètre $2p$, le rayon r du cercle inscrit et le rayon R du cercle circonscrit.

7. Inscrire dans un cercle un polygone régulier de 30 côtés.

8. Par un point pris sur la circonférence d'un cercle, mener une corde qui détermine un segment équivalent au quart de l'aire du cercle.

DEUXIÈME PARTIE

GÉOMÉTRIE

CHAPITRE V

GÉOMÉTRIE A DEUX DIMENSIONS

§ 1. — Préliminaires. — Ligne droite et Cercle

134. Définition des coordonnées. — La géométrie analytique étudie les propriétés des figures par les procédés du calcul algébrique ; cette étude repose sur la doctrine des coordonnées.

La position d'un point dans un plan se détermine par deux quantités qu'on appelle les *coordonnées* de ce point.

Il existe un grand nombre de systèmes de coordonnées ; nous n'insisterons que sur les plus simples : le *système cartésien* et le *système polaire*.

1° *Coordonnées cartésiennes.* — Soient deux axes rectangulaires fixes XX', YY' se coupant en O, et un point quelconque M; de ce point abaissons les perpendiculaires MP et MQ sur les axes. La figure OPMQ est un rectangle, et la position du point M est évidemment déterminée si on connaît

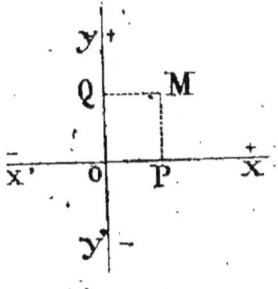

Fig. 15.

les deux longueurs OP et OQ, ou OP et PM. Ces longueurs simultanées sont les coordonnées *rectangulaires* ou *carté-*

siennes du point M ; on les désigne habituellement par x et y, de sorte que l'on a :

$$x = \text{OP}, \qquad y = \text{MP}.$$

On dit encore que x est l'*abscisse* du point M, et y son *ordonnée*.

Les variables x et y étant susceptibles de prendre des valeurs positives et négatives, on convient de porter les valeurs positives de x de O vers X, les valeurs négatives dans le sens opposé, de O vers X'; de même, les valeurs de y sont portées positivement de O en Y, négativement de O en Y'. Le point O est l'*origine* des coordonnées.

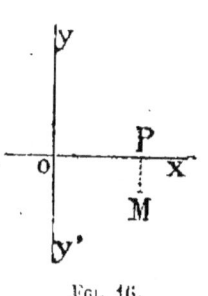

Fig. 16.

En donnant aux variables x et y toutes les valeurs possibles, positives et négatives, on obtient tous les points du plan ; mais chaque couple de valeurs (x, y) n'en détermine qu'un seul.

Plus généralement, on pourrait rapporter les deux coordonnées d'un point à des axes faisant entre eux un angle quelconque θ ; mais, dans les applications, on choisit ordinairement des axes rectangulaires, parce que les formules se trouvent simplifiées par la condition que θ = 90°.

EXEMPLE. — Trouver le point du plan dont les coordonnées rectangulaires sont :

$$x = 4, \qquad y = -1.$$

Prenant à une échelle déterminée une longueur positive OP = 4, puis abaissant du point P, toujours à la même échelle, une ordonnée négative PM = — 1, l'extrémité de l'ordonnée est la position du point cherché.

2° *Coordonnées polaires*. — Soient OX un axe fixe (*fig.* 17), O une certaine origine, nommée *pôle*, prise sur cet axe. La position du point M dans le plan peut encore se déterminer par la longueur $r = $ OM du *rayon vecteur*, et par l'angle θ que fait ce rayon avec l'axe OX.

En faisant varier r de 0 à $+\infty$, et l'*angle polaire* θ de 0 à 2π, on obtient tous les points du plan; chaque couple de valeurs (r, θ) détermine un point et un seul.

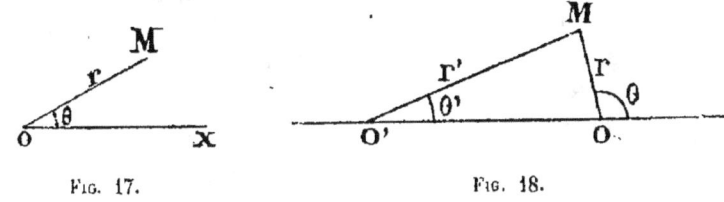

Fig. 17.   Fig. 18.

On peut rapprocher du système polaire le système *bipolaire* dans lequel un point M est déterminé par ses distances à deux pôles fixes O et O'. Dans ce système, les rayons vecteurs r et r' sont les deux coordonnées de M; on peut aussi prendre pour coordonnées les angles θ et θ'.

135. Représentation des courbes par des équations. — Si un point M est assujetti à rester sur une courbe déterminée AB (*fig.* 19), la connaissance de l'une de ses coordonnées, OP par exemple, entraîne la connaissance de la seconde MP, de sorte que ces deux coordonnées ne sont pas indépendantes; elles sont, en réalité, fonction l'une de l'autre.

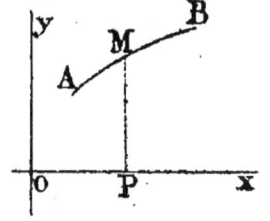

Fig. 19.

La définition géométrique de la courbe AB permet, en général, de déterminer la relation analytique, telle que $f(x, y) = 0$, qui existe entre les deux coordonnées de l'un quelconque de ses points. Cette relation est l'*équation de la courbe*.

Réciproquement, si l'on a une équation telle que:

$$f(x, y) = 0,$$

entre deux variables x et y, chaque couple de valeurs simultanées des variables qui satisfait à cette équation détermine un point du plan et un seul; en faisant varier x d'une manière continue entre des limites déterminées, l'équation est satisfaite par des valeurs de y, qui sont également continues, de sorte que l'ensemble des points obtenus forme une suite continue, c'est-à-dire une courbe.

Ainsi, toute équation entre les deux variables x et y représente une courbe plane dont cette équation est l'*équation cartésienne*.

— De même, toute équation telle que :

$$\varphi(r, \theta) = 0,$$

entre les coordonnées polaires r et θ d'un point quelconque du plan, représente une courbe dont cette équation est l'*équation polaire*.

EXEMPLE I. — Soit à trouver l'équation du *cercle* de rayon a et de centre O.

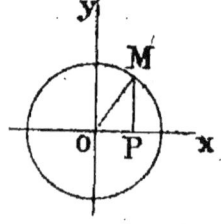

Fig. 20.

Dans le triangle rectangle MOP, on a constamment :

$$\overline{OP}^2 + \overline{MP}^2 = \overline{OM}^2;$$

de sorte que les coordonnées x et y d'un point quelconque M du cercle satisfont toujours à la relation :

$$x^2 + y^2 = a^2.$$

Cette relation est donc l'équation du cercle.

EXEMPLE II. — Soit à trouver l'équation de l'*ellipse* de centre O et de foyers F et F'. On sait que *dans l'ellipse la somme des distances de l'un quelconque des points de la courbe aux deux foyers est constante*; représentons cette somme par $2a$ et posons :

$$OF = OF' = c.$$

On doit avoir pour un point quelconque M de la courbe :

(1) $$MF' + MF = 2a;$$

mais les triangles rectangles MFP et MF'P donnent :

(2) $$\overline{MF}^2 = (x - c)^2 + y^2,$$
$$\overline{MF'}^2 = (x + c)^2 + y^2;$$

d'où par soustraction

$$\overline{MF'}^2 - \overline{MF}^2 = 4cx,$$

ce que l'on peut écrire :
$$(MF' + MF)(MF' - MF) = 4cx,$$

et, par suite, d'après (1),

(3) $\quad MF' - MF = \dfrac{2cx}{a}.$

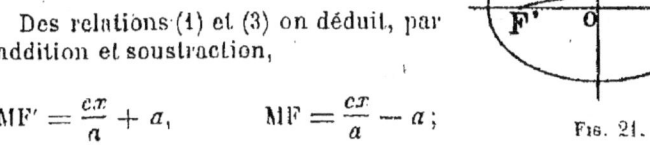

Fig. 21.

Des relations (1) et (3) on déduit, par addition et soustraction,

$$MF' = \frac{cx}{a} + a, \qquad MF = \frac{cx}{a} - a ;$$

portant la valeur de MF dans la première des équations (2), on obtient :
$$\left(\frac{cx}{a} - a\right)^2 = (x - c)^2 + y^2 ;$$

ou, en développant et réduisant,
$$(a^2 - c^2)x^2 + a^2 y^2 = a^2(a^2 - c^2).$$

On pose souvent :
$$a^2 = b^2 + c^2 ;$$

alors l'équation devient, après avoir divisé par $a^2 b^2$:

(4) $\quad \dfrac{x^2}{a^2} + \dfrac{y^2}{b^2} = 1.$

Pour l'*hyperbole* de centre O et de foyers F et F', on a par définition :

(5) $\quad MF' - MF = 2a.$

L'équation cartésienne de la courbe s'obtient par un calcul identique au précédent ; on trouve :

(6) $\quad \dfrac{x^2}{a^2} - \dfrac{y^2}{b^2} = 1.$

En prenant les foyers F et F' pour pôles, l'équation bipolaire de l'ellipse s'écrit simplement :
$$r + r' = 2a.$$

L'équation de l'hyperbole est
$$r' - r = 2a.$$

Si l'on cherche le lieu des points M du plan équidistants de l'axe des y et du point F, on doit avoir :

$$MQ = MF,$$

ou, en posant $OF = p$,

$$x = \sqrt{(x-p)^2 + y^2} ;$$

élevant au carré et simplifiant, il vient :

(7) $\quad y^2 = 2px - p^2 ;$

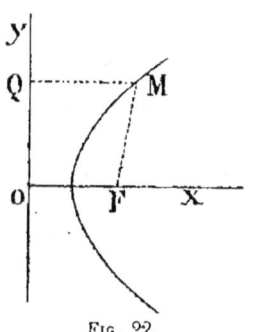

Fig. 22.

ce lieu est une *parabole* de foyer F.

EXEMPLE III. — Comme exemple d'équation polaire de courbe, nous chercherons celle de la *lemniscate. Cette courbe est le lieu des points du plan tels que le produit des distances de chacun d'eux à deux points fixes A et B est égal au carré de la moitié de AB* (*fig.* 23).

Prenons le milieu O de AB pour pôle et OA pour axe polaire ; posons $OA = OB = a$.

On doit avoir, par définition, pour un point quelconque M de la courbe :

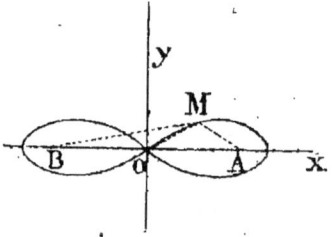

Fig. 23.

$$MA \times MB = a^2 ;$$

mais les triangles OAM et OBM donnent :

$$\overline{MA}^2 = a^2 + r^2 - 2ar \cos\theta,$$
$$\overline{MB}^2 = a^2 + r^2 + 2ar \cos\theta ;$$

d'où l'on déduit :

$$(a^2 + r^2 - 2ar \cos\theta)(a^2 + r^2 + 2ar \cos\theta) = a^4 ;$$

effectuant le produit et simplifiant, il vient :

$$r^2 = 2a^2 \cos 2\theta ;$$

c'est l'équation polaire de la lemniscate.

EXEMPLE IV. — Au lieu de chercher directement l'équation cartésienne ou polaire d'une courbe à l'aide de sa définition géométrique, il est quelquefois plus commode d'exprimer individuellement

GÉOMÉTRIE A DEUX DIMENSIONS

les coordonnées x et y, ou r et θ, d'un point quelconque de cette courbe en fonction d'une variable auxiliaire α. On obtient ensuite l'équation de la courbe en éliminant cette variable auxiliaire entre les deux expressions des coordonnées.

La cycloïde est le lieu des positions successives d'un point M donné sur un cercle qui roule sans glisser sur une droite indéfinie OX (*fig.* 24).

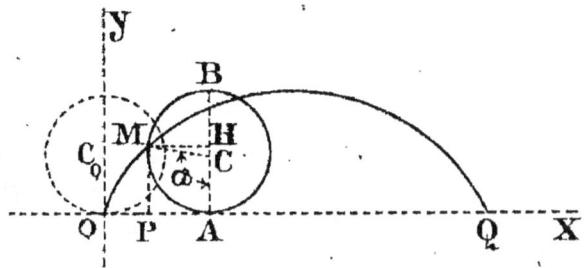

Fig. 24.

Soient C_0 le cercle générateur dans sa position initiale, c'est-à-dire lorsque le point M se trouve en O sur OX; C sa position au bout d'un certain temps de roulement; d'après l'hypothèse, l'arc AM est égal à la longueur rectiligne OA, A étant le nouveau point de contact du cercle et de la droite fixe.

Prenons pour variable auxiliaire l'angle MCA $= \alpha$; il est facile, à l'aide de cet angle et du rayon constant a du cercle générateur, d'exprimer les coordonnées x et y d'un point quelconque M de la courbe; on a, en effet, en menant MH parallèle à OX :

$$CA = a, \qquad OA = \text{arc } AM = a\alpha,$$
$$MH = a \sin \alpha, \qquad CH = -a \cos \alpha;$$

puis :

$$x = OP = OA - PA = OA - MH,$$
$$y = MP = CA + CH;$$

c'est-à-dire, en remplaçant les longueurs OA, MH, CA, CH, par leurs valeurs :

(1) $$x = a(\alpha - \sin \alpha)$$
$$y = a(1 - \cos \alpha).$$

Pour éliminer la variable auxiliaire α, la seconde équation donne :

$$\cos \alpha = \frac{a-y}{a}, \qquad \sin \alpha = \sqrt{1 - \frac{(a-y)^2}{a^2}} = \frac{\sqrt{y(2a-y)}}{a},$$

puis en passant à la fonction inverse :

$$\alpha = \operatorname{arc\,cos} \frac{a - y}{a}.$$

Substituant dans la première équation, il vient :

$$x = a \left[\operatorname{arc\,cos} \frac{a-y}{a} - \frac{\sqrt{y(2a-y)}}{a} \right];$$

c'est l'équation cartésienne de la cycloïde.

Lorsque le point M qui décrit la courbe est pris à l'intérieur du cercle C, on obtient une courbe analogue à la cycloïde, dont l'équation s'établit de la même façon, et que l'on nomme *cycloïde raccourcie*. Quand le point M est extérieur au cercle, on obtient une *cycloïde allongée*.

Remarque I. — Il existe divers cas assez étendus pour lesquels l'élimination de la variable α peut se faire simplement.

Supposons que l'on veuille éliminer α entre les équations du premier degré :

$$A\alpha + B = 0, \qquad A'\alpha + B' = 0;$$

A, B, A', B' étant des fonctions connues de x et y. Dans ce cas, on a :

$$\alpha = -\frac{B}{A} = -\frac{B'}{A'}, \qquad \text{d'où} \qquad \frac{A}{B} = \frac{A'}{B'},$$

ce qui donne

$$AB' - BA' = 0,$$

expression indépendante de α.

Si l'on voulait éliminer α entre les deux équations du second degré :

$$A\alpha^2 + B\alpha + C = 0, \qquad A'\alpha^2 + B'\alpha + C' = 0;$$

les coefficients étant des fonctions de x et y, on serait amené à écrire la condition indiquée en algèbre pour que deux équations du second degré aient une racine commune. Cette condition s'écrit :

$$(AC' - CA')^2 - (AB' - BA')(BC' - CB') = 0,$$

expression indépendante de α.

Enfin, si l'on avait à éliminer la même variable entre les équations :

$$A \cos\alpha + B \sin\alpha + C = 0, \qquad A' \cos\alpha + B' \sin\alpha + C' = 0,$$

l'opération se ferait simplement en utilisant la relation

$$\sin^2\alpha + \cos^2\alpha = 1 ;$$

on obtiendrait :

$$(BC' - CB')^2 + (CA' - AC')^2 - (AB' - BA')^2 = 0.$$

REMARQUE II. — Dans certains cas plus compliqués, au lieu d'exprimer x et y en fonction d'une seule variable α, il est plus commode d'établir trois relations entre x, y et deux variables auxiliaires α, β. On a alors :

$$f_1(x, y, \alpha, \beta) = 0, \qquad f_2(x, y, \alpha, \beta) = 0, \qquad f_3(x, y, \alpha, \beta) = 0 ;$$

et en éliminant α, β entre ces trois relations, on obtient une équation $\varphi(xy) = 0$, qui est celle de la courbe.

136. Distance de deux points. — Soient : x', y', les coordonnées du premier point M' ; x'', y'', celles du second point M'' ; δ, la distance cherchée M'M'' ; menons les ordonnées des points M' et M'', et M'D parallèle à OX. On a dans le triangle rectangle M'DM'' :

$$\overline{M'M''}^2 = \overline{M'D}^2 + \overline{DM''}^2 ;$$

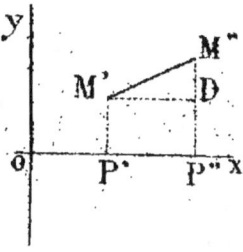

Fig. 25.

mais, d'autre part :

$$M'D = P'P'' = x'' - x',$$
$$DM'' = y'' - y' ;$$

portant ces valeurs dans la relation précédente et extrayant la racine carrée, il vient :

$$\delta = \sqrt{(x'' - x')^2 + (y'' - y')^2} ;$$

c'est la formule qui donne la distance de deux points en fonction de leurs coordonnées.

137. Des projections. — Considérons un segment de droite AB ayant à la fois une certaine longueur et un sens déterminé. Projetons ce segment sur l'axe OX ; soit a la projection de l'origine A, b celle de l'extrémité B. Si, pour aller de a en b, il faut se déplacer dans le sens positif OX (*fig.* 26), la projection de AB est, par définition, le nombre positif $+ab$; au contraire, si, pour aller de a en b, il faut se déplacer dans le sens négatif de OX (*fig.* 27), c'est-à-dire de X vers O, la projection de AB est le nombre négatif $-ab$.

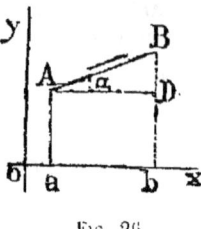 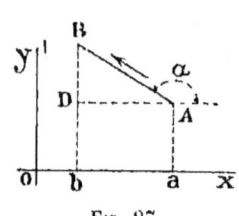

Fig. 26.   Fig. 27.

Soit x l'abscisse du point a, x' celle du point b; on a dans le premier cas :

$$+ ab = x' - x,$$

et dans le second :

$$ab = x - x',$$

d'où :
$$- ab = x' - x;$$

ainsi, avec les conventions ci-dessus, la projection de AB s'obtient dans les deux cas en retranchant l'abscisse x de la projection de l'origine de l'abscisse x' de la projection de l'extrémité du segment.

Le triangle rectangle BAD donne d'ailleurs (*fig.* 26) :

$$\cos \alpha = \frac{AD}{AB} = \frac{ab}{AB},$$

d'où :

(1) $\qquad ab = AB \cos \alpha.$

Sur la figure 27 on a :

$$\cos \alpha = \frac{-AD}{AB} = \frac{-ab}{AB},$$

d'où :
$$- ab = AB \cos \alpha.$$

Donc encore, dans les deux cas, *la projection du segment s'obtient en multipliant sa longueur par le cosinus de l'angle que forme sa direction avec OX.*

138. Théorème. — *La somme des projections des côtés d'un polygone fermé, qui a un sens, sur un axe est égale à zéro.*

Le sens du polygone est indiqué par des flèches. On a par définition :

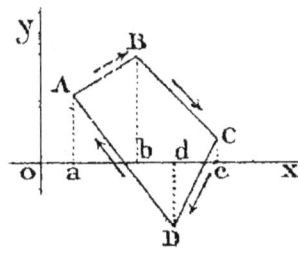

Fig. 28.

proj. AB $= ab$,
proj. BC $= bc$,
proj. CD $= -cd$,
proj. DA $= -da$;

d'où, par addition :

Σ proj. AB $= ab + bc - cd - da = ac - ac = 0$.

Remarque I. — Si l'on ne considère que la ligne polygonale ABCD, AD est par définition la *résultante* de cette ligne ; l'origine de la résultante est en A et son extrémité en D.

L'égalité ci-dessus, que l'on peut écrire :

$$ad = ab + bc - cd,$$

montre que *la projection de la résultante sur un axe égale la somme algébrique des projections des côtés de la ligne polygonale.*

Remarque II. — Le théorème subsiste pour la projection sur l'axe des y, et, en général, pour la projection sur un axe quelconque ayant un sens déterminé.

139. Transformation des coordonnées. — Quand on a obtenu l'équation d'une courbe dans un certain système de coordonnées, il est quelquefois utile d'en déduire l'équation de la même courbe dans un autre système de coordonnées.

1° Nous examinerons d'abord le cas du changement de coordonnées cartésiennes en d'autres coordonnées cartésiennes.

Soit donc à passer d'un système rectangulaire YOX à un autre système rectangulaire Y'O'X', la position de ce dernier, par rapport au premier, étant définie par les coordonnées a, b, du point O', et par l'angle α que fait O'X' avec OX. Le problème à résoudre est le suivant : l'équation d'une courbe étant donnée par rapport aux axes OX et OY, trouver l'équation par rapport à O'X' et O'Y'.

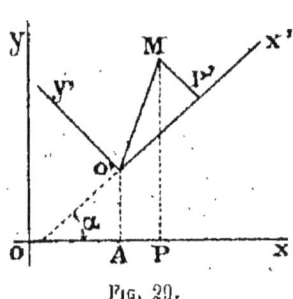

Fig. 29.

Toute la question revient évidemment à exprimer les coordonnées $x = $ OP, $y = $ MP, d'un point quelconque M du plan en fonction des coordonnées $x' = $ O'P', $y' = $ P'M, du même point par rapport aux axes O'X', O'Y', et des quantités a, b, α qui déterminent la position du nouveau système d'axes par rapport au premier.

Or on a sur la figure :

$$x = \text{OP} = \text{OA} + \text{AP} = a + \text{proj. O'M};$$

mais la projection de O'M sur OX est égale à la somme des projections sur cet axe des deux segments O'P' et P'M ; par suite :

$$\text{proj. OP'} + \text{proj. P'M} = \text{proj. O'M}.$$

Ainsi :

$$x = a + \text{proj. OP'} + \text{proj. P'M},$$

ou, d'après la formule (1) (137) :

$$x = a + x' \cos\alpha + y' \cos\left(\frac{\pi}{2} + \alpha\right),$$

ou encore :

$$x = a + x' \cos\alpha - y' \sin\alpha.$$

En projetant le même contour O'P'M sur l'axe OY, on obtiendrait identiquement :

$$y = b + x' \sin\alpha + y' \sin\left(\frac{\pi}{2} + \alpha\right) = b + x' \sin\alpha + y' \cos\alpha.$$

GÉOMÉTRIE A DEUX DIMENSIONS

En résumé, les formules de transformation s'écrivent :

(1) $$\begin{aligned} x &= a + x' \cos\alpha - y' \sin\alpha, \\ y &= b + x' \sin\alpha + y' \cos\alpha; \end{aligned}$$

en substituant ces valeurs de x et y dans l'équation de la courbe rapportée aux deux premiers axes, on obtient l'équation de la même ligne rapportée aux nouveaux axes.

Lorsque la nouvelle origine O' coïncide avec l'ancienne O, on a $a = b = 0$, et les formules deviennent :

(2) $$\begin{aligned} x &= x' \cos\alpha - y' \sin\alpha, \\ y &= x' \sin\alpha + y' \cos\alpha. \end{aligned}$$

Les formules précédentes sont *réciproques*, c'est-à-dire qu'elles permettent, inversement, de passer du système X'O'Y' au système XOY ; il suffit pour cela d'en déduire les coordonnées x', y', en fonction de x, y, α. On trouve pour le groupe (2) :

(3) $$\begin{aligned} x' &= x \cos\alpha + y \sin\alpha, \\ y' &= -x \sin\alpha + y \cos\alpha. \end{aligned}$$

2° Soit à passer d'un système cartésien à un système polaire et inversement ; prenons l'origine O pour pôle, et l'axe OX pour axe polaire ; le triangle rectangle MOP donne :

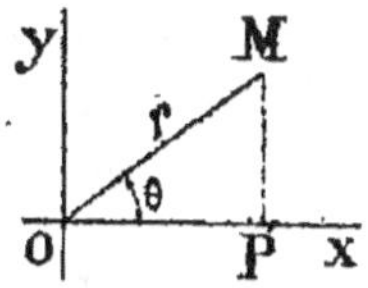

(4) $$\begin{aligned} x &= r \cos\theta, \\ y &= r \sin\theta. \end{aligned}$$

Fig. 30.

Réciproquement, on déduit de ces formules :

(5) $$r^2 = x^2 + y^2, \qquad \tang\theta = \frac{y}{x}.$$

EXEMPLE. — Soit à trouver l'équation cartésienne de la lemniscate dont l'équation polaire est :

$$r^2 = 2a^2 \cos 2\theta.$$

Cette équation peut s'écrire :

$$r^2 = 2a^2 (\cos^2\theta - \sin^2\theta) = 2a^2 \cos^2\theta (1 - \tang^2\theta),$$

ou encore :

$$r^2 = 2a^2 \frac{1 - \tang^2 \theta}{1 + \tang^2 \theta}.$$

Remplaçant r^2 par $x^2 + y^2$ et $\tang^2 \theta$ par $\frac{y^2}{x^2}$, on obtient après simplification :

$$(x^2 + y^2)^2 + 2a^2(y^2 - x^2) = 0.$$

Remarque. — On a pu remarquer que les formules de transformation étaient homogènes et du premier degré par rapport aux coordonnées x', y', ou x, y; il résulte de là que le degré de l'équation d'une courbe ne change pas avec le système d'axes auquel on la rapporte, car on remplace des quantités du premier degré par d'autres du même degré.

140. Classification des courbes. — On distingue les courbes, comme les fonctions, en *courbes algébriques* ou *courbes transcendantes*, suivant que leurs équations cartésiennes sont algébriques ou transcendantes.

Les courbes planes algébriques sont classées, d'après le degré de leurs équations, en courbes du premier ordre (ou 1er. degré), courbes du second ordre, ..., etc.

141. Théorème. — *Une droite ne peut rencontrer une courbe de l'ordre m en plus de m points.*

Soit $f(x, y) = 0$, l'équation de la courbe lorsqu'on prend la droite pour axe des x; cette équation est par hypothèse de degré m. Si l'on y fait $y = 0$, les valeurs correspondantes de x sont les abscisses des points où la courbe coupe la droite. Or l'équation en x étant au plus de degré m, a, au plus, m racines; donc la droite ne peut rencontrer la courbe en plus de m points.

142. Ligne droite en coordonnées cartésiennes. — *Lorsque les coordonnées d'un point mobile* M *vérifient constamment l'équation du premier degré en* x, y,

(1) $$Ax + By + C = 0,$$

ce point M *se meut sur une ligne droite.*

Soient, en effet, x_1y_1, x_2y_2, x_3y_3, trois solutions différentes de l'équation (1) fournissant les trois points du plan M_1, M_2, M_3.

On doit avoir :

$$Ax_1 + By_1 + C = 0,$$
$$Ax_2 + By_2 + C = 0,$$
$$Ax_3 + By_3 + C = 0;$$

de ces relations on déduit d'abord par soustraction :

$$A(x_2 - x_1) + B(y_2 - y_1) = 0,$$
$$A(x_3 - x_2) + B(y_3 - y_2) = 0;$$

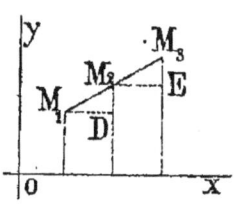

Fig. 31.

puis, par division,

$$\frac{x_2 - x_1}{y_2 - y_1} = \frac{x_3 - x_2}{y_3 - y_2}.$$

Menons les ordonnées des points M_1, M_2, M_3, et M_1D et M_2E parallèles à OX ; sur la figure on a :

$$x_2 - x_1 = M_1D, \qquad x_3 - x_2 = M_2E,$$
$$y_2 - y_1 = M_2D, \qquad y_3 - y_2 = M_3E;$$

la proportion précédente peut donc s'écrire :

$$\frac{M_1D}{M_2D} = \frac{M_2E}{M_3E},$$

ce qui démontre que les deux triangles rectangles M_2DM_1 et M_3EM_2 sont semblables, que les angles M_2M_1D et M_3M_2E sont égaux, et, par suite, que la ligne droite qui joint les points M_2 et M_3 est le prolongement de celle qui joint les points M_1 et M_2 ; autrement dit, que les trois points M_1, M_2, M_3 sont alignés sur une même droite.

RÉCIPROQUEMENT, *lorsqu'un point est mobile sur une droite donnée, ses coordonnées sont des nombres variables, qui vérifient constamment une équation du premier degré :*

$$Ax + By + C = 0.$$

216 GÉOMÉTRIE

Prenons, en effet, sur cette droite deux points fixes M_1, M_2 (*fig.* 32) et un troisième point mobile M; désignons par $x_1 y_1$, $x_2 y_2$ les coordonnées des premiers, par x, y celles du troisième; les triangles semblables $M_1 D M_2$ et $M_2 E M$ donnent:

$$\frac{M_1 D}{M_2 E} = \frac{M_2 D}{M E};$$

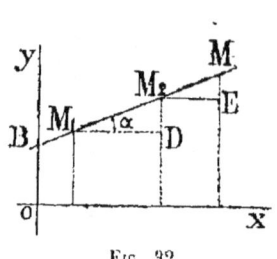

Fig. 32.

c'est-à-dire :

$$\frac{x_2 - x_1}{x - x_2} = \frac{y_2 - y_1}{y - y_2},$$

et, par suite,

(2) $\quad x(y_1 - y_2) + y(x_2 - x_1) + x_1 y_2 - x_2 y_1 = 0.$

Cette relation du premier degré en x et y est générale, c'est-à-dire vérifiée quelle que soit la position du point M sur la droite; donc, etc.

En résumé, toute équation telle que :

(1) $\quad\quad\quad Ax + By + C = 0,$

A, B, C désignant des constantes, représente une ligne droite, et réciproquement. On voit que cette équation est déterminée si on connaît les rapports de deux des quantités A, B, C à la troisième, c'est-à-dire qu'il suffit de deux conditions pour déterminer la ligne droite.

143. Formes diverses de l'équation de la ligne droite. — 1° L'équation (1) peut s'écrire, en divisant par B :

(3) $\quad\quad\quad y = -\frac{A}{B} x - \frac{C}{B},$

ou, en posant $-\frac{A}{B} = a$, $-\frac{C}{B} = b$:

$$y = ax + b.$$

Les nouveaux coefficients a et b ont une signification géométrique importante. Si l'on fait $x = 0$ dans l'équation (3), l'ordonnée correspondante

$$y = -\frac{C}{B} = b$$

n'est autre chose que l'ordonnée du point B où la droite rencontre OY; c'est ce qu'on appelle *l'ordonnée à l'origine* de la droite.

D'autre part, si l'on compare les équations (1), (2) et (3), on voit que :

$$-\frac{A}{B} = \frac{y_2 - y_1}{x_2 - x_1} = \frac{M_2 D}{M_1 D} = \tang \alpha,$$

c'est-à-dire :

$$a = \tang \alpha ;$$

ainsi, a n'est autre chose que la tangente trigonométrique de l'angle que fait la droite avec OX, ou encore avec une parallèle $M_1 D$ à cet axe; on l'appelle le *coefficient angulaire* de la droite.

2° L'équation (1) peut encore s'écrire :

$$\frac{x}{-\frac{C}{A}} + \frac{y}{-\frac{C}{B}} = 1,$$

ou, en posant $-\frac{C}{A} = p, -\frac{C}{B} = q$:

$$\frac{x}{p} + \frac{y}{q} = 1.$$

Si la droite donnée rencontre l'axe OX au point A (*fig. 33*) et l'axe OY au point B, il est facile de vérifier que :

$$p = OA \quad \text{et} \quad q = OB.$$

3° Du point O, abaissons une perpendiculaire OR sur la

218   GÉOMÉTRIE

droite donnée AB, et posons :

$$OR = h, \quad \text{angle } ROX = \alpha.$$

En projetant le contour brisé OPMR sur OR, on obtient :

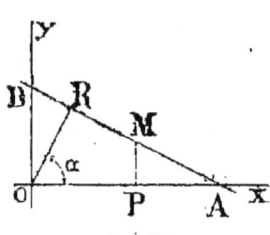

Fig. 33.

$$OP \cos \alpha + PM \sin \alpha = OR,$$

car la projection de MR est nulle puisque OR est perpendiculaire à AB. La relation précédente peut s'écrire :

$$x \cos \alpha + y \sin \alpha = h,$$

et, comme elle est satisfaite par les coordonnées d'un point quelconque M de la droite, c'est une nouvelle forme de l'équation de cette droite.

Applications. — 1° Soit à étudier la ligne droite dont l'équation est :

$$2x + 3y - 6 = 0.$$

Si l'on fait $y = 0$ dans cette équation, la valeur de x correspondante, c'est-à-dire l'abscisse du point A où la droite coupe l'axe OX, est racine de l'équation :

$$2x - 6 = 0, \quad \text{d'où} \quad x = 3.$$

De même, faisant $x = 0$, la valeur de y correspondante, c'est-à-dire l'ordonnée du point B où la droite coupe OY, est racine de l'équation :

$$3y - 6 = 0, \quad \text{d'où} \quad y = 2.$$

La position des points A et B détermine celle de la droite (*fig.* 34). L'équation proposée peut s'écrire :

$$y = -\frac{2}{3}x + 2 ;$$

le coefficient angulaire de la droite, c'est-à-dire la tangente trigonométrique de l'angle BAX, est donc $-\frac{2}{3}$; ainsi :

$$\tang \alpha = -\frac{2}{3}.$$

GÉOMÉTRIE A DEUX DIMENSIONS 219

L'ordonnée à l'origine, c'est-à-dire OB, égale 2.
La même équation peut encore s'écrire :

$$\frac{x}{3} + \frac{y}{2} = 1 ;$$

cette forme met en évidence les longueurs déjà connues :

$$OA = 3, \qquad OB = 2.$$

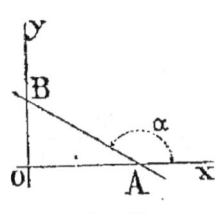

Fig. 34.

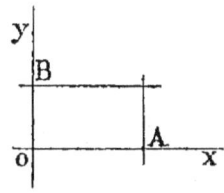

Fig. 35.

2° Si le coefficient de x était nul, l'équation de la droite serait :

$$3y - 6 = 0, \quad \text{d'où} \quad y = 2 ;$$

une pareille équation représente une parallèle à l'axe OX coupant l'axe des y au point B d'ordonnée OB = 2 (*fig.* 35), car, pour tous les points de cette parallèle, $y = 2$.

De même, si le coefficient de y était nul, l'équation de la droite serait :

$$2x - 6 = 0, \quad \text{d'où} \quad x = 3 ;$$

c'est une parallèle à OY coupant OX au point d'abscisse OA = 3.

3° Si le terme tout connu était nul, c'est-à-dire si le nombre 6 était remplacé par 0, l'équation de la droite deviendrait :

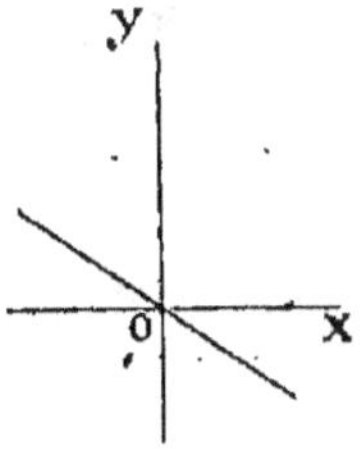

$$2x + 3y = 0,$$

d'où :

$$y = -\frac{2}{3} x.$$

Fig. 36.

L'ordonnée à l'origine étant nulle, la droite passe par le point O (*fig.* 36).

144. Angle de deux droites. — Soient les deux droites D et

220 GÉOMÉTRIE

D' ayant pour équations :

$$Ax + By + C = 0,$$
$$A'x + B'y + C' = 0.$$

Par l'origine, menons deux parallèles OA et OA' à ces droites ; désignons par α et α' les angles que font ces parallèles avec OX, par V l'angle qu'elles font entre elles ; V est précisément l'angle des droites données. On a :

$$V = \alpha' - \alpha,$$

d'où :

$$\tang V = \tang(\alpha' - \alpha) = \frac{\tang \alpha' - \tang \alpha}{1 + \tang \alpha \tang \alpha'},$$

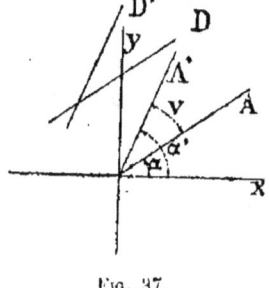

Fig. 37.

mais (143) :

$$\tang \alpha = -\frac{A}{B}, \qquad \tang \alpha' = -\frac{A'}{B'},$$

par suite :

$$(1) \qquad \tang V = \frac{AB' - BA'}{BB' + AA'}.$$

Si les équations des droites D et D' étaient :

$$y = ax + b,$$
$$y = a'x + b',$$

on aurait de même :

$$(2) \qquad \tang V = \frac{a' - a}{1 + aa'};$$

car $\tang \alpha = a$ et $\tang \alpha' = a'$.

145. Droites perpendiculaires et droites parallèles. — On déduit des formules précédentes les conditions nécessaires et suffisantes pour que deux droites soient perpendiculaires et parallèles entre elles.

Pour qu'elles soient perpendiculaires, il faut que $V = 90°$, c'est-à-dire que $\tang V = \infty$; alors, d'après (1) :

$$AA' + BB' = 0,$$

ou, d'après (2) :

$$1 + aa' = 0.$$

Pour qu'elles soient parallèles, il faut que l'on ait $V = 0$, c'est-à-dire $\tang V = 0$; par suite, d'après (1),

$$AB' - BA' = 0, \qquad \text{d'où} \qquad \frac{A}{A'} = \frac{B}{B'},$$

ou, d'après (2) :

$$a' - a = 0 \qquad \text{et} \qquad a = a'.$$

146. Équation des droites passant par un point donné. — L'équation générale des droites du plan est :

$$Ax + By + C = 0 ;$$

si ces droites passent par le point de coordonnées x', y', on a :

$$Ax' + By' + C = 0 ;$$

des deux équations précédentes on déduit par soustraction :

$$A(x - x') + B(y - y') = 0 ;$$

c'est l'équation demandée. On voit que cette équation définit une infinité de droites passant par le point donné, puisque le rapport $\frac{A}{B}$ reste indéterminé.

Si l'équation des droites du plan était prise sous la forme :

$$y = ax + b,$$

on aurait pour l'équation des droites passant par le point donné :

$$y - y' = a(x - x').$$

147. Équation de la droite qui passe par deux points donnés.
— Soient x', y' et x'', y'' les coordonnées des points donnés. Toutes les droites qui passent par x', y' ont pour équation

$$y - y' = a(x - x'),$$

et il faut déterminer a de manière à obtenir l'équation de la droite qui passe par x'', y'', c'est-à-dire par la condition :

$$y'' - y' = a(x'' - x').$$

Divisant ces relations membre à membre, on obtient :

$$\frac{y - y'}{y'' - y'} = \frac{x - x'}{x'' - x'}. \qquad \text{d'où} \qquad y - y' = \frac{y'' - y'}{x'' - x'}(x - x');$$

cette dernière équation est celle de la droite cherchée, le coefficient angulaire est $\dfrac{y'' - y'}{x'' - x'}$.

COROLLAIRE. — Pour que trois points (x', y'), (x'', y''), (x''', y'''), soient en ligne droite, il faut que l'on ait :

$$\frac{y''' - y'}{y'' - y'} = \frac{x''' - x'}{x'' - x'},$$

car les coordonnées du troisième point (x''', y''') doivent satisfaire à l'équation de la droite qui passe par les deux premiers.

148. Équation de la parallèle à une droite qui passe par un point donné. — Soit donné la droite :

$$y = ax + b,$$

et le point dont les coordonnées sont x', y'.

Puisque la parallèle doit passer par le point x', y', son équation est de la forme :

$$y - y' = m(x - x');$$

de plus, on doit avoir $m = a$; par suite, l'équation cherchée est :

$$y - y' = a(x - x').$$

149. Équation générale des parallèles à une droite donnée.
— Soit la droite donnée :

(1) $$Ax + By + C = 0.$$

L'équation demandée est :

(2) $$Ax + By + C + \lambda = 0,$$

λ désignant une constante quelconque.

En effet, l'équation (2) est celle d'une droite ; de plus, cette droite est parallèle à (1), car leurs coefficients angulaires sont égaux à $-\dfrac{A}{B}$. Enfin, on peut déterminer λ de manière à faire passer la droite (2) par un point quelconque x', y' ; en effet, la condition $Ax' + By' + C + \lambda = 0$ donne pour λ : $\lambda = -(Ax' + By' + C)$, valeur finie et déterminée. Portant dans (2) cette valeur de λ, on obtient l'équation générale des parallèles :

$$A(x - x') + B(y - y') = 0.$$

150. Point de rencontre de deux droites. — Si les droites ont pour équations :

$$Ax + By + C = 0, \qquad A'x + B'y + C' = 0,$$

le problème revient à trouver les valeurs de x et y qui satisfont à ces deux équations simultanées ; c'est un problème étudié en algèbre. On trouve :

$$x = \frac{BC' - CB'}{AB' - BA'}, \qquad y = \frac{CA' - AC'}{AB' - BA'}.$$

Si $AB' - BA' = 0$, le point de rencontre rejeté à l'infini et les droites sont parallèles (145).

151. Par un point donné, mener une droite perpendiculaire à une autre droite donnée. — Soient : x' et y' les coordonnées du point donné M ; $Ax + By + C = 0$, l'équation de la droite donnée AB (*fig.* 38).

La droite cherchée, passant par M, a une équation de la forme :
$$y - y' = m(x - x').$$

Comme elle est perpendiculaire à AB, on doit avoir :
$$-m \times \frac{A}{B} = -1, \quad \text{ou} \quad m = \frac{B}{A}.$$

L'équation de la perpendiculaire est donc :
$$y - y' = \frac{B}{A}(x - x').$$

Si la droite était prise sous la forme :
$$y = ax + b,$$

l'équation de la perpendiculaire abaissée du point M serait :
$$y - y' = -\frac{1}{a}(x - x'),$$

car $a = -\frac{A}{B}$.

152. Distance d'un point à une droite. — Soient : x', y', les coordonnées du point donné M (*fig.* 38); $Ax + By + C = 0$ la droite donnée AB. La perpendiculaire MD abaissée du point sur la droite a pour équation :
$$y - y' = \frac{B}{A}(x - x'),$$

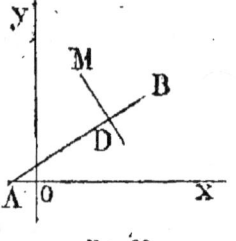

Fig. 38.

et, si l'on considère les équations de AB et MD comme simultanées, x et y désignent les coordonnées de leur point de rencontre D. Appelons δ la distance MD, on a :
$$\delta = \sqrt{(x - x')^2 + (y - y')^2}.$$

Il s'agit, au moyen des équations des deux droites, de calculer les inconnues x et y, ou plutôt $x - x'$ et $y - y'$. L'équation de la droite donnée mise sous la forme :

$$A(x - x') + B(y - y') = -(Ax' + By' + C),$$

et, combinée avec l'équation de la perpendiculaire MD,

$$B(x - x') - A(y - y') = 0,$$

donne :

$$x - x' = \frac{-A(Ax' + By' + C)}{A^2 + B^2},$$
$$y - y' = \frac{-B(Ax' + By' + C)}{A^2 + B^2}.$$

Substituant ces valeurs dans l'expression de δ, on obtient :

$$\delta = \frac{\pm(Ax' + By' + C)}{\sqrt{A^2 + B^2}}.$$

δ étant une quantité essentiellement positive, il faut choisir le signe qui rend le numérateur positif.

Si l'on avait pris la droite sous la forme :

$$y = ax + b,$$

l'expression de la distance serait :

$$\delta = \frac{\pm(y' - ax' - b)}{\sqrt{1 + a^2}}.$$

EXEMPLE. — Soient : $x' = 1$, $y' = 4$, les coordonnées du point donné ; $y = 2x + 1$, l'équation de la droite ; on a :

$$\delta = \frac{\pm(4 - 2 - 1)}{\sqrt{1 + 4}} = \frac{1}{\sqrt{5}}$$

avec le signe $+$, puisque la parenthèse du numérateur est positive.

Enfin, si la droite était prise sous la forme :

$$x \cos \alpha + y \sin \alpha = h,$$

l'expression de la distance serait :

$$\delta = \pm (x' \cos \alpha + y' \sin \alpha - h).$$

153. Équation générale des droites qui passent par l'intersection de deux droites données. — Si les droites données ont pour équations :

(1) $y - ax - b = 0,$ $y - a'x - b' = 0,$

l'équation demandée est :

(2) $y - ax - b + \lambda (y - a'x - b') = 0,$

λ désignant une constante quelconque.

D'abord l'équation (2) représente une ligne droite, puisqu'elle est du premier degré. Ensuite cette droite passe par le point x, y de rencontre des droites (1); en effet, ces valeurs de x et y annulent $y - ax - b$ et $y - a'x - b'$, et, par suite, $y - ax - b + \lambda (y - a'x - b')$, c'est-à-dire satisfont à l'équation (2).

Corollaire. — Si l'on a trois droites :

$$y = ax + b, \qquad y = a'x + b', \qquad y = a''x + b'',$$

ces droites passeront par un même point lorsque les équations seront simultanées.

On déduit des deux premières :

$$(a - a') x + b - b' = 0,$$

puis des deux dernières :

$$(a - a'') x + b - b'' = 0 ;$$

ces équations seront satisfaites par les mêmes valeurs de x si l'on a :

$$\frac{a - a'}{a - a''} = \frac{b - b'}{b - b''} ;$$

c'est la relation qui doit exister entre les paramètres des droites pour qu'elles soient concourantes.

154. Problème. — *Étant donnés deux points* A *et* B, *trouver sur la droite* AB *un point* M *tel que les distances de ce point aux deux points donnés soient entre elles dans le rapport inverse de deux quantités* m *et* n.

Soient : x' et y', x'' et y'', les coordonnées des points A et B ; x et y, celles du point M ; on veut avoir :

$$\frac{MA}{MB} = \frac{n}{m};$$

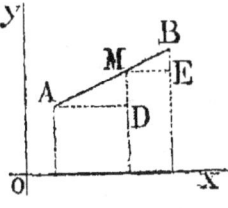

Fig. 39.

mais les triangles semblables AMD et MBE donnent :

$$\frac{AD}{ME} = \frac{DM}{EB} = \frac{MA}{MB},$$

c'est-à-dire :

$$\frac{x - x'}{x'' - x} = \frac{y - y'}{y'' - y} = \frac{n}{m}.$$

De ces équations on déduit :

$$x = \frac{mx' + nx''}{m + n},$$
$$y = \frac{my' + ny''}{m + n}.$$

Le point M est appelé *centre des distances proportionnelles aux quantités* m *et* n.

Quand $m = n$, on obtient le point milieu de AB :

$$x = \frac{x' + x''}{2}, \qquad y = \frac{y' + y''}{2}.$$

155. Aire d'un triangle en fonction des coordonnées des sommets.

— Supposons que les coordonnées des sommets soient (a_1, b_1), (a_2, b_2), (a_3, b_3). La base BC a pour longueur (136) :

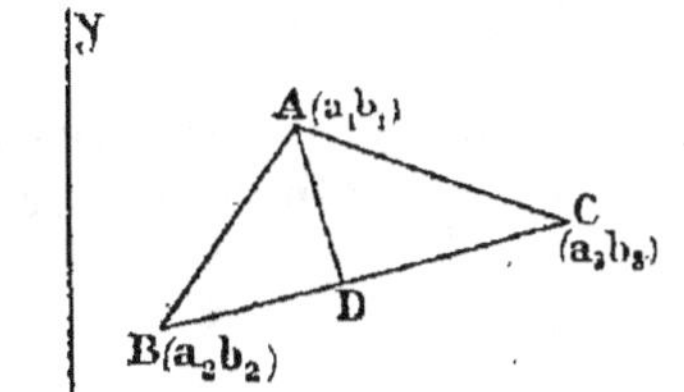

$$BC = \sqrt{(a_2 - a_3)^2 + (b_2 - b_3)^2}.$$

Fig. 40.

La hauteur AD a pour expression (152) :

$$AD = \frac{(a_2 - a_3) b_1 - (b_2 - b_3) a_1 + b_2 a_3 - a_2 b_3}{\sqrt{(a_2 - a_3)^2 + (b_2 - b_3)^2}}.$$

Multipliant membre à membre, on obtient pour la surface :

$$2S = (a_2 - a_3) b_4 - (b_2 - b_3) a_4 + b_2 a_3 - a_2 b_3,$$

ou encore :

$$2S = b_1 (a_2 - a_3) + b_2 (a_3 - a_1) + b_3 (a_1 - a_2).$$

Lorsque le point B coïncide avec l'origine, on a $a_2 = b_2 = 0$, et la formule devient :

$$2S = a_1 b_3 - a_3 b_1.$$

156. Équation polaire de la ligne droite. — On peut déterminer la position de la droite AB à l'aide de sa distance $OP = a$ au pôle, et de l'angle α que fait OP avec l'axe polaire OX.

Le triangle rectangle MOP donne pour un point quelconque $M(r, \theta)$ de la droite :

$$OP = OM \cos MOP,$$

ce que l'on peut écrire :

$$a = r \cos(\theta - \alpha);$$

par suite :

$$r = \frac{a}{\cos(\theta - \alpha)}.$$

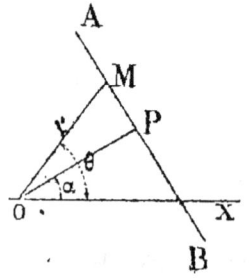

Fig. 41.

Telle est l'équation de la ligne droite en coordonnées polaires ; on peut l'écrire en développant le dénominateur :

$$r = \frac{a}{\cos \alpha \cos \theta + \sin \alpha \sin \theta};$$

elle est de la forme :

$$r = \frac{A}{B \cos \theta + C \sin \theta},$$

A, B, C désignant des coefficients constants.

RÉCIPROQUEMENT, toute équation de cette forme représente une ligne droite en coordonnées polaires; en effet, les formules de transformation (139) donnent :

$$x = r\cos\theta, \qquad y = r\sin\theta,$$

et l'équation devient, en multipliant les deux termes par r

$$r = \frac{Ar}{Bx + Cy},$$

ou :

$$Bx + Cy - A = 0.$$

Cette équation est du premier degré en x et y; c'est donc une ligne droite.

157. Équation cartésienne du cercle. — Soient : R, le rayon; a et b, les coordonnées du centre C; x, y, les coordonnées d'un point quelconque M de la circonférence. D'après la formule du numéro 136, qui donne la distance de deux points, on a la relation :

(1) $\quad (x-a)^2 + (y-b)^2 = R^2,$

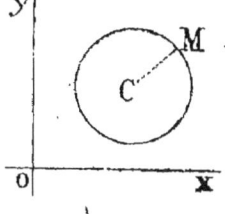

Fig. 42.

qui, développée et transposée, devient :

$$x^2 + y^2 - 2ax - 2by + a^2 + b^2 - R^2 = 0,$$

équation de la forme générale :

(2) $\qquad x^2 + y^2 + mx + ny + p = 0,$

m, n, p désignant des constantes.

Ainsi, en coordonnées rectangulaires, le cercle est représenté par une équation du second degré dans laquelle les coefficients de x^2 et de y^2 sont égaux à l'unité et qui ne contient pas de terme en xy.

RÉCIPROQUEMENT, toute équation de la forme (2) représente

un cercle. En effet, cette équation peut s'écrire :

$$\left(x + \frac{m}{2}\right)^2 + \left(y + \frac{n}{2}\right)^2 = \frac{m^2 + n^2}{4} - p,$$

et, par suite, d'après (1), elle représente un cercle dont le centre a pour coordonnées $-\frac{m}{2}$ et $-\frac{n}{2}$, et dont le rayon est :

$$R = \sqrt{\frac{m^2 + n^2}{4} - p}.$$

Lorsque l'expression de R est nulle ou imaginaire, l'équation représente un point ou un cercle imaginaire.

Exemple. — L'équation

$$x^2 + y^2 - 4x - 6y + 9 = 0$$

représente un cercle dont les coordonnées a et b du centre et le rayon sont :

$$a = 2, \qquad b = 3, \qquad R = 2.$$

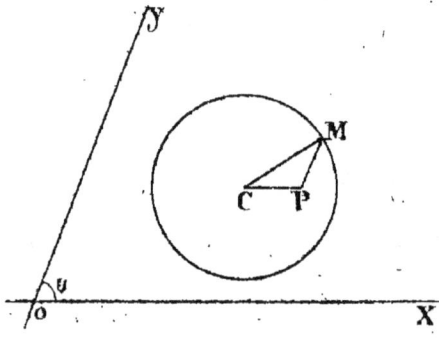

Fig. 43.

En procédant comme plus haut, on trouverait pour l'équation du cercle en coordonnées obliques :

$$x^2 + 2 \cos \theta xy + y^2 + mx + ny + p = 0.$$

Cette équation, comme (2), contient trois constantes arbitraires m, n, p; on sait, en effet, qu'il faut trois conditions

GÉOMÉTRIE A DEUX DIMENSIONS

pour déterminer un cercle, par exemple les deux coordonnées du centre et le rayon.

Pour $\theta = 90°$, on retrouve l'équation (2).

158. Équation polaire du cercle. — Soient : ρ et ω les coordonnées du centre C, r et θ celles d'un point quelconque M de la circonférence. Le triangle MCO donne :

$$\overline{MC}^2 = \overline{OM}^2 + \overline{OC}^2 - 2OM \cdot OC \cos MOC ;$$

c'est-à-dire :

$$R^2 = r^2 + \rho^2 - 2r\rho \cos(\theta - \omega) ;$$

ou

(1) $\qquad r^2 - 2\rho \cos(\theta - \omega)\, r + \rho^2 - R^2 = 0.$

Si la circonférence passe par le pôle O, on a :

$$\rho = R,$$

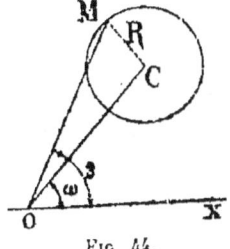

Fig. 44.

et l'équation devient :

(2) $\qquad r = 2R \cos(\theta - \omega).$

Enfin, si le centre du cercle coïncide avec le pôle, on a l'équation :

$$r = R.$$

Réciproquement, toute équation de la forme (1) représente un cercle en coordonnées polaires.

En effet, cette équation peut s'écrire :

$$r^2 - 2\rho (\cos\theta \cos\omega + \sin\theta \sin\omega)\, r + \rho^2 - R^2 = 0,$$

ou, en posant : $2\rho \cos\omega = A$, $2\rho \sin\omega = B$, $\rho^2 - R^2 = C$:

$$r^2 - (A\cos\theta + B\sin\theta)\, r + C = 0.$$

Mais les formules de transformation donnent :

$$x = r\cos\theta, \qquad y = r\sin\theta, \qquad x^2 + y^2 = r^2 ;$$

par suite on peut écrire :

$$x^2 + y^2 - Ax - By + C = 0.$$

C'est l'équation cartésienne du cercle.

§ 2. — Théorie générale des courbes

159. Tangente en coordonnées cartésiennes. — La tangente à une courbe en un point M est, par définition, la limite des positions que prend une sécante MM′, lorsqu'elle tourne autour de M de manière qu'un deuxième point de rencontre M′ s'approche du premier aussi près qu'on veut.

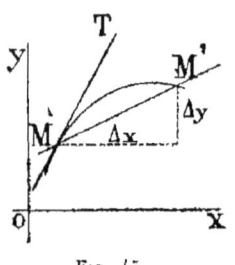

Fig. 45.

Il est facile, d'après cette définition, d'obtenir l'équation de la tangente à la courbe au point M ; soient en effet : $y = f(x)$, l'équation de la courbe ; x, y, les coordonnées du point M ; $x + \Delta x$, $y + \Delta y$, celles du point voisin M′. La droite MM′ a pour équation (147) :

$$Y - y = \frac{\Delta y}{\Delta x}(X - x) ;$$

si le point M′ se rapproche indéfiniment du point M, le rapport $\frac{\Delta y}{\Delta x}$ tend vers $\frac{dy}{dx}$ (45), et la sécante MM′ devient la tangente à la courbe au point M. L'équation de cette tangente est donc :

(1) $$Y - y = \frac{dy}{dx}(X - x) ;$$

x, y, sont les coordonnées du point M ; X, Y, celles d'un point quelconque de la tangente MT.

Lorsque l'équation de la courbe est donnée sous la forme implicite :

$$f(x, y) = 0,$$

comme on a :
$$\frac{dy}{dx} = -\frac{\frac{\partial f}{\partial x}}{\frac{\partial f}{\partial y}},$$

l'équation de la tangente devient :

(2) $\qquad (X - x)\frac{\partial f}{\partial x} + (Y - y)\frac{\partial f}{\partial y} = 0.$

Enfin, quand les coordonnées d'un point quelconque de la courbe s'expriment individuellement en fonction d'un paramètre α, on a

(3) $\qquad \dfrac{dy}{dx} = \dfrac{\frac{dy}{d\alpha}}{\frac{dx}{d\alpha}}.$

La *sous-tangente* est par définition la projection de MT sur OX (*fig.* 46); on a donc :

$$S_t = PT.$$

Mais l'équation de la tangente étant :

$$Y - y = \frac{dy}{dx}(X - x),$$

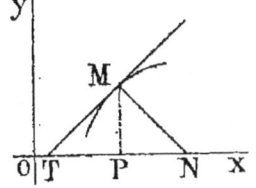

Fig. 46.

si l'on y fait $Y = 0$, la valeur correspondante de $X - x$ représente précisément la longueur de TP au signe près; or :

$$X - x = -y\frac{dx}{dy}.$$

donc :

$$S_t = -y\frac{dx}{dy}.$$

Applications. — 1° Soit l'ellipse dont l'équation est :

$$\frac{x^2}{a^2} + \frac{y^2}{b^2} = 1;$$

on a :
$$\frac{\partial f}{\partial x} = \frac{2x}{a^2}, \qquad \frac{\partial f}{\partial y} = \frac{2y}{b^2};$$

et la formule (2) donne :
$$Y - y = -\frac{b^2 x}{a^2 y}(X - x).$$

ou, en simplifiant à l'aide de l'équation de l'ellipse,
$$\frac{Xx}{a^2} + \frac{Yy}{b^2} = 1.$$

On trouve pour la sous-tangente au point x, y :
$$S_t = \frac{a^2 y^2}{b^2 x}.$$

2° On a pour un point quelconque de la cycloïde :
$$x = a(\alpha - \sin\alpha), \qquad \text{d'où} \qquad dx = a(1 - \cos\alpha)\,d\alpha,$$
$$y = a(1 - \cos\alpha), \qquad\qquad\qquad dy = a\sin\alpha\,d\alpha;$$

par suite, d'après (3) :
$$\frac{dy}{dx} = \frac{\sin\alpha}{1 - \cos\alpha}.$$

3° *Mener la tangente à une courbe $f(x, y) = 0$ par un point extérieur dont les coordonnées sont α, β.*

Soient x, y les coordonnées du point de contact qui sont inconnues. La tangente en ce point a pour équation :
$$(X - x)\frac{\partial f}{\partial x} + (Y - y)\frac{\partial f}{\partial y} = 0;$$

comme cette tangente passe par le point α, β, on a :
$$(\alpha - x)\frac{\partial f}{\partial x} + (\beta - y)\frac{\partial f}{\partial y} = 0.$$

Cette équation est une première relation entre x et y, et, puisque le point de contact est sur la courbe, on a encore $f(x, y) = 0$, ce qui fait deux équations pour déterminer ces coordonnées.

Par exemple, si la courbe est le cercle :
$$x^2 + y^2 = a^2,$$

les quantités x et y satisfont aux équations :
$$\alpha x + \beta y = a^2, \qquad x^2 + y^2 = a^2.$$

On tire de la première :

$$y = \frac{a^2 - \alpha x}{\beta};$$

portant dans la seconde, on obtient l'équation dont les racines sont les abscisses des points de contact cherchés ; cette équation est :

$$(\alpha^2 + \beta^2) x^2 - 2a^2 \alpha x + a^2(a^2 - \beta^2) = 0.$$

La condition de réalité des racines est :

$$a^4 \alpha^2 - a^2(\alpha^2 + \beta^2)(a^2 - \beta^2) \geqq 0, \quad \text{ou} \quad \beta^2(\alpha^2 + \beta^2 - a^2) \geqq 0,$$

ou enfin :

$$\alpha^2 + \beta^2 - a^2 \geqq 0.$$

Cette inégalité signifie que le point donné α, β doit être extérieur à la circonférence ou sur la circonférence (189), conclusion qui apparaît comme évidente *a priori*.

180. Normale en coordonnées cartésiennes. — La normale à une courbe en un point est la perpendiculaire menée par ce point sur sa tangente ; il résulte de là que, si m est le coefficient angulaire de la normale, comme $\frac{dy}{dx}$ est celui de la tangente, on doit avoir (146) :

$$m \frac{dy}{dx} = -1, \qquad \text{d'où} \qquad m = -\frac{dx}{dy};$$

l'équation de la normale MN au point M (x, y) est, par suite,

$$Y - y = -\frac{dx}{dy}(X - x),$$

ou encore, si l'équation de la courbe est $f(x, y) = 0$,

$$(X - x)\frac{\partial f}{\partial y} - (Y - y)\frac{\partial f}{\partial x} = 0.$$

La *sous-normale* est, par définition, la longueur PN (*fig.* 46) ; faisant comme plus haut $Y = 0$ dans l'équation de la normale et calculant la différence $X - x$, on trouve :

$$S_n = y \frac{dy}{dx}.$$

APPLICATIONS. — 1° Soit la parabole dont l'équation est :

$$y^2 = 2px - p^2,$$

on a :

$$2y\,dy = 2p\,dx, \qquad \text{d'où} \qquad \frac{dy}{dx} = \frac{p}{y};$$

par suite

$$-\frac{dx}{dy} = -\frac{y}{p}.$$

L'équation de la normale est donc :

$$Y - y = -\frac{y}{p}(X - x).$$

On trouve pour la sous-normale :

$$S_n = p.$$

Ainsi, *dans la parabole, la sous-normale est constante.*
2° On trouverait de même pour la sous-normale à la cycloïde :

$$S_n = \frac{a(1 - \cos\alpha) \times a\sin\alpha}{a(1 - \cos\alpha)} = a\sin\alpha,$$

c'est-à-dire (*fig. 47*) :

$$S_n = PA.$$

Il suit de là que la normale au point M passe par le point de contact A du cercle générateur, et que la tangente passe par le point B, opposé à A, sur le même diamètre.

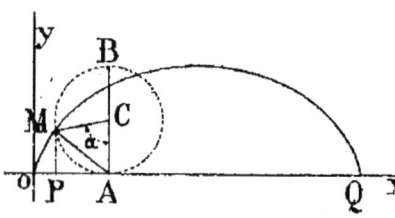

Fig. 47.

3° *Mener la normale à la courbe $f(x, y) = 0$ par un point extérieur dont les coordonnées sont α, β.*

Soient x et y les coordonnées du point commun à la normale et à la courbe ; ces coordonnées inconnues sont déterminées par les deux équations :

$$(\beta - y)\frac{\partial f}{\partial x} - (\alpha - x)\frac{\partial f}{\partial y} = 0,$$
$$f(x, y) = 0.$$

4° *Mener la normale à la courbe $f(x, y) = 0$ parallèlement à une droite donnée $y = ax + b$.*

Les coordonnées x, y du point de rencontre de la normale avec la courbe sont déterminées par les deux équations :

$$f(x, y) = 0, \qquad \frac{\partial f}{\partial y} = a \frac{\partial f}{\partial x};$$

la première est l'équation de la courbe, et la seconde exprime que le coefficient angulaire de la normale est égal à a.

161. Tangente en coordonnées polaires. — Dans le système polaire on définit la position de la tangente en un point M d'une courbe par l'angle V que fait la direction MT de cette tangente, prise du côté où θ augmente, avec le prolongement du rayon vecteur OM.

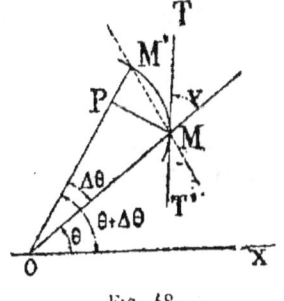

Fig. 48.

Soient : M', un point de la courbe voisin de M; $r + \Delta r$, $\theta + \Delta\theta$, ses coordonnées; MP, la perpendiculaire abaissée du point M sur OM'. Le triangle rectangle MM'P donne :

$$\tan MM'P = \frac{MP}{M'P};$$

mais :

$$MP = r \sin \Delta\theta,$$

et :

$$M'P = OM' - OP = r + \Delta r - r \cos \Delta\theta = r(1 - \cos \Delta\theta) + \Delta r.$$

Si, d'autre part, on observe que l'angle MM'P a précisément pour limite l'angle OMT', c'est-à-dire V, lorsque les points M' et M se confondent, on a :

$$\tan V = \lim \frac{r \sin \Delta\theta}{r(1 - \cos \Delta\theta) + \Delta r}, \qquad \Delta\theta \to 0.$$

Le second membre peut s'écrire :

$$\frac{r \frac{\sin \Delta\theta}{\Delta\theta} \Delta\theta}{2r \sin^2 \frac{\Delta\theta}{2} + \Delta r} = \frac{r \cdot \frac{\sin \Delta\theta}{\Delta\theta}}{r \sin \frac{\Delta\theta}{2} \cdot \frac{\sin \frac{\Delta\theta}{2}}{\frac{\Delta\theta}{2}} + \frac{\Delta r}{\Delta\theta}};$$

mais, lorsque $\Delta\theta$ tend vers zéro :

$$\lim \frac{\sin \Delta\theta}{\Delta\theta} = \lim \frac{\sin \frac{\Delta\theta}{2}}{\frac{\Delta\theta}{2}} = 1\,; \qquad \lim \sin \frac{\Delta\theta}{2} = 0\,;$$

$$\lim \frac{\Delta r}{\Delta\theta} = \frac{dr}{d\theta};$$

par suite, à la limite :

$$\tang V = \frac{r}{\frac{dr}{d\theta}},$$

c'est-à-dire :

(1) $$\tang V = \frac{r\,d\theta}{dr}.$$

Cette relation jointe à l'équation de la courbe $r = f(\theta)$ permet d'exprimer la valeur de $\tang V$ en fonction des coordonnées du point M.

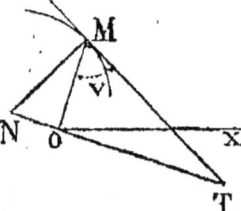

Fig. 49.

Par le pôle O menons une perpendiculaire OT (*fig.* 49) au rayon vecteur OM ; le segment OT est la *sous-tangente polaire* ; si MN est la normale à la courbe au point M, le segment ON est la *sous-normale polaire*. Les triangles rectangles OMT et OMN donnent immédiatement :

$$OT = S_t = r \tang V = \frac{r^2 d\theta}{dr},$$

$$ON = S_n = r \cotg V = \frac{dr}{d\theta}.$$

APPLICATION. — La *spirale logarithmique* (*fig.* 50) a pour équation polaire :

$$r = ae^{m\theta},$$

a et m désignant des constantes.
On a d'abord :

$$\frac{dr}{d\theta} = mae^{m\theta} = mr,$$

puis, d'après (1),

$$\tang V = \frac{1}{m} = C^{te}.$$

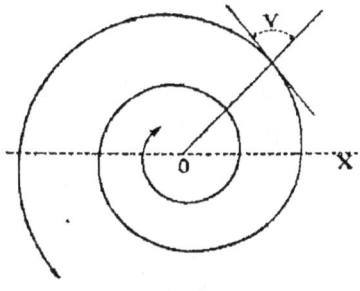

Fig. 50.

Ainsi, dans cette spirale, tous les rayons vecteurs coupent la courbe sous le même angle.

— On trouve d'autre part :

$$S_t = \frac{r}{m},$$
$$S_n = mr.$$

La sous-tangente et la sous-normale sont proportionnelles au rayon vecteur.

182. Asymptotes rectilignes. — On dit qu'une droite CD est *asymptote* à une branche de courbe AB, lorsque la distance MP d'un point M de cette courbe à la droite CD diminue indéfiniment, à mesure qu'on s'éloigne sur la branche, et tend vers zéro.

Du point M abaissons MQ perpendiculaire sur OX ; à la condition $\lim MP = 0$ on peut substituer $\lim MH = 0$, car MP et MH varient dans le même rapport et tendent simultanément vers la limite zéro, puisqu'on a

$$MP = MH \sin MHP,$$

et que l'angle MHP ne change pas lorsque M s'éloigne sur la courbe.

D'après cela, si
$$y = cx + d$$

est l'équation de l'asymptote, l'équation de la branche de courbe doit pouvoir se mettre sous la forme :

$$(n) \quad y = cx + d + z,$$

z désignant une fonction de x qui tend vers 0 lorsque x augmente indéfiniment. On a donc en divisant par x :

$$\frac{y}{x} = c + \frac{d+z}{x},$$

et, par suite, lorsque x tend vers l'infini :

$$\lim \frac{y}{x} = c.$$

D'autre part, l'équation (n) donne :

$$y - cx = d + z, \quad \text{d'où} \quad \lim(y - cx) = d,$$

z devenant nul pour $x = \infty$.

Ainsi :

1° *Le coefficient angulaire c d'une asymptote est la limite du rapport $\frac{y}{x}$, quand x augmente indéfiniment ;*

2° *L'ordonnée à l'origine d de l'asymptote est la limite de la différence $y - cx$, quand x augmente indéfiniment.*

Pour déterminer ces limites d'après l'équation de la courbe, Cauchy a indiqué la méthode suivante, qui ne s'applique qu'aux courbes algébriques.

Soit $f(x, y) = 0$ une équation algébrique de degré m ; réunissons ensemble les termes de même degré, il vient :

$$f(xy) = \varphi_m(xy) + \varphi_{m-1}(x \cdot y) + \ldots + k = 0,$$

φ_m désignant l'ensemble des termes de degré m, φ_{m-1} ceux de degré $(m-1)\ldots$, etc.

GÉOMÉTRIE A DEUX DIMENSIONS

Posons $\frac{y}{x} = \gamma$; chaque groupe étant homogène, on a d'après la définition des fonctions homogènes :

$$(1) \quad x^m \varphi_m(1.\gamma) + x^{m-1} \varphi_{m-1}(1.\gamma) + \ldots + k = 0,$$

et, en divisant par x^m,

$$\varphi_m(1.\gamma) + \frac{1}{x} \varphi_{m-1}(1.\gamma) + \ldots + \frac{k}{x^m} = 0.$$

Si l'on fait tendre x vers l'infini, tous les termes s'annulent sauf le premier, et les limites finies des valeurs variables correspondantes de γ sont les racines de l'équation $\varphi_m(1.\gamma) = 0$; d'ailleurs, comme ce sont précisément les valeurs de c cherchées, on a :

$$(2) \quad \varphi_m(1.c) = 0,$$

équation en c qui permet de déterminer cette quantité.

Posons ensuite :

$$y - cx = \delta, \qquad \text{d'où} \qquad \frac{y}{x} = c + \frac{\delta}{x};$$

l'équation (1) devient :

$$(3) \quad x^m \varphi_m\left(1.c + \frac{\delta}{x}\right) + x^{m-1} \varphi_{m-1}\left(1.c + \frac{\delta}{x}\right) + \ldots + k = 0.$$

Or, en développant les coefficients des puissances de x d'après la formule de Taylor, on obtient :

$$\varphi_m\left(1.c + \frac{\delta}{x}\right) = \varphi_m(1.c) + \frac{\delta}{x}\varphi'_m(1.c) + \frac{1}{1.2}\frac{\delta^2}{x^2}\varphi''_m(1.c) + \ldots$$

$$\varphi_{m-1}\left(1.c + \frac{\delta}{x}\right) = \varphi_{m-1}(1.c) + \frac{\delta}{x}\varphi'_{m-1}(1.c) + \frac{1}{1.2}\frac{\delta^2}{x^2}\varphi''_{m-1}(1.c) + \ldots$$

$$\varphi_{m-2}\left(1.c + \frac{\delta}{x}\right) = \varphi_{m-2}(1.c) + \frac{\delta}{x}\varphi'_{m-2}(1.c) + \frac{1}{1.2}\frac{\delta^2}{x^2}\varphi''_{m-2}(1.c) + \ldots$$

. . . .

L'équation (3) peut donc s'écrire, après avoir divisé par x^{m-1}, et en observant que, d'après (2), $\varphi_m(1.c) = 0$:

$$\left. \begin{array}{l} \delta\varphi'_m(1.c) + \varphi_{m-1}(1.c) + \dfrac{\delta^2}{1.2}\varphi''_m(1.c) \\ \qquad + \delta\varphi'_{m-1}(1.c) \\ \qquad + \varphi_{m-2}(1.c) \end{array} \right| \dfrac{1}{x} + \cdots \right\} = 0.$$

Si maintenant on fait tendre x vers l'infini, tous les termes s'annulent sauf les deux premiers, et les limites correspondantes de δ, c'est-à-dire les valeurs de d cherchées, satisfont à l'équation :

$$d\varphi'_m(1.c) + \varphi_{m-1}(1.c) = 0,$$

donc :

(4) $$d = -\dfrac{\varphi_{m-1}(1.c)}{\varphi'_m(1.c)},$$

équation du premier degré qui fournit une valeur de d pour chaque valeur de c. L'exemple suivant va éclaircir cette théorie.

EXEMPLE. — Soit à déterminer les asymptotes de la courbe du troisième degré :

$$xy^2 + 3x^2y + 4x^3 + xy - 9 = 0.$$

On a :

$$\varphi_3(xy) = xy^2 + 3x^2y + 4x^3 ;$$

par suite, d'après (2), c'est-à-dire en remplaçant x par 1 et y par c,

$$\varphi_3(1.c) = c^2 + 3c + 4 = 0,$$

équation qui donne pour c les deux valeurs : $c_1 = -1$, $c_2 = -4$. On a ensuite $\varphi_2(x, y) = xy$, d'où :

$$\varphi_2(1.c_1) = -1, \qquad \varphi'_3(1.c) = 2c + 3 \qquad \text{et} \qquad \varphi'_3(1.c_1) = 3 ;$$

puis :

$$\varphi_2(1.c_2) = -4, \qquad \varphi'_3(1.c_2) = -3.$$

La formule (4) donne enfin :

$$d_1 = -\dfrac{\varphi_2(1.c_1)}{\varphi'_3(1.c_1)} = \dfrac{1}{3};$$
$$d_2 = -\dfrac{\varphi_2(1.c_2)}{\varphi'_3(1.c_2)} = -\dfrac{4}{3}.$$

GÉOMÉTRIE A DEUX DIMENSIONS

Les deux asymptotes de la courbe ont donc pour équations :

$$y = -x + \frac{1}{3} \quad \text{et} \quad y = -4x - \frac{4}{3}.$$

163. Asymptotes parallèles aux axes. — Lorsque les asymptotes d'une courbe sont parallèles aux axes de coordonnées, leur recherche se simplifie. Soient, en effet, AB une parallèle à OY asymptote à une branche de courbe MD ; quand le point M s'élève à l'infini sur la courbe, la distance ME tend vers 0, et OP tend vers l'abscisse finie OA de l'asymptote. *On voit donc que, pour trouver les asymptotes d'une courbe, parallèles à OY, il suffit, en général, de chercher les valeurs finies de x qui rendent y infini.*

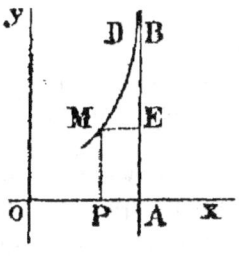

Fig. 52.

En outre il est nécessaire, en posant OA $= a$, que la différence $a - x$ reste réelle pour toutes les valeurs de y. D'après cela on devra examiner s'il est possible de trouver un nombre positif h tel que, pour $x = a - h$, y soit réel quelque petit que soit h ; $x = a$ sera alors asymptote à une branche de courbe placée à gauche comme sur la figure. S'il est possible de trouver aussi un nombre h tel que, pour $x = a + h$, y reste réel quelque petit que soit h, il y aura une seconde branche de courbe, à droite de la première, à laquelle la droite $x = a$ sera asymptote. Enfin, si, prenant h assez petit, y finit par rester imaginaire pour $x = a - h$ et $x = a + h$, quelque petit que soit h, $x = a$ ne sera pas une asymptote.

On trouverait de la même façon les asymptotes parallèles à OX, en cherchant les valeurs finies de y qui rendent x infini.

Dans le cas particulier où l'équation de la courbe peut se mettre sous la forme :

$$y = \frac{f(x)}{F(x)},$$

$f(x)$ et $F(x)$ étant des fonctions entières de x, toute racine du dénominateur donnera une asymptote parallèle à OY.

Dans l'exemple précédent, l'équation peut s'écrire :

$$xy^2 + (5x^2 + x) y + 4x^3 - 9 = 0;$$

elle est du second degré en y et donne :

$$y = \frac{-x(5x+1) \pm \sqrt{x^2(5x+1)^2 - 4x(4x^3-9)}}{2x};$$

l'ordonnée y devenant infinie pour $x = 0$, l'axe des y est une troisième asymptote à la courbe.

Supposons que l'équation de la courbe $f(x, y) = 0$ soit algébrique et entière par rapport à x et y, et ordonnons cette équation par rapport à y; on obtient :

$$\varphi(x) y^n + \varphi_1(x) y^{n-1} + \ldots + \varphi_n(x) = 0;$$

divisant par y^n, il vient :

$$\varphi(x) + \frac{\varphi_1(x)}{y} + \frac{\varphi_2(x)}{y^2} + \ldots + \frac{\varphi_n(x)}{y^n} = 0.$$

Si l'on fait croître y en valeur absolue jusqu'à l'infini, les valeurs correspondantes de x varieront et tendront vers des limites qui sont les racines de l'équation $\varphi(x) = 0$, car, pour les valeurs finies de x correspondantes à $y = \infty$, les termes qui suivent $\varphi(x)$ s'annulent.

Ainsi, dans ce cas, il suffit de résoudre l'équation obtenue en égalant à zéro le multiplicateur de la plus haute puissance de y. Si ce multiplicateur est indépendant de x, il n'y a pas d'asymptote parallèle à OY.

Recherche directe des asymptotes. — Dans les courbes transcendantes, et fréquemment dans les courbes algébriques, on détermine les asymptotes en cherchant directement les limites de $\frac{y}{x}$ et $(y - cx)$, lorsque x tend vers l'infini.

EXEMPLE. — Soit à rechercher les asymptotes de la courbe dont l'équation est :

$$y = x \sqrt{\frac{x-1}{x-2}}.$$

GÉOMÉTRIE A DEUX DIMENSIONS

Le dénominateur s'annulant pour $x = 2$, la parallèle à OY qui coupe l'axe OX au point d'abscisse 2 est asymptote à la courbe.

On a ensuite :
$$\frac{y}{x} = \sqrt{\frac{x-1}{x-2}},$$

d'où :
$$\lim \frac{y}{x} = 1, \quad \text{pour} \quad x \longrightarrow \infty,$$

puis :
$$y - x = x\left(\sqrt{\frac{x-1}{x-2}} - 1\right) = x \frac{\sqrt{x-1} - \sqrt{x-2}}{\sqrt{x-2}}$$
$$= \frac{1}{\sqrt{1 - \frac{2}{x}}\left[\sqrt{1 - \frac{1}{x}} + \sqrt{1 - \frac{2}{x}}\right]}.$$

La limite du second membre est $\frac{1}{2}$, car chaque fraction tend vers zéro pour $x = \infty$; donc la droite $y = x + \frac{1}{2}$ est asymptote à la branche de courbe considérée. On verrait encore que la même courbe admet pour asymptote la droite symétrique $y = -x - \frac{1}{2}$.

164. Asymptotes en coordonnées polaires. — Dans le système polaire, on définit la position de l'asymptote CD à une branche de courbe AB par l'angle α que fait cette asymptote avec l'axe polaire OX et par la distance $OC = \delta$ du pôle à l'asymptote.

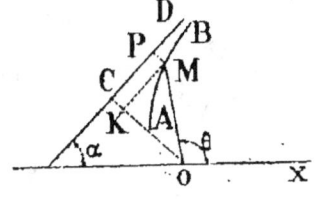

Fig. 53.

Du point M, abaissons une perpendiculaire MK sur OC. La distance $MP = KC$ du point M à l'asymptote ayant pour limite 0 quand ce point s'éloigne indéfiniment sur la courbe, on a :

$$\lim OK = \lim(OM \sin OMK) = OC ;$$

et, puisque OM tend vers l'infini, il faut nécessairement que $\sin OMK$, ou l'angle OMK, tende vers zéro pour que le produit se rapproche de la limite finie OC. Ainsi, la direction du rayon vecteur OM à la limite est parallèle à l'asymptote et, par suite :

(1) $$\alpha = \lim \theta, \quad r \to \infty.$$

L'angle OMK étant égal à $(\theta - \alpha)$, l'égalité précédente s'écrit :

$$\delta = \lim [r \sin (\theta - \alpha)] = \lim \left[r (\theta - \alpha) \frac{\sin (\theta - \alpha)}{\theta - \alpha} \right],$$

c'est-à-dire :

(2) $$\delta = \lim r (\theta - \alpha), \quad \theta \to \alpha$$

puisque :

$$\lim \frac{\sin (\theta - \alpha)}{\theta - \alpha} = 1.$$

Les équations (1) et (2) déterminent les éléments α et δ nécessaires à la construction de l'asymptote.

EXEMPLE. — L'équation de l'hyperbole rapportée à l'un de ses foyers F (*fig.* 54) est :

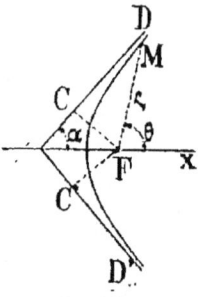

Fig. 54.

$$r = \frac{p}{1 - e \cos \theta},$$

p et e désignant des constantes. Les valeurs de θ qui rendent le rayon vecteur infini satisfont à l'équation :

$$1 - e \cos \theta = 0,$$

d'où l'on déduit :

$$\cos \alpha = \frac{1}{e},$$

équation qui donne pour α deux valeurs égales et de signes contraires.

Ensuite :

$$\lim [r (\theta - \alpha)] = \lim \frac{p (\theta - \alpha)}{1 - e \cos \theta} = p \cdot \lim \frac{\theta - \alpha}{1 - e \cos \theta};$$

or, si l'on applique la règle de L'Hopital pour $\theta = \alpha$, on obtient :

$$\lim [r (\theta - \alpha)] = \frac{p}{e \sin \alpha},$$

donc :
$$\delta = \frac{p}{e \sin \alpha} = \frac{p}{\sqrt{e^2 - 1}}.$$

L'hyperbole proposée a donc deux asymptotes symétriques par rapport à l'axe polaire OX.

165. Concavité, convexité, inflexion. — Une courbe qui présente la disposition de la figure 55 est dite concave vers l'axe positif OY. Au contraire, si elle présente la disposition de la figure 56, sa convexité est tournée vers le même axe, et, par suite, sa concavité est tournée vers l'axe négatif des y.

Théorème. — *Une courbe* $y = f(x)$ *tourne sa concavité ou sa convexité vers l'axe positif* OY, *suivant que la dérivée seconde* $\frac{d^2y}{dx^2}$ *est positive ou négative.*

Appelons α l'angle que fait la tangente à la courbe au point M avec l'axe OX ; le coefficient angulaire de cette tangente est $\frac{dy}{dx}$, et c'est aussi la tangente trigonométrique de l'angle α ; on a donc :
$$\tang \alpha = \frac{dy}{dx}.$$

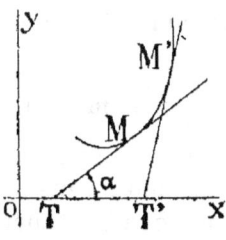
Fig. 55.

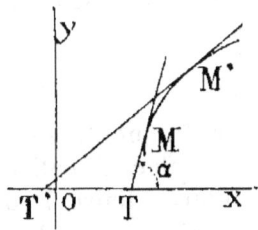
Fig. 56.

Lorsque x croît, si $\frac{dy}{dx}$ augmente, il en est de même de l'angle α (*fig.* 55), et la courbe tourne sa concavité vers OY. Au contraire, si $\frac{dy}{dx}$ diminue, l'angle α diminue aussi, et la courbe tourne sa convexité vers OY (*fig.* 56).

Mais, lorsque la dérivée $\frac{dy}{dx}$, qui est encore une fonction de x, augmente, sa dérivée, c'est-à-dire $\frac{d^2y}{dx^2}$, est positive et, quand elle diminue, cette dérivée est négative, donc, etc.

Exemple. — Soit la courbe dont l'équation est :

$$y = x^3 - x;$$

on a :

$$\frac{dy}{dx} = 3x^2 - 1, \qquad \frac{d^2y}{dx^2} = 6x.$$

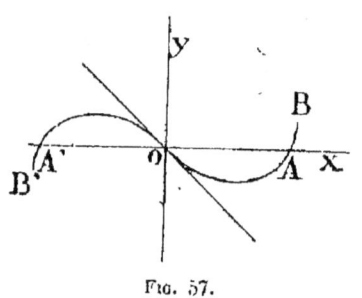

Fig. 57.

La dérivée seconde ayant constamment le signe de la variable x, on voit que la branche de courbe OAB tourne sa concavité vers OY, et que la branche OA'B' tourne sa convexité vers le même axe.

Il arrive souvent qu'une courbe, après avoir tourné sa concavité dans un certain sens, tourne sa convexité dans le même sens, ou inversement. Les points où la concavité ou convexité changent ainsi de sens s'appellent *points d'inflexion*. On voit qu'aux points d'inflexion la tangente traverse la courbe.

Lorsque la dérivée seconde $\frac{d^2y}{dx^2}$ est une fonction continue, ce qui est fréquent, elle ne peut passer d'une valeur positive à une valeur négative, ou inversement, sans prendre la valeur intermédiaire 0; on voit donc que les coordonnées des points d'inflexion d'une courbe doivent satisfaire à l'équation :

$$\frac{d^2y}{dx^2} = 0.$$

Dans l'exemple précédent, on a pour ces points (*fig.* 57):

$$6x = 0, \qquad \text{d'où} \qquad x = 0.$$

La courbe n'a qu'un point d'inflexion à l'origine.

La sinusoïde dont l'équation est $y = \sin x$ a une infinité d'inflexions aux points où la courbe rencontre l'axe des x. Il en est de même de la courbe $y = \operatorname{tang} x$.

166. Points singuliers. — On nomme points singuliers d'une courbe ceux qui offrent quelque particularité remarquable, indépendante de la position de la courbe par rapport aux axes de coordonnées ; en ces points la tangente à la courbe est généralement mal définie.

Par exemple les points d'inflexion sont des points singuliers ; il en est de même des points multiples par lesquels passent plusieurs branches d'une même courbe, des points de rebroussement où deux branches de la courbe viennent s'arrêter et où elles ont même tangente, des points anguleux où viennent se terminer deux branches de courbe ayant des tangentes différentes, des points isolés, et des points d'arrêt où une branche unique d'une courbe vient brusquement s'arrêter.

En un point de la courbe $f(x, y) = 0$, la tangente est définie par son coefficient angulaire $\frac{dy}{dx}$, lequel est donné par l'équation (159) :

$$(1) \qquad \frac{dy}{dx} = -\frac{\frac{\partial f}{\partial x}}{\frac{\partial f}{\partial y}}.$$

Ce coefficient angulaire se présentera sous forme indéterminée si l'on a simultanément :

$$(2) \qquad \frac{\partial f}{\partial x} = 0, \qquad \frac{\partial f}{\partial y} = 0.$$

On voit donc que les coordonnées d'un point singulier d'une courbe annulent les dérivées partielles du premier membre de son équation.

L'expression de la dérivée se présentant sous la forme indéterminée $\frac{0}{0}$, pour obtenir sa vraie valeur, on pourra appliquer la règle de L'Hôpital. On peut aussi dériver l'équation (1) par rapport à x en observant que $\frac{\partial f}{\partial x}$ et $\frac{\partial f}{\partial y}$ sont des fonctions de x et y. La dérivation donne :

$$\frac{\partial^2 f}{\partial x^2} + \frac{\partial^2 f}{\partial x \partial y}\frac{dy}{dx} + \frac{\partial f}{\partial y}\frac{d^2 y}{dx^2} + \frac{dy}{dx}\left(\frac{\partial^2 f}{\partial y \partial x} + \frac{\partial^2 f}{\partial y^2}\frac{dy}{dx}\right) = 0,$$

et, si l'on tient compte des relations (2) :

(3) $\qquad \dfrac{\partial^2 f}{\partial x^2} + 2\dfrac{\partial^2 f}{\partial x \partial y}\dfrac{dy}{dx} + \dfrac{\partial^2 f}{\partial y^2}\left(\dfrac{dy}{dx}\right)^2 = 0.$

Cette équation est du second degré par rapport à $\dfrac{dy}{dx}$, de sorte que trois circonstances distinctes peuvent se présenter suivant la nature de ses racines.

Points doubles. — Lorsque l'équation (3) a deux racines réelles et inégales, on a deux valeurs différentes pour $\dfrac{dy}{dx}$. Au point singulier M, il y a donc deux tangentes, et deux branches de la courbe passent par ce point. Le point M est un point double.

Par exemple, pour la courbe :

$$y = \varphi(x) + (x-a)(x-b)^{\frac{1}{2}},$$

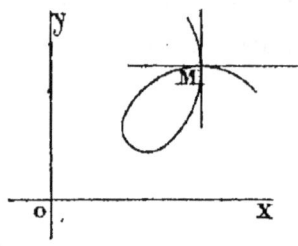
Fig. 58.

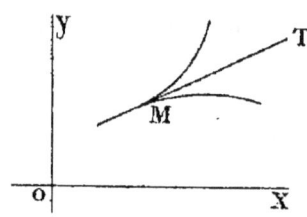
Fig. 59.

si l'on suppose $a > b$, le point qui a pour coordonnées $x = a$, $y = \varphi(a)$ est un point double. On peut voir, en effet, que ces valeurs annulent $\dfrac{\partial f}{\partial x}$ et $\dfrac{\partial f}{\partial y}$ sans annuler les dérivées du second ordre, et que l'équation (3) a deux racines réelles et distinctes.

Points de rebroussement. — Lorsque l'équation (3) a deux racines réelles et égales, on n'a qu'une valeur pour $\dfrac{dy}{dx}$. Au point singulier M il n'y a donc qu'une seule tangente MT ; mais deux branches de courbe sont tangentes en ce point à MT. Le point M est un point de rebroussement.

Le rebroussement est dit de *première espèce*, si les deux branches de la courbe sont de part et d'autre de la tangente (*fig.* 59); dans ce cas, la dérivée $\frac{d^2y}{dx^2}$ a des signes différents sur les deux branches. Le rebroussement est de *seconde espèce*, si les deux branches sont du même côté de la tangente commune (*fig.* 60); alors $\frac{d^2y}{dx^2}$ a le même signe sur les deux branches.

La cissoïde de Dioclès, dont l'équation est :

$$y = x \sqrt{\frac{x}{a-x}},$$

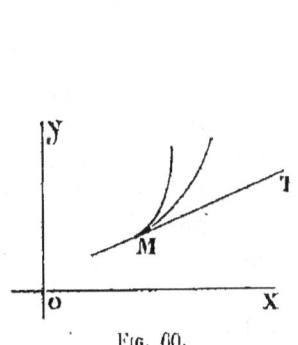
Fig. 60.

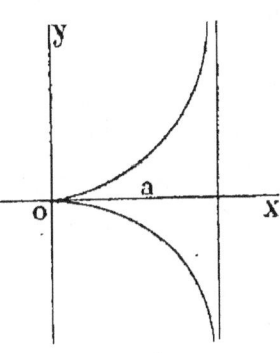
Fig. 61.

admet un rebroussement de première espèce à l'origine; la tangente commune est l'axe OX (*fig.* 61).

Points isolés. — Quand l'équation (3) a deux racines imaginaires, il n'y a pas de tangente en M ni de branche de courbe passant par ce point. Le point M est alors un point isolé. Ainsi les coordonnées des points isolés satisfont à l'équation de la courbe sans qu'aucune branche de cette courbe passe par ces points.

Par exemple, pour la courbe :

$$y = (x - a) \sqrt{x - b}, \qquad a < b,$$

le point $x = a$, $y = o$ est un point isolé.

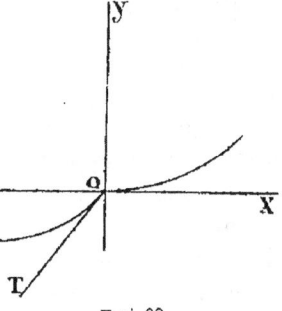
Fig. 62.

Points anguleux. — On les rencontre quelquefois dans les courbes transcendantes.

Par exemple, la courbe :

$$y = \frac{x}{1 + e^{\frac{1}{x}}},$$

a un point anguleux à l'origine ; l'une des tangentes en ce point se confond avec OX et l'autre avec la bissectrice du troisième quadrant (*fig.* 62).

Points d'arrêt. — On les rencontre également dans les courbes transcendantes.

La courbe $y \log x = 1$ a un point d'arrêt à l'origine, car, pour des valeurs négatives de x, l'ordonnée y est imaginaire.

167. Centres. — Lorsque les points d'une courbe sont symétriques deux à deux par rapport à un certain point du plan, ce point est un centre de la courbe. Il résulte de cette définition que, si l'origine O (*fig.* 63) des coordonnées est un centre pour une courbe déterminée $f(xy) = 0$, et si x et y désignent les coordonnées d'un point M de cette courbe, les coordonnées $-x$ et $-y$ du point M', symétrique de M par rapport au point O, devront également satisfaire à l'équation de la courbe. La réciproque est évidente, c'est-à-dire que, si l'équation d'une courbe reste satisfaite quand on change x en $-x$ et y en $-y$, l'origine est un centre de cette courbe.

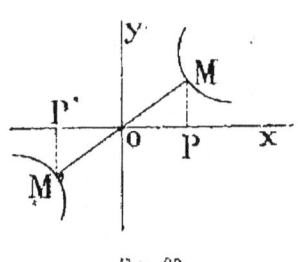

Fig. 63.

EXEMPLE I. — La courbe dont l'équation cartésienne est :

$$x^2 + y^2 = 1,$$

a l'origine pour centre, car cette équation ne change pas quand on remplace x par $-x$ et y par $-y$. Cette courbe est un cercle de centre O.

Lorsque les termes d'une équation algébrique sont tous de degré pair ou tous de degré impair par rapport à x et y, l'origine est un centre de la courbe, car, dans les deux cas, les équations $f(x, y) = 0$ et $f(-x, -y) = 0$ sont identiques. La réciproque n'est pas toujours vraie ; certaines courbes dont les équations ne présentent pas des termes de même parité peuvent admettre des points centraux.

Pour déterminer les centres d'une courbe $f(x, y) = 0$, il faut transporter les axes de coordonnées parallèlement à eux-mêmes (139) en un point indéterminé (α, β) du plan, et exprimer ensuite que la courbe

$$f(x + \alpha, y + \beta) = 0$$

admet pour centre la nouvelle origine ; on obtient ainsi des relations qui permettent de déterminer α et β, et tous les systèmes de valeurs réelles de ces quantités donnent autant de centres de la courbe.

EXEMPLE II. — Soient les courbes du *second degré* dont l'équation générale est :

(1) $\quad f(xy) = Ay^2 + Bxy + Cx^2 + Dy + Ex + F = 0$;

remplaçant x par $x + \alpha$ et y par $y + \beta$, cette équation devient :

$Ay^2 + Bxy + Cx^2 + (2A\beta + B\alpha + D) y + (B\beta + 2C\alpha + E) x$
$\quad + A\beta^2 + B\alpha\beta + C\alpha^2 + D\beta + E\alpha + F = 0,$

ou, en désignant par $f(\alpha, \beta)$ le résultat de la substitution de α à x et de β à y dans $f(x, y)$:

(α) $\quad Ay^2 + Bxy + Cx^2 + yf'_y(\alpha, \beta) + xf'_x(\alpha, \beta) + f(\alpha, \beta) = 0.$

Pour que le point α, β soit centre de la courbe, c'est-à-dire pour que l'équation précédente ne change pas lorsqu'on remplace x par $-x$ et y par $-y$, il faut évidemment que les termes du premier degré en x et y disparaissent, c'est-à-dire que l'on ait :

(2) $\quad \begin{array}{l} 2A\beta + B\alpha + D = 0, \\ B\beta + 2C\alpha + E = 0. \end{array}$

Ces deux relations entre α et β fournissent, en général, un point du plan et un seul ; les courbes du second degré ont donc au maximum un centre. Cette propriété s'étend aux courbes algébriques d'un degré quelconque qui ne peuvent également avoir plus d'un centre.

Les équations (2) sont dites les équations centrales ; on reconnaît, d'après (1), qu'elles peuvent s'écrire, lorsqu'on remplace x par α et y par β :

$$\frac{\partial f}{\partial y} = 0, \qquad \frac{\partial f}{\partial x} = 0.$$

On démontre que, si une courbe a deux centres, elle en a une infinité placés à intervalles égaux sur une même droite ; c'est le cas de la *sinusoïde* dont l'équation est $y = \sin x$.

Dans le système polaire, lorsque le pôle est un centre pour une certaine courbe, le rayon vecteur r doit prendre la même valeur pour θ et $\theta + \pi$, et réciproquement.

Ainsi, dans la lemniscate, on a :

$$r^2 = 2a^2 \cos 2\theta = 2a^2 \cos 2(\theta + \pi).$$

La courbe a le pôle pour centre.

168. Diamètres. — On appelle diamètre d'une courbe le lieu des milieux des cordes parallèles à une direction donnée.

La recherche des diamètres n'offre de l'intérêt que pour les courbes du second degré.

Soit OA la direction donnée, $y = mx$ son équation, et BC une corde parallèle; si l'on transporte les axes de coordonnées parallèlement à eux-mêmes au point de α, β milieu de BC, l'équation de la courbe prend la forme (α) (167). Actuellement, cherchons les abscisses des points d'intersection B et C de la courbe avec la corde BC; dans le nouveau système d'axes, ces abscisses sont égales et de signes contraires, puisque l'origine est au milieu de BC, donc leur somme doit être égale à zéro.

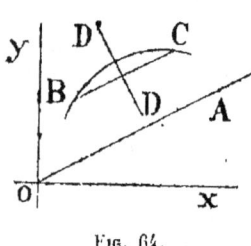

Fig. 64.

Si l'on fait $y = mx$ dans l'équation (α), elle devient après transformation :

$$(Am^2 + Bm + C)x^2 + [mf'_y(\alpha.\beta) + f'_x(\alpha.\beta)]x + f(\alpha.\beta) = 0;$$

exprimant que la somme des racines est nulle, on obtient l'équation du premier degré :

$$mf'_y(\alpha.\beta) + f'_x(\alpha.\beta) = 0,$$

qui est précisément l'équation du diamètre DD', car elle est satisfaite par les coordonnées α, β d'un point quelconque de ce diamètre. On voit que, dans les courbes du second degré, les diamètres sont des droites.

GÉOMÉTRIE A DEUX DIMENSIONS

Si l'on remplace α, β par les coordonnées courantes x, y, le diamètre des cordes parallèles à la droite $y = mx$ a pour équation :

(3) $$m \frac{\partial f}{\partial y} + \frac{\partial f}{\partial x} = 0,$$

c'est-à-dire, d'après (1) :

$$(2Am + B) y + (Bm + 2C) x + Dm + E = 0,$$

ou encore :

(4) $$y = -\frac{Bm + 2C}{2Am + B} x - \frac{Dm + E}{2Am + B}.$$

Les diamètres passent par le centre, puisque les coordonnées de ce point satisfont à l'équation (3).

On appelle *diamètres conjugués* deux diamètres dont l'un est parallèle aux cordes de l'autre ; si m est le coefficient angulaire de

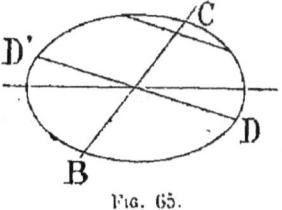

Fig. 65.

l'un des diamètres BC, celui de son conjugué DD' est, d'après la formule (4) :

$$m' = -\frac{Bm + 2C}{2Am + B},$$

de sorte que ces deux coefficients sont liés par la relation :

$$2Amm' + B(m + m') + 2C = 0.$$

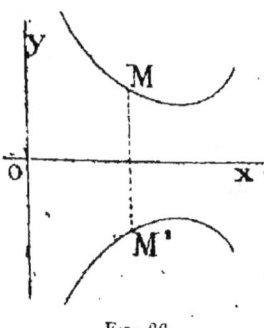

Fig. 66.

169. Axes. — Lorsque les points d'une courbe sont symétriques deux à deux par rapport à une droite, cette droite est un axe de la courbe ; il résulte de cette définition que, si l'axe OX est un axe pour une courbe déterminée $f(xy) = 0$, et si x et y désignent les coordonnées d'un point M de cette courbe (*fig.* 66), les coordonnées x et $-y$ de son symétrique M' devront également satisfaire à l'équation de la courbe. La réciproque est vraie. Ainsi, pour reconnaître qu'une courbe est symétrique par rapport à un axe OX, il suffit de vérifier que son équation ne change pas quand on remplace y par $-y$. De même la symétrie par rapport à OY se reconnaît en vérifiant que l'équation reste satisfaite lorsqu'on remplace x par $-x$.

Exemple. — Pour la courbe :

$$x^2 + y^2 = 1,$$

les axes de coordonnées sont des axes de symétrie; la même courbe admet encore pour axe la bissectrice de l'angle XOY, car son équation ne change pas quand on permute les variables x et y.

Dans le système polaire, pour que l'axe polaire soit un axe de symétrie, il faut que le rayon vecteur r prenne la même valeur pour θ et $-\theta$.

Exemple. — Dans la lemniscate, on a :

$$r^2 = 2a^2 \cos 2\theta = 2a^2 \cos(-2\theta);$$

l'axe polaire est donc un axe de symétrie de la courbe.

170. Construction des courbes. — On se rend compte de la forme d'une courbe dont l'équation est donnée en analysant cette équation. Pour les courbes simples que l'on rencontre dans les applications mécaniques et physiques, l'analyse ne présente pas de grandes difficultés; cependant il faut toujours procéder avec ordre et, quoiqu'il n'existe pas de méthode générale à cet égard, il convient, dans la plupart des cas, d'adopter la marche suivante :

On commence d'abord par déduire de l'équation de la courbe toutes les propriétés qui se manifestent à première vue et sans calcul; par exemple, la symétrie par rapport à un axe ou l'existence d'un centre à l'origine.

On cherche ensuite à résoudre l'équation par rapport à l'une des variables x ou y, afin d'acquérir par l'étude de la variation de la fonction une première idée de l'aspect de la courbe; cette première discussion, dans laquelle on fait croître la variable de $-\infty$ à $+\infty$, fait généralement ressortir le nombre des branches de la courbe, leurs limites et les points où elles coupent les axes de coordonnées. Quelquefois cependant il est préférable de considérer simultanément les valeurs de y qui correspondent à une même valeur de x.

Le calcul de la dérivée $\frac{dy}{dx}$ permet de déterminer les points où la courbe passe par un maximum ou par un minimum, et les limites entre lesquelles l'ordonnée est croissante ou décroissante. Le calcul de la dérivée seconde $\frac{d^2y}{dx^2}$ fait connaître le sens de la concavité et les points d'inflexion.

Si la courbe a des branches infinies, on détermine les asymptotes par les méthodes exposées plus haut.

Enfin, à l'aide des dérivées partielles $\frac{\partial f}{\partial x}$ et $\frac{\partial f}{\partial y}$, on détermine les points singuliers, et leur nature.

Lorsqu'on a obtenu un nombre suffisant de points de la courbe, on la trace aussi exactement que possible.

EXEMPLE I. — Soit à étudier la courbe dont l'équation est :

$$y = x^3 - 2x^2 - 3x.$$

Il n'existe pas d'axe de symétrie ni de centre.
On remarque que cette équation peut s'écrire :

$$y = x(x+1)(x-3),$$

ce qui met en évidence les points A $(x = -1)$; O $(x = 0)$; B $(x = 3)$, où la courbe coupe l'axe des x.

On a ensuite :

$$\frac{dy}{dx} = 3x^2 - 4x - 3, \qquad \frac{d^2y}{dx^2} = 6x - 4.$$

Les valeurs de x pour lesquelles la fonction passe par un maximum ou un minimum sont racines de l'équation :

$$3x^2 - 4x - 3 = 0,$$

d'où :

$$x' = \frac{2 - \sqrt{13}}{3} = -0,53,$$

$$x'' = \frac{2 + \sqrt{13}}{3} = 1,87.$$

On obtient ainsi les points M' et m'; les valeurs correspondantes des ordonnées sont: mm' = — 6,06, MM' = 0,88.

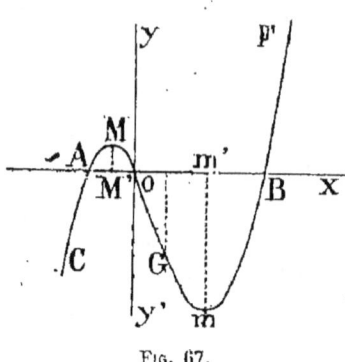

Fig. 67.

Pour les valeurs de x comprises entre — ∞ et x', la dérivée première est positive et la dérivée seconde négative, donc la fonction est croissante dans cet intervalle; d'ailleurs, comme elle part de — ∞ pour $x = -\infty$, on a la branche de courbe CM.

Pour les valeurs de x comprises entre x' et x'', la dérivée est négative, donc la fonction décroît, ce qui donne la branche descendante Mm. Pour $x = 0$, on a $\frac{dy}{dx} = -3$; le coefficient angulaire de la tangente à l'origine est donc égal à — 3. Au point G de coordonnées $x = \frac{2}{3}$, $y = -2,59$, la courbe présente une inflexion.

Enfin, pour les valeurs de x supérieures à x'', la dérivée est de nouveau positive et la fonction croissante; on a ainsi la branche infinie mF. Il n'y a pas d'asymptote.

EXEMPLE II. — Soit la courbe ayant pour équation:

$$y^2(2-x) - x(x-1)^2 = 0.$$

OX est un axe de symétrie, car l'équation ne change pas quand on remplace y par — y.

Résolvant par rapport à y, il vient:

$$y = \pm (x-1) \sqrt{\frac{x}{2-x}}.$$

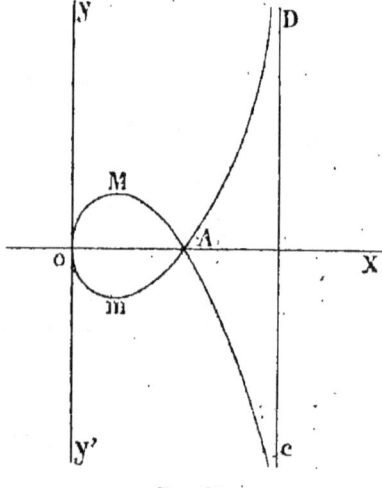

Fig. 68.

L'ordonnée y s'annule pour $x = 0$ et $x = 1$, ce qui donne les deux points O et A où la courbe coupe OX; d'ailleurs cette ordonnée n'est réelle que pour les valeurs de x comprises entre 0 et 2.

Si l'on fait croître x de 0 à 1, l'ordonnée part de 0, reste finie, et revient à 0; on obtient la branche OMA. Lorsque x varie de 1 à 2, y augmente de 0 jusqu'à l'infini, ce qui donne une branche asymptote à la droite CD parallèle à OY. La courbe est une *strophoïde*; le point A où passent deux branches est un point double.

Le calcul de $\frac{dy}{dx}$ donne :

$$\frac{dy}{dx} = \pm \left[\sqrt{\frac{x}{2-x}} + \frac{x-1}{\sqrt{x(2-x)^3}} \right],$$

ou encore

$$\frac{dy}{dx} = \pm \frac{x(2-x) + x - 1}{\sqrt{x(2-x)^3}}.$$

Pour $x = 0$, $\frac{dy}{dx} = \infty$; à l'origine, la courbe est tangente à OX; cela résulte d'ailleurs de sa symétrie par rapport à OX.

Pour $x = 1$, $\frac{dy}{dx} = \pm 1$; au point A les tangentes aux deux branches font des angles de 45° avec OX.

L'abscisse des maximum et minimum M et m est racine de l'équation :

$$x(2-x) + x - 1 = 3x - x^2 - 1 = 0,$$

qui donne

$$x = \frac{3 - \sqrt{5}}{2};$$

entre 0 et x, $\frac{dy}{dx}$ est positive et l'ordonnée croît ; de x à 1, la dérivée est négative et y diminue ; de 1 à 2, $\frac{dy}{dx}$ est de nouveau positive et l'ordonnée augmente.

La parallèle CD à OY, d'abscisse $x = 2$, est asymptote à la courbe ; il n'y a pas d'autre asymptote, car l'équation $\varphi_m(1 \cdot c) = 0$ devient ici $c^2 + 1 = 0$, elle n'a pas de racine réelle.

En prenant le point O pour pôle et OX pour axe polaire, on trouve pour l'équation polaire de la courbe :

$$r = \frac{1 \pm \sin \theta}{\cos \theta};$$

la branche OMA correspond au signe —, la branche AN au signe +.

EXEMPLE III. — Soit à étudier la courbe ayant pour équation :

$$y = \frac{2^x - 2^{-x}}{2}.$$

La courbe admet l'origine pour centre, car son équation reste la même lorsqu'on change x en $-x$ et y en $-y$; il suffit donc de faire varier x de 0 à $+\infty$.

On trouve en différentiant :

$$\frac{dy}{dx} = \frac{2^x + 2^{-x}}{2} \cdot \mathrm{L}2, \qquad \frac{d^2y}{dx^2} = \frac{2^x - 2^{-x}}{2} \cdot (\mathrm{L}2)^2.$$

Pour $x = 0$, $\frac{dy}{dx} = \mathrm{L}2$; donc, au point O, le coefficient angulaire de la tangente est égal au logarithme népérien de 2.

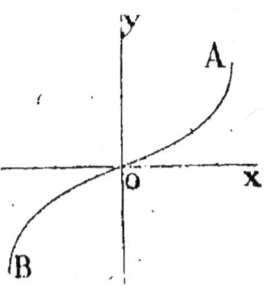

Fig. 69.

Lorsque x varie de 0 à ∞, $\frac{dy}{dx}$ reste constamment positive et y ne cesse d'augmenter; on obtient ainsi la branche infinie OA.

La dérivée seconde $\frac{d^2y}{dx^2}$ étant positive, excepté pour $x = 0$, la branche OA tourne sa concavité vers l'axe positif OY; c'est le contraire pour la branche opposée OB; d'ailleurs l'origine est un point d'inflexion.

Si l'on veut préciser la forme de la courbe, il faut la construire par points. On donne à x une série de valeurs successives et on calcule les valeurs correspondantes de y; on trouve :

$x = $ 0,   0,5,   1,   2,   2,5,   3,   4
$y = $ 0,   0,35, 0,73, 1,21, 1,87, 3,93, 7,97

Exemple IV. — Prenons maintenant la courbe définie par l'équation polaire :

$$r = \frac{1}{1 - 2\cos\theta}.$$

Pour $\theta = 0$, $r = -1$, ce qui donne le point A' sur l'axe polaire. Si θ augmente, $\cos\theta$ diminue ainsi que r, et la courbe s'étend, à partir de A', dans la région A'C'. Lorsque $\theta = \arccos\frac{1}{2}$, d'où $2\cos\theta = 1$, on a $r = -\infty$ et OD est la direction de l'asymptote à la branche A'C'.

Si θ continue à croître, $\cos\theta$ diminue, r devient positif et diminue aussi; pour $\theta = 90°$, $r = 1$; on a ainsi une branche infinie FE, dont l'asymptote a pour direction OD. L'angle θ continuant à augmenter, r diminue; pour $\theta = \pi$, $r = \frac{1}{3}$: la branche FE vient donc passer par A situé au tiers de OA' à partir de O.

Pour $\theta = \frac{3\pi}{2}$, $\cos\theta = 0$, $r = 1$; puis, pour $\theta = \arccos\frac{1}{2}$, $r = \infty$;

la branche FE s'éloigne de plus en plus de O, vient passer par E' et s'étend indéfiniment dans la région E'F'.

Enfin, si θ continue d'augmenter, r devient négatif et croît, et, lorsque $θ = 2π$, $r = -1$; on a ainsi une nouvelle branche infinie A'C. La direction asymptotique de cette branche est OD'; c'est aussi la direction asymptotique de la branche E'F'. La courbe est une hyperbole.

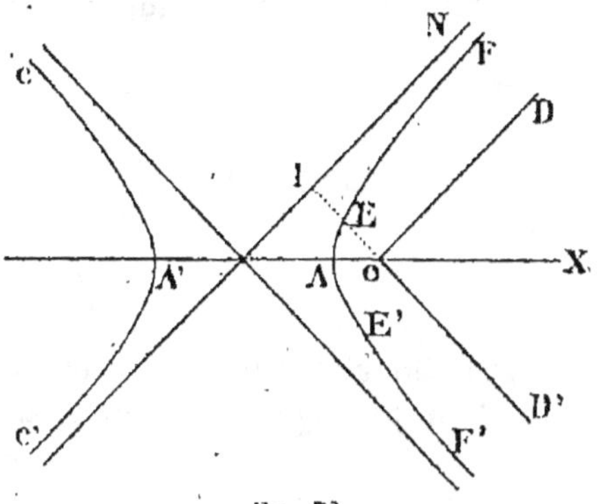

On a pour la tangente (161) :

$$\tan V = \frac{r d\theta}{dr};$$

mais ici :

$$\frac{dr}{d\theta} = \frac{2 \sin \theta}{(1 - 2 \cos \theta)^2};$$

par suite :

$$\tan V = - \frac{1 - 2 \cos \theta}{2 \sin \theta}.$$

Fig. 70.

Pour les asymptotes, on trouve (164) :

$$\cos \alpha = \frac{1}{2},$$

$$\delta = \frac{1}{\sqrt{3}};$$

on voit que δ est le tiers du côté du triangle équilatéral inscrit dans le cercle de rayon égal à 1. Pour construire l'une des asymptotes, il suffit de mener la perpendiculaire OI sur OD, de prendre $OI = \frac{1}{\sqrt{3}}$, et de mener par I la parallèle IN à OD; cette droite est asymptote aux branches A'C' et EF. L'asymptote aux branches A'C et E'F' est symétrique de la première par rapport à OX.

Désignons par β l'angle IOX; l'équation de l'asymptote IN est de la forme (156) :

$$r = \frac{\delta}{\cos(\theta - \beta)},$$

ou

$$r = \frac{\delta}{\cos \theta \cos \beta + \sin \beta \sin \theta}.$$

Actuellement : $\beta = 90° + \alpha$, $\delta = \frac{1}{\sqrt{3}}$; par suite :

$$\cos \beta = - \sin \alpha, \qquad \sin \beta = \cos \alpha;$$

ou bien :
$$\cos\beta = -\frac{\sqrt{3}}{2}, \qquad \sin\beta = \frac{1}{2}.$$

L'équation de l'asymptote devient donc :
$$r = \frac{2\sqrt{3}}{3(\sin\theta - \sqrt{3}\cos\theta)}.$$

On discuterait de la même façon l'ellipse représentée par l'équation :
$$r = \frac{1}{3 + 2\cos\theta}.$$

171. Courbure et rayon de courbure. — Soient une courbe quelconque C et deux points M et M' de cette courbe; si MT et M'T' sont les tangentes en ces points, le rapport

$$\frac{\text{angle M'AQ}}{\text{arc MM'}}$$

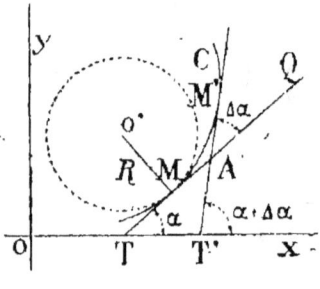

Fig. 71.

est par définition la *courbure moyenne* de l'arc MM'. En désignant par Δs cet arc et par α et $\alpha + \Delta\alpha$ les angles que font les tangentes à la courbe aux points M et M' avec l'axe OX, on a évidemment angle M'AQ $= \Delta\alpha$, de sorte que la courbure moyenne de l'arc MM' peut s'écrire :

$$\frac{\Delta\alpha}{\Delta s}.$$

Lorsque le point M' se rapproche indéfiniment du point M, l'arc MM' devient infiniment petit et égal à ds, $\Delta\alpha$ tend vers $d\alpha$, et la courbure moyenne de cet arc devient à la limite la *courbure* de la courbe au point M ; cette courbure a donc pour expression :

$$\frac{d\alpha}{ds}.$$

L'angle infiniment petit $d\alpha$ est l'*angle de contingence*.

GÉOMÉTRIE A DEUX DIMENSIONS

EXEMPLE. — Dans la circonférence, on prend ordinairement pour unité l'arc correspondant à l'unité d'angle dans le cercle de rayon égal à 1; d'après cela, dans un cercle de rayon R, l'arc MM' = Δs et l'angle au centre correspondant Δα sont liés entre eux par la relation RΔα = Δs, et pour un arc infiniment petit ds :

$$R d\alpha = ds.$$

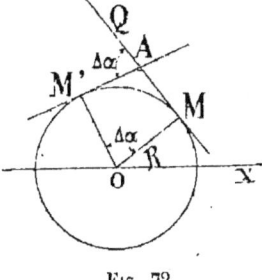

Fig. 72.

On a donc :

$$\frac{1}{R} = \frac{\Delta\alpha}{\Delta s} = \frac{d\alpha}{ds},$$

la courbure moyenne de l'arc MM', et, par conséquent, la courbure du cercle au point quelconque M, est constante et égale à l'inverse du rayon.

On se figure nettement la courbure de la courbe C au point M, en considérant le cercle du centre O', de rayon R, qui touche la courbe en ce point, et dont la courbure $\frac{1}{R}$ est égale à celle de la courbe au point M. La longueur R est le *rayon de courbure* de la courbe en M, le point O' est le *centre de courbure*, et MO' est normale à C. On a donc la relation :

$$\frac{1}{R} = \frac{d\alpha}{ds}, \qquad \text{d'où} \qquad R = \frac{ds}{d\alpha}.$$

Expression du rayon de courbure. — Cherchons l'expression du rayon de courbure ; on a d'abord :

$$ds = \sqrt{1 + \frac{dy^2}{dx^2}}\, dx,$$

puis :

$$\tang \alpha = \frac{dy}{dx},$$

car le coefficient angulaire de la tangente est égal à $\frac{dy}{dx}$. Si l'on différentie cette dernière équation, il vient :

$$\frac{1}{\cos^2 \alpha} \frac{d\alpha}{dx} = \frac{d^2 y}{dx^2}, \qquad \text{ou} \qquad \frac{d\alpha}{dx} = \frac{1}{1 + \tang^2 \alpha} \frac{d^2 y}{dx^2}.$$

ou encore :
$$d\alpha = \frac{\frac{d^2y}{dx^2}}{1 + \frac{dy^2}{dx^2}} dx;$$

par suite :
$$R = \frac{ds}{d\alpha} = \sqrt{1 + \frac{dy^2}{dx^2}}\, dx \times \frac{1 + \frac{dy^2}{dx^2}}{\frac{d^2y}{dx^2}} \frac{1}{dx},$$

c'est-à-dire :

(1)
$$R = \frac{\left(1 + \frac{dy^2}{dx^2}\right)^{\frac{3}{2}}}{\frac{d^2y}{dx^2}}.$$

La longueur R est essentiellement positive, le signe du radical du second membre doit être choisi en conséquence.

L'expression du rayon de courbure en coordonnées polaires s'obtient par un calcul analogue, ou bien en utilisant les formules de transformation des coordonnées (59); on a :

(2)
$$R = \frac{\left(r^2 + \frac{dr^2}{d\theta^2}\right)^{\frac{3}{2}}}{r^2 + 2\frac{dr^2}{d\theta^2} - r\frac{d^2r}{d\theta^2}}.$$

La formule (1) suppose que la quantité x est prise pour variable indépendante; quand x et y s'expriment individuellement en fonction d'une variable auxiliaire, la formule générale du rayon de courbure est :

(3)
$$R = \frac{(dx^2 + dy^2)^{\frac{3}{2}}}{dx\,d^2y - dy\,d^2x}.$$

Il suffit, pour l'obtenir, de reprendre le calcul précédent en considérant x comme une variable dépendante dont la différentielle seconde n'est pas nulle.

APPLICATIONS. — 1° L'équation de l'ellipse peut s'écrire, en chassant les dénominateurs :

$$a^2y^2 + b^2x^2 = a^2b^2;$$

on trouve d'abord :

$$a^2y\frac{dy}{dx} + b^2x = 0, \quad \text{d'où} \quad \frac{dy}{dx} = -\frac{b^2x}{a^2y};$$

puis, en différentiant une seconde fois :

$$a^2y\frac{d^2y}{dx^2} + a^2\frac{dy^2}{dx^2} + b^2 = 0, \quad \text{d'où:} \quad \frac{d^2y}{dx^2} = -\frac{b^4}{a^2y^3}.$$

On a donc :

$$R = \frac{\left(1 + \frac{b^4x^2}{a^4y^2}\right)^{\frac{3}{2}}}{\frac{b^4}{a^2y^3}} = \frac{(a^4y^2 + b^4x^2)^{\frac{3}{2}}}{a^4b^4}.$$

Soit $MQ = N$ la portion de normale à l'ellipse comprise entre le point M et l'axe des x, $p = \dfrac{b^2}{a}$ le paramètre de la courbe. La sous-normale a pour longueur (160) :

$$x\frac{dy}{dx} = -\frac{b^2x}{a^2};$$

par suite :

$$N^2 = y^2 + \frac{b^4x^2}{a^4} = \frac{a^4y^2 + b^4x^2}{a^4};$$

portant cette valeur de N dans l'expression du rayon de courbure, elle devient :

$$R = \frac{N^3 a^6}{a^4 b^4} = \frac{N^3}{p^2}.$$

2° La spirale logarithmique a pour équation polaire :

$$r = ae^{m\theta};$$

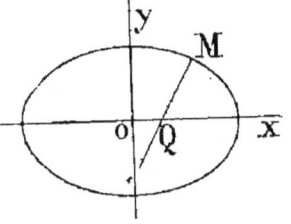

Fig. 73.

on tire :

$$\frac{dr}{d\theta} = mae^{m\theta} = mr, \quad \frac{d^2r}{d\theta^2} = m^2r;$$

par suite, d'après (2),

$$R = r\sqrt{1 + m^2}.$$

En supposant que la courbe de la figure 49 soit une spirale logarithmique, on pourrait faire voir que le rayon de courbure R est précisément la longueur MN, autrement dit que le point N est le centre de courbure.

3° Dans la cycloïde, on a (*fig.* 47) :

$$x = a(\alpha - \sin\alpha), \qquad y = a(1 - \cos\alpha);$$

différentiant deux fois, on obtient :

$$dx = a(1 - \cos\alpha)\,d\alpha \qquad dy = a\sin\alpha\,d\alpha$$
$$d^2x = a\sin\alpha\,d\alpha^2 \qquad d^2y = a\cos\alpha\,d\alpha^2;$$

par suite :

$$dx^2 + dy^2 = 4a^2 \sin^2\frac{\alpha}{2}\,d\alpha^2,$$

$$dx\,d^2y - dy\,d^2x = a^2(\cos\alpha - \cos^2\alpha - \sin^2\alpha)\,d\alpha^3 = -2a^2\sin^2\frac{\alpha}{2}\,d\alpha^3.$$

La formule (3) donne enfin :

$$R = 4a\sin\frac{\alpha}{2} = 2MA,$$

avec le signe +, car le rayon de courbure est une quantité essentiellement positive.

On voit que, dans la cycloïde, le rayon de courbure est égal au double de la longueur MA de la normale.

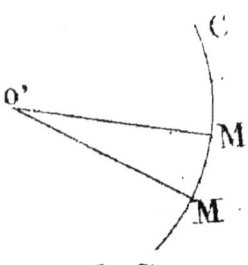

Fig. 74.

Remarque. — Une analyse simple montrerait que l'on peut considérer le centre de courbure O' relatif à un point M d'une courbe C, comme le point d'intersection des deux normales infiniment voisines MO' et M'O'.

172. Développée. — Le lieu géométrique des centres de courbure O' pour tous les points d'une courbe C est une seconde courbe D dite *développée* de la première. On dit aussi que C est une *développante* de D.

Soient : x_1, y_1, les coordonnées du point O' ; x et y, celles du point M. Le théorème des projections donne (137):

$$x_1 = x + R \cos\left(\frac{\pi}{2} + \alpha\right),$$
$$y_1 = y + R \sin\left(\frac{\pi}{2} + \alpha\right);$$

ce que l'on peut écrire :

(1) $\quad \begin{aligned} x_1 &= x - R \sin\alpha, \\ y_1 &= y + R \cos\alpha. \end{aligned}$

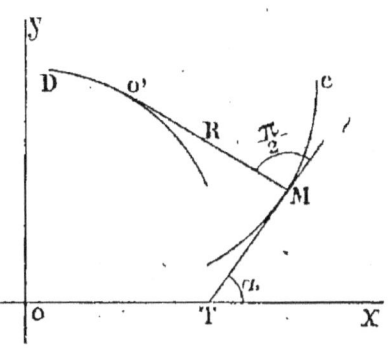

Fig. 75.

Si R et α sont exprimées en fonction de x et y, l'élimination de ces dernières variables entre les deux équations précédentes donne la relation qui existe entre x_1 et y_1, c'est-à-dire l'équation de la développée.

Exemples. — 1° Prenons la parabole (217):

$$x^2 = 2py,$$

dans laquelle on a

$$\tan\alpha = \frac{x}{p}, \qquad R = \frac{(x^2 + p^2)^{\frac{3}{2}}}{p^2}.$$

La valeur de $\tan\alpha$ donne d'abord :

$$\sin\alpha = \frac{x}{\sqrt{x^2 + p^2}}, \qquad \cos\alpha = \frac{p}{\sqrt{x^2 + p^2}};$$

par suite :

$$x_1 = x - \frac{(x^2 + p^2)x}{p^2}, \qquad y_1 = y + \frac{x^2 + p^2}{p};$$

réduisant au même dénominateur et simplifiant, il vient :

$$x_1 = -\frac{x^3}{p^2}, \qquad y_1 = \frac{3x^2 + 2p^2}{2p}.$$

L'élimination de x entre ces deux équations est immédiate, on obtient :

$$x_1^2 = \frac{8}{27p}(y_1 - p)^3;$$

c'est l'équation de la développée. La courbe est symétrique par rapport à OY et présente un rebroussement au point $x_1 = 0$, $y_1 = p$.

2° Pour l'ellipse :

$$\frac{x^2}{a^2} + \frac{y^2}{b^2} = 1,$$

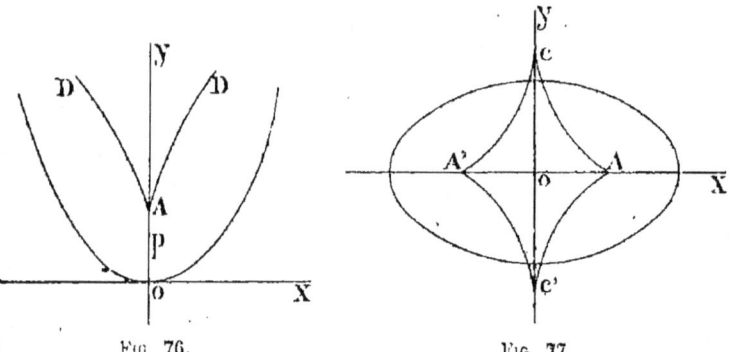

Fig. 76.   Fig. 77.

l'équation de la développée est :

$$(ax_1)^{\frac{2}{3}} + (by_1)^{\frac{2}{3}} = c^{\frac{4}{3}}.$$

La courbe est symétrique par rapport aux axes et présente deux rebroussements sur chaque axe (*fig.* 77).

Propriétés des développées. — Différentions les équations (1), elles donnent :

$$dx_1 = dx - dR \sin \alpha - R \cos \alpha \, d\alpha,$$
$$dy_1 = dy + dR \cos \alpha - R \sin \alpha \, d\alpha;$$

mais de la relation $\tang \alpha = \frac{dy}{dx}$ on conclut aisément, puisque $ds^2 = dx^2 + dy^2$ (175) :

$$\cos \alpha = \frac{dx}{ds}, \qquad \sin \alpha = \frac{dy}{ds};$$

par suite, en observant que $R = \frac{ds}{d\alpha}$:

$$dx = R \cos \alpha \, d\alpha, \qquad dy = R \sin \alpha \, d\alpha.$$

Les équations différentielles ci-dessus se simplifient donc et deviennent :

$$dx_1 = -dR \sin \alpha, \qquad dy_1 = dR \cos \alpha ;$$

on déduit, en désignant par ds_1 l'arc élémentaire de développée :

(a) $$\frac{dy_1}{dx_1} = -\frac{1}{\tang \alpha}.$$

puis :
$$ds_1^2 = dx_1^2 + dy_1^2 = dR^2,$$

ou encore :
$$ds_1 = dR.$$

Si l'on intègre cette dernière équation en appelant s_1 l'arc fini O'O", et R", R' les rayons de courbure aux points M" et M' (fig. 78), il vient :

(b) $$s_1 = R'' - R'.$$

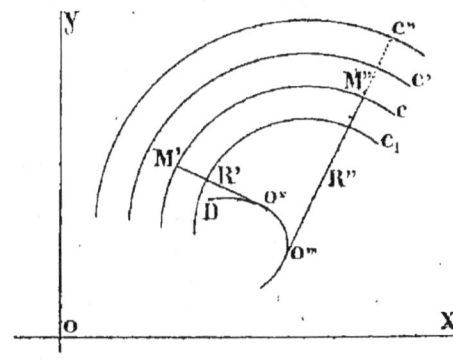

Fig. 78.

La relation (a) montre que *la tangente à la développée au point O' n'est autre chose que la normale O'M à la développante O* (fig. 75).

La relation (b) prouve que *la différence entre deux rayons de courbure R" et R' égale l'arc s_1 de développée compris entre les deux centres de courbure correspondants.*

Imaginons maintenant un fil dont une partie soit enroulée sur D, et dont l'autre partie, tendue suivant la tangente O"M', se termine en M' sur la courbe C. Il résulte des deux propriétés précédentes que, si l'on déroule ce fil en le tenant toujours tendu, son extrémité décrira la courbe C; d'où les noms de développante et de développée donnés aux courbes C et D.

On voit par là qu'une même courbe D a une infinité de développantes C, C', C", ... ; pour les décrire, il suffira d'allonger ou de diminuer le fil d'une quantité arbitraire. Toutes les développantes ont les mêmes normales, les mêmes centres de courbure, et interceptent sur leurs normales communes des longueurs constantes ; ce sont des courbes parallèles.

Remarque. — Plus généralement, on dit que deux *courbes* sont *parallèles* lorsque leurs rayons de courbure parallèles ne diffèrent que par une constante. Si l'une des courbes est caractérisée par l'équation $R = \dfrac{ds}{d\alpha} = f(\alpha)$, la seconde le sera par la relation $R' = f(\alpha) + m$, m désignant une constante.

On dit de même que deux *courbes* semblablement placées sont *semblables* lorsque leurs rayons de courbure parallèles sont proportionnels ; alors entre ces rayons on a la relation $R' = mR$.

173. Équation intrinsèque d'une courbe. — La relation $R = f(\alpha)$ qui existe entre le rayon de courbure d'une courbe et l'angle α que fait la tangente avec l'axe OX, caractérise cette courbe au point de vue de sa forme seulement, et indépendamment de sa position dans le plan ; c'est ce qu'on appelle l'équation intrinsèque de la courbe.

Pour passer de l'équation intrinsèque à l'équation cartésienne, il suffit d'observer que

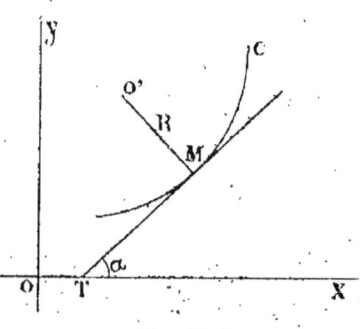

Fig. 79.

$$\frac{dx}{ds} = \cos\alpha, \qquad \frac{dy}{ds} = \sin\alpha;$$

d'où l'on déduit :
$$dx = ds \cos \alpha, \qquad dy = ds \sin \alpha,$$

c'est-à-dire, puisque $R = \dfrac{ds}{d\alpha}$:
$$dx = f(\alpha) \cos \alpha\, d\alpha, \qquad dy = f(\alpha) \sin \alpha\, d\alpha.$$

L'intégration donne, en appelant x_0, y_0 les constantes :
$$x - x_0 = \int_0^\alpha f(\alpha) \cos \alpha\, d\alpha, \qquad y - y_0 = \int_0^\alpha f(\alpha) \sin \alpha\, d\alpha.$$

Si l'on élimine α entre ces deux relations, on aura une équation unique entre les coordonnées rectangles x et y.

EXEMPLE. — *Déterminer la courbe dont le rayon de courbure est constant.* — Si l'on désigne par a la constante, les équations ci-dessus donnent :
$$x - x_0 = \int_0^\alpha a \cos \alpha\, d\alpha = a \sin \alpha,$$
$$y - y_0 = \int_0^\alpha a \sin \alpha\, d\alpha = - a \cos \alpha\,;$$

si l'on élève au carré et qu'on ajoute, on obtient l'équation du cercle :
$$(x - x_0)^2 + (y - y_0)^2 = a^2.$$

Le cercle est la seule courbe dont le rayon de courbure soit constant.

174. Contact des courbes. — Soient deux courbes qui ont un point commun M :
$$y = f(x), \qquad y' = \varphi(x)\,;$$

si a est l'abscisse du point M, on a $f(a) = \varphi(a)$. Donnons à x la valeur $a + h$ très voisine de a, l'ordonnée correspondante coupe les deux courbes en deux points N, N' dont les ordonnées sont :

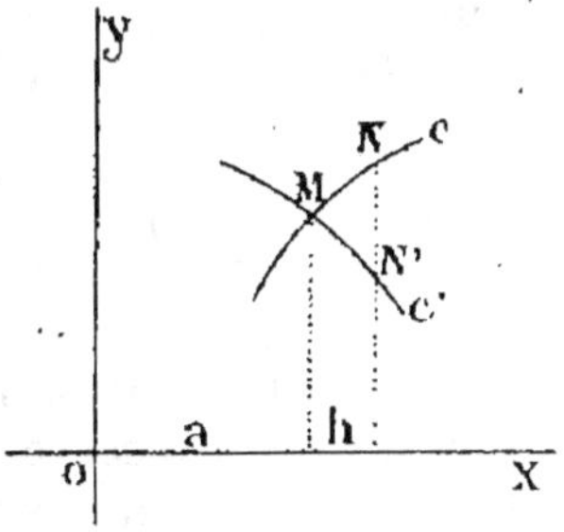

FIG. 80.

$$y = f(a + h) = f(a) + h f'(a) + \frac{h^2}{1 \cdot 2} f''(a) + \ldots,$$
$$y' = \varphi(a + h) = \varphi(a) + h \varphi'(a) + \frac{h^2}{1 \cdot 2} \varphi''(a) + \ldots$$

La différence de ces ordonnées est :

$$y - y' = h[f'(a) - \varphi'(a)] + \frac{h^2}{1 \cdot 2}[f''(a) - \varphi''(a)] + \ldots$$

Si $f'(a)$ est différent de $\varphi'(a)$, la différence $y - y'$ est infiniment petite du premier ordre par rapport à l'infiniment petit principal h, et les deux courbes se coupent en M sous un certain angle.

Lorsque $f'(a) = \varphi'(a)$, la différence $y - y'$ est infiniment petite du second ordre, et les deux courbes ont en M la même tangente, car les coefficients angulaires de ces tangentes sont respectivement $f'(a)$ et $\varphi'(a)$. Dans ce cas, on dit que les deux courbes sont tangentes en M et ont en ce point un *contact du premier ordre*.

Si, en outre, on a $f''(a) = \varphi''(a)$, la différence $y - y'$ devient infiniment petite du troisième ordre, et les deux courbes ont en M la même tangente et le même rayon de courbure, car la formule du rayon de courbure ne dépend que des dérivées première et seconde. Dans ce cas, on dit que les deux courbes ont au point M un *contact du second ordre*.

Plus généralement, si en M les ordonnées des deux courbes et leurs n premières dérivées sont égales deux à deux, les deux courbes ont en M un *contact d'ordre n*.

Quand deux courbes C et C' ont entre elles un contact d'ordre impair, l'une des deux courbes embrasse l'autre. En effet, si n est l'ordre du contact, on a :

$$NN' = y - y' = \frac{h^{n+1}}{1 \cdot 2 \ldots (n+1)}[f^{n+1}(a) - \varphi^{n+1}(a)] ;$$

puisque n est impair par hypothèse, $n + 1$ est pair, c'est-à-dire que NN' conserve son signe, que h soit positif ou négatif. Autrement dit, au voisinage du point M la courbe C' est tout entière au-dessous ou au-dessus de la courbe C (*fig.* 81).

On verrait de même que deux courbes qui ont un contact d'ordre pair se traversent mutuellement au point de contact (*fig.* 82).

Lorsque l'équation d'une courbe $y = \varphi(x)$ renferme $n + 1$

GÉOMÉTRIE A DEUX DIMENSIONS

constantes arbitraires $a, b, c, \ldots$, si l'on détermine ces constantes de manière à obtenir un contact du n^{me} ordre avec une courbe donnée $y = f(x)$, parmi toutes les courbes de même espèce représentées par l'équation proposée, celle qui répond à ces valeurs des constantes est dite *osculatrice* à la courbe $y = f(x)$.

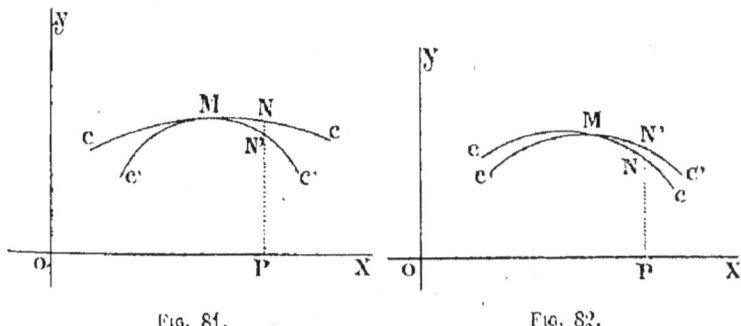

Fig. 81.   Fig. 82.

En particulier, un cercle dont l'équation

(1) $$(x - a)^2 + (y - b)^2 = c^2$$

renferme trois constantes arbitraires, est osculateur à la courbe $y = f(x)$ si l'on détermine les constantes par la condition que le cercle ait avec la courbe un contact du second ordre.

Pour calculer le rayon c du cercle osculateur, il suffit de différentier deux fois l'équation (1) en observant que $\dfrac{dy}{dx}, \dfrac{d^2y}{dx^2}$ ont respectivement la même valeur pour le cercle et pour la courbe; on obtient :

(2) $$(x - a) + (y - b)\frac{dy}{dx} = 0,$$

(3) $$1 + \frac{dy^2}{dx^2} + (y - b)\frac{d^2y}{dx^2} = 0.$$

L'élimination des constantes a et b entre les trois équations conduit à la valeur de c :

$$c = \pm \frac{\left(1 + \frac{dy^2}{dx^2}\right)^{\frac{3}{2}}}{\frac{d^2y}{dx^2}};$$

il faut prendre le signe $+$ ou le signe $-$ suivant que $\frac{d^2y}{dx^2}$ est positive ou négative, ce qui démontre que le centre du cercle osculateur est toujours dans la concavité de la courbe (165).

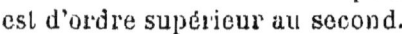

L'équation (2) fait voir que la droite qui unit le point de contact au centre du cercle osculateur est perpendiculaire à la tangente commune.

Le cercle osculateur ayant un contact d'ordre pair traverse la courbe, excepté en certains points particuliers où le contact est d'ordre supérieur au second.

Fig. 83.

Enfin on voit que le cercle osculateur ne diffère pas du cercle de courbure étudié au numéro 171.

175. Rectification des courbes. — On définit la longueur d'un arc de courbe quelconque par la limite vers laquelle tend la longueur de la ligne polygonale inscrite lorsque le nombre des côtés de cette ligne augmente indéfiniment. *Rectifier* un arc de courbe M_0M_1, c'est calculer sa longueur s.

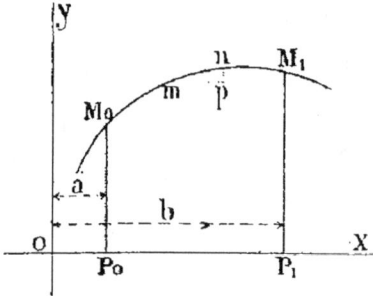

Fig. 84.

Coordonnées rectangulaires. — Soient x et y les coordonnées d'un point quelconque m de la courbe, $x + \Delta x$, $y + \Delta y$ les coordonnées du point voisin n; menons mp parallèle à OX et np perpendiculaire au même axe ; le triangle rectangle mnp donne, en observant que $mp = \Delta x$, $np = \Delta y$:

$$\overline{mn}^2 = \Delta x^2 + \Delta y^2,$$

d'où l'on tire :

$$mn = \sqrt{\Delta x^2 + \Delta y^2},$$

ce que l'on peut écrire :

$$mn = \sqrt{1 + \frac{\Delta y^2}{\Delta x^2}} \, \Delta x \, ;$$

par suite :

$$s = \lim \Sigma mn = \lim \Sigma \sqrt{1 + \frac{\Delta y^2}{\Delta x^2}} \, \Delta x.$$

Si le point n se rapproche indéfiniment du point m, la corde mn tend vers l'élément d'arc ds, Δy et Δx tendent vers dy et dx ; par suite :

$$ds = \lim \sqrt{1 + \frac{\Delta y^2}{\Delta x^2}} \, \Delta x = \sqrt{1 + \frac{dy^2}{dx^2}} \, dx.$$

On a enfin en intégrant :

$$s = \int_a^b \sqrt{1 + \frac{dy^2}{dx^2}} \, dx.$$

EXEMPLE I. — La *chaînette* est la courbe qu'affecterait une chaîne infiniment mince, pesante, parfaitement flexible, et librement suspendue par ses extrémités. L'équation de cette courbe s'écrit, en posant $OA = a$,

$$y = \frac{a}{2} \left(e^{\frac{x}{a}} + e^{-\frac{x}{a}} \right);$$

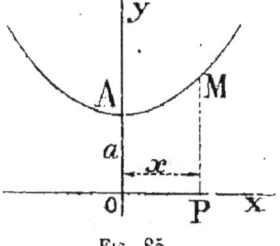

Fig. 85.

on en déduit :

$$\frac{dy}{dx} = \frac{1}{2} \left(e^{\frac{x}{a}} - e^{-\frac{x}{a}} \right)$$

par conséquent :

$$1 + \frac{dy^2}{dx^2} = 1 + \frac{1}{4}\left(e^{\frac{2x}{a}} - 2 + e^{-\frac{2x}{a}}\right) = \frac{\left(e^{\frac{x}{a}} + e^{-\frac{x}{a}}\right)^2}{4}.$$

La longueur de l'arc AM $= s$ est donc :

$$s = \int_0^x \left(\frac{e^{\frac{x}{a}} + e^{-\frac{x}{a}}}{2}\right) dx = \frac{a}{2}\left(e^{\frac{x}{a}} - e^{-\frac{x}{a}}\right).$$

EXEMPLE II. — La longueur d'un arc OM de parabole s'exprime en fonction de l'ordonnée MP $= y$ par la formule :

$$s = \frac{y\sqrt{y^2 + p^2}}{2p} + \frac{p}{2} L\left(\frac{y + \sqrt{y^2 + p^2}}{p}\right).$$

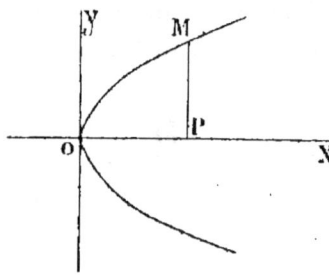

Fig. 86.

En effet, rapportant la courbe à son axe et à la tangente au sommet, on a :

$$y^2 = 2px,$$

d'où l'on déduit par différentiation :

$$y\,dy = p\,dx.$$

Si l'on prend y pour variable indépendante, il vient :

$$ds = \sqrt{\frac{y^2 dy^2}{p^2} + dy^2} = \frac{dy}{p}\sqrt{y^2 + p^2},$$

c'est-à-dire, en intégrant de 0 à y,

$$s = \frac{1}{p} \int_0^y \sqrt{y^2 + p^2}\,dy.$$

L'intégration (89) conduit à la formule écrite plus haut.

EXEMPLE III. — Si l'on exprime les coordonnées x et y d'un point m de l'ellipse en fonction des demi-axes a et b et de l'angle φ, on a (190) :

$$x = a \sin \varphi, \qquad y = b \cos \varphi,$$

d'où :

$$dx = a \cos \varphi\, d\varphi, \qquad dy = -b \sin \varphi\, d\varphi;$$

GÉOMÉTRIE A DEUX DIMENSIONS

par suite :
$$ds = \sqrt{a^2 \cos^2\varphi + b^2 \sin^2\varphi}\, d\varphi\,;$$

mais, d'autre part :
$$ae = \sqrt{a^2 - b^2},$$

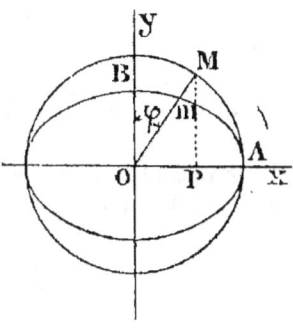

e désignant l'excentricité de l'ellipse ; par conséquent :
$$ds = a\sqrt{1 - e^2 \sin^2\varphi}\, d\varphi.$$

On a donc pour l'arc $Bm = s$:
$$s = \int_0^\varphi \sqrt{1 - e^2 \sin^2\varphi}\, d\varphi.$$

Fig. 87.

Cette intégrale se ramène à des transcendantes elliptiques de première et de seconde espèces (94) ; on a, en effet, en multipliant par $\sqrt{1 - e^2 \sin^2\varphi}$:

$$s = \int_0^\varphi \frac{d\varphi}{\sqrt{1 - e^2 \sin^2\varphi}} - e^2 \int_0^\varphi \frac{\sin^2\varphi\, d\varphi}{\sqrt{1 - e^2 \sin^2\varphi}}.$$

Le développement en série de chaque intégrale donne :

$$s = a\left[\varphi - \frac{1}{2}e^2 \int_0^\varphi \sin^2\varphi\, d\varphi - \frac{1}{2}\cdot\frac{1}{4} e^4 \int_0^\varphi \sin^4\varphi\, d\varphi - \ldots \right.$$
$$\left. \frac{1}{2}\cdot\frac{1}{4}\cdot\frac{3}{6} e^6 \int_0^\varphi \sin^6\varphi\, d\varphi - \ldots \right].$$

Pour obtenir le quart du périmètre de l'ellipse, il faut intégrer de 0 à $\frac{\pi}{2}$; il vient :

$$s = \frac{\pi a}{2}\left[1 - \left(\frac{1}{2}e\right)^2 - \frac{1}{3}\left(\frac{1}{2}\cdot\frac{3}{4}e^2\right)^2 - \frac{1}{5}\left(\frac{1}{2}\cdot\frac{3}{4}\cdot\frac{5}{6}e^3\right)^2\right.$$
$$\left. - \frac{1}{7}\left(\frac{1}{2}\cdot\frac{3}{4}\cdot\frac{5}{6}\cdot\frac{7}{8}e^4\right)^2 - \ldots\right].$$

Cette série est d'autant plus convergente que l'excentricité e est plus petite. Pour $e = 0$, s se réduit à $\frac{\pi a}{2}$, longueur du quart de la circonférence de rayon a, comme cela doit être.

EXEMPLE IV. — Pour la cycloïde on trouve en différentiant :

$$dx = a(1 - \cos \alpha) d\alpha,$$
$$dy = a \sin \alpha\, d\alpha;$$

par suite :

$$ds = a\sqrt{(1-\cos\alpha)^2 + \sin^2\alpha}\, d\alpha = a\sqrt{2(1-\cos\alpha)}\, d\alpha = 2a \sin\frac{\alpha}{2} d\alpha;$$

en comptant les arcs à partir de l'origine O ($\alpha = 0$) jusqu'à un point quelconque M, l'intégration donne :

$$s = 2a \int_0^\alpha \sin\frac{\alpha}{2} d\alpha = 4a\left(1 - \cos\frac{\alpha}{2}\right).$$

Pour obtenir la longueur OMQ d'une arcade de cycloïde, il faut intégrer jusqu'à $\alpha = 2\pi$, car au point Q l'angle α est égal à 360°. On obtient :

$$s = 8a;$$

ainsi, la longueur de l'arcade égale huit fois le rayon du cercle générateur.

Coordonnées polaires. — Lorsque l'équation de la courbe est donnée en coordonnées polaires, on a, en abaissant mp perpendiculaire sur on :

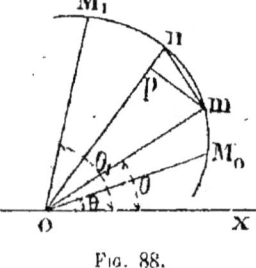

Fig. 88.

$$\overline{mn}^2 = \overline{mp}^2 + \overline{np}^2;$$

mais, le point n se rapprochant indéfiniment du point m, la corde mn devient l'élément d'arc ds, et mp et np tendent respectivement vers les limites (161) :

$$\lim mp = r d\theta, \qquad \lim np = dr;$$

de sorte que :

$$ds^2 = r^2 d\theta^2 + dr^2;$$

ce que l'on peut écrire, en divisant par $d\theta$ et extrayant la ra-

cine carrée :
$$ds = \sqrt{r^2 + \frac{dr^2}{d\theta^2}}\, d\theta\,;$$
enfin :
$$s = \int_{\theta_0}^{\theta_1} \sqrt{r^2 + \frac{dr^2}{d\theta^2}}\, d\theta.$$

EXEMPLE. — Pour la spirale d'Archimède, on a :
$$r = a\theta \quad \text{et} \quad \frac{dr}{d\theta} = a\,;$$
par suite :
$$ds = a\sqrt{\theta^2 + 1}\, d\theta\,;$$
si l'on compte les arcs à partir du pôle ($\theta_0 = 0$), on a pour l'arc OAM :
$$s = a \int_0^\theta \sqrt{\theta^2 + 1}\, d\theta,$$
c'est-à-dire, en intégrant (89) :
$$s = \frac{a}{2}\left[L\left(\theta + \sqrt{\theta^2 + 1}\right) + \theta\sqrt{\theta^2 + 1}\right].$$

176. Quadrature des aires planes. — 1° Soit une courbe quelconque dont l'équation est $y = f(x)$; le problème des quadratures a pour objet de déterminer l'aire comprise entre un arc $M_0 M_1$ de cette courbe, l'axe OX et deux ordonnées déterminées $M_0 P_0$ et $M_1 P_1$.

On a vu, au numéro 77, que l'aire dont il s'agit était représentée par l'intégrale définie :

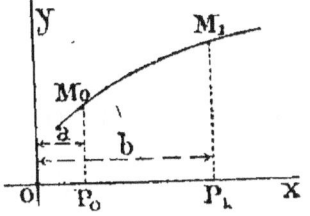

Fig. 89.

$$z = \int_a^b y\, dx = \int_a^b f(x)\, dx.$$

Nous allons appliquer cette formule à quelques courbes particulières.

EXEMPLE I. — Soit d'abord la parabole dont l'équation est :

(1) $$y^2 = 2px, \quad \text{ou} \quad y = \sqrt{2p}\, x^{\frac{1}{2}}.$$

On a :
$$\text{aire OMP} = z = \sqrt{2p} \int_0^x x^{\frac{1}{2}}\, dx\,;$$

par suite :
$$z = \sqrt{2p}\, \frac{2}{3}\, x^{\frac{3}{2}},$$

ou encore, d'après (1),
$$z = \frac{2}{3}\, xy.$$

Ainsi, l'aire parabolique OMP vaut les deux tiers de l'aire rectangulaire OPMQ ; ou encore, l'aire OMM' vaut les deux tiers du rectangle MQQ'M'.

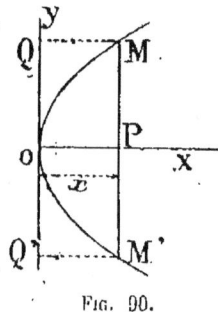
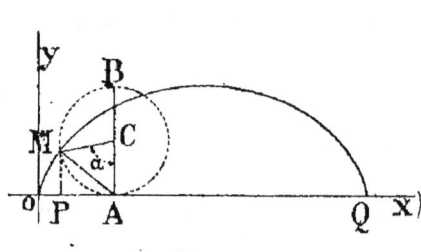

Fig. 90.   Fig. 91.

EXEMPLE II. — Soit la cycloïde définie par les équations :

$$x = a(\alpha - \sin \alpha),$$
$$y = a(1 - \cos \alpha).$$

On a :
$$dx = a(1 - \cos \alpha)\, d\alpha,$$

par suite :
$$y\,dx = a^2(1 - \cos \alpha)^2\, d\alpha.$$

On trouve immédiatement :
$$\int (1 - \cos \alpha)^2\, d\alpha = \frac{3}{2}\alpha - 2\sin \alpha + \frac{1}{2}\sin \alpha \cos \alpha + C\,;$$

si on compte l'aire z depuis l'origine O ($\alpha = 0$) jusqu'à une ordonnée quelconque MP, on a :

$$z = a^2 \left(\frac{3}{2} \alpha - 2 \sin \alpha + \frac{1}{2} \sin \alpha \cos \alpha\right).$$

Pour obtenir l'aire comprise entre une arcade de cycloïde et sa base, il suffit de faire $\alpha = 2\pi$ dans la formule précédente ; on obtient :

$$z = 3\pi a^2 ;$$

ainsi, l'aire OMQ est égale à trois fois l'aire du cercle générateur.

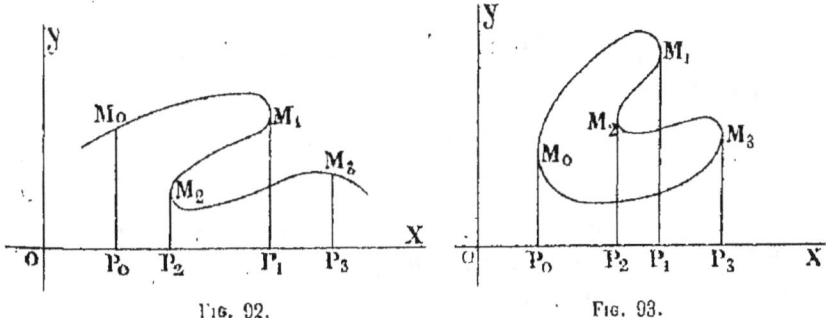

Fig. 92.   Fig. 93.

2° Si la courbe proposée $y = f(x)$ présentait la forme de la figure 92, on mènerait les ordonnées des points extrêmes tels que M_1 et M_2, puis on évaluerait séparément les aires $M_0P_0M_1P_1$, $M_1P_1M_2P_2$, $M_2P_2M_3P_3$, etc. On aurait alors pour l'aire comprise entre les ordonnées M_0P_0 et M_3P_3 :

$$z = M_0P_0M_1P_1 - M_1P_1M_2P_2 + M_2P_2M_3P_3.$$

On obtiendrait également pour l'aire limitée par le contour fermé (*fig.* 93) :

$$z = M_0P_0M_1P_1 - M_1P_1M_2P_2 + M_2P_2M_3P_3 - M_3P_3M_0P_0.$$

3° On a quelquefois besoin de mesurer l'aire d'un secteur M_1OM_0 compris entre un arc de courbe et deux rayons OM_0

et OM_1 issus de l'origine. Pour cela, on évalue d'abord l'aire d'un secteur élémentaire MOM_0, le point M étant très voisin du point M_0, puis on effectue l'intégration.

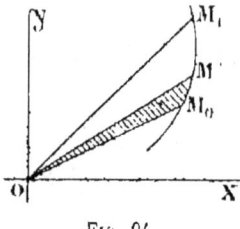

Fig. 94.

Soient x, y les coordonnées de M_0, $x + dx$, $y + dy$ celles de M; le secteur infiniment petit MOM_0 peut être assimilé à un triangle, et l'on a pour sa surface dz (155):

$$dz = \frac{1}{2}[(y + dy)x - (x + dx)y],$$

c'est-à-dire :

$$dz = \frac{1}{2}(xdy - ydx).$$

Enfin :

$$z = \frac{1}{2}\int(xdy - ydx).$$

Coordonnées polaires. — Proposons-nous encore d'évaluer l'aire z du secteur M_0OM_1 compris entre une courbe dont l'équation polaire est :

$$r = f(\theta),$$

et deux rayons vecteurs :

OM_0 ($\theta = \theta_0$), OM_1 ($\theta = \theta_1$).

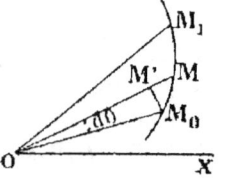

Fig. 95.

Pour cela, considérons le secteur élémentaire M_0OM pour lequel l'angle $M_0OM = d\theta$; en négligeant des infiniment petits du second ordre, on peut substituer à l'aire dz de ce secteur celle du secteur circulaire M_0OM', de sorte que $OM' = OM_0$, et (171):

$$\text{arc } M_0M' = rd\theta ;$$

on a donc :

$$dz = \text{arc } M_0M' \times \frac{OM_0}{2},$$

GÉOMÉTRIE A DEUX DIMENSIONS 283

ou encore :
$$dz = \frac{1}{2} r^2 d\theta,$$

par suite :
$$z = \frac{1}{2}\int_{\theta_0}^{\theta_1} r^2 d\theta = \frac{1}{2}\int_{\theta_0}^{\theta_1} f^2(\theta)\, d\theta.$$

EXEMPLE III. — Soit la spirale d'Archimède dont l'équation est :
$$r = a\theta,$$

a désignant une constante.

Si l'on compte les arcs à partir de l'origine O, on a $\theta_0 = 0$, et :
$$z = \frac{1}{2}\int_0^\theta a^2\theta^2 d\theta$$

ou :
$$\text{aire OMM}_1 = \frac{a^2\theta^3}{6}.$$

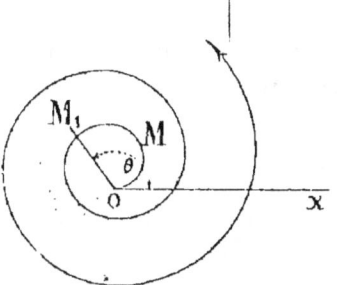

Fig. 96.

EXEMPLE IV. — Pour la lemniscate, dont l'équation est (135) :
$$r^2 = 2a^2 \cos 2\theta,$$

on a :
$$z = a^2 \int_{\theta_0}^\theta \cos 2\theta\, d\theta = \frac{a^2}{2}(\sin 2\theta - \sin 2\theta_0).$$

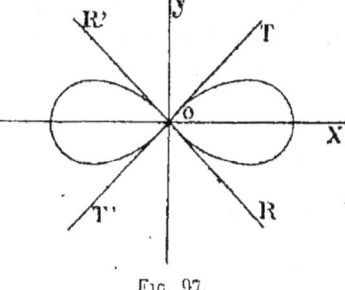

Fig. 97.

La courbe est symétrique par rapport à l'axe polaire OX et à la perpendiculaire OY à cet axe ; elle est composée de deux branches fermées, et les deux tangentes TT', RR' menées par le centre O sont inclinées à 45° sur l'axe. Si l'on veut l'aire limitée par l'une des branches, il faut faire $\theta_0 = -\frac{\pi}{4}$, $\theta = \frac{\pi}{4}$ dans la formule précédente, qui donne alors :
$$z = a^2,$$

177. Courbes enveloppes. — L'équation :

$$(1) \qquad f(x, y, a) = 0,$$

dont le premier membre contient une quantité arbitraire a, représente, pour chaque valeur attribuée à cette quantité, une certaine courbe C.

Par exemple, l'équation

$$(\alpha) \qquad y^2 + (x - a)^2 - 1 = 0$$

représente dans le plan un cercle de rayon 1 dont le centre est sur l'axe des x, à une distance de l'origine égale à a.

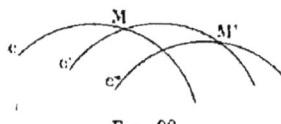

Fig. 98.

En faisant varier a, on obtient une *famille* de cercles ayant leurs centres sur OX et pour équation la relation (α).

Considérons les deux courbes C et C' qui répondent aux deux valeurs voisines a et $a + \Delta a$ du paramètre a ; les équations de ces courbes sont :

$$f(x, y, a) = 0,$$
$$f(x, y, a + \Delta a) = 0,$$

et, comme elles ont en général plusieurs points communs M, M', ..., les coordonnées x, y de ces points sont les racines des deux équations précédentes considérées comme simultanées.

Cela posé, *l'enveloppe* d'une famille de courbes (1) est par définition le lieu des points d'intersection M de deux courbes infiniment voisines de cette famille. Si l'une des courbes a pour équation :

$$(1) \qquad f(x, y, a) = 0,$$

celle de la seconde est par conséquent :

$$f(x, y, a + da) = 0 ;$$

et, pour obtenir le lieu du point M, c'est-à-dire l'équation de l'enveloppe, il suffit d'éliminer a entre ces deux équations.

GÉOMÉTRIE A DEUX DIMENSIONS

Pour substituer à la différentielle da une quantité finie, on observe que la seconde équation peut être remplacée par la suivante, qui est une combinaison des deux premières :

$$(2) \qquad \frac{f(x, y, a + da) - f(x, y, a)}{da} = \frac{\partial f}{\partial a} = 0.$$

On voit alors que *l'équation de l'enveloppe de la famille de courbes (1) s'obtient en éliminant le paramètre a entre cette équation et sa dérivée prise par rapport à a.*

EXEMPLE. — *Une droite mobile AB coupe les axes de coordonnées à des distances a et b de l'origine, dont la somme demeure constante. Déterminer l'enveloppe des positions successives de cette droite.*

On a : $OA = a$, $OB = b$; posons $a + b = h$.
La famille de droites AB a pour équation (143) :

$$\frac{x}{a} + \frac{y}{b} - 1 = 0 ;$$

cette dernière peut s'écrire :

$$(1) \qquad \frac{x}{a} + \frac{y}{h - a} - 1 = 0 ;$$

dérivant par rapport à a, on obtient :

$$(2) \qquad -\frac{x}{a^2} + \frac{y}{(h - a)^2} = 0.$$

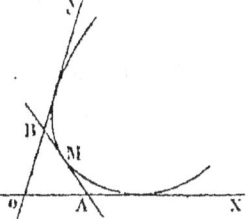

Fig. 99.

L'élimination de (a) ne présente aucune difficulté ; on tire d'abord de (2) :

$$a = \frac{h\sqrt{x}}{\sqrt{x} + \sqrt{y}}, \qquad h - a = \frac{h\sqrt{y}}{\sqrt{x} + \sqrt{y}} ;$$

substituant dans (1), il vient :

$$\sqrt{x} + \sqrt{y} = h^2.$$

Cette équation représente une parabole tangente aux axes OX et OY aux points $x = h, y = 0$ et $x = 0, y = h$, et qui est également tangente à la droite AB dans toutes ses positions, comme on pourrait le vérifier par le calcul de $\frac{dy}{dx}$.

178. Remarque. — Plus généralement, on peut démontrer que *l'enveloppe d'une famille de courbes est tangente à toutes ses enveloppées.*

En effet, soit M un point commun à la courbe (1) et à son enveloppe. Le coefficient angulaire de la tangente en M à la courbe (1) est $\frac{dy}{dx}$ défini par la relation :

$$\frac{\partial f}{\partial x} + \frac{\partial f}{\partial y}\frac{dy}{dx} = 0.$$

Le coefficient angulaire de la tangente en M à l'enveloppe est la dérivée de y par rapport à x donnée par (1), où l'on considère a comme une fonction de x et y définie par (2).

On a alors, en dérivant (1) par rapport à x :

$$\frac{\partial f}{\partial x} + \frac{\partial f}{\partial y}\frac{dy}{dx} + \frac{\partial f}{\partial a}\left(\frac{\partial a}{\partial x} + \frac{\partial a}{\partial y}\frac{dy}{dx}\right) = 0;$$

mais, en tous les points de l'enveloppe, $\frac{\partial f}{\partial a} = 0$, par suite l'équation se réduit à :

$$\frac{\partial f}{\partial x} + \frac{\partial f}{\partial y}\frac{dy}{dx} = 0.$$

On voit donc que la tangente en M à la courbe (1) a même coefficient angulaire que la tangente en M à l'enveloppe ; les deux courbes sont donc tangentes en M.

Comme second exemple, cherchons l'enveloppe de la famille de droites :

$$x + ay + a^2 = 0.$$

La dérivée par rapport à a donne :

$$y + 2a = 0.$$

L'élimination de a entre les deux équations conduit à la relation :

$$y^2 - 4x = 0.$$

L'enveloppe est une parabole du second degré.

GÉOMÉTRIE A DEUX DIMENSIONS

179. Courbes orthogonales. — On dit que deux courbes C et C′ se coupent orthogonalement au point M, lorsque les tangentes en ce point sont rectangulaires.

Dans le cas de deux cercles dont les centres sont O et O′, on voit immédiatement que la condition nécessaire et suffisante pour qu'ils soient orthogonaux au point M est que le triangle OMO′ soit rectangle.

Prenons des axes rectangulaires et soient (157) :

(1) $$\begin{aligned} x^2 + y^2 + mx + ny + p &= 0, \\ x^2 + y^2 + m'x + n'y + p' &= 0, \end{aligned}$$

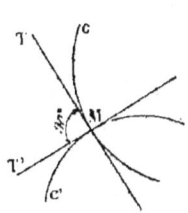

Fig. 100.

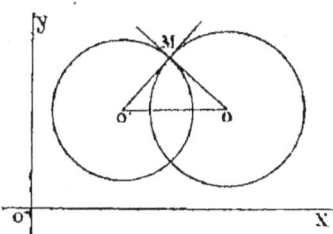

Fig. 101.

les équations des deux cercles proposés. Soient aussi a, b ; a', b', les coordonnées des centres O et O′ ; R et R′, les rayons.

Les équations de ces cercles peuvent s'écrire :

(2) $$\begin{aligned} (x-a)^2 + (y-b)^2 &= R^2, \\ (x-a')^2 + (y-b')^2 &= R'^2. \end{aligned}$$

En comparant respectivement les relations (1) et (2), on obtient :

et (3) $$-a = \frac{m}{2}, \quad -b = \frac{n}{2}, \quad R^2 = \frac{m^2 + n^2}{4} - p,$$
$$-a' = \frac{m'}{2}, \quad -b' = \frac{n'}{2}, \quad R'^2 = \frac{m'^2 + n'^2}{4} - p'.$$

Mais le triangle O′MO étant rectangle en M, on a :

$$\overline{OO'}^2 = \overline{OM}^2 + \overline{O'M}^2,$$

288 GÉOMÉTRIE

c'est-à-dire :

(4) $$(a - a')^2 + (b - b')^2 = R^2 + R'^2.$$

Les relations (3) et (4) donnent pour la condition d'orthogonalité :
$$mm' + nn' = 2(p + p').$$

On nomme *cercle orthotomique* celui qui coupe orthogonalement trois cercles donnés.

Plus généralement, étant donnée une famille de courbes :

(m) $$f(x, y, a) = 0,$$

proposons-nous de trouver les lignes qui coupent orthogonalement les courbes de cette famille ; c'est le problème des *trajectoires orthogonales*.

Soit M un point d'intersection de l'une des courbes proposées avec l'une des trajectoires demandées ; désignons par c et c' les coefficients d'inclinaison des tangentes en M aux deux courbes. Le coefficient c est la valeur de $\dfrac{dy}{dx}$ tirée de l'équation (m) ; par conséquent on a :

$$c = -\frac{\dfrac{\partial f}{\partial x}}{\dfrac{\partial f}{\partial y}}.$$

D'autre part, on a la relation d'orthogonalité $1 + cc' = 0$ (145), d'où l'on déduit pour c', c'est-à-dire pour la valeur de $\dfrac{dy}{dx}$ relative à la courbe demandée :

(n) $$c' = \frac{dy}{dx} = \frac{\dfrac{\partial f}{\partial y}}{\dfrac{\partial f}{\partial x}}.$$

Si l'on élimine le paramètre variable a entre (m) et (n), on obtiendra une équation résultante :

$$\varphi\left(x, y, \frac{dy}{dx}\right) = 0,$$

qui sera l'équation différentielle des trajectoires orthogonales.

EXEMPLE I. — Soit l'équation $y^2 - 2ax = 0$, qui représente, lorsque a varie, une famille de paraboles d'axe OX et tangentes à OY en O. On a $\frac{\partial f}{\partial y} = 2y$, $\frac{\partial f}{\partial x} = -2a$, et l'équation différentielle des trajectoires orthogonales est :

$$1 + \frac{dy}{dx}\frac{a}{y} = 1 + \frac{dy}{dx}\frac{y}{2x} = 0,$$

c'est-à-dire

$$y\,dy = -2x\,dx.$$

L'intégration donne

$$y^2 = -2x^2 + c,$$

ce que l'on peut écrire :

$$\frac{x^2}{\frac{c}{2}} + \frac{y^2}{c} = 1,$$

équation d'une ellipse ayant pour axes OX et OY. On voit que les trajectoires orthogonales des paraboles proposées sont des ellipses d'axes OX et OY.

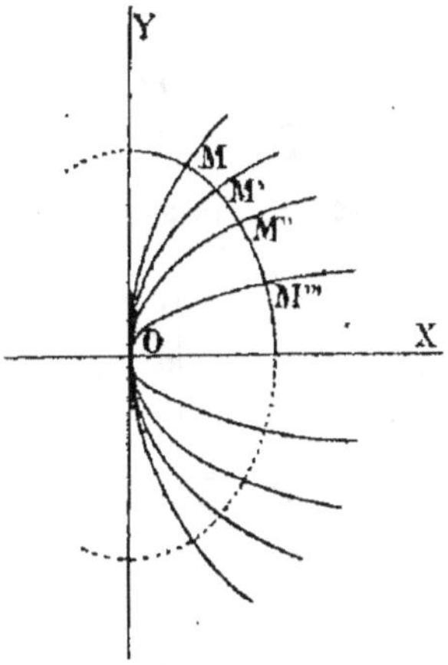

Fig. 103.

EXEMPLE II. — Proposons-nous encore de déterminer les trajectoires orthogonales des hyperboles équilatères dont le centre est en un point donné O et qui passent par un second point donné F.

Dans ce cas, il est plus avantageux d'utiliser les coordonnées polaires. Les hyperboles données ont pour équation (207) :

$$r^2 = \frac{\alpha^2 \cos 2a}{\cos 2(\theta - a)},$$

ou bien

$$\cotg 2(\theta - a) = \frac{\alpha^2 \sin 2\theta}{r^2 - \alpha^2 \cos 2\theta};$$

a est le paramètre variable, ou l'angle que fait le rayon OF avec l'axe polaire; α désigne la distance du point donné au centre commun. Si $a = 0$, la droite OF est l'axe polaire (*fig.* 104).

La différentiation logarithmique donne:

$$\frac{dr}{rd\theta} = \tang 2(\theta - a), \quad \text{ou} \quad \frac{dr}{rd\theta} = \frac{r^2 - \alpha^2 \cos 2\theta}{\alpha^2 \sin 2\theta}.$$

Or $\frac{dr}{rd\theta}$ est la tangente de l'angle formé par la normale à la courbe avec le rayon vecteur (161); on obtiendra donc l'équation différentielle des courbes cherchées en prenant pour $\frac{dr}{rd\theta}$ l'inverse changé de signe de la précédente expression; on a ainsi:

$$\frac{dr}{rd\theta} = \frac{\alpha^2 \sin 2\theta}{\alpha^2 \cos 2\theta - r^2},$$

ou

$$\frac{d(\alpha^2 \cos 2\theta)}{dr} = -\frac{2}{r}(\alpha^2 \cos 2\theta) + 2r.$$

Cette équation est linéaire (108) quand on prend pour variables $\alpha^2 \cos 2\theta$ et r; en désignant par $a^4 - b^4$ la constante arbitraire, on trouve l'intégrale

$$\alpha^2 \cos 2\theta = \frac{1}{2r^2}[r^4 + a^4 - b^4],$$

ou

$$r^4 - 2\alpha^2 r^2 \cos 2\theta + a^4 = b^4.$$

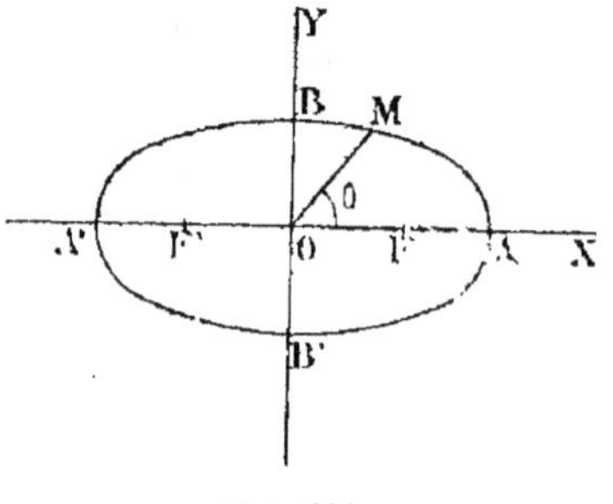

Cette équation, dans laquelle b est le paramètre variable, représente un système d'*ovales de Cassini* ayant les mêmes foyers; 2α est la distance des deux foyers et b^2 le produit constant des distances d'un point de la courbe à ces foyers. La lemniscate est un cas particulier de l'ovale.

Fig. 104.

§ 3. — Courbes du second degré

180. Classification des courbes du second degré. — L'équation du second degré à deux variables

(1) $Ay^2 + Bxy + Cx^2 + Dy + Ex + F = 0$

peut représenter trois genres de courbes : des courbes limitées, ou *ellipses*, des courbes à quatre branches infinies ou *hyperboles*, des courbes à deux branches infinies ou *paraboles*. L'étude de l'équation met en évidence ces divers genres de courbes ; on peut l'écrire :

$$Ay^2 + (Bx + D)y + Cx^2 + Ex + F = 0;$$

sa résolution par rapport à y donne :

$$y = -\frac{Bx + D}{2A} \pm \frac{1}{2A}\sqrt{(Bx + D)^2 - 4A(Cx^2 + Ex + F)};$$

ou encore :

$$y = ax + b \pm z,$$

en posant, pour abréger,

$$a = -\frac{B}{2A}, \qquad b = -\frac{D}{2A},$$

$$z = \frac{1}{2A}\sqrt{(Bx+D)^2 - 4A(Cx^2+Ex+F)} = \frac{1}{2A}\sqrt{(B^2-4AC)x^2 + 2px + q},$$

$$p = BD - 2AE, \qquad q = D^2 - 4AF.$$

La présence du double signe devant la quantité z montre que la droite

$$y = ax + b$$

est un diamètre de la courbe (1), car elle partage en deux parties égales les cordes parallèles à OY. On voit, en effet, que, pour toute valeur de x, la position du point correspondant de la courbe s'obtient en portant, à partir de cette droite, de part et d'autre, sur l'ordonnée, une longueur égale à z. Tout revient donc à étudier la fonction z, c'est-à-dire le trinôme :

$$(B^2 - 4AC)x^2 + 2px + q,$$

qui doit être positif pour que y soit réel.

Trois cas généraux sont à distinguer.

181. Genre ellipse: $B^2 - 4AC < 0$. — 1° Si les deux racines x' et x'' de l'équation

(2) $\qquad (B^2 - 4AC) x^2 + 2px + q = 0$

sont réelles et inégales, le trinôme peut s'écrire :

$$(B^2 - 4AC)(x - x')(x - x'') ; \qquad x' < x''$$

ce trinôme est positif et, par conséquent, z réel pour toutes les valeurs de x comprises entre x' et x''; le trinôme est négatif et, par suite, z imaginaire pour toute valeur de x inférieure à x' et supérieure à x''.

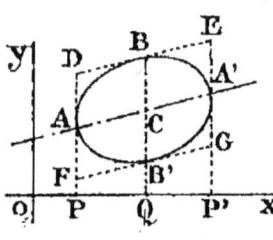

Fig. 105.

Traçons les deux parallèles AP et $A'P'$ à l'axe des Y, qui ont pour abscisses x' et x''; la courbe est tout entière comprise entre ces parallèles, puisque, en dehors d'elles, l'ordonnée devient imaginaire, ce qui ne donne aucun point du lieu.

Cherchons pour quelle valeur de x l'ordonnée au diamètre z est maximum, en égalant à 0 la dérivée de la fonction placée sous le radical ; on obtient :

$$(B^2 - 4AC)(x - x'' + x - x') = 0,$$

d'où :

$$2x = x' + x'' \qquad \text{et} \qquad x = \frac{x' + x''}{2} ;$$

la valeur correspondante de z est :

$$\frac{(x'' - x')\sqrt{-(B^2 - 4AC)}}{4A}.$$

Sur l'ordonnée élevée au milieu de PP', prenons :

(α) $\qquad CB = CB' = \dfrac{(x'' - x')\sqrt{-(B^2 - 4AC)}}{4A}$;

B et B' sont deux points de la courbe, le premier est un

maximum et le second un minimum; si par ces points on mène des parallèles au diamètre, la courbe est située dans le parallélogramme DEFG; elle coupe le diamètre aux points A et A', puisque pour $x = x'$ et $x = x''$ l'ordonnée z est nulle.

La courbe a l'aspect de la figure 105; on lui donne le nom d'*ellipse*.

EXEMPLE. — Soit l'équation:

$$4y^2 - 4xy + 2x^2 - 2x - 8y + 9 = 0;$$

on vérifie d'abord que:

$$B^2 - 4AC = 16 - 32 = -16 < 0;$$

on déduit ensuite de l'équation proposée:

$$y = \frac{x}{2} + 1 \pm \frac{1}{2}\sqrt{-(x-1)(x-5)}.$$

La courbe a pour diamètre des cordes parallèles à OY la droite (*fig.* 106):

$$y = \frac{x}{2} + 1;$$

elle est comprise entre les ordonnées:

$$OP = x' = 1, \qquad OP' = x'' = 5.$$

On a d'ailleurs, d'après (α):

$$OQ = 3, \qquad CB = CB' = 1.$$

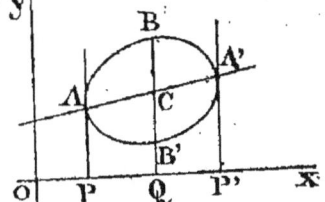

Fig. 106.

2° Lorsque les racines de l'équation (2) sont réelles et égales:

$$x' = x'' = -\frac{p}{B^2 - 4AC}; \qquad z = \frac{x-x'}{2A}\sqrt{B^2 - 4AC};$$

l'ordonnée z est toujours imaginaire, excepté pour $x = x'$ et $z = 0$; la courbe se réduit donc au point C. C'est le cas de la courbe représentée par l'équation:

$$y^2 + 4xy + 5x^2 - 2y - 10x + 10 = 0,$$

qui se réduit au point :

$$x = 3, \qquad y = -5.$$

3° Enfin, si les racines de l'équation (2) sont imaginaires, l'ordonnée z est constamment imaginaire, et l'équation ne représente plus de courbe réelle. On dit, par analogie, qu'elle représente une *ellipse imaginaire*. C'est le cas de l'équation :

$$4y^2 - 8xy + 5x^2 + 4y - 3x + 2 = 0.$$

182. Genre hyperbole: $B^2 - 4AC > 0$. — 1° Lorsque les racines de l'équation (2) sont réelles et inégales, le trinôme

$$(B^2 - 4AC)(x - x')(x - x'')$$

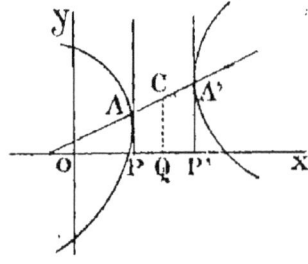

Fig. 107.

reste positif, et, par suite, l'ordonnée z réelle, quand x varie de x'' à $+\infty$ et de x' à $-\infty$; comme la quantité z varie elle-même de 0 à ∞, la courbe se compose de quatre branches infinies : deux branches s'étendent à droite de A'P', les deux autres à gauche de AP. Cette courbe s'appelle une *hyperbole*.

EXEMPLE. — Soit l'équation :

$$4y^2 - 8xy + 3x^2 + 4y - x + 5 = 0 \,;$$

on vérifie d'abord :

$$B^2 - 4AC = 64 - 48 = 16 > 0 \,;$$

on déduit ensuite de l'équation proposée

$$y = x - \tfrac{1}{2} \pm \tfrac{1}{2}\sqrt{(x+1)(x-4)} \,;$$

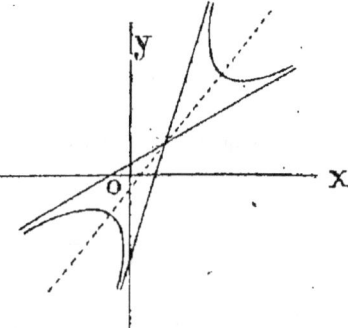

Fig. 108.

la courbe (*fig.* 108) s'étend indéfiniment dans les deux sens, mais elle n'a aucun point compris entre les deux parallèles à OY, $x = -1$, $x = 4$, car, pour toute valeur de x comprise entre -1 et 4, l'ordonnée y est imaginaire. En

GÉOMÉTRIE A DEUX DIMENSIONS

appliquant la méthode du numéro 162, on reconnaît que les branches infinies sont asymptotes aux droites :

$$y = \frac{3x}{2} - \frac{5}{4}, \qquad y = \frac{x}{2} + \frac{1}{4}.$$

2° Si les racines x' et x'' sont imaginaires, z reste réel, quel que soit x, et ne s'annule jamais ; la variable x peut donc prendre toute l'échelle des grandeurs négatives et positives sans que y cesse d'être réel ; z acquiert une valeur minimum pour :

$$x = \frac{x' + x''}{2} = -\frac{p}{B^2 - 4AC}.$$

Soit QC la parallèle à OY menée par le point Q tel que :

$$OQ = \frac{x' + x''}{2},$$

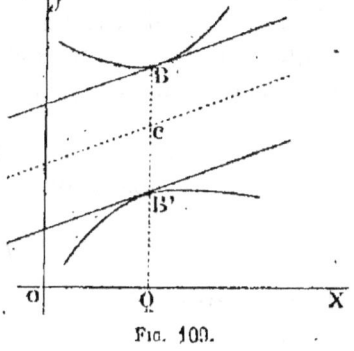

Fig. 109.

et B, B' les points où elle rencontre la courbe ; si par ces points on mène deux parallèles au diamètre, la courbe se compose de quatre branches infinies, deux situées au-dessus de la parallèle supérieure, deux autres au-dessous de la parallèle inférieure (fig. 109).

EXEMPLE. — La courbe représentée par l'équation

$$4y^2 - 8xy + 3x^2 - 4y + 6x - 4 = 0$$

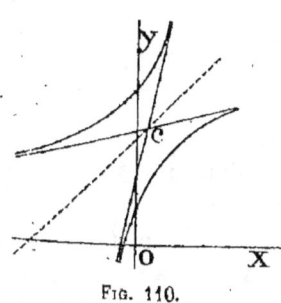

Fig. 110.

a l'aspect de la figure 110 ; elle ne coupe pas le diamètre représenté par l'équation $y = x + \frac{1}{2}$; le minimum de z est 1, il correspond à $x = 1$; les asymptotes ont pour équations :

$$y = x + \frac{1}{2} \pm \frac{1}{2}(x - 1).$$

3° Enfin, si les racines x' et x'' sont égales, on a :

$$z = \frac{\sqrt{B^2 - 4AC}}{2A}(x - x'),$$

ou encore :
$$z = \frac{\sqrt{B^2 - 4AC}}{2A}\left(x - \frac{p}{B^2 - 4AC}\right);$$

puis :
$$y = -\frac{Bx + D}{2A} \pm \frac{1}{2A}\left(x\sqrt{B^2 - 4AC} + \frac{p}{\sqrt{B^2 - 4AC}}\right),$$

équation qui représente deux droites se coupant au point C du diamètre, c'est-à-dire au centre. Dans le cas de $B^2 - 4AC > 0$, l'équation (1) représente donc une hyperbole à quatre branches infinies ou deux droites qui se coupent.

183. Cas particulier. — 1° Lorsque les coefficients de y^2 et de x^2 sont nuls, l'équation se réduit à :

$$Bxy + Dy + Ex + F = 0,$$

d'où l'on tire :
$$y = -\frac{Ex + F}{Bx + D},$$

ce que l'on peut encore écrire :

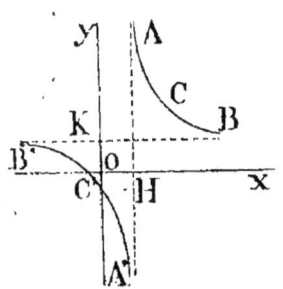

Fig. 111.

$$y = b\frac{x - c}{x - a},$$

en posant :

$$b = -\frac{E}{B}, \quad c = -\frac{F}{E}, \quad a = -\frac{D}{B}.$$

Supposons, pour fixer les idées, que l'on ait $b > 0$ et $c < a$. Lorsque x varie de a à $+\infty$, y décroît de $+\infty$ à b, ce qui donne les deux branches infinies ACB. Lorsque x varie de a à $-\infty$, y varie de $-\infty$ à b, ce qui donne deux autres branches infinies A'C'B'. Pour $x = \infty$, la fraction du second membre est égale à l'unité et y tend vers b. L'ensemble des quatre branches constitue une hyperbole. La parallèle à OY d'abscisse $OH = a$ et la parallèle à OX d'ordonnée $OK = b$ sont asymptotes à la courbe.

On remarque, dans ce cas, que les coefficients de l'équation satisfont à la condition $B^2 - 4AC > 0$, puisque le premier membre de cette inégalité se réduit à B^2.

2° Si un seul des coefficients de y^2 et x^2 était nul, A par exemple, l'équation aurait la forme :

$$Bxy + Cx^2 + Dy + Ex + F = 0 ;$$

elle représenterait encore, suivant le cas, une hyperbole ou deux droites qui se coupent.

On remarque, d'ailleurs, que l'on a toujours :

$$B^2 - 4AC > 0.$$

Exemples. — L'équation

$$2xy + x^2 - 2y - 3x - 1 = 0$$

représente l'hyperbole de la figure 112 ; les asymptotes ont pour équations :

$$y = -\frac{x}{2} + 1, \qquad x = 1.$$

L'équation

$$2xy + x^2 - 2y - 3x + 2 = 0$$

peut s'écrire

$$\left(y + \frac{x}{2} - 1\right)(2x - 2) = 0 ;$$

elle représente les deux droites :

$$y = -\frac{x}{2} + 1, \qquad x = 1,$$

c'est-à-dire les asymptotes de la courbe précédente.

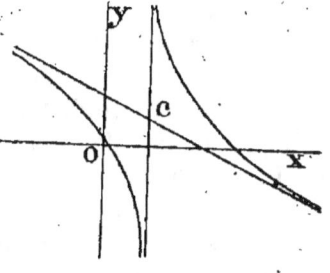

Fig. 112.

184. Genre parabole : $B^2 - 4AC = 0$. — Dans ce cas, les termes du second degré de l'équation générale forment un carré parfait, et l'on a :

$$z = \frac{1}{2A} \sqrt{2px + q}.$$

1° Soit $p > 0$; si l'on pose $x' = -\dfrac{q}{2p}$, l'expression de z s'écrit :

$$z = \frac{1}{2A} \sqrt{2p\,(x - x')},$$

quantité qui reste réelle pour toute valeur de x supérieure à x'. Prenons l'abscisse $OP = x'$, et menons la parallèle PA à OY; la courbe se compose de deux branches infinies placées à droite de cette parallèle; on lui donne le nom de *parabole*.

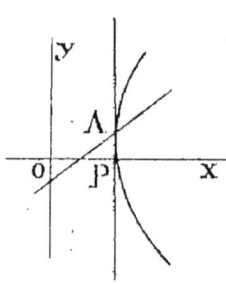

Fig. 113.

2° Soit $p < 0$; alors z n'est réel que pour les valeurs de x inférieures à x'; la courbe est encore une parabole et se compose de deux branches infinies situées à gauche de AP.

3° Soit $p = 0$; dans ce cas, l'équation de la courbe peut s'écrire :

$$y = ax + b \pm \frac{\sqrt{q}}{2A};$$

si $q > 0$, elle représente deux droites parallèles au diamètre $y = ax + b$ et équidistantes de ce diamètre.

Si $q = 0$, ces deux parallèles se confondent et l'équation de la courbe ne représente plus qu'une seule droite.

Enfin, si $q < 0$, z est imaginaire et l'équation ne représente plus rien.

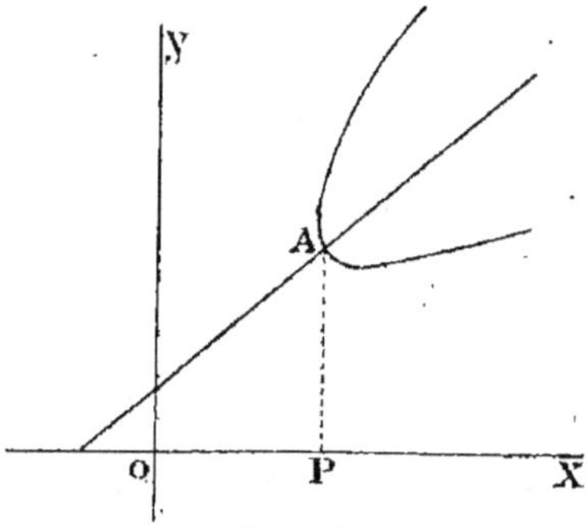

Exemple. — L'équation :

$$y^2 - 2xy + x^2 - 2y + x + 3 = 0,$$

que l'on peut encore écrire :

$$(y - x)^2 - 2y + x + 3 = 0,$$

donne :

$$y = x + 1 \pm \sqrt{x - 2};$$

la courbe coupe le diamètre $y = x + 1$ au point A ($x = 2$, $y = 3$);

Fig. 114.

elle est entièrement située à droite de AP, car y n'est réel que pour $x > 2$.

Quand l'on a $A = 0$ et $B = 0$, la condition $B^2 - 4AC = 0$ est naturellement satisfaite, et l'équation (1) devient :

$$Cx^2 + Dy + Ex + F = 0.$$

Cette équation est de la forme :

$$y = ax^2 + bx + c;$$

on voit que l'on est ramené à discuter le trinôme du second degré, question qui a été étudiée en algèbre. La courbe est une parabole lorsque $a \neq 0$, une droite quand $a = 0$.

185. Résumé de la discussion. — Nous résumons la discussion de l'équation générale du second degré dans le tableau suivant :

$$(1) \quad Ay^2 + Bxy + Cx^2 + Dy + Ex + F = 0;$$

si l'on pose $B^2 - 4AC = m$, on a (180) :

$$y = ax + b \pm \frac{1}{2A}\sqrt{mx^2 + 2px + q}.$$

$B^2 - 4AC < 0$ $\begin{cases} p^2 - mq > 0. \text{ Courbe fermée; ellipse} \\ p^2 - mq = 0. \text{ Un point.} \\ p^2 - mq < 0. \text{ Ellipse imaginaire.} \end{cases}$ Genre ellipse.

$B^2 - 4AC > 0$ $\begin{cases} p^2 - mq > 0 \\ p^2 - mq < 0 \end{cases}$ Quatre branches infinies; hyperbole. $\begin{cases} p^2 - mq = 0. \text{ Deux droites qui se coupent.} \end{cases}$ Genre hyperbole.

$B^2 - 4AC = 0$ $\begin{cases} \begin{cases} p > 0 \\ p < 0 \end{cases} \text{Deux branches infinies; parabole.} \\ p = 0 \begin{cases} q > 0. \text{ Deux droites parallèles.} \\ q = 0. \text{ Une droite.} \\ q < 0. \text{ Rien.} \end{cases} \end{cases}$ Genre parabole.

186. Recherche des asymptotes. — On voit d'abord qu'il n'existe pas d'asymptote parallèle à OY; car le multiplicateur A de y^2 dans l'équation (1) est indépendant de x (163).

Cherchons les asymptotes qui coupent l'axe OY. Les valeurs du coefficient angulaire sont racines de l'équation (162) :

$$Ac^2 + Bc + C = 0.$$

Dans le cas de l'hyperbole, on a $B^2 - 4AC > 0$ et les racines sont réelles et inégales ; on obtient :

$$c = \frac{-B \pm \sqrt{B^2 - 4AC}}{2A}.$$

Les valeurs de d sont ensuite données par la relation

$$d = -\frac{\varphi_{m-1}(1, c)}{\varphi'_m(1, c)};$$

mais $\varphi'_m(1, c) = 2Ac + B$ et $\varphi_{m-1}(1, c) = Dc + E$; par suite :

$$d = -\frac{Dc + E}{2Ac + B}.$$

Il ne reste plus qu'à mettre successivement à la place de c les valeurs trouvées plus haut :

$$c' = \frac{-B + \sqrt{m}}{2A} \qquad \text{donne} \qquad d' = -\frac{D}{2A} + \frac{p}{2A\sqrt{m}}.$$

$$c'' = \frac{-B - \sqrt{m}}{2A} \qquad \text{donne} \qquad d'' = -\frac{D}{2A} - \frac{p}{2A\sqrt{m}}.$$

Les équations des deux asymptotes sont donc :

$$y = ax + b + \frac{1}{2A}\left(\sqrt{m}\,x + \frac{p}{\sqrt{m}}\right),$$

$$y = ax + b - \frac{1}{2A}\left(\sqrt{m}\,x + \frac{p}{\sqrt{m}}\right);$$

on sait ce que représentent a, b, p (180).

Dans le cas de la parabole, les deux racines de l'équation en c sont égales à $-\frac{B}{2A}$, et celles de l'équation en d sont

GÉOMÉTRIE A DEUX DIMENSIONS

infinies, de sorte que les asymptotes sont parallèles au diamètre de la courbe et rejetées à l'infini. En réalité, parmi les courbes du second degré, les hyperboles seules sont pourvues d'asymptotes.

187. Centre, diamètres, axes. — On a vu au numéro 167 que les courbes du second degré ne pouvaient avoir plus d'un centre; les équations qui déterminent les coordonnées α, β de ce point sont :

$$2A\beta + B\alpha + D = 0,$$
$$B\beta + 2C\alpha + E = 0;$$

elles donnent :

$$\alpha = \frac{2AC - BD}{B^2 - 4AC}, \qquad \beta = \frac{2CD - BE}{B^2 - 4AC}.$$

Si $B^2 - 4AC \neq 0$, on a un centre; c'est le cas de l'ellipse et de l'hyperbole.

Si $B^2 - 4AC = 0$ et $2AE - BD \neq 0$, les valeurs de α et β prennent la forme $\frac{m}{0} = \infty$; il n'y a plus de centre; c'est le cas de la parabole. On exprime quelquefois ce fait en disant que le centre est rejeté à l'infini.

Lorsque $B^2 - 4AC = 0$ et $2AE - BD = 0$, α et β prennent la forme indéterminée $\frac{0}{0}$ et il y a une infinité de centres. On a vu (184) que, dans ce cas, l'équation du second degré représentait le système de deux droites parallèles, système qui a bien une infinité de centres.

Si l'on transporte l'origine des coordonnées au centre de la courbe, son équation se simplifie, car les termes du premier degré disparaissent; il reste, en effet,

$$Ay^2 + Bxy + Cx^2 + f(\alpha, \beta) = 0.$$

EXEMPLE. — Soit l'ellipse représentée par l'équation :

(a) $\qquad f(xy) = y^2 - xy + 2x^2 - y - x + 1 = 0;$

les coordonnées du centre satisfont aux équations :

$$2\beta - \alpha - 1 = 0, \qquad 4\alpha - \beta - 1 = 0;$$

d'où l'on déduit :

$$\alpha = \frac{3}{7}, \qquad \beta = \frac{5}{7}; \qquad \text{puis} \qquad f(\alpha, \beta) = \frac{3}{7}.$$

L'équation réduite, rapportée à des axes passant par le centre, est donc :

(b) $$y^2 - xy + 2x^2 + \frac{3}{7} = 0.$$

L'équation des diamètres des cordes parallèles à la droite $y = mx$ est (168) :

$$y = -\frac{Bm + 2C}{2Am + B} x - \frac{Dm + E}{2Am + B}.$$

Pour l'ellipse ci-dessus, elle devient :

$$y = \frac{m-4}{2m-1} x + \frac{m+1}{2m-1}.$$

Cette équation est identiquement satisfaite pour $x = \frac{3}{7}$, $y = \frac{5}{7}$, ce qui prouve que le diamètre passe par le centre de la courbe.

Dans le cas de la parabole, $B^2 - 4AC = 0$, relation que l'on peut écrire :

$$\frac{B}{2A} = \frac{2C}{B};$$

ou encore, d'après une propriété connue des rapports,

$$\frac{Bm}{2Am} = \frac{2C}{B} = \frac{Bm + 2C}{2Am + B} = C^{te};$$

ainsi, dans la parabole, tous les diamètres sont des droites parallèles, car leur coefficient angulaire est constant.

Si m et m' sont les coefficients angulaires de deux diamètres conjugués, on a la relation :

(c) $$2Amm' + B(m + m') + 2C = 0,$$

qui devient pour l'ellipse (a) :

$$2mm' - (m + m') + 4 = 0.$$

En cherchant les systèmes de diamètres perpendiculaires

à leurs cordes, on obtient les axes de symétrie de la courbe. On voit que, dans l'ellipse et l'hyperbole, il y a deux axes, dans la parabole il n'y en a qu'un. Pour l'hyperbole, on démontre que les axes sont bissectrices de l'angle des asymptotes.

La condition de perpendicularité des diamètres s'écrit : $mm' = -1$, d'où $m + m' = m - \frac{1}{m}$. La relation (c) donne ensuite, en y introduisant ces valeurs :

$$(d) \qquad m^2 + \frac{2(C-A)}{B} m - 1 = 0 ;$$

cette équation détermine m, c'est-à-dire la direction des deux axes ; on trouve :

$$m = \frac{A - C \pm \sqrt{(A-C)^2 + B^2}}{B}.$$

Les racines sont toujours réelles, car le radical est une somme de carrés.

Si on porte successivement les deux valeurs de m dans l'équation des diamètres, on obtient les équations des deux axes. On les a toutes les deux en une seule si on tire m de l'équation du diamètre $mf'_y + f'_x = 0$ (168), et qu'on les porte dans l'équation (d) ; on trouve ainsi :

$$B(By + 2Cx + E)^2 + 2(A-C)(2Ay + Bx + D)$$
$$(By + 2Cx + E) - B(2Ay + Bx + D)^2 = 0,$$

ou plus simplement :

$$Bf'^2_x + 2(A-C) f'_x f'_y - B f'^2_y = 0.$$

Dans le cas de la parabole, les deux racines de l'équation (d) sont :

$$m' = \frac{2A}{B}. \qquad m'' = \frac{2C}{B} = -\frac{B}{2A} ;$$

l'ordonnée à l'origine de l'axe correspondant à m'' est infinie ; il n'y a qu'un axe dont l'équation est :

$$y = -\frac{B}{2A} x - \frac{2AD + BE}{4A^2 + B^2}.$$

188. Réduction de l'équation du second degré. — La considération des axes de symétrie permet encore de simplifier l'équation du second degré en faisant disparaître le terme en xy. Dans le cas de l'ellipse et de l'hyperbole, si l'on prend les équations de ces lignes par rapport aux deux axes, ces équations n'auront plus de termes du premier degré en x; ni de termes du premier degré en y, car à chaque valeur de x correspondront pour y deux valeurs égales en valeur absolue et de signes contraires ; de même, à chaque valeur de y correspondront deux pareilles valeurs de x. Les équations seront donc de la forme :

$$Ay^2 + Cx^2 + F = 0.$$

Dans le cas de la parabole, qui n'a qu'un axe, si l'on prend cette droite pour axe des x, l'équation n'aura pas de terme du premier degré en y et sera de la forme :

$$Ay^2 + Ex + F = 0 ;$$

prenant pour origine le sommet de la courbe, on aura $F = 0$, et l'équation se réduira à :

$$Ay^2 + Ex = 0.$$

On conçoit, d'après ce qui précède, la possibilité de réduire les équations des courbes du second degré aux formes simples que nous venons d'indiquer ; on démontre, en effet, que ce problème est toujours possible ; mais nous n'insisterons pas sur ces transformations passablement longues et dépourvues d'intérêt.

Exemple. — Soit l'ellipse ayant pour équation :

$$f(x, y) = y^2 - 2xy + 3x^2 - 2y + 4x - 5 = 0.$$

GÉOMÉTRIE A DEUX DIMENSIONS

Les coordonnées du centre satisfont aux équations :

$$\beta - \alpha - 1 = 0, \quad -\beta + 3\alpha + 2 = 0,$$

desquelles on tire :

$$\alpha = -\frac{1}{2}, \quad \beta = \frac{1}{2}, \quad f(\alpha, \beta) = -\frac{11}{2}.$$

L'équation rapportée à des axes passant par le centre est donc

(e) $$\quad y^2 - 2xy + 3x^2 - \frac{11}{2} = 0.$$

Soit θ l'angle que fait l'un des axes de symétrie de l'ellipse avec OX ; on a, d'après l'équation (d) (187) :

$$\tang \theta = m = \frac{1 - 3 + \sqrt{4 + 4}}{-2} = 1 - \sqrt{2},$$

d'où l'on déduit :

$$\sin \theta = \frac{1 - \sqrt{2}}{\sqrt{1 + (1 - \sqrt{2})^2}}, \quad \cos \theta = \frac{1}{\sqrt{1 + (1 - \sqrt{2})^2}}.$$

L'équation rapportée aux deux axes s'obtient d'après les formules (2) du numéro 139 ; on a ici :

$$x = \frac{x' - y'(1 - \sqrt{2})}{\sqrt{1 + (1 - \sqrt{2})^2}}, \quad y = \frac{x'(1 - \sqrt{2}) + y'}{\sqrt{1 + (1 - \sqrt{2})^2}};$$

portant ces valeurs de x et y dans (e), il vient après réduction :

$$(2 + \sqrt{2})y'^2 + (2 - \sqrt{2})x'^2 - \frac{11}{2} = 0,$$

équation qui ne contient plus de terme xy.

189. Ellipse rapportée à ses axes. — L'équation rapportée aux axes est de la forme :

$$Ay^2 + Cx^2 + F = 0,$$

A et C ayant le même signe, car on doit avoir $-4AC < 0$. Faisant $y = 0$, on obtient pour x :

$$x^2 = -\frac{F}{C} = a^2, \quad \text{d'où} \quad x = \pm a,$$

MATHÉMATIQUES.

ce qui donne les sommets A et A' où la courbe coupe l'axe des x. Pour $x = 0$, on a de même :

$$y^2 = -\frac{F}{A} = b^2, \qquad \text{d'où} \qquad y = \pm b,$$

ce qui donne deux autres sommets B et B'. En supposant $a > b$, $2a = AA'$ est la longueur du grand axe, et $2b = BB'$ la longueur du petit axe. Si l'on introduit ces longueurs dans l'équation de la courbe, elle devient :

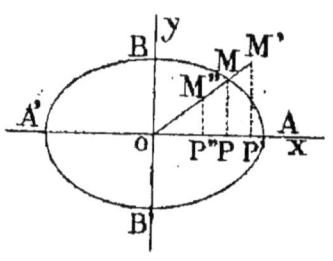

Fig. 115.

$$-\frac{F}{b^2} y^2 - \frac{F}{a^2} x^2 + F = 0,$$

ou, en divisant par F et changeant les signes :

$$\frac{x^2}{a^2} + \frac{y^2}{b^2} - 1 = 0,$$

ou encore, en chassant les dénominateurs :

$$a^2 y^2 + b^2 x^2 - a^2 b^2 = 0,$$

et, par suite,

$$y = \pm \frac{b}{a} \sqrt{a^2 - x^2}.$$

Dans le cas où $a = b$, l'ellipse devient le cercle de centre O et de rayon a :

$$x^2 + y^2 = a^2.$$

Soit d la distance du centre à un point quelconque M de la courbe, on a :

$$d^2 = x^2 + y^2 = x^2 + \frac{b^2}{a^2}(a^2 - x^2),$$

GÉOMÉTRIE A DEUX DIMENSIONS

c'est-à-dire :
$$d^2 = \frac{a^2 - b^2}{a^2} x^2 + b^2,$$
enfin :
$$d = \sqrt{\frac{a^2 - b^2}{a^2} x^2 + b^2}.$$

Pour un point $M'(x'y')$ extérieur à l'ellipse, on a évidemment, en menant OM' qui coupe la courbe au point M :
$$\overline{OM'}^2 > \overline{OM}^2,$$
d'où
$$\overline{M'P'}^2 > \overline{MP}^2, \quad \text{ou} \quad y'^2 > y^2,$$
$$\overline{OP'}^2 > \overline{OP}^2, \quad \text{ou} \quad x'^2 > x^2 ;$$

x et y sont les coordonnées du point M ; par suite :
$$a^2 y'^2 + b^2 x'^2 > a^2 y^2 + b^2 x^2,$$
ou encore :
$$a^2 y'^2 + b^2 x'^2 - a^2 b^2 > 0.$$

Pour un point $M''(x''y'')$ intérieur à l'ellipse, on vérifierait de même l'inégalité :
$$a^2 y''^2 + b^2 x''^2 - a^2 b^2 < 0.$$

Ainsi la fonction des coordonnées x et y d'un point quelconque du plan :
$$z = a^2 y^2 + b^2 x^2 - a^2 b^2,$$
est positive pour tout point placé dans la région extérieure à l'ellipse, négative pour tout point situé dans la région intérieure, nulle pour tout point de la courbe. C'est là, du reste, un fait général en géométrie ; toute courbe dont l'équation est $f(xy) = 0$ partage le plan en deux régions telles que, pour les coordonnées d'un point quelconque de l'une des régions, la fonction $z = f(xy)$ reste positive ; pour les coordonnées d'un point quelconque de l'autre région, la

fonction reste négative, et pour les points placés sur la courbe la fonction est constamment nulle.

190. Théorème. — *Le rapport de l'ordonnée d'un point de l'ellipse à l'ordonnée de même abscisse du point du cercle décrit sur le grand axe comme diamètre est constant.*

Soit x l'abscisse commune, on a dans le cercle :

$$\overline{MP}^2 = a^2 - x^2,$$

et dans l'ellipse :

$$\overline{mP}^2 = \frac{b^2}{a^2}(a^2 - x^2),$$

d'où :

$$\frac{mP}{MP} = \frac{b}{a} \frac{\sqrt{a^2 - x^2}}{\sqrt{a^2 - x^2}} = \frac{b}{a}.$$

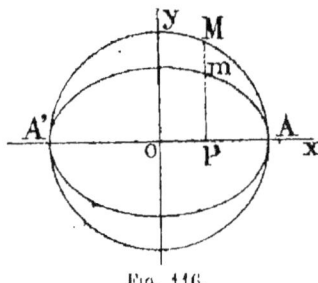 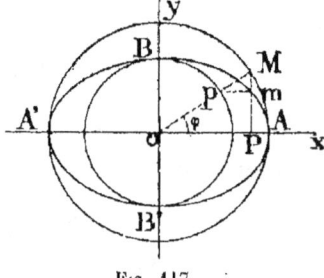

Fig. 116.   Fig. 117.

Construction de l'ellipse. — De ce théorème découle un procédé simple pour construire l'ellipse par points. Traçons les *cercles principaux* de l'ellipse, c'est-à-dire les cercles décrits sur les axes comme diamètres; tirons un rayon OM et la perpendiculaire MP sur AA'; menons la parallèle pm à AA'; le point m appartient à l'ellipse, car on a (*fig.* 117):

$$\frac{mP}{MP} = \frac{Op}{OM} = \frac{b}{a}.$$

En procédant de la même façon, on peut obtenir autant

GÉOMÉTRIE A DEUX DIMENSIONS 309

de points de l'ellipse que l'on veut, il suffit ensuite de les réunir par un trait continu.

REMARQUE. — Si l'on désigne par φ l'angle MOX, les coordonnées x et y du point m de l'ellipse s'expriment très simplement en fonction de cet angle et des demi-axes a et b; on a :

$$OP = OM \cos \varphi, \qquad mP = Op \sin \varphi,$$

c'est-à-dire :

$$x = a \cos \varphi, \qquad y = b \sin \varphi;$$

l'angle φ est appelé *anomalie excentrique*.

Intersection d'une droite et d'une ellipse. — Soient OA et OB les axes de l'ellipse, D la droite donnée. Si on augmente les ordonnées de la figure dans le rapport $\frac{a}{b}$, l'ellipse donne le cercle principal AB_1A' et D donne la droite D_1 qui passe par S, point de rencontre de D et de OA, et par le point P_1 correspondant au point P de D et obtenu par la même construction au moyen des droites BP et IB_1.

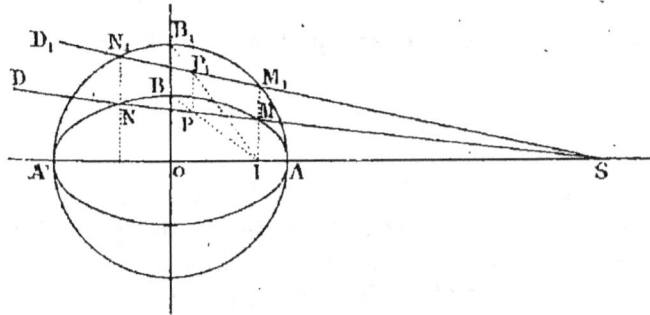

Fig. 118.

La droite D_1 coupe le cercle en deux points M_1, N_1; par suite la droite D coupe l'ellipse aux points M et N correspondants.

Pour cette construction, il n'est pas nécessaire que l'ellipse soit tracée, comme du reste pour toutes les constructions où l'on utilise le cercle principal.

191. THÉORÈME. — *Si une droite de longueur constante se déplace dans le plan de deux axes rectangulaires, de manière que ses extrémités restent sur les deux axes, chaque point de la droite décrit une ellipse dont les demi-axes sont les deux segments.*

Soit AB la droite, M un point quelconque de cette droite, MA = b et MB = a; cherchons la courbe décrite par le point M; pour cela, désignons par α l'abscisse variable du point A, par β l'ordonnée du point B.

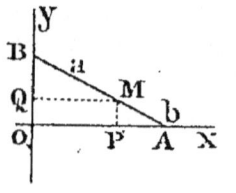

Fig. 119.

L'équation de MQ parallèle à OX est :

$$\frac{y}{\beta} = \frac{b}{a+b};$$

celle de PM parallèle à OY est :

$$\frac{x}{\alpha} = \frac{a}{a+b};$$

de plus, on a la relation :

$$\alpha^2 + \beta^2 = (a+b)^2.$$

Éliminant α et β entre ces équations, on obtient :

$$\frac{x^2}{a^2} + \frac{y^2}{b^2} - 1 = 0,$$

c'est l'équation d'une ellipse de demi-axes a et b.

Autre construction de l'ellipse. — De ce théorème découle un second procédé pour construire l'ellipse par points, connaissant les axes $2a$ et $2b$. Prenons une bande de papier AB de longueur $a+b$; marquons-y le point M qui sépare ces deux longueurs MB = a, MA = b, et donnons à la bande de papier un certain nombre de positions différentes en astreignant A et B à rester sur les axes OX et OY; si l'on marque chaque fois la position du point M sur le plan, on obtient autant de points de l'ellipse, qu'il suffit de joindre par un trait continu.

192. Foyers de l'ellipse. — On donne le nom de foyer à tout point F du plan dont la distance FM à un point quelconque M de l'ellipse s'exprime par une fonction rationnelle et du premier degré de l'abscisse OP de ce dernier point.

GÉOMÉTRIE A DEUX DIMENSIONS

Nous allons montrer qu'il existe deux foyers placés sur le grand axe AA'.

Soient α et β les coordonnées de l'un d'eux; on a :

$$\overline{MF}^2 = (x - \alpha)^2 + (y - \beta)^2,$$

mais :

$$y = \frac{b}{a}\sqrt{a^2 - x^2},$$

donc :

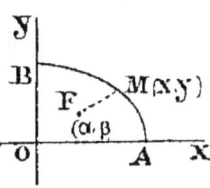

Fig. 120.

$$\overline{MF}^2 = (x - \alpha)^2 + \left[\frac{b}{a}\sqrt{a^2 - x^2} - \beta\right]^2;$$

développant le second membre, il vient :

$$\overline{MF}^2 = x^2\left(1 - \frac{b^2}{a^2}\right) - 2\alpha x - \frac{2b\beta}{a}\sqrt{a^2 - x^2} + \beta^2 + \alpha^2 + b^2.$$

Pour que l'expression de MF soit rationnelle, il faut évidemment que le radical du second membre disparaisse, ce qui exige que β = 0; donc, s'il existe des foyers, ils sont placés sur l'axe des x. Ensuite :

(1) $$\overline{MF}^2 = x^2\left(1 - \frac{b^2}{a^2}\right) - 2\alpha x + \alpha^2 + b^2,$$

d'où :

$$MF = \sqrt{x^2\left(1 - \frac{b^2}{a^2}\right) - 2\alpha x + \alpha^2 + b^2};$$

pour que l'expression de MF soit du premier degré, il faut que le trinôme en x placé sous le radical ait ses deux racines égales, c'est-à-dire que l'on ait :

$$\alpha^2 - \frac{(a^2 - b^2)(\alpha^2 + b^2)}{a^2} = 0,$$

ou, en simplifiant,

$$b(\alpha^2 - a^2 + b^2) = 0,$$

ou enfin :
$$\alpha = \pm \sqrt{a^2 - b^2} = \pm c,$$
en posant :
$$a^2 - b^2 = c^2.$$

On obtient ainsi deux valeurs de α, qui fournissent deux points F et F' placés sur le grand axe AA'. Pour fixer la position de ces points, il suffit de décrire du point B comme centre, avec une longueur BF' = a pour rayon, un arc de cercle qui coupe l'axe des x aux points F et F'.

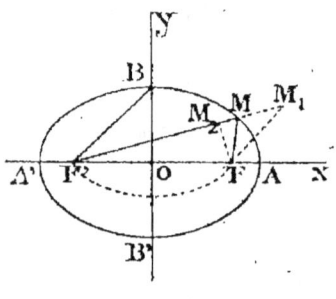

Fig. 121.

La formule (1) permet de calculer les longueurs des rayons vecteurs MF et MF'.

Pour MF, on a, en remplaçant α par c,
$$\overline{MF}^2 = \frac{a^2 - b^2}{a^2} x^2 - 2cx + c^2 + b^2,$$
ou
$$\overline{MF}^2 = \frac{c^2}{a^2} x^2 - 2cx + a^2 = \pm \left(\frac{c}{a} x - a\right)^2,$$
par suite :
$$MF = -\left(\frac{c}{a} x - a\right) = a - \frac{cx}{a},$$

avec le signe —, car MF est une longueur essentiellement positive, et, d'autre part, $\frac{cx}{a} < a$, puisque x et c sont moindres que a.

Pour MF', on obtiendrait de même, en remplaçant α par $-c$,
$$MF' = \frac{cx}{a} + a ;$$
des relations précédentes on déduit par addition :
$$MF + MF' = 2a,$$

GÉOMÉTRIE A DEUX DIMENSIONS

propriété remarquable, qui sert quelquefois de définition à l'ellipse et qui donne un troisième procédé pour construire cette courbe par points.

Si M_1 et M_2 sont deux points, l'un extérieur et l'autre intérieur à la courbe, on a évidemment :

$$M_1F + M_1F' > 2a > M_2F + M_2F'.$$

Ellipses homofocales. — On appelle ellipses homofocales celles qui ont mêmes foyers lorsqu'elles sont rapportées à leur centre et à leurs axes. Si $2a$ et $2b$ sont les axes de l'une des ellipses, la distance focale est $2c$, et l'on a $c^2 = a^2 - b^2$.

En désignant par λ une quantité positive ou négative, l'équation

$$\frac{x^2}{a^2+\lambda} + \frac{y^2}{b^2+\lambda} = 1$$

représente toutes les ellipses homofocales à l'ellipse :

$$\frac{x^2}{a^2} + \frac{y^2}{b^2} = 1 ;$$

en effet, la distance du centre à l'un des foyers, qui doit être constante, a pour expression :

$$c^2 = (a^2 + \lambda) - (b^2 + \lambda) = a^2 - b^2.$$

193. Équation polaire de l'ellipse. — Prenons le foyer F pour pôle, l'axe $A'A$ pour axe polaire ; on a :

$$MF = r = a - \frac{cx}{a};$$

mais le triangle MFP donne :

$$FP = x - c = r \cos \theta,$$

d'où :

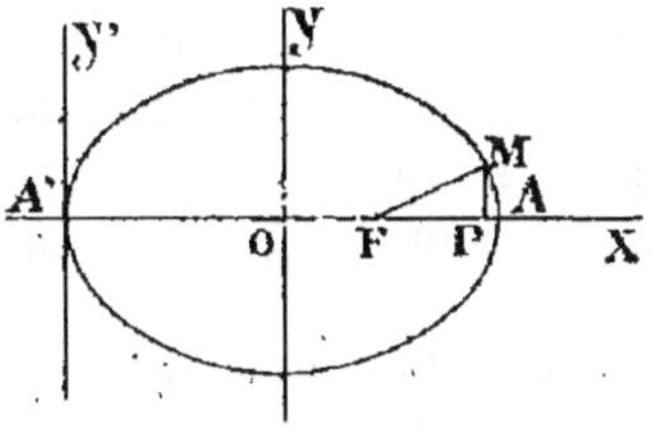

Fig. 122.

$$x = c + r \cos \theta,$$

par suite :

$$r = a - \frac{c^2}{a} - \frac{cr \cos \theta}{a},$$

ou encore :

$$r = \frac{\dfrac{b^2}{a}}{1 + \dfrac{c}{a}\cos\theta} = \frac{p}{1 + e\cos\theta},$$

en posant $\dfrac{b^2}{a} = p$, et $\dfrac{c}{a} = e$; p désigne le *paramètre*, e l'*excentricité* de l'ellipse qui est toujours moindre que l'unité.

En prenant le centre de la courbe pour pôle, on obtiendrait :

$$(m) \qquad r^2 = \frac{a^2 b^2}{b^2 \cos^2\theta + a^2 \sin^2\theta}.$$

194. Tangente à l'ellipse. — On a trouvé pour l'équation de la tangente à l'ellipse au point $m(x, y)$ (159) (*fig.* 123) :

$$(1) \qquad \frac{Xx}{a^2} + \frac{Yy}{b^2} = 1.$$

En faisant $Y = 0$, la valeur de X correspondante donne l'abscisse du point S où cette droite rencontre l'axe des x ; on obtient :

$$X = \frac{a^2}{x},$$

valeur dépendante de x, mais indépendante de b ; il résulte de là que, si l'on trace toutes les ellipses de même grand axe $2a$, et qu'on y prenne des points de même abscisse, les tangentes en ces différents points rencontreront toutes le grand axe prolongé au même point.

La propriété précédente est d'un emploi très commode pour tracer la tangente en un point m d'une ellipse ; décrivons le cercle principal AMA', et menons la perpendiculaire mP sur le grand axe ; cette perpendiculaire coupe le cercle au point M, et, si l'on mène la tangente MS au cercle, elle détermine le point S et, par suite, la tangente Sm à l'ellipse.

Pour mener une tangente à l'ellipse par un point extérieur q, on détermine d'abord le point S par la tangente SQ au cercle principal ; pour cela, il suffit de prendre sur l'ordonnée du point q une longueur QR (190) :

$$QR = qR \times \frac{a}{b},$$

et de mener par le point Q la tangente au cercle; cette tangente fait connaître le point S, et Sq est la tangente à l'ellipse. Le problème comporte deux solutions.

Enfin, pour tracer une tangente parallèle à une droite donnée, on mène par B la parallèle BD à cette droite; on a ainsi le point D. Pour déterminer mS, il suffit de connaître le point S, ou encore la tangente MS au point M du cercle principal, qui a même abscisse que m. Cette dernière sera connue si on a sa parallèle passant par D; or cette parallèle est précisément CD; pour le prouver, il suffit d'établir que les triangles COD et MPS sont semblables, c'est-à-dire que $\frac{CO}{OD} = \frac{MP}{PS}$.

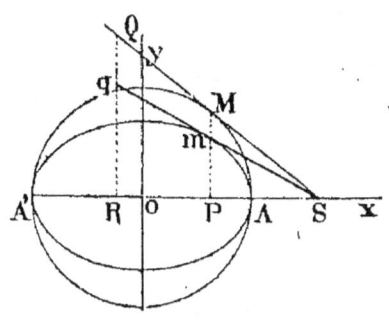

Fig. 123.

En effet, on a :

$$\frac{CO}{OB} = \frac{a}{b}, \quad \text{d'où} \quad \frac{CO}{OD} = \frac{a}{b} \times \frac{OB}{OD};$$

d'autre part

$$\frac{MP}{mP} = \frac{a}{b},$$

d'où

$$\frac{MP}{PS} = \frac{a}{b} \times \frac{mP}{PS};$$

mais, puisque BD et mS sont parallèles :

$$\frac{OB}{OD} = \frac{mP}{PS},$$

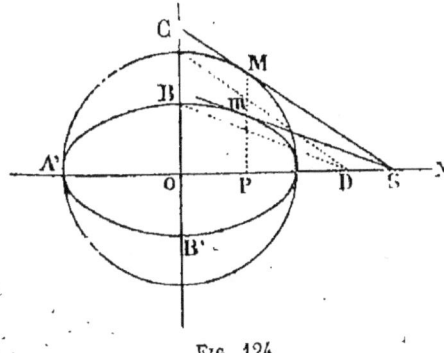

Fig. 124.

donc,

$$\frac{CO}{OD} = \frac{MP}{PS}.$$

Après avoir mené BD et DC, on trace la tangente au cercle principal parallèle à DC, ce qui fait connaître le point S; ensuite on mène Sm parallèle à BD. Le problème comporte deux solutions.

La longueur de la sous-tangente est :

$$PS = OS - OP = \frac{a^2}{x} - x = \frac{a^2 - x^2}{x};$$

ou encore (159) :

$$S_t = \frac{a^2 y^2}{b^2 x}.$$

195. Théorème. — *La tangente en un point d'une ellipse fait des angles égaux avec les rayons vecteurs du point de contact.*

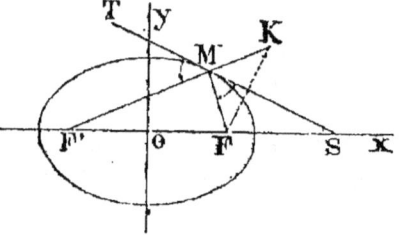

Fig. 125.

Soit M un point de l'ellipse, MT la tangente en ce point; prolongeons FM d'une longueur MK égale à MF. Pour démontrer que les angles FMS et F'MT sont égaux, il suffit de prouver que MS est bissectrice de l'angle FMK, c'est-à-dire que l'on a :

$$\frac{FS}{F'S} = \frac{FM}{F'M};$$

or :

$$FS = \frac{a^2}{x} - c, \qquad F'S = \frac{a^2}{x} + c,$$

et (192) :

$$FM = a - \frac{cx}{a}, \qquad F'M = a + \frac{cx}{a};$$

donc :

$$\frac{FS}{F'S} = \frac{a^2 - cx}{a^2 + cx} = \frac{FM}{F'M}.$$

Lorsqu'on connaît les foyers d'une ellipse, le théorème précédent facilite la construction des tangentes à la courbe.

Pour construire la tangente au point M (*fig.* 125), on prolonge F'M d'une longueur MK = MF ; on joint FK, et du point M on abaisse une perpendiculaire sur FK ; cette perpendiculaire est tangente à l'ellipse, car elle est bissectrice de l'angle FMK.

Pour mener les tangentes à l'ellipse par un point extérieur Q (*fig.* 126), on remarque qu'en prolongeant le rayon vecteur F'M d'une longueur MK = FM, le lieu des points K est un cercle de rayon $2a$, le *cercle directeur* de l'ellipse relatif au foyer F', comme on l'appelle quelquefois. Supposons ce cercle tracé et, du point Q comme centre, avec QF pour rayon, décrivons-en un second ; ces deux cercles se coupent en deux points K et K' ; joignons FK, FK', et du point Q abaissons des perpendiculaires sur chacune de ces droites ; ces perpendiculaires sont les tangentes demandées, car, pour QH par exemple, on a par construction :

$$HK = HF, \quad \text{angle FMH} = \text{angle KMH}.$$

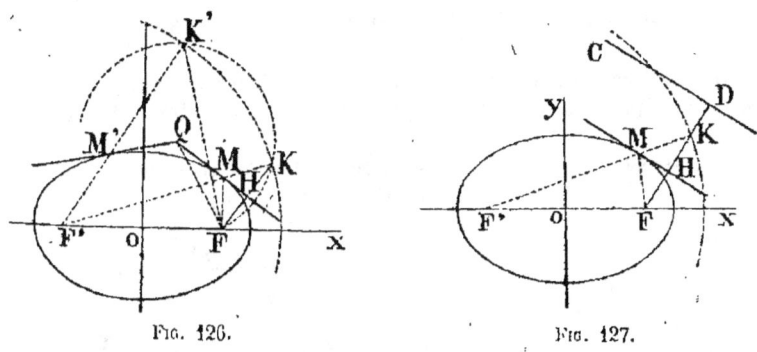

Fig. 126. Fig. 127.

Les points de contact M et M' sont à l'intersection des perpendiculaires avec les rayons vecteurs F'K et F'K'.

Pour mener une tangente à l'ellipse parallèlement à une droite donnée CD, on mène d'abord FK perpendiculaire à cette droite (*fig.* 127) ; si K est le point d'intersection avec le cercle directeur relatif à F', on prend HK = HF, et par H on mène la parallèle HM à CD ; cette parallèle est tangente à l'ellipse. On obtiendrait une seconde tangente en considérant le deuxième point d'intersection du cercle directeur avec la perpendiculaire FK à CD ; on peut d'ailleurs vérifier que les points de contact des deux tangentes parallèles sont symétriques par rapport au centre de l'ellipse.

196. Autre forme de l'équation de la tangente. — Si l'on introduit le coefficient angulaire variable (159) :

$$m = -\frac{b^2 x}{a^2 y},$$

de la tangente au point M (x, y), l'équation de cette droite prend la forme particulière :

$$Y = mX + \sqrt{a^2 m^2 + b^2}.$$

On a, en effet,

$$x = -\frac{m a^2 y}{b^2};$$

portant cette valeur dans (1) (194) et tenant compte de l'équation de la courbe, on obtient l'expression ci-dessus.

Comme application, montrons que le produit des distances des foyers de l'ellipse à une tangente quelconque est constant et égal à b^2.

Les abscisses des foyers F et F' sont respectivement $+c$ et $-c$; on a donc pour la distance du foyer F à la tangente :

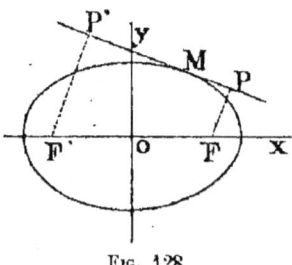

Fig. 128.

$$FP = -\frac{mc + \sqrt{a^2 m^2 + b^2}}{\sqrt{1 + m^2}},$$

et pour la distance du foyer F' :

$$F'P' = -\frac{-mc + \sqrt{a^2 m^2 + b^2}}{\sqrt{1 + m^2}};$$

d'où, pour le produit des distances,

$$FP \times F'P' = \frac{a^2 m^2 + b^2 - m^2 c^2}{1 + m^2} = \frac{b^2 (1 + m^2)}{1 + m^2} = b^2.$$

Proposons-nous de mener une tangente à l'ellipse par un point extérieur P, en prenant pour inconnue le coefficient angulaire de cette droite. Soient α, β, les coordonnées du point P ; en exprimant que la tangente passe par P, on a la relation :

$$\beta = m\alpha + \sqrt{a^2 m^2 + b^2},$$

que l'on peut écrire :

$$(\beta - m\alpha)^2 = a^2 m^2 + b^2,$$

ou encore :

$$(\alpha^2 - a^2) m^2 - 2\alpha\beta m + \beta^2 - b^2 = 0.$$

Cette équation est du second degré en m ; elle permet de calculer le coefficient angulaire de la tangente.

La condition de réalité des racines se traduit par l'inégalité :

$$a^2\beta^2 + b^2\alpha^2 - a^2 b^2 \geq 0,$$

c'est-à-dire que le point donné doit faire partie de l'ellipse ou lui être extérieur (189) ; dans le second cas, le problème comporte deux solutions.

197. Normale à l'ellipse. — La formule du numéro 160 donne immédiatement pour l'équation de la normale au point $M(x,y)$:

$$Y - y = \frac{a^2 y}{b^2 x}(X - x),$$

que l'on peut écrire :

$$\frac{Xa^2}{x} - \frac{Yb^2}{y} - a^2 + b^2 = 0,$$

ou encore :

$$(1) \quad \frac{Xa^2}{x} - \frac{Yb^2}{y} = c^2.$$

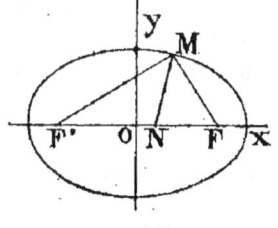

Fig. 129.

D'après le théorème (195), la normale MN est bissectrice de l'angle FMF'.

On trouve pour la sous-normale (160) :

$$S_n = -\frac{b^2 x}{a^2}.$$

L'équation de la normale en fonction du coefficient angulaire m s'obtient en éliminant x et y entre l'équation de l'ellipse, celle de la normale (1) et la relation :

$$m = \frac{a^2 y}{b^2 x}.$$

L'élimination donne :

$$(a^2 + b^2 m^2)(Y - mX)^2 - c^4 m^2 = 0.$$

198. Théorème. — *La projection d'une circonférence sur un plan oblique est l'ellipse qui a pour grand axe le diamètre du cercle, et pour petit axe la projection du diamètre dirigé suivant la ligne de plus grande pente du plan du cercle.*

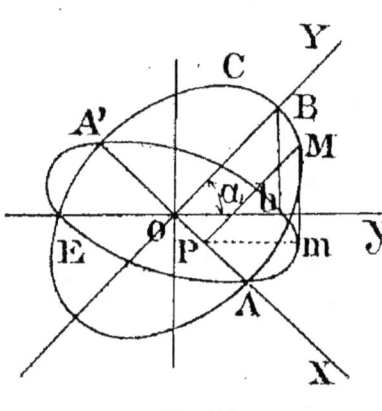

Fig. 130.

Soit le cercle ABA' et sa projection AbA' sur un plan faisant avec celui du cercle un angle α.

Prenons pour axes : dans le plan du cercle, l'intersection AA' et la ligne de la plus grande pente OY ; dans le plan de projection, la ligne AA' et la projection Oy de OY. Désignons par x, Y, les coordonnées du point M ; x, y, celles de sa projection m ; a, le rayon du cercle. On a dans le cercle C :

$$x^2 + Y^2 = a^2 ;$$

mais d'autre part :

$$mP = MP \cos \alpha, \quad \text{ou} \quad y = Y \cos \alpha, \quad \text{d'où} \quad Y = \frac{y}{\cos \alpha};$$

donc :

$$x^2 + \frac{y^2}{\cos^2 \alpha} = a^2 \qquad \text{ou encore} \qquad \frac{x^2}{a^2} + \frac{y^2}{a^2 \cos^2 \alpha} = 1$$

équation d'une ellipse E ayant pour axes $2a$ et $2a \cos \alpha$.

D'après cela, on voit que l'on peut considérer l'ellipse

ayant pour équation :

$$\frac{x^2}{a^2} + \frac{y^2}{b^2} = 1,$$

comme la projection d'un cercle de rayon a sur un plan faisant avec celui du cercle un angle α tel que :

$$\cos \alpha = \frac{b}{a}.$$

199. Diamètres et cordes supplémentaires dans l'ellipse. — Dans l'ellipse rapportée à ses axes de symétrie, l'équation des diamètres MM' des cordes CD parallèles à la droite NN', $y = mx$, est (187) :

$$y = -\frac{b^2}{a^2 m} x.$$

Si m et m' sont les coefficients angulaires de deux diamètres conjugués NN' et MM', on a la relation :

$$mm' = -\frac{b^2}{a^2}.$$

La tangente en un point M d'une ellipse est parallèle aux cordes DC du diamètre qui passe par ce point ; on voit, en effet, que, si x, y sont les coordonnées du point M, le coefficient angulaire de OM est $\frac{y}{x}$ et celui de la tangente $-\frac{b^2 x}{a^2 y}$; le produit de ces coefficients étant égal à $-\frac{b^2}{a^2}$,

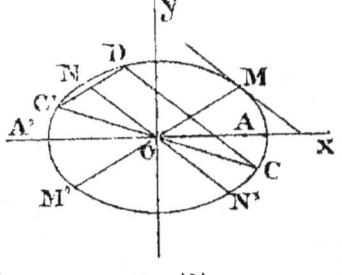

Fig. 131.

celui de la tangente est égal à celui des cordes.

Deux cordes, telles que DC et DC', qui passent par un même point D de la courbe et par les extrémités d'un même diamètre CC', sont appelées *cordes supplémentaires*. On démontre que ces cordes sont respectivement parallèles à leurs diamètres conjugués NN' et MM', ce qui fournit un troisième procédé pour construire les tangentes à l'ellipse.

Limites de l'angle de deux diamètres conjugués. — Soient OM et ON deux diamètres conjugués, θ leur angle ; par les extrémités du grand axe AA' menons des parallèles à OM et ON ; on obtient deux cordes supplémentaires et l'angle A'PA est égal à θ.

D'autre part, si l'on désigne par α et α' les angles de AP et A'P avec OX, on a $\theta = \alpha - \alpha'$, d'où :

$$\tang \theta = \frac{\tang \alpha - \tang \alpha'}{1 + \tang \alpha \tang \alpha'};$$

mais

$$\tang \alpha = \frac{y}{x-a}, \qquad \tang \alpha' = \frac{y}{x+a};$$

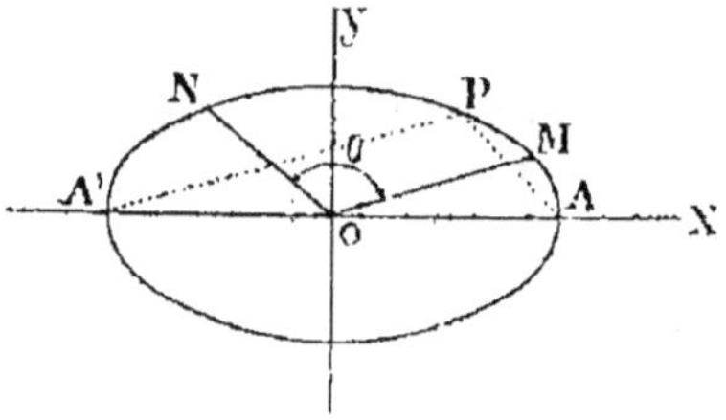

par suite :

$$\tang \theta = \frac{2ay}{x^2 + y^2 - a^2}.$$

Comme le point P appartient à l'ellipse, on a aussi :

$$a^2 y^2 + b^2 x^2 - a^2 b^2 = 0,$$

d'où :

$$x^2 - a^2 = -\frac{a^2 y^2}{b^2};$$

de sorte que l'expression de $\tang \theta$ peut s'écrire :

$$\tang \theta = -\frac{2ab^2}{c^2 y}.$$

On voit que $\tang \theta$ est négative, donc θ est obtus ; si y diminue, il en est de même de $\tang \theta$ et de θ ; pour $y = 0$, $\tang \theta = -\infty$, et $\lim \theta = 90°$. Pour $y = b$, on a $\tang \theta = -\frac{2ab}{c^2}$, c'est la tangente de l'angle des diagonales du rectangle des axes.

Diamètres conjugués égaux. — Deux diamètres égaux sont nécessairement symétriques par rapport à OY ; donc, si l'un fait l'angle α avec OX, l'autre fait avec le même axe l'angle $(\pi - \alpha)$, et leurs coefficients angulaires respectifs sont $\tang \alpha$ et $-\tang \alpha$; le produit est $-\tang^2 \alpha$.

Fig. 132.

GÉOMÉTRIE A DEUX DIMENSIONS

Pour que deux pareils diamètres soient conjugués, il faut que :

$$-\tan^2 \alpha = -\frac{b^2}{a^2}, \quad \text{d'où} \quad \tan \alpha = \frac{b}{a}.$$

Il n'y a donc qu'un système de diamètres conjugués égaux, ce sont les diagonales du rectangle des axes.

Nous terminerons ce paragraphe en indiquant un procédé élégant pour construire une ellipse par points, connaissant deux diamètres conjugués MM' et NN'. Le lecteur établira sans peine la démonstration.

Il suffit évidemment de savoir construire la courbe pour la portion de l'ellipse comprise dans un des quatre angles formés par les deux diamètres, soit dans l'angle MON (fig. 133).

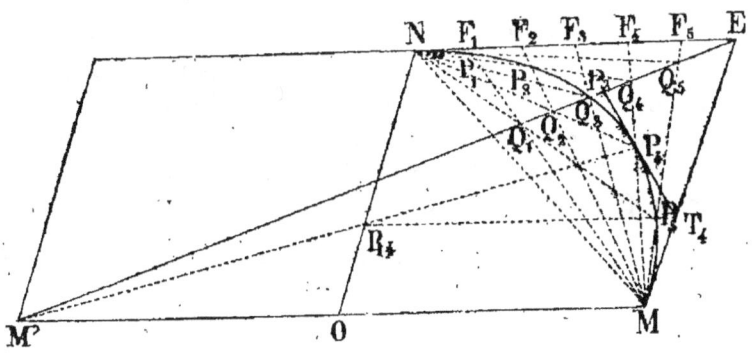

Fig. 133.

Divisons NE en un certain nombre pair de parties égales, six par exemple, par les points F_1, F_2, F_3, F_4, F_5. Joignons le point M à ces points de division par des droites qui coupent la diagonale M'E aux points Q_1, Q_2, Q_3, Q_4, Q_5. Si alors on associe deux à deux les droites MF_1, MF_2, ..., d'une part, et NQ_5, NQ_4, ..., de l'autre, en renversant l'ordre des indices, les points d'intersection P_1, P_2, P_3, P_4, P_5 fournis par ces couples de droites appartiennent à l'ellipse.

Pour obtenir la tangente en un de ces points, P_4 par exemple, il suffit de tirer la droite $M'P_4$, qui coupe ON en R_4, et de mener, par R_4 à OM, une parallèle qui coupe ME en T_4; P_4T_4 est tangente à l'ellipse.

200. Théorèmes d'Apollonius :

1° *L'aire du parallélogramme construit sur deux diamètres conjugués est constante et égale au rectangle des axes;*

2° *La somme des carrés de deux diamètres conjugués est constante et égale à la somme des carrés des axes.*

Si α et β désignent les demi-longueurs OM et ON de deux diamètres conjugués, et θ l'angle qu'ils font entre eux, les théorèmes d'Apollonius s'expriment par les égalités :

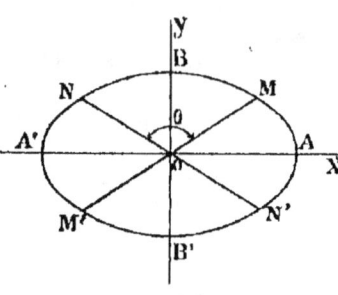

Fig. 134.

$$(1) \quad \alpha\beta \sin\theta = ab,$$
$$\alpha^2 + \beta^2 = a^2 + b^2.$$

1° Le parallélogramme de deux diamètres conjugués est évidemment la projection du carré construit sur les deux diamètres correspondants du cercle dont l'ellipse est la projection, diamètres qui sont rectangulaires; on a donc (198), en désignant par a le rayon du cercle et par λ l'angle que forme le plan du cercle avec celui de l'ellipse :

$$\alpha\beta \sin\theta = a^2 \cos\lambda ;$$

mais, d'autre part :

$$\cos\lambda = \frac{b}{a},$$

par suite :

$$\alpha\beta \sin\theta = ab,$$

ce qui démontre le premier théorème.

2° La formule (m) du numéro 193 donne pour $r = \alpha$, $\theta = \varphi$, en appelant φ l'angle que fait le diamètre OM avec OA :

$$\alpha^2 = \frac{a^2 b^2}{b^2 \cos^2\varphi + a^2 \sin^2\varphi},$$
$$\beta^2 = \frac{a^2 b^2}{b^2 \cos^2(\theta + \varphi) + a^2 \sin^2(\theta + \varphi)}.$$

On a d'autre part (199) :

$$\tan\varphi \, \tan(\theta + \varphi) = -\frac{b^2}{a^2}.$$

car $\tan\varphi = m$, $\tan(\varphi + \theta) = m'$.

GÉOMÉTRIE A DEUX DIMENSIONS

L'élimination des angles φ et θ entre les trois équations précédentes conduit à la relation

$$\alpha^2 + \beta^2 = a^2 + b^2,$$

qui établit le second théorème.

Les équations (1) permettent de calculer les longueurs des axes d'une ellipse, connaissant celles de deux diamètres conjugués et l'angle qu'ils font entre eux.

201. Rayon de courbure de l'ellipse. — On a trouvé au numéro 171, pour l'expression du rayon de courbure au point M (x, y), en posant MN $=$ N :

(1) $\quad R = \dfrac{(a^4 y^2 + b^4 x^2)^{\frac{3}{2}}}{a^4 b^4},\quad$ ou $\quad R = \dfrac{N^3}{p^2}.$

Si l'on désigne par γ l'angle F'MN que fait la normale MN avec le rayon vecteur MF', on peut vérifier la relation :

(2) $\quad R = \dfrac{p}{\cos^3 \gamma}.$

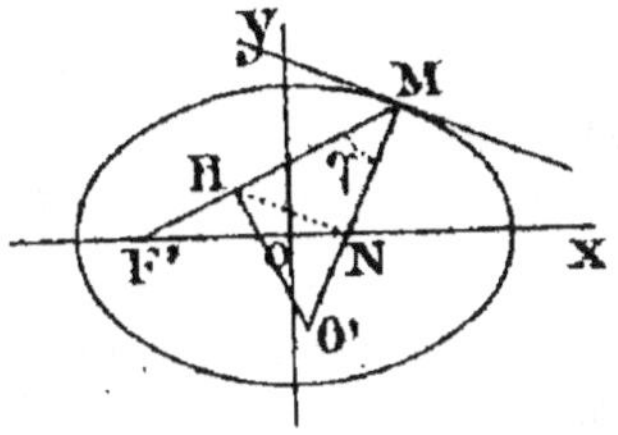

En effet l'angle γ est la différence des deux angles MNX et MF'X, qui ont respectivement pour tangentes :

$$\dfrac{a^2 y}{b^2 x} \quad \text{et} \quad \dfrac{y}{x + c}.$$

Fig. 135.

On a donc :

$$\tan \gamma = \dfrac{\dfrac{a^2 y}{b^2 x} - \dfrac{y}{x + c}}{1 + \dfrac{a^2 y^2}{b^2 x (x + c)}};$$

effectuant et simplifiant, il vient :

$$\tan \gamma = \dfrac{cy}{b^2};$$

par suite :

$$\cos^2 \gamma = \dfrac{1}{1 + \tan^2 \gamma} = \dfrac{a^2 b^4}{a^4 y^2 + b^4 x^2}.$$

Le rapprochement de cette relation avec la première expression de R donne :

$$R = \frac{b^2}{a \cos^3 \gamma},$$

c'est-à-dire la formule (2), puisque $p = \frac{b^2}{a}$.

Cette formule conduit à une construction simple du centre de courbure O' de l'ellipse. Par le point N, menons une perpendiculaire NH à la normale MN ; si H est son point de rencontre avec MF', la perpendiculaire HO' à MF' coupe précisément MN prolongée au point O'. En effet, on a :

$$MN = MH \cos \gamma, \qquad MH = MO' \cos \gamma,$$

donc :
$$MO' = \frac{MN}{\cos^2 \gamma};$$

mais, d'après (1) et (2), on a aussi :

$$\frac{\overline{MN}^3}{p^2} = \frac{p}{\cos^3 \gamma}, \qquad \text{d'où} \qquad MN = \frac{p}{\cos \gamma};$$

par suite :
$$MO' = \frac{p}{\cos^3 \gamma} = R.$$

Pour la développée de l'ellipse, se reporter au numéro 172 (*fig.* 77).

202. Quadrature de l'ellipse. — L'équation de l'ellipse donne d'abord pour l'ordonnée positive mP :

$$y = \frac{b}{a} \sqrt{a^2 - x^2}.$$

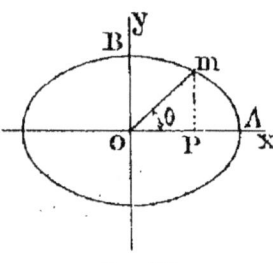

Fig. 136.

La formule du numéro 176 donne ensuite pour l'aire z du segment OBmP :

$$z = \frac{b}{a} \int_0^x \sqrt{a^2 - x^2} dx,$$

ou :

$$z = \frac{b}{2a} x \sqrt{a^2 - x^2} + \frac{ab}{2} \arcsin \frac{x}{a};$$

GÉOMÉTRIE A DEUX DIMENSIONS 327

si l'on fait $x = a$, la valeur correspondante de z donne l'aire du quadrant d'ellipse; on trouve :

$$z = \frac{\pi ab}{4},$$

car $\left[\arcsin \frac{x}{a}\right]_{x=a}$ = arc dont le sinus est $1 = \frac{\pi}{2}$. L'aire totale de l'ellipse est donc πab.

Le théorème du numéro 198, qui considère l'ellipse comme la projection d'un cercle, montre que le segment elliptique $obmP$ (fig. 130) est la projection du segment circulaire OBMP. L'aire totale du cercle étant représentée par πa^2, celle de l'ellipse sera :

$$\pi a^2 \times \cos \alpha = \pi a^2 \times \frac{b}{a} = \pi ab \, ;$$

c'est la formule trouvée plus haut.

L'aire du secteur mOA (fig. 136) s'évalue simplement en fonction de l'anomalie φ du point m (190); on a :

$$x = r \cos \theta = a \cos \varphi, \qquad y = r \sin \theta = b \sin \varphi,$$

d'où, par différentiation,

$$dr \cos \theta - r \sin \theta \, d\theta = - a \sin \varphi \, d\varphi,$$
$$dr \sin \theta + r \cos \theta \, d\theta = b \cos \varphi \, d\varphi \, ;$$

éliminant dr, il vient :

$$r \, d\theta = (b \cos \theta \cos \varphi + a \sin \theta \sin \varphi) \, d\varphi = \frac{ab}{r} (\cos^2 \varphi + \sin^2 \varphi) \, d\varphi = \frac{ab}{r} d\varphi;$$

par suite (176) :

$$r^2 d\theta = ab \, d\varphi, \qquad z = \frac{1}{2} \int_0^\theta r^2 d\theta = \frac{ab}{2} \int_0^\varphi d\varphi = \frac{ab\varphi}{2}.$$

203. Rectification de l'ellipse. — La formule du numéro 175 donne l'expression exacte de la longueur du quart de la circonférence d'ellipse. Pour les applications, on peut appliquer la formule approchée :

$$s = \pi \frac{(a+b)}{4} \left[1 + \frac{1}{4}\left(\frac{a-b}{a+b}\right)^2\right].$$

204. Hyperbole rapportée à ses axes. — L'équation rapportée aux axes est de la forme :

$$Ay^2 + Cx^2 + F = 0,$$

A et C étant de signes contraires, car on doit avoir $-4AC > 0$.
Supposons, pour fixer les idées, $A > 0$, $C < 0$, $F > 0$.

Pour $y = 0$, on trouve :

$$x^2 = -\frac{F}{C} = a^2,$$

d'où

$$x = \pm a,$$

ce qui donne les sommets A et A' de l'axe transverse. Pour $x = 0$, on obtient :

$$y^2 = -\frac{F}{A},$$

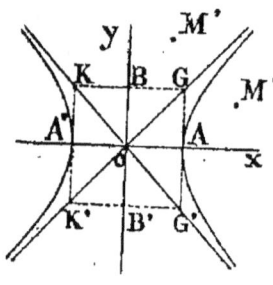

Fig. 137.

quantité négative, car F et A ont le même signe ; donc l'axe des y ne coupe pas la courbe ; en représentant cette expression par $-b^2$, on a $y = \pm b\sqrt{-1}$.

Par analogie à ce qui a lieu dans l'ellipse, on prend sur OY deux longueurs $OB = OB' = b$, et l'on dit que B et B' sont les sommets imaginaires de l'hyperbole, ou les sommets de l'axe non transverse. La longueur $AA' = 2a$ est la longueur de l'axe transverse, $BB' = 2b$ celle de l'axe non transverse. Si l'on introduit ces longueurs dans l'équation première, elle devient :

$$\frac{x^2}{a^2} - \frac{y^2}{b^2} - 1 = 0, \qquad \text{ou} \qquad a^2y^2 - b^2x^2 + a^2b^2 = 0 ;$$

par suite :

$$y = \pm \frac{b}{a}\sqrt{x^2 - a^2}.$$

Cette relation permet de construire la courbe par points ; cette dernière a l'aspect de la figure 137 avec quatre branches infinies et deux asymptotes.

On voit que l'équation de l'hyperbole ne diffère de celle de l'ellipse que par le changement de b^2 en $-b^2$; il faut donc s'attendre à retrouver dans cette courbe bon nombre de propriétés analogues à celles de l'ellipse. Ainsi, pour tout point M' $(x'. y')$ extérieur à l'hyperbole, on a :

$$a^2y'^2 - b^2x'^2 + a^2b^2 > 0,$$

et pour tout point intérieur M" $(x''y'')$:

$$a^2y''^2 - b^2x''^2 + a^2b^2 < 0.$$

205. Asymptotes de l'hyperbole. — L'équation des deux asymptotes est (186) :

$$a^2y^2 - b^2x^2 = 0, \qquad \text{d'où} \qquad y = \pm \frac{b}{a} x,$$

ce sont les diagonales du rectangle GKK'G' (fig. 137).

On a, en effet,

$$\varphi_m (1 . c) = \frac{1}{a^2} - \frac{c^2}{b^2} = 0,$$
$$\varphi_{m-1} (1 . c) = 0,$$

ce qui donne :

$$c = \pm \frac{b}{a}, \qquad d = 0.$$

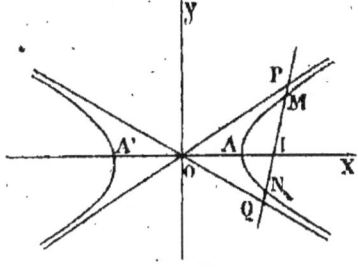

Fig. 138.

L'hyperbole $\frac{x^2}{a^2} - \frac{y^2}{b^2} = 1$ et le système de ses deux asymptotes $\frac{x^2}{a^2} - \frac{y^2}{b^2} = 0$ admettent le même diamètre correspondant à une même série de cordes parallèles $y = mx$; l'équation de ce diamètre est :

$$y = \frac{b^2}{ma^2} x.$$

Il résulte de là que *les portions* MP *et* NQ *d'une sécante com-*

prises entre l'hyperbole et ses asymptotes sont égales, car le point I milieu de MN est aussi le milieu de PQ.

Si l'on prend pour axes de coordonnées les asymptotes de l'hyperbole, on peut voir *a priori* que l'équation sera de la forme :

$$xy = m^2,$$

m désignant une constante. Faisons $y = 0$ dans l'équation (1)(180) ; les valeurs correspondantes de x doivent être infinies, donc cette équation ne doit pas renfermer les termes Cx^2 et Ex ; pour une raison analogue, elle ne doit pas contenir les termes Ay^2 et Dy, donc elle est de la forme :

$$Bxy + E = 0,$$

d'où

$$xy = -\frac{E}{B} = m^2.$$

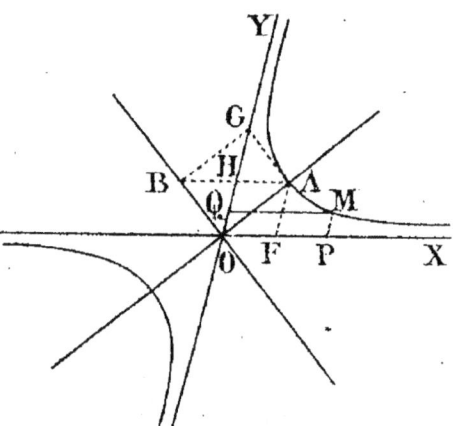

Fig. 139.

On peut aller plus loin et préciser la valeur de la constante m^2 en fonction des longueurs a et b ; appliquons l'équation au sommet A (*fig.* 139), en observant que ses coordonnées OF et OH sont égales, puisque les axes sont dirigés suivant les bissectrices de l'angle des asymptotes ; on a :

$$m^2 = OF \times OH = \overline{OH}^2 = \frac{\overline{OG}^2}{4} = \frac{a^2 + b^2}{4}.$$

Donc, l'hyperbole rapportée à ses asymptotes a pour équation :

$$xy = \frac{a^2 + b^2}{4}.$$

Géométriquement, cette relation signifie que *l'aire z du*

GÉOMÉTRIE A DEUX DIMENSIONS

parallélogramme OPMQ conserve une valeur constante, quelle que soit la position du point M (x,y) sur l'hyperbole; soit θ l'angle formé par les asymptotes, on a :

$$z = xy \sin \theta = \frac{a^2 + b^2}{4} \sin \theta = \frac{ab}{2},$$

car le parallélogramme OPMQ, équivalent au parallélogramme OFAH, est encore équivalent à la moitié du rectangle des demi-axes OAGB.

Quand les axes de l'hyperbole ont même longueur, $a = b$, et l'équation de la courbe devient :

$$x^2 - y^2 = a^2,$$

on dit alors que l'hyperbole est *équilatère*. L'équation des asymptotes est dans ce cas :

$$y^2 - x^2 = 0, \quad \text{d'où} \quad y = \pm x;$$

ces droites se coupent à angle droit.

L'équation rapportée aux asymptotes est :

$$xy = \frac{a^2}{2}.$$

Proposons-nous de construire une hyperbole, connaissant les asymptotes OX et OY et un point M de la courbe. D'après ce que l'on vient de voir, les coordonnées du sommet A sont égales à la moyenne géométrique des coordonnées OP et OQ du point M ; rien n'est

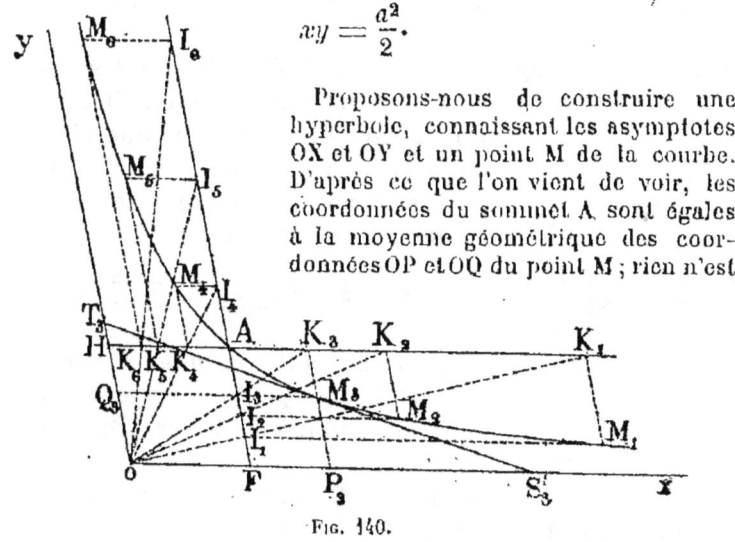

Fig. 140.

donc plus facile que de déterminer ces coordonnées, et, par suite de fixer la position du point A.

Pour obtenir d'autres points de la courbe, menons par le centre O (*fig.* 140) des droites quelconques OI_1K_1, OI_2K_2, ..., qui coupent les parallèles AF et AH aux asymptotes, menées par le sommet A, respectivement aux points $I_1, I_2, I_3, ...,$ et $K_1, K_2, K_3, ...$

Les parallèles à OX menées par les points $I_1, I_2, I_3, ...,$ rencontrent les parallèles à OY passant par $K_1, K_2, K_3, ...,$ etc., en des points $M_1, M_2, M_3, ...,$ qui appartiennent à l'hyperbole.

Pour obtenir la tangente à la courbe au point M_3 par exemple, il suffit de doubler l'abscisse OP_3, ou encore l'ordonnée OQ_3 de ce point, et joindre le point S_3 ou T_3 ainsi obtenu au point M_3.

THÉORÈMES D'APOLLONIUS. — Les relations d'Apollonius subsistent pour l'hyperbole, sauf le changement de b^2 en $-b^2$. On a (200) :

$$\alpha\beta \sin\theta = ab, \qquad \alpha^2 - \beta^2 = a^2 - b^2.$$

La seconde relation prouve qu'il n'y a de diamètres conjugués égaux que dans l'hyperbole équilatère, car, pour que $\alpha = \beta$, il faut que $a = b$. De plus, dans ce cas, tous les systèmes de diamètres conjugués se composent de diamètres égaux.

206. Foyers de l'hyperbole. — On définit les foyers de l'hyperbole par les mêmes conditions que ceux de l'ellipse ; un calcul identique à celui du numéro 192 montre que l'hyperbole a deux foyers F et F' situés sur le grand axe à des distances du centre :

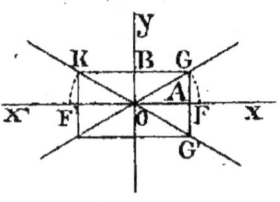

Fig. 141.

$$OF = OF' = c = \sqrt{a^2 + b^2}.$$

Si du point O comme centre, avec $OG = OK$ pour rayon, on décrit un arc de cercle, cet arc coupe l'axe AA' aux points F et F'.

Pour les rayons vecteurs MF et MF', issus d'un point quelconque M de la branche de droite, on trouve (*fig.* 144) :

$$MF = \frac{cx}{a} - a, \qquad MF' = \frac{cx}{a} + a ;$$

pour ceux issus d'un point quelconque M' de la branche de gauche, on a:

$$MF = a - \frac{cx}{a}, \qquad M'F' = -a - \frac{cx}{a};$$

dans les deux cas, on vérifie la relation :

$$MF' - MF = 2a,$$

ou

$$M'F - M'F' = 2a.$$

On peut donc définir l'hyperbole en disant que c'est le lieu des points M du plan dont la différence des distances à deux points fixes F et F' est constante. Cette définition donne le moyen de construire l'hyperbole par points ou d'un mouvement continu lorsqu'on connaît les foyers et la différence $2a$.

Pour la construire par points, prenons (*fig.* 142):

$$OA = OA' = a,$$

O étant le milieu de FF'; marquons sur FF' un point arbitraire P, extérieur aux deux foyers, et mesurons AP et A'P; si des points F et F' comme centres nous décrivons les circonférences qui ont AP et A'P pour rayons, le point M où ces circonférences se coupent est un point de l'hyperbole, car :

$$MF' - MF = A'P - AP = 2a.$$

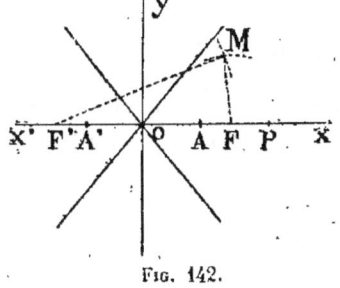
Fig. 142.

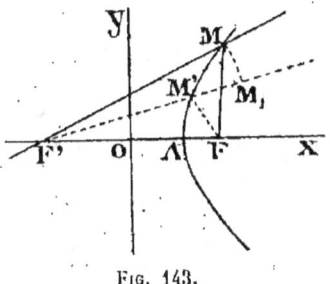
Fig. 143.

Pour construire l'hyperbole d'un mouvement continu, fixons une règle au foyer F' de façon qu'elle puisse tourner autour de ce point; attachons à la règle, en F et en M, les extrémités d'un fil tel que la différence $F'M - FM = 2a$. Si ensuite on fait glisser la pointe d'un crayon le long de la règle, en tendant le fil, elle décrit évidemment un arc d'hyperbole; en effet, on a pour M':

$$F'M' + M'M_1 - M_1M' - M'F = 2a,$$

c'est-à-dire :

$$M'F' - M'F = 2a.$$

Si M_1 et M_2 sont deux points, l'un extérieur et l'autre intérieur à la courbe, on a (*fig. 144*) :

$$M_1F' - M_1F < 2a < M_2F' - M_2F;$$

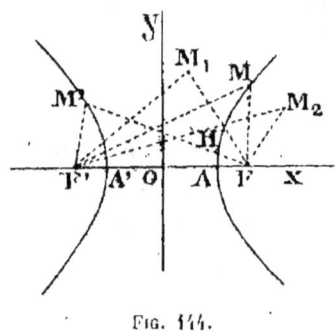

Fig. 144.

en effet, pour M_1 on peut écrire, en appelant H le point de rencontre de M_1F avec la courbe,

$$F'H > F'M_1 - M_1H,$$

d'où :

$$F'H - FH > F'M_1 - M_1H - FH,$$

c'est-à-dire :

$$2a > M_1F' - M_1F.$$

La seconde inégalité se démontre de la même façon.

207. Équation polaire de l'hyperbole. — En prenant le foyer F pour pôle et l'axe AA' pour axe polaire, on trouve, comme au numéro 193,

$$r = \frac{p}{1 - e \cos \theta}, \qquad p = \frac{b^2}{a}, \qquad e = \frac{c}{a}.$$

Dans l'hyperbole, l'excentricité e est toujours plus grande que l'unité, car $c > a$.

Si l'on prend le centre de la courbe comme pôle, on a :

$x = r \cos \theta,$
$y = r \sin \theta,$

et l'équation de l'hyperbole équilatère $x^2 - y^2 = a^2$ devient :

$r^2 (\cos^2 \theta - \sin^2 \theta) = a^2,$

d'où

$r^2 = \dfrac{a^2}{\cos 2\theta}.$

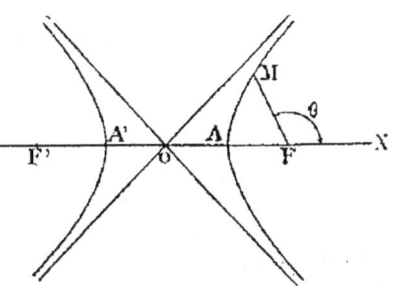

Fig. 145.

208. Tangente et normale à l'hyperbole. — L'équation de la tangente au point M (xy) est :

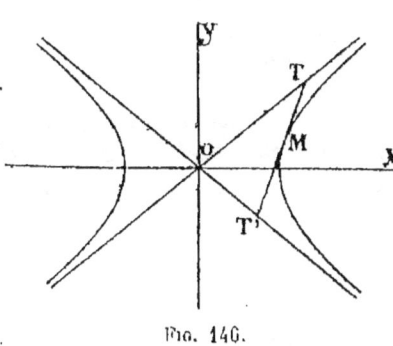

Fig. 146.

$$\frac{Xx}{a^2} - \frac{Yy}{b^2} = 1 ;$$

elle ne diffère de celle de l'ellipse que par le changement de b^2 en $-b^2$ (159). On pourrait démontrer que *le point de contact partage en deux parties égales la portion de la tangente comprise entre les deux asymptotes* (205).

La sous-tangente a pour valeur :

$$S_t = -\frac{a^2 y^2}{b^2 x} = \frac{a^2 - x^2}{x}.$$

Si l'on prend pour variable le coefficient angulaire $m = \dfrac{b^2 x}{a^2 y}$ de la tangente, l'équation de cette ligne devient :

$$Y = mX + \sqrt{a^2 m^2 - b^2} ;$$

il suffit, pour l'obtenir, d'éliminer x et y entre l'équation de la courbe, l'équation de la tangente et la valeur de m.

La formule du numéro 160 donne immédiatement pour l'équation de la normale :

$$Y - y = -\frac{a^2 y}{b^2 x}(X - x),$$

ce que l'on peut écrire :

$$\frac{X a^2}{x} + \frac{Y b^2}{y} = c^2, \qquad a^2 + b^2 = c^2;$$

on trouve pour la sous-normale :

$$S_n = \frac{b^2 x}{a^2}.$$

L'équation de la normale en fonction du coefficient angulaire est :

$$Y = mX + \frac{mc^2}{\sqrt{a^2 - m^2 b^2}}.$$

209. Théorème. — *La tangente en un point d'une hyperbole est bissectrice de l'angle des rayons vecteurs du point de contact.*

Cela résulte simplement de ce que l'on a, comme au numéro 195,

$$\frac{FT}{F'T} = \frac{MF}{MF'};$$

la démonstration est identique (*fig.* 147).

Lorsqu'on connaît les foyers d'une hyperbole, le théorème précédent facilite la construction des tangentes à la courbe :

1° Pour construire la tangente au point M, on prend sur MF' une longueur MK = MF, et on élève une perpendiculaire sur le milieu de FK ; cette droite est tangente à l'hyperbole, car elle est bissectrice de l'angle FMF' (*fig.* 148).

2° Pour mener les tangentes par un point extérieur Q, on remarque qu'en retranchant du rayon vecteur F'M une longueur MK = MF, le lieu des points K est un cercle de rayon 2a, le *cercle directeur* de l'hyperbole relatif au foyer F' ; supposons ce cercle tracé, et du point Q comme centre, avec QF pour rayon, décrivons-en un second ; ces deux cercles se coupent en deux points K et K'; joignons FK, FK', puis du point Q abaissons des perpendiculaires sur chacune de ces droites; ces perpendiculaires sont les tangentes cherchées.

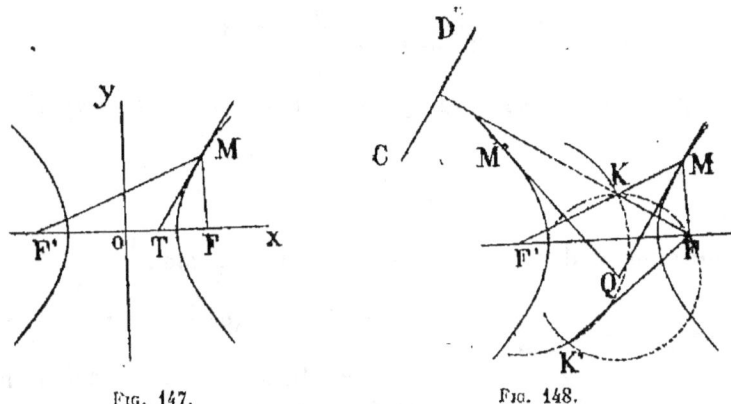

Fig. 147.   Fig. 148.

3° Pour mener les tangentes parallèles à une droite donnée CD, on abaisse FK perpendiculaire à cette droite, et on élève une perpendiculaire sur le milieu de FK.

210. Hyperboles conjuguées. — Hyperboles homofocales. — On donne le nom d'hyperboles conjuguées aux deux courbes définies par les équations :

$$\frac{x^2}{a^2} - \frac{y^2}{b^2} - 1 = 0,$$

et

$$\frac{x^2}{a^2} - \frac{y^2}{b^2} + 1 = 0.$$

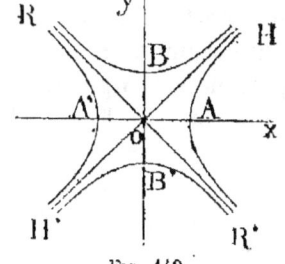

Fig. 149.

Ces courbes ont mêmes asymptotes; la première est placée dans les angles opposés HOR' et ROH' formés par ces droites, et la seconde dans les angles opposés HOR et R'OH'. Leurs axes sont égaux en valeur absolue, mais l'axe transverse de l'une d'elles est l'axe non transverse de l'autre, et inversement.

Dans les hyperboles qui ont mêmes foyers, la distance de ces derniers est constante; on a donc $a^2 + b^2 = C^{te}$.

D'après cela, si l'on désigne par λ une quantité positive ou négative, l'équation

$$\frac{x^2}{a^2+\lambda} - \frac{y^2}{b^2-\lambda} = 1$$

représente toutes les hyperboles homofocales à l'hyperbole :

$$\frac{x^2}{a^2} - \frac{y^2}{b^2} = 1 ;$$

en effet, la distance du foyer au centre égale :

$$(a^2 + \lambda) + (b^2 - \lambda) = a^2 + b^2.$$

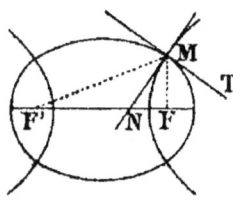

Fig. 150.

Une ellipse et une hyperbole homofocales sont deux courbes orthogonales, car au point M commun à ces courbes la tangente MN à l'hyperbole, qui est bissectrice de l'angle F'MF, se confond avec la normale à l'ellipse, qui est bissectrice du même angle.

211. Quadrature de l'hyperbole. — L'aire d'un segment d'hyperbole s'obtient comme celle d'un segment d'ellipse (202). Si l'hyperbole est rapportée à ses asymptotes, on a (205) :

$$xy = \frac{c^2}{4},$$

d'où

$$y = \frac{c^2}{4}\frac{1}{x},$$

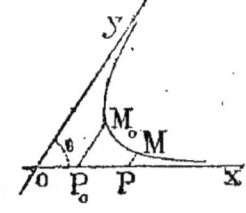

Fig. 151.

et pour l'aire z du segment $M_0 P_0 M P$, $OP_0 = \alpha$, $OP = x$:

$$z = \frac{c^2}{4}\sin\theta \int_\alpha^x \frac{dx}{x} = \frac{c^2}{4}\sin\theta L . \frac{x}{\alpha}.$$

Cette expression devient infinie lorsque α est égal à 0, c'est-à-dire quand on compte l'aire depuis l'asymptote OY. Si l'hyperbole est équilatère, $\theta = 90°$, et :

$$z = \frac{c^2}{4} L . \frac{x}{\alpha}.$$

Pour $c = 1$, $\alpha = 1$, il vient :

$$z = Lx,$$

d'où le nom de logarithmes hyperboliques donné quelquefois aux logarithmes népériens.

212. Rectification de l'hyperbole. — L'équation de l'hyperbole :

$$\frac{x^2}{a^2} - \frac{y^2}{b^2} = 1,$$

est identiquement vérifiée si l'on pose :

$$x = \frac{a}{\cos \varphi}, \qquad y = b \tang \varphi,$$

φ étant un angle auxiliaire; cette équation devient, en effet :

$$\frac{1}{\cos^2 \varphi} - \tang^2 \varphi = 1,$$

ce qui est une identité.

On déduit de ces relations :

$$dx = \frac{a \sin \varphi}{\cos^2 \varphi} d\varphi, \qquad dy = \frac{b d\varphi}{\cos^2 \varphi};$$

et :

$$ds^2 = dx^2 + dy^2 = \frac{a^2 \sin^2 \varphi + b^2}{\cos^4 \varphi} d\varphi^2,$$

ou encore, en introduisant l'excentricité e de la courbe,

$$e^2 = \frac{a^2 + b^2}{a^2};$$

$$ds^2 = \frac{a^2 (e^2 - \cos^2 \varphi)}{\cos^4 \varphi} d\varphi^2 = a^2 e^2 \cdot \frac{1 - \dfrac{\cos^2 \varphi}{e^2}}{\cos^4 \varphi} d\varphi^2.$$

Si l'on compte les arcs à partir du sommet A (fig. 144), qui correspond à $\varphi = 0$, on a, pour l'arc $AM = s$,

$$s = ac \int_0^\varphi \frac{d\varphi}{\cos^2 \varphi} \sqrt{1 - \frac{\cos^2 \varphi}{c^2}}.$$

On est ainsi ramené à une intégrale elliptique de seconde espèce (94); développant en série, il vient :

$$s = ac \tang \varphi - \frac{a}{2c} \varphi - \frac{a}{c} \int_0^\varphi \left(\frac{1}{2} \cdot \frac{1}{4} \frac{\cos^2 \varphi}{c^2} + \cdots \right) d\varphi.$$

213. Parabole. — L'équation de la courbe rapportée à son axe et à la tangente au sommet est de la forme (188) :

$$Ay^2 + Ex = 0,$$

ou, en posant $-\dfrac{E}{A} = 2p$,

$$y^2 = 2px ;$$

p est le *paramètre* de la parabole. Supposons, pour fixer les idées, que l'on ait $p > 0$, la courbe présente alors l'aspect de la figure 152; elle n'a aucun point placé à gauche de OY, car toute valeur négative de x rend y imaginaire. Pour construire la courbe par points, connaissant l'axe et le paramètre p, prenons $OC = 2p$, et soit $x = OP$ l'abscisse d'un point quelconque M; la circonférence décrite sur CP comme diamètre coupe OY en m, et la parallèle mM à OX rencontre l'ordonnée du point P au point cherché M. On a, en effet,

$$\overline{Om}^2 = \overline{PM}^2 = OC \times OP = 2px.$$

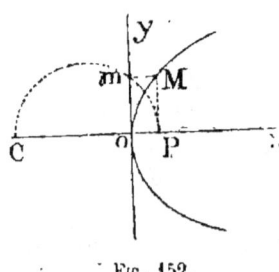

Fig. 152.

On détermine de la même façon autant de points de la courbe qu'on en a besoin.

Si l'on voulait construire une parabole connaissant le sommet O, l'axe OA, et un point 4′ de la courbe, on procéderait comme il suit: menons 4′4 parallèle à OA et O4 perpendiculaire sur 4′4, puis divisons 4 4 et O4 en un même nombre de parties égales ; joignons ensuite le sommet O aux points de division de 4′4, et, des points de division de O4, menons des parallèles à OA. Les points d'intersection de ces droites donnent des points de la courbe. Cette construction se justifie aisément en évaluant les coordonnées de l'un quelconque des points d'intersection.

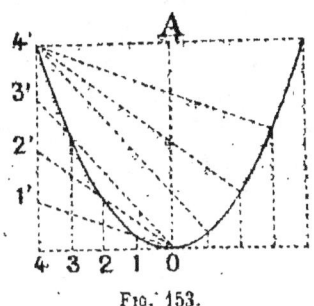

Fig. 153.

Foyer et directrice. — Le *foyer* de la parabole se définit comme ceux de l'ellipse; un calcul identique à celui du numéro 192 montre que la parabole n'a qu'un foyer F situé sur son axe et à une distance du sommet $OF = \dfrac{p}{2}$. Le rayon vecteur du point M (x, y) est (fig. 154):

$$MF = x + \frac{p}{2},$$

La *directrice* de la parabole est une droite telle que tout point de la courbe est équidistant de cette droite et du foyer; à cause de la symétrie de la courbe par rapport à son axe, la directrice est perpendiculaire à cet axe, et a pour équation :

$$x = -\frac{p}{2},$$

puisque le point O de la parabole doit être équidistant de la directrice DK et du foyer.

On pourrait démontrer que la directrice est le lieu des sommets des angles droits circonscrits à la parabole.

La connaissance du foyer et de la directrice de la parabole permet de construire la courbe par points. La perpendiculaire FD sur la directrice est l'axe de la courbe; on remarque ensuite que le milieu O de DF appartient à la courbe. Pour avoir d'autres points, élevons des ordonnées en des points quelconques de l'axe P, P', P″, ...; décrivons de F comme centre un arc de rayon P'D, puis l'arc de rayon P″D,... etc.; le premier coupe P'M aux points M et M' qui appartiennent à la courbe, le second détermine deux autres points M_1 et M'_1 sur l'ordonnée du point P″, et ainsi de suite (*fig.* 155).

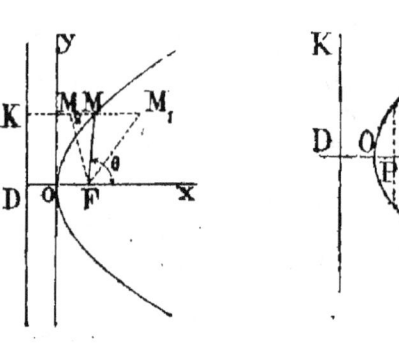

Fig. 154.   Fig. 155.

Si M_1 et M_2 sont deux points, l'un intérieur et l'autre extérieur à la courbe, on a (*fig.* 154):

$$M_1K > M_1F, \qquad M_2K < M_2F;$$

ces propriétés s'aperçoivent immédiatement dans les triangles M_1MF et M_2MF.

214. Équation polaire de la parabole: — En prenant le foyer pour pôle et l'axe de la courbe pour axe polaire, on a:

$$MF = x + \frac{p}{2} = r,$$

mais (*fig.* 154):

$$x = \frac{p}{2} + r \cos \theta,$$

GÉOMÉTRIE A DEUX DIMENSIONS 343

d'où, par élimination de x,

$$r = \frac{p}{1 - \cos\theta}.$$

215. Tangente et normale à la parabole. — L'équation de la tangente au point $M(x,y)$ s'écrit (159), en observant que $\frac{dy}{dx} = \frac{p}{y}$,

$$Y - y = \frac{p}{y}(X - x), \quad \text{ou encore} \quad Yy = p(X + x),$$

puisque :

$$y^2 = 2px.$$

Si l'on introduit le coefficient angulaire variable $m = \frac{p}{y}$ de la tangente, cette équation devient :

$$Y = mX + \frac{p}{2m};$$

on a, en effet :

$$y = \frac{p}{m}, \qquad x = \frac{p}{2m^2},$$

On trouve pour la longueur de la sous-tangente :

$$S_t = TP = 2x;$$

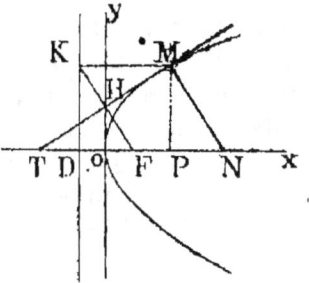

Fig. 156.

cette égalité montre que $OT = OP$; par suite, puisque $OF = \frac{p}{2}$, on a :

$$TF = x + \frac{p}{2} = MF;$$

ainsi le triangle FMT est isocèle et les angles FMT et FTM sont égaux ; mais l'angle KMT est égal à l'angle FTM ; donc les angles KMT et FMT sont égaux, c'est-à-dire que *la tan-*

gente MT est bissectrice de l'angle FMK formé par le rayon vecteur MF et la perpendiculaire MK à la directrice.

Construction des tangentes. — Lorsqu'on connaît le foyer et le sommet de la parabole, il est facile de construire la tangente à la courbe au point M ; on mène l'axe OF, on prend FT=FM, et on tire TM (*fig.* 156).

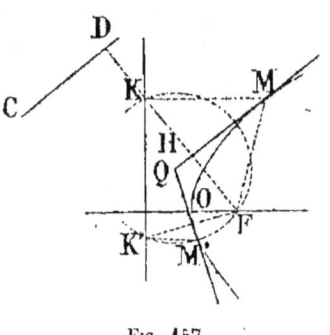

Fig. 157.

Quand on connaît le foyer et la directrice, le problème ne présente pas plus de difficultés ; on mène le rayon MF et la perpendiculaire MK sur la directrice ; la perpendiculaire élevée sur le milieu de FK est tangente à la parabole au point M.

Pour mener les tangentes par un point extérieur Q, décrivons du point Q comme centre, avec QF pour rayon, un cercle qui coupe la directrice aux points K et K' ; joignons FK et FK', et du point Q abaissons des perpendiculaires sur chacune de ces droites ; ces perpendiculaires sont les tangentes demandées, car, pour QH par exemple, on a par construction QF = QK, ou HF = HK et angle FMH = angle KMH. Les points de contact M et M' s'obtiennent en menant par les points K et K' des perpendiculaires à la directrice.

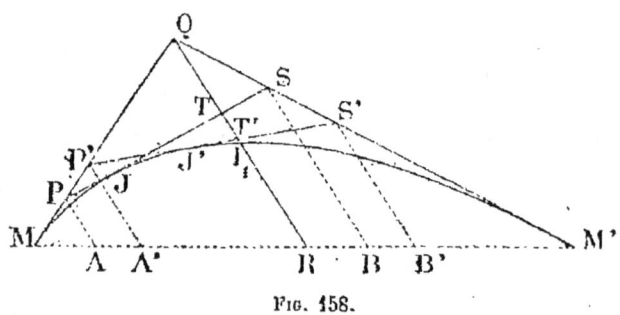

Fig. 158.

Pour mener la tangente parallèle à une droite donnée CD, on mène FK perpendiculaire à cette droite et on élève une autre perpendiculaire sur le milieu de FK.

On a quelquefois besoin de construire une parabole dont on connaît deux tangentes QM, QM' (*fig.* 158) et leurs points de contact M et M'.

Joignons le point Q au milieu R de MM'; le point I_1, milieu de QR, appartient à la courbe.

Prenons, d'une façon quelconque sur MM', le segment AB égal à MR, et menons par les points A et B des parallèles à QR qui coupent QM et QM' en P et S. La droite PS est une tangente à la parabole; on obtient le point de contact J en prenant le segment PJ égal à TS. On détermine de cette façon autant de points de la courbe qu'on en a besoin.

On pourrait aussi diviser O1 et O7 en un même nombre de parties égales, joindre les points de division comme l'indique la figure 159 et mener une courbe tangente à toutes ces droites.

L'équation de la normale au point M est (160) :

$$Y - y = -\frac{y}{p}(X - x).$$

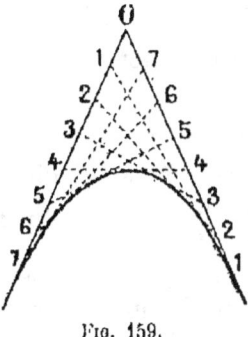

Fig. 159.

En introduisant le coefficient angulaire variable $m = -\frac{y}{p}$ de la normale, l'équation devient :

$$Y = m(X - p) - \frac{pm^3}{2},$$

On a vu que la sous-normale PN (*fig.* 156) était constante et égale au paramètre.

216. Équation commune aux trois courbes du second degré. — Si l'on prend pour origine le sommet A de l'ellipse et pour axe la ligne AA' (*fig.* 160), on peut écrire :

$$\overline{MP}^2 = \frac{b^2}{a^2} \cdot AP \times A'P,$$

car le produit $AP \times A'P$ représente le carré de l'ordonnée correspondante du cercle principal qui a AA' pour diamètre.

Mais
$$A'P = 2a - x, \qquad AP = x;$$

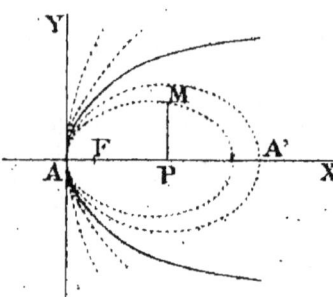

Fig. 160.

donc
$$y^2 = \frac{b^2}{a^2}(2a - x)x,$$

ou, en développant,
$$y^2 = \frac{2b^2}{a}x - \frac{b^2}{a^2}x^2.$$

Si l'on observe que :

$$\frac{b^2}{a} = p, \qquad \frac{b^2}{a^2} = \frac{a^2 - c^2}{a^2} = 1 - \frac{c^2}{a^2} = 1 - e^2; \qquad e < 1,$$

on peut écrire :

$$(1) \qquad y^2 = 2px + (e^2 - 1)x^2.$$

La même équation subsiste pour l'hyperbole rapportée au sommet A et à l'axe AX, mais l'excentricité e est plus grande que 1.

Si le foyer F reste fixe et qu'on fasse croître a au delà de toute limite, l'ellipse dans le voisinage de A a pour limite la parabole de sommet A et de foyer F ; en effet :

Soit p le paramètre de la parabole, on a :

$$AF = \frac{p}{2} = a - c = a - \sqrt{a^2 - b^2},$$

d'où, en élevant au carré et réduisant,

$$b^2 = ap - \frac{p^2}{4}$$

ou encore

$$\frac{b^2}{a} = p - \frac{p^2}{4a};$$

mais, lorsque a tend vers l'infini, le rapport $\frac{b^2}{a}$ tend vers la mite p; donc l'équation (1) est encore valable pour la parabole, à condition de faire $e = 1$.

En résumé, l'équation (1) peut représenter les trois courbes du second degré, avec cette condition que $e < 1$ pour l'ellipse, $e > 1$ pour l'hyperbole, $e = 1$ pour la parabole.

217. Rayon de courbure de la parabole. — Prenons l'axe de la courbe pour axe des y; on a dans ce cas :

$$x^2 = 2py,$$

d'où

$$y = \frac{x^2}{2p}, \qquad \frac{dy}{dx} = \frac{x}{p}, \qquad \frac{d^2y}{dx^2} = \frac{1}{p}.$$

La formule (1) du numéro 171 donne ensuite

$$R = \frac{(x^2 + p^2)^{\frac{3}{2}}}{p^2}.$$

La sous-normale PN étant égale à p, on a NP $= p$, par suite :

$$x^2 + p^2 = \overline{MN}^2 = N^2,$$

d'où l'on déduit :

$$R = \frac{N^3}{p^2}.$$

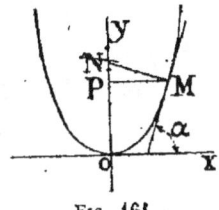

Fig. 161.

En désignant par α l'angle formé par la tangente à la courbe en un point M avec l'axe OX, on a dans le triangle rectangle MNP :

$$x = p \tang \alpha$$

par suite,

$$R = \frac{p^3(1 + \tang^2 \alpha)^{\frac{3}{2}}}{p^2}, \qquad \text{ou encore} \qquad R = \frac{p}{\cos^3 \alpha},$$

car

$$1 + \tang^2 \alpha = \frac{1}{\cos^2 \alpha}.$$

Pour la développée, voir au numéro 172.

218. Quadrature de la parabole. — Voir au numéro 176.

219. Rectification de la parabole. — La parabole est la seule courbe du second degré rectifiable ; des relations :

$$y = \frac{x^2}{2p}, \qquad \frac{dy}{dx} = \frac{x}{p},$$

on déduit :

$$ds = \sqrt{1 + \frac{dy^2}{dx^2}}\, dx = \frac{\sqrt{p^2 + x^2}}{p}\, dx\,;$$

comptant les arcs à partir de l'origine O, il vient :

$$\text{arc OM} = s = \frac{1}{p} \int_0^x \sqrt{x^2 + p^2}\, dx,$$

ou, d'après la formule intégrale du numéro 88,

$$s = \frac{x}{2}\sqrt{x^2 + p^2} + \frac{p}{2} L\left(\frac{x + \sqrt{x^2 + p^2}}{p}\right).$$

Dans une première approximation, si le rapport $\frac{x}{y}$ était de faible valeur, on pourrait appliquer la formule approchée :

$$s = y\left[1 + \frac{2}{3}\left(\frac{x}{y}\right)^2 - \frac{2}{5}\left(\frac{x}{y}\right)^4\right].$$

220. Détermination des courbes du second degré. — L'équation du second degré :

(1) $\qquad Ay^2 + Bxy + Cx^2 + Dy + Ex + F = 0$,

contient six coefficients ; mais, comme on peut diviser tous les termes par le coefficient de l'un d'entre eux, pourvu qu'il ne soit pas nul, l'équation ne renferme en réalité que cinq coefficients arbitraires. On voit donc qu'*une conique est généralement déterminée par cinq conditions.*

Dans le cas de la parabole, $B^2 - 4AC = 0$, et il n'y a plus que quatre coefficients arbitraires, c'est-à-dire qu'une parabole est déterminée par quatre conditions. Il en est de même de l'hyperbole équilatère pour laquelle on a $A + C = 0$.

D'une façon générale, on appelle *paramètres* d'une courbe les longueurs qui suffisent à déterminer sa forme. La circonférence ne dépend que d'un paramètre, son rayon; l'ellipse et l'hyperbole ont deux paramètres, leurs axes ou l'un des axes et la distance des foyers; la parabole n'en a qu'un, la distance du foyer à la directrice; il en est de même de l'hyperbole équilatère.

1° Proposons-nous de déterminer l'équation de la courbe du second degré qui passe par cinq points donnés A, B, C, D, E. Si l'on fait $y = 0$ dans l'équation (1), elle devient :

$$Cx^2 + Ex + F = 0,$$

équation qui a pour racines a, b. Avec les axes indiqués sur la figure, ces racines sont les abscisses des points A et B. On a donc :

$$\frac{E}{C} = -(a+b), \qquad \frac{F}{C} = ab,$$

d'où l'on déduit :

$$C = \frac{F}{ab}, \qquad E = -F\left(\frac{1}{a} + \frac{1}{b}\right).$$

Pareillement, si l'on fait $x = 0$ dans (1), on obtient :

$$Ay^2 + Dy + F = 0,$$

équation qui a pour racines c, d, ordonnées des points C et D. On a également comme plus haut :

$$A = \frac{F}{cd}, \qquad D = -F\left(\frac{1}{c} + \frac{1}{d}\right);$$

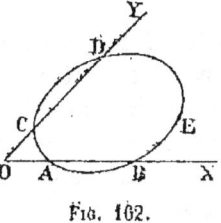

Fig. 162.

de sorte que l'équation (1) s'écrit en remplaçant les coefficients par les valeurs trouvées et divisant par F :

$$(2) \quad \frac{y^2}{cd} + \frac{B}{F}xy + \frac{x^2}{ab} - \left(\frac{1}{c} + \frac{1}{d}\right)y - \left(\frac{1}{a} + \frac{1}{b}\right)x + 1 = 0.$$

Telle est l'équation demandée; il ne reste plus qu'un coefficient indéterminé $\frac{B}{F}$; on le déterminera par la condition que les coordonnées du point E (p, q) satisfassent à l'équation; et alors, tant que le point E ne sera pas sur l'une des droites qui joignent deux des points donnés, cette condition donnera pour $\frac{B}{F}$ une valeur finie et déterminée.

Comme on n'obtient qu'un seul système de valeurs des coefficients, *il n'y a qu'une courbe du second degré qui passe par cinq points donnés*, dont trois ne sont pas en ligne droite.

Lorsque trois des cinq points sont en ligne droite, le lieu de l'équation (2) se compose de la droite des trois points et de la droite qui joint les deux autres.

Si quatre points sont en ligne droite, il y a indétermination; le lieu se compose alors de la droite des quatre points et d'une droite quelconque passant par le cinquième.

Enfin, si les cinq points sont en ligne droite, le lieu se compose de cette droite et d'une autre droite quelconque.

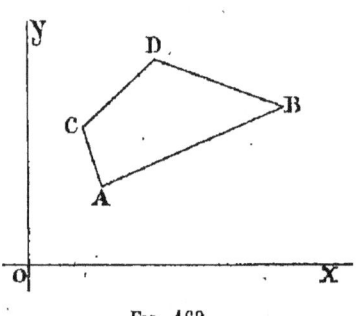

Fig. 163.

On peut raisonner d'une autre façon pour obtenir l'équation des coniques qui passent par quatre points donnés, dont trois ne sont pas en ligne.

Soient $y = ax + b$, $y = a'x + b'$, les équations de deux côtés opposés du quadrilatère des quatre points; $y = mx + n$, $y = m'x + n'$, celles des deux autres côtés. L'équation du second degré:

$$(3) \quad (y - ax - b)(y - a'x - b') + \alpha(y - mx - n)(y - m'x - n') = 0,$$

dans laquelle α est une quantité arbitraire, représente les courbes qui passent par les quatre points. En effet, les coordonnées de chaque sommet du quadrilatère annulent en même temps les deux termes du premier membre de (3).

De plus, si on prend un point (p,q) quelconque en dehors des côtés du quadrilatère, on peut trouver une valeur déterminée de α telle que la ligne (3) passe par ce point.

2° Pour obtenir l'équation des coniques qui touchent deux droites données CA et CB en deux points donnés A, B, il suffit d'écrire :

$$(y - ax - b)(y - a'x - b') + \alpha(y - mx - n)^2 = 0;$$

ce n'est autre chose que l'équation (3), dans laquelle deux côtés opposés du quadrilatère coïncident, tandis que les deux autres deviennent tangents à la conique.

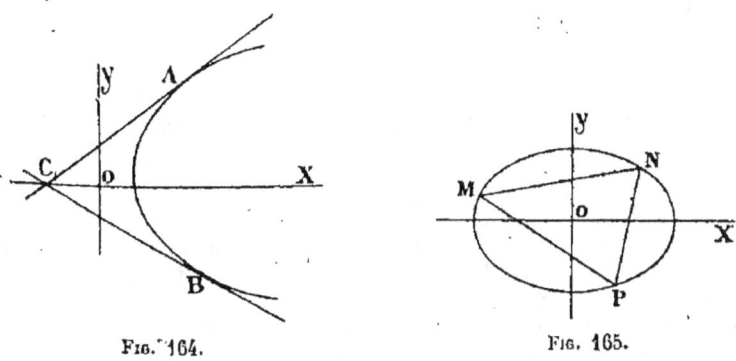

Fig. 164.　　　Fig. 165.

3° Si les trois côtés d'un triangle ont pour équations :

$$y = ax + b, \quad y = a'x + b', \quad y = a''x + b'';$$

l'équation des coniques circonscrites au triangle peut s'écrire :

$$(4) \quad \alpha(y - a'x - b')(y - a''x - b'') + \beta(y - ax - b)(y - a''x - b'') + \gamma(y - ax - b)(y - a'x - b') = 0;$$

elle est du second degré et contient les rapports arbitraires $\frac{\alpha}{\gamma}$ et $\frac{\beta}{\gamma}$. On voit, en effet, que les coordonnées de chaque sommet annulent les trois termes du premier membre ; en outre, on peut évidemment déterminer les deux rapports arbitraires de manière à faire passer la courbe par deux points pris à volonté dans le plan.

352 GÉOMÉTRIE

Au lieu de déterminer une courbe du second degré par cinq points, on peut se donner des points ou des droites remarquables du plan : centre, foyer, sommet ; diamètres, axes, asymptotes, etc. ; nous donnerons quelques exemples.

4° Si α et β sont les coordonnées du centre, l'équation des coniques peut toujours s'écrire :

(5) $\quad A(y-\beta)^2 + B(x-\alpha)(y-\beta) + C(x-\alpha)^2 - 1 = 0.$

En effet les équations du centre fournissent deux relations, ce qui réduit à trois le nombre des coefficients arbitraires de l'équation (1) ; d'ailleurs ces équations s'écrivent (167) :

$$2A(y-\beta) + B(x-\alpha) = 0, \quad 2C(x-\alpha) + B(y-\beta) = 0 ;$$

elles sont identiquement satisfaites pour $x = \alpha$, $y = \beta$.

5° L'équation des coniques ayant pour foyer le point α, β peut s'écrire :

(6) $\quad (x-\alpha)^2 + (y-\beta)^2 = (mx + ny + p)^2 ;$

elle ne renferme plus que trois coefficients arbitraires m, n, p.

6° Si $y = cx + d$ est une asymptote à la conique, l'équation de cette dernière peut se mettre sous la forme :

(7) $\quad (y - cx - d)^2 + (Ax + B)(y - cx - d) + C = 0 ;$

elle ne renferme plus que trois coefficients arbitraires A, B, C. On voit, en effet, qu'en éliminant y entre l'équation $y = cx + d$ et celle de la courbe, l'équation résultante en x a ses deux racines infinies, ce qui est le caractère de l'asymptote (162).

7° Enfin, si $y = ax + b$ est l'équation d'une tangente à la courbe, on pourra écrire son équation :

(8) $\quad (Ay + Bx + C)^2 + \alpha(y - ax - b) = 0 ;$

α est une quantité arbitraire. On voit que, si on élimine y entre l'équation de la tangente et celle de la courbe, l'équation résultante en x a ses deux racines égales, ce qui est le critérium de la tangente.

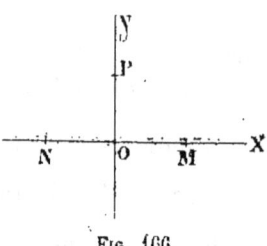

Fig. 166.

Application. — *Déterminer le lieu des centres des hyperboles équilatères qui passent par trois points donnés.*

La conique est soumise à quatre conditions : c'est une hyperbole équilatère, et elle doit passer par trois points M, N, P. Prenons MN pour axe des x, et la perpendiculaire menée par P pour axe des y. Posons : $OM = m$, $ON = n$, $OP = p$.

L'équation générale des hyperboles équilatères du plan est :

$$A(y^2 - x^2) + Bxy + Dy + Ex + F = 0;$$

divisant par A, on obtient une équation de la forme :

$$y^2 - x^2 + bxy + dy + ex + f = 0.$$

Exprimons que cette courbe passe par chacun des points $M(m, o)$, $N(n, o)$, $P(o, p)$; on a :

$$-m^2 + em + f = 0, \quad -n^2 + en + f = 0, \quad p^2 + dp + f = 0;$$

de ces relations on déduit aisément les valeurs des paramètres d, e, f :

$$e = m + n, \qquad d = -\frac{p^2 - mn}{p}, \qquad f = -mn.$$

L'équation des hyperboles est donc :

$$y^2 - x^2 + bxy - \frac{p^2 - mn}{p} y + (m + n) x - mn = 0;$$

elle contient un paramètre arbitraire b.

Les équations du centre sont :

$$-2x + by + (m + n) = 0,$$
$$2y + bx - \frac{p^2 - mn}{p} = 0.$$

L'élimination de b entre ces deux équations donne l'équation du lieu des centres ; il suffit de multiplier la première par x, la deuxième par y et de retrancher ; on obtient :

$$x^2 + y^2 - \frac{m + n}{2} x - \frac{p^2 - mn}{p} y = 0.$$

Le lieu est un cercle ; c'est le cercle des neuf points du triangle MNP.

§ 4. — Courbes particulières

221. Cycloïde. — C'est la courbe engendrée par un point M d'un cercle qui roule sans glisser sur une droite indéfinie OX.

Les équations de la courbe s'écrivent (135) :

$$x = a(\alpha - \sin \alpha),$$
$$y = a(1 - \cos \alpha);$$

a représente le rayon du cercle générateur.

Pour construire la cycloïde par points, on divise le cercle générateur en un certain nombre de parties égales, huit par exemple; par les points de division $a, b, c, ...$, etc., on mène des parallèles à OX; puis on porte sur cette droite, à partir de l'origine O, des longueurs OH, HG, GF, ..., etc., égales à la longueur de l'arc de cercle ab. Si par le point H on mène HI parallèle à ab, on a HI $=ab$, et le point I appartient à la cycloïde; de même, menant GJ parallèle à ac, on a GJ $= ac$, et le point J appartient encore à la courbe. Continuant ainsi, on obtient une série de points I, J, M, ..., etc., qu'il suffit de joindre par un trait continu.

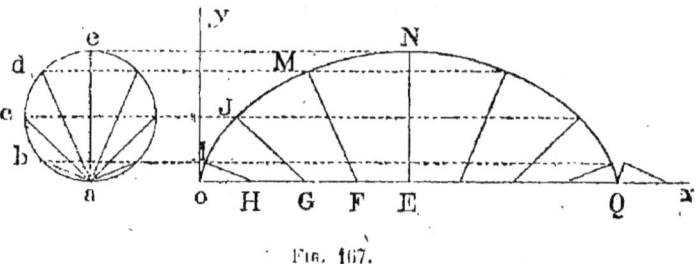

Fig. 167.

La courbe se compose d'un nombre indéfini d'arcades égales à ONQ; chaque arcade se continue avec la suivante par un point de rebroussement Q; la base OQ de l'arcade est égale à $2\pi a$, la hauteur EN égale $2a$.

Pour la tangente et la normale, voir les numéros 159 et 160.

L'expression du rayon de courbure est donnée au numéro 174; on a R $=$ 2MH (fig. 168).

Pour déterminer la développée, prolongeons le diamètre HG du cercle O d'une quantité HL $=$ HG, au-dessous de AX, et construisons, sur HL comme diamètre, la circonférence O' qui rencontre en N la normale MH prolongée; menons ensuite à cette circonférence la tangente EL parallèle à AX, qui rencontre en E la direction de l'ordonnée maxima CD. L'égalité des angles MHG, LHN entraîne celle des arcs MG, LN et celle des arcs supplémentaires MH, NH; les cordes MH et NH sont donc elles-mêmes égales, et, par conséquent, le centre de courbure relatif au point M est situé en N; en outre, l'arc HN est égal à la longueur AH et il s'ensuit que le supplément LN de cet arc est égal à HD ou à LE.

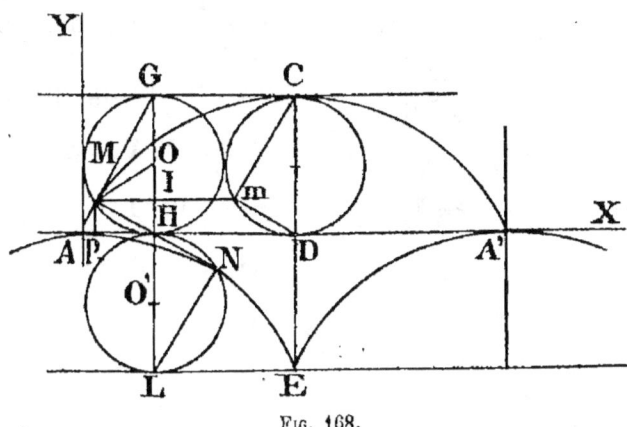

Fig. 168.

Il résulte de là que la développée de la cycloïde peut être engendrée par un point N d'un cercle de rayon a, qui roulerait sans glisser sur une parallèle EL à AX menée au-dessous de cette droite, à une distance égale au diamètre du cercle, de manière que les positions du point générateur N sur la droite EL répondent aux mêmes abscisses que les ordonnées maxima de la cycloïde proposée. Cette développée est donc une seconde cycloïde égale à la première.

L'équation intrinsèque de la cycloïde (173) est de la forme :

$$R = a \sin \alpha;$$

α représente l'angle que fait la tangente avec l'axe OX.

Pour la quadrature et la rectification, voir les numéros 175 et 176.

222. Épicycloïde et hypocycloïde. — L'épicycloïde est la courbe engendrée par un point M d'un cercle qui roule sans glisser sur un autre cercle donné; quand le cercle mobile roule à l'intérieur du cercle fixe, l'épicycloïde reçoit le nom d'hypocycloïde.

Soient : R, le rayon du cercle donné O; r, celui du cercle roulant O'; M, le point décrivant. Prenons pour axe des x la droite qui joint le centre du cercle donné à la position M_0 du point décrivant, lorsque ce dernier est sur le cercle fixe.

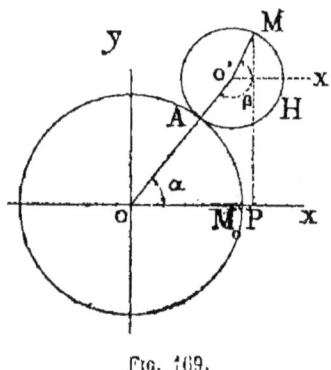

Fig. 169.

Si l'on désigne par α l'angle O'OX, par β l'angle MO'O, la condition de roulement sans glissement exige que l'on ait

$$\text{arc } M_0 A = \text{arc } MHA,$$

c'est-à-dire :

(1) $\qquad R\alpha = r\beta,$

d'où

$$\beta = \frac{R}{r}\alpha.$$

Le théorème des projections (137) donne d'autre part :

$$x = OP = OO' \cos\alpha + O'M \cos MO'X',$$
$$y = MP = OO' \sin\alpha + O'M \sin MO'X';$$

ce que l'on peut écrire, puisque $MO'X' = \beta + \alpha - \pi$:

$$x = (R + r)\cos\alpha - r\cos(\alpha + \beta),$$
$$y = (R + r)\sin\alpha - r\sin(\alpha + \beta),$$

ou encore, en remplaçant β par sa valeur (1),

(2)
$$x = (R + r)\cos\alpha - r\cos\frac{R + r}{r}\alpha,$$
$$y = (R + r)\sin\alpha - r\sin\frac{R + r}{r}\alpha.$$

Construction. — Ces équations permettent de construire la courbe par points ; mais on peut procéder comme pour la cycloïde : divisons le cercle générateur en un certain nombre de parties égales, huit par exemple ; par les points de division $a, b, c, \ldots$, menons des cercles concentriques à la circonférence O, et portons sur cette circonférence, à partir de M_0, des arcs $M_0 A$, AC, ..., etc., égaux à l'arc ab ; si par le point A on mène AA' faisant avec AB l'angle BAA' égal à l'angle cab, on a AA′ = ab, et le point A′ appartient à l'épicycloïde ; de même, si l'angle DCC′ est égal à l'angle cac, le point C′ appartient à l'épicycloïde, etc.

La courbe se compose d'un nombre indéfini d'arcades superposées égales à M_0NQ ; chaque arcade se continue avec la suivante par un point de rebroussement Q ; la base circulaire M_0EQ de l'arcade est égale à $2\pi r$, la hauteur EN égale à $2r$, et l'angle du centre M_0OQ égal à $\frac{2\pi r}{R}$. Quand le rapport $\frac{r}{R}$ est commensurable, l'épicycloïde est une courbe algébrique.

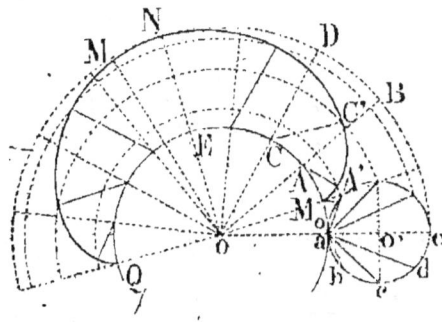

Fig. 170.

L'épicycloïde jouit de propriétés analogues à celles de la cycloïde, ainsi la normale à la courbe passe constamment par le point de contact A, et la tangente par le point opposé B (160).

L'expression du rayon de courbure ρ en un point M est :

$$\rho = \frac{4r(R+r)}{R+2r} \sin \frac{R}{2r} \alpha ;$$

et l'on pourrait démontrer que la développée de l'épicycloïde est une épicycloïde semblable. L'équation intrinsèque est de la forme :

$$R = a \sin m\alpha.$$

Quadrature. — Cherchons l'aire z du secteur MOM_0. On a (176) :

(α) $$dz = \frac{1}{2}(x\,dy - y\,dx).$$

Si l'on différentie les équations (2), on obtient :

$$(3) \quad \begin{aligned} dx &= \left[-(R+r)\sin\alpha + (R+r)\sin\frac{R+r}{r}\alpha\right] d\alpha, \\ dy &= \left[(R+r)\cos\alpha - (R+r)\cos\frac{R+r}{r}\alpha\right] d\alpha. \end{aligned}$$

Portant les valeurs de x, y, dx, dy dans (α), effectuant les produits et réduisant, il vient :

$$dz = \frac{(R+r)(R+2r)}{2}\left(1 - \cos\frac{R}{r}\alpha\right) d\alpha,$$

par suite :

$$z = \frac{(R+r)(R+2r)}{2}\int_0^\alpha \left(1 - \cos\frac{R}{r}\alpha\right) d\alpha ;$$

l'intégration est immédiate, on obtient :

$$z = \frac{(R+r)(R+2r)}{2}\left(\alpha - \frac{r}{R}\sin\frac{R}{r}\alpha\right).$$

Cette formule fait connaître l'aire du secteur M_0OM. L'aire du secteur OM_0MQO s'obtient en faisant $\frac{R}{r}\alpha = 2\pi$; on trouve :

$$z = \frac{\pi r(R+r)(R+2r)}{R}.$$

Si l'on retranche l'aire du secteur circulaire OM_0EQO égale à πRr, il reste pour l'aire M_0MQEM_0 comprise entre l'arcade M_0MQ et le cercle de base :

$$z = \frac{\pi r^2}{R}(3R + 2r).$$

Rectification. — Les formules (3) donnent pour l'élément d'arc :

$$ds^2 = dx^2 + dy^2 = 4(R+r)^2 \sin^2\frac{R}{2r}\alpha \cdot d\alpha^2,$$

d'où :
$$ds = 2(R+r)\sin\frac{R}{2r}\alpha \cdot d\alpha,$$

et pour l'arc $M_0M = s$:
$$s = 2(R+r)\int_0^\alpha \sin\frac{R}{2r}\alpha \cdot d\alpha$$

ou, en intégrant,
$$s = \frac{4r(R+r)}{R}\left(1 - \cos\frac{R}{2r}\alpha\right).$$

La longueur M_0MQ de l'arcade s'obtient en faisant $\frac{R}{r}\alpha = 2\pi$; on trouve :
$$s = \frac{8r(R+r)}{R}.$$

On obtient les formules relatives à l'hypocycloïde en remplaçant r par $-r$ dans les précédentes ; supposons, par exemple, que l'on ait $r = \frac{R}{2}$, alors :
$$x = \frac{R}{2}\cos\alpha + \frac{R}{2}\cos\alpha = R\cos\alpha,$$
$$y = \frac{R}{2}\sin\alpha - \frac{R}{2}\sin\alpha = 0 ;$$

ainsi, lorsque le rayon du cercle roulant est moitié du rayon du cercle de base, l'hypocycloïde se réduit à l'axe x ; ce résultat est immédiat par la géométrie.

223. Développante du cercle. — C'est la courbe engendrée par un point M, donné sur une droite MR, lorsque celle-ci roule sans glisser sur la circonférence d'un cercle O.

Soit M_0 la position du point M lorsqu'il est sur le cercle, R le point de contact de la tangente ; la condition de roulement sans glissement exige que l'on ait :
$$MR = \text{arc } M_0R,$$

relation qui donne le moyen de construire la courbe par points.

Désignons par α l'angle ROX, r et θ les coordonnées polaires du point M, a le rayon du cercle ; on a

$$\overline{OM}^2 = \overline{OR}^2 + \overline{MR}^2,$$
$$\text{angle MOX} = \text{angle ROX} - \text{angle ROM};$$

ces relations s'écrivent :

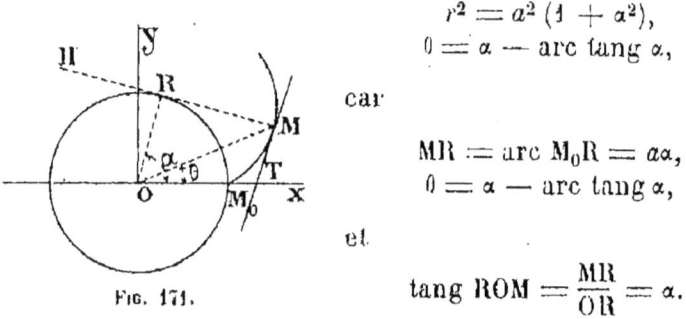

Fig. 171.

$$r^2 = a^2(1 + \alpha^2),$$
$$\theta = \alpha - \text{arc tang } \alpha,$$

car

$$MR = \text{arc } M_0 R = a\alpha,$$
$$\theta = \alpha - \text{arc tang } \alpha,$$

et

$$\text{tang ROM} = \frac{MR}{OR} = \alpha.$$

En projetant sur les axes de coordonnées la ligne brisée ORM et sa résultante OM, on obtient pour les coordonnées individuelles du point M :

$$x = a \cos \alpha + a\alpha \sin \alpha,$$
$$y = a \sin \alpha - a\alpha \cos \alpha.$$

Pour la tangente on trouve :

$$r = a\sqrt{1 + \alpha^2}, \quad \text{d'où} \quad dr = \frac{a\alpha \, d\alpha}{\sqrt{1 + \alpha^2}},$$
$$\theta = \alpha - \text{arc tang } \alpha, \quad \text{d'où} \quad d\theta = \frac{\alpha^2 \, d\alpha}{1 + \alpha^2},$$

par suite (101) :

$$\text{tang } V = \frac{r \, d\theta}{dr} = \alpha = \text{tang}(\alpha - \theta),$$

ce qui montre que la tangente à la courbe au point M est parallèle au rayon OR, et, par suite, que la normale est MH.

GÉOMÉTRIE A DEUX DIMENSIONS

Le rayon de courbure en M est précisément la longueur MR ; autrement dit, le point R est le centre de courbure correspondant au point M ; cela résulte d'ailleurs de la définition de la courbe. L'équation intrinsèque est $R = a\alpha$.

On trouve pour l'aire du secteur M_0OM :

$$z = \frac{1}{2}\int_0^0 r^2 d\theta = \frac{a^2}{2}\int_0^\alpha \alpha^2 d\alpha = \frac{a^2\alpha^3}{6};$$

et pour l'arc M_0M :

$$s = a\int_0^\alpha \alpha\, d\alpha = \frac{a\alpha^2}{2}.$$

224. Chaînette. — C'est la figure d'équilibre d'un fil flexible, inextensible et homogène, abandonné à l'action de la pesanteur lorsque ses extrémités sont fixées à deux points A et B.

Soit C le point le plus bas de la courbe et OC la direction de l'axe des y ; si l'on pose $OC = a$, l'équation de la chaînette rapportée aux axes indiqués sur la figure est :

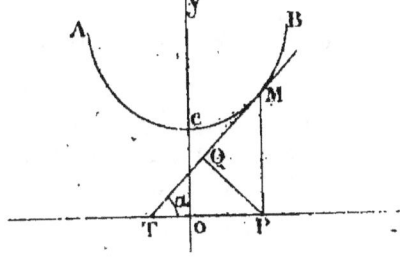

Fig. 172.

$$y = \frac{a}{2}\left(e^{\frac{x}{a}} + e^{-\frac{x}{a}}\right).$$

La courbe est symétrique par rapport à OY.

On construit la chaînette par points, à l'aide de son équation et des tables exponentielles de *Broch*, ou simplement à l'aide d'une table de logarithmes.

On a trouvé au numéro 175 pour l'élément d'arc :

$$ds = \frac{1}{2}\left(e^{\frac{x}{a}} + e^{-\frac{x}{a}}\right)dx,$$

362   GÉOMÉTRIE

d'où l'on déduit :

$$ads = \frac{a}{2}\left(e^{\frac{x}{a}} + e^{-\frac{x}{a}}\right) dx = y\,dx;$$

par suite (176) :

$$dz = ads = \frac{a}{2}\left(e^{\frac{x}{a}} + e^{-\frac{x}{a}}\right) dx.$$

Intégrant de 0 à x, on obtient :

$$z = as = \frac{a^2}{2}\left(e^{\frac{x}{a}} - e^{-\frac{x}{a}}\right),$$

c'est-à-dire, puisque $s = $ arc CM :

$$\text{aire MCOP} = a \times \text{arc MC} = \frac{a^2}{2}\left(e^{\frac{x}{a}} - e^{-\frac{x}{a}}\right);$$

ainsi, l'aire limitée à l'ordonnée MP est égale à l'aire du rectangle construit sur l'arc terminé à cette ordonnée et sur l'ordonnée à l'origine a.

On a d'autre part :

(1) $\qquad \cos\alpha = \dfrac{dx}{ds} = \dfrac{a}{y},\qquad$ d'où $\qquad y = \dfrac{a}{\cos\alpha},$

puis :

$$\tang\alpha = \frac{dy}{dx} = \frac{e^{\frac{x}{a}} - e^{-\frac{x}{a}}}{2} = \frac{s}{a};$$

donc :

(2) $\qquad\qquad\qquad s = a\,\tang\alpha.$

On a aussi :

(3) $\qquad \dfrac{a^2}{\cos^2\alpha} = a^2(1 + \tang^2\alpha),\qquad$ d'où $\qquad y^2 = a^2 + s^2.$

La relation (1) montre que la perpendiculaire PQ sur la tangente MT a une longueur constante et égale à a.

GÉOMÉTRIE A DEUX DIMENSIONS

On déduit de la relation (3) que la longueur MQ est égale à s, c'est-à-dire à l'arc MC.

La relation (2) donne pour l'expression du rayon de courbure au point M :

$$R = \frac{ds}{d\alpha} = \frac{a}{\cos^2 \alpha}, \qquad \text{où} \qquad R = \frac{y^2}{a}.$$

225. Folium de Descartes. — L'équation cartésienne s'écrit :

$$x^3 + y^3 - 3axy = 0.$$

L'aspect de la courbe est indiqué sur la figure 173. La droite CD est asymptote, l'origine est un point double, les axes sont tangents à la courbe en ce point, et la bissectrice de l'angle YOX est un axe de symétrie. Si l'on transforme en coordonnées polaires en prenant le point O pour pôle, l'équation devient :

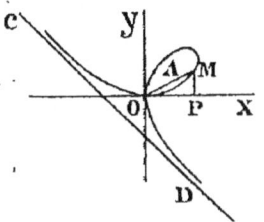

Fig. 173.

$$r = \frac{3a \sin\theta \cos\theta}{\sin^3\theta + \cos^3\theta}.$$

L'aire de la boucle A a pour expression (176) :

$$z = \frac{9a^2}{2} \int_0^{\frac{\pi}{2}} \frac{\sin^2\theta \cos^2\theta \, d\theta}{(\sin^3\theta + \cos^3\theta)^2};$$

effectuant l'intégration en posant $\tan^3\theta = u$, on obtient :

$$z = \frac{3}{2} a^2.$$

Les autres éléments de la courbe se déterminent par les formules connues.

226. Tractoire d'Huyghens. — Dans cette courbe, la portion de tangente comprise entre le point de contact M et l'axe des x est une constante ; on a MT = Cte.

L'équation différentielle de la courbe résulte immédiatement de sa définition ; posant MT = a, on obtient :

$$y + \sqrt{a^2 - y^2} \frac{dy}{dx} = 0.$$

L'intégration s'effectue en posant $y = a \sin \varphi$, il vient :

$$\frac{x}{a} = \sqrt{1 - \frac{y^2}{a^2}} - L\left(\frac{a}{y} + \sqrt{\frac{a^2}{y^2} - 1}\right).$$

L'axe des x est asymptote aux quatre branches de la courbe.

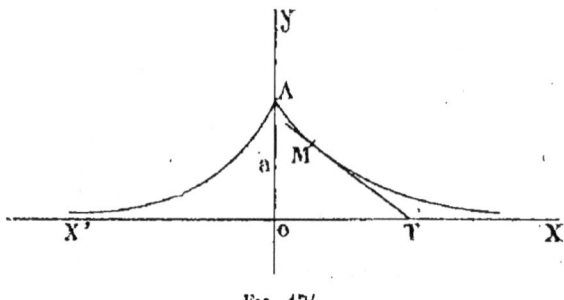

Fig. 174.

Le rayon de courbure est donné par l'expression :

$$R^2 = \frac{a^2}{y^2}(a^2 - y^2);$$

et l'on démontre que la développée de la tractoire est une chaînette dont l'équation différentielle est :

$$\frac{dx_1}{dy_1} = \frac{a}{\sqrt{y_1^2 - x_1^2}}.$$

L'arc étant supposé nul pour $y = a$, la longueur de l'arc AM égale :

$$s = a L \frac{y}{a}.$$

Enfin l'aire comprise dans le premier quadrant YOX a pour expression :

$$z = \int_0^a \sqrt{a^2 - y^2}\, dy,$$

c'est-à-dire :

$$z = \frac{\pi a^2}{4}.$$

On est conduit à une famille de tractoires lorsqu'on cherche les trajectoires orthogonales d'une série de cercles de même rayon ayant leurs centres sur l'axe des x (179).

227. Spirale d'Archimède. — C'est la courbe décrite par un point M qui s'éloigne d'un pôle fixe O de quantités proportionnelles aux angles que forme successivement le rayon vecteur OM avec l'axe polaire OX ; son équation découle de sa définition ; elle est :

$$r = a\theta,$$

a désignant une constante.

Cette spirale se construit par points en donnant à θ une série de valeurs et calculant les valeurs correspondantes de r ; on décrit un cercle de l'origine comme centre avec le rayon a, et les arcs de ce cercle comptés à partir de l'axe polaire sont les longueurs des rayons vecteurs de la courbe dont les directions passent par leurs extrémités. La courbe présente l'aspect de la figure 175.

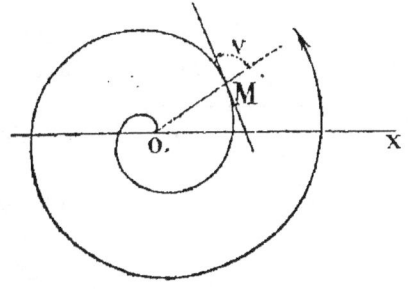

Fig. 175.

L'équation donne en différentiant :

$$dr = a d\theta ;$$

on a donc pour l'angle que fait la tangente au point M avec le rayon vecteur :

$$\tang V = \theta = \frac{r}{a}.$$

Soient MT et MN la tangente et la normale ; la sous-tangente et la sous-normale ont respectivement pour longueurs

$$OT = \frac{r^2}{a}, \qquad ON = a ;$$

ainsi, la sous-normale est constante et égale à a ; cette propriété donne le moyen de construire la tangente au point M ;

il suffit de prendre $ON = a$, de tirer la normale MN et d'élever une perpendiculaire MT à cette droite.

La formule du numéro 171 donne pour l'expression du rayon de courbure :

$$R = \frac{(r^2 + a^2)^{\frac{3}{2}}}{r^2 + 2a^2}.$$

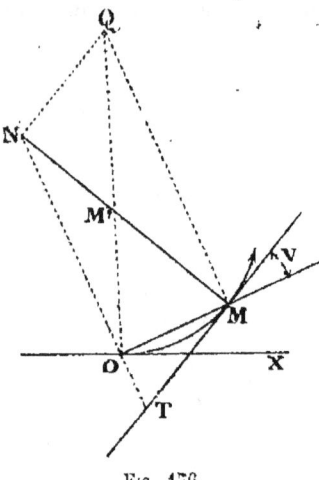

Fig. 176.

Cette expression donne lieu à la construction suivante qu'il est facile de vérifier : Élevons, sur MN en N et sur OM en M, deux perpendiculaires NQ et MQ ; la droite qui joint le pôle au point d'intersection Q de ces perpendiculaires coupe la normale MN au centre de courbure M′ relatif au point M, de sorte que $MM' = R$.

Pour la quadrature et la rectification de la spirale d'Archimède, voir aux numéros 175 et 176.

228. Spirale logarithmique. — Cette courbe a pour équation :

$$r = ae^{m\theta},$$

m et a désignant des coefficients constants.

Pour $\theta = 0$, on a $r = a$; si donc on prend sur OX une longueur $OA = a$, le point A (fig. 177) appartient à la courbe.

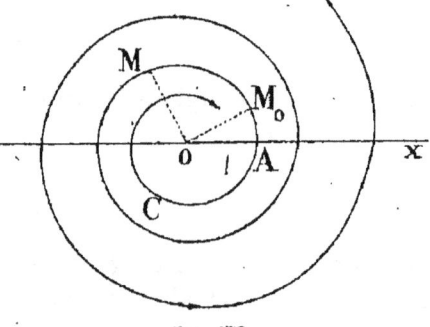

Fig. 177.

Lorsque θ varie de 0 à l'infini, r ne cesse d'augmenter, ce qui donne une branche infinie AM ; quand θ varie de 0 à $-\infty$, r diminue constamment et tend vers 0, ce qui donne

GÉOMÉTRIE A DEUX DIMENSIONS

la branche ACO ayant le pôle pour point asymptote. La courbe fait dans l'un et l'autre sens une infinité de révolutions autour du pôle, à partir du point A ; on la construit par points à l'aide des tables exponentielles de Broch, ou avec une table de logarithmes.

L'angle que fait la tangente à la courbe avec le rayon vecteur est constant (161). La sous-tangente et la sous-normale ont respectivement pour longueurs (*fig.* 178) :

$$OT = \frac{r}{m}, \qquad ON = mr.$$

Le triangle rectangle OMN donne pour la longueur MN de la normale :

$$MN = \sqrt{\overline{OM^2} + \overline{ON^2}} = r\sqrt{1 + m^2};$$

or, cette longueur est précisément celle du rayon de courbure R (171) ; donc le point N est le centre de courbure relatif au point M. On démontre que la développée est une spirale logarithmique égale à la première, mais différemment placée ; et que l'équation intrinsèque est de la forme :

$$R = ae^{m\alpha}.$$

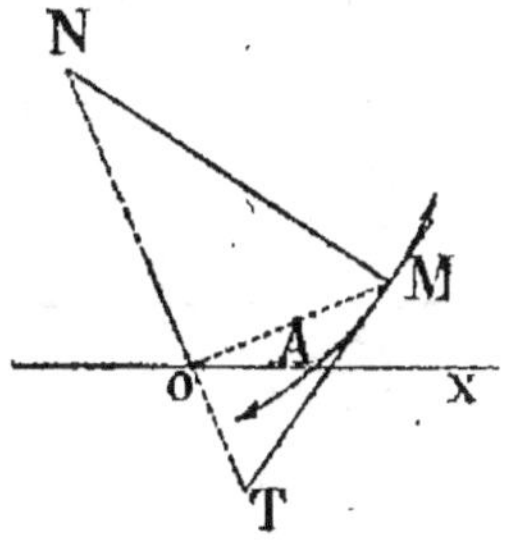

Fig. 178.

L'aire du secteur OAM est donnée par la formule :

$$z = \frac{a^2}{2}\int_0^\theta e^{2m\theta}d\theta = \frac{a^2}{4m}e^{2m\theta}, \qquad \text{ou} \qquad z = \frac{r^2}{4m};$$

cette aire est égale à la moitié de la surface du triangle OMT.

La longueur de l'arc M_0M, limité aux angles polaires θ_0 et θ, est :

$$s = \int_{\theta_0}^\theta \sqrt{a^2e^{2m\theta} + m^2a^2e^{2m\theta}}\,d\theta = a\sqrt{m^2 + 1}\int_{\theta_0}^\theta e^{m\theta}d\theta,$$

ou :

$$s = \frac{a\sqrt{m^2+1}}{m}(e^{m\theta} - e^{m\theta_0}) = \frac{\sqrt{m^2+1}}{m}(r - r_0).$$

Si l'on fait $r_0 = 0$, on obtient pour la longueur de l'arc qui va du point M au pôle :

$$s = \frac{\sqrt{m^2+1}}{m} r ;$$

c'est précisément la longueur MT de la tangente.

229. *Spirale hyperbolique.* — C'est la courbe définie par l'équation polaire :

$$r\theta = a,$$

a désignant une ligne donnée.

Supposons que l'on ait un système de cercles concentriques, que par le centre de ces cercles passe l'axe polaire, et que l'on porte, à partir de cet axe et toujours dans la même direction, une longueur constante a mesurée sur la circonférence de ces différents cercles ; le lieu géométrique de tous ces points est une spirale hyperbolique.

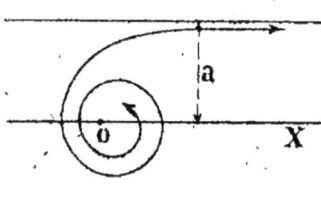

Fig. 179.

Le pôle est un point asymptote ; la courbe fait une infinité de révolutions autour de ce point sans jamais l'atteindre ; la droite $y = a$ est asymptote à la courbe.

On trouve aisément, d'après les notations connues

$$\tang V = -\theta, \quad S_t = -a, \quad S_n = -\frac{r^2}{a}, \quad R = \frac{r}{\sin^3 \text{OTM}},$$

$$z = \frac{1}{2} ar, \quad s = a\sqrt{2} \, L\theta.$$

230. Spirale volute. — On donne ce nom à la courbe définie de forme par la relation :

$$\rho s = a^2 ;$$

ρ désigne le rayon de courbure en un point quelconque M,

s la longueur de l'arc OM comptée à partir d'une origine fixe O, a une constante.

La considération de cette courbe se présente en optique dans la théorie de la propagation des ondes, en hydraulique dans l'étude des cours d'eau à fond mobile; on la rencontre également dans la théorie des raccordements de voies de chemins de fer.

On a, comme on sait (173):

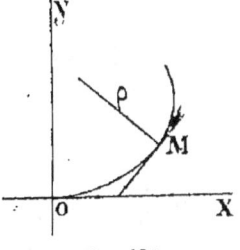

Fig. 180.

$$\rho = \frac{ds}{d\alpha};$$

et $dx = ds\cos\alpha$, $dy = ds\sin\alpha$; par suite :

$$\frac{ds}{d\alpha} s = a^2, \qquad \text{d'où} \qquad s\,ds = a^2 d\alpha.$$

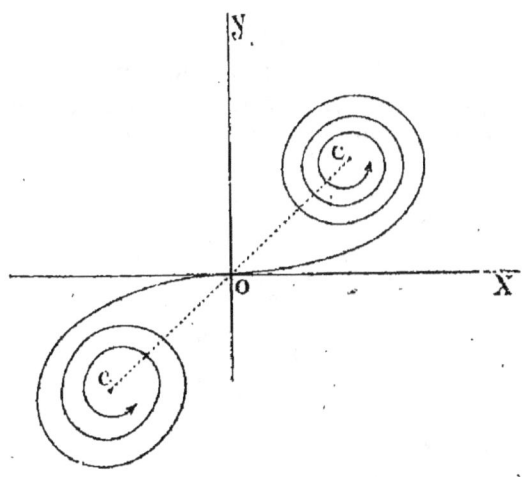

Fig. 181.

Cette équation peut s'intégrer; on obtient en comptant les arcs à partir de l'origine O pour laquelle l'angle α est nul:

$$s^2 = 2a^2\alpha, \qquad \text{et} \qquad \alpha = \frac{s^2}{2a^2}.$$

Les expressions de x et y sont données par les intégrales de Fresnel :

$$x = \int_0^s \cos \frac{s^2}{2a^2}\, ds, \qquad y = \int_0^s \sin \frac{s^2}{2a^2}\, ds,$$

qui ne peuvent s'obtenir qu'en développant en série les fonctions $\cos \frac{s^2}{2a^2}$, $\sin \frac{s^2}{2a^2}$.

La spirale volute se compose de deux branches symétriques par rapport à l'origine O, et tournant chacune autour d'un point asymptote C situé sur la bissectrice de l'angle YOX et ayant pour ordonnée $y = \pm \frac{a\sqrt{\pi}}{2}$. On construit la courbe par points à l'aide des tables de Fresnel.

231. *Lemniscate de Bernoulli.* — Nous avons défini la courbe au numéro 135 ; son équation polaire s'écrit, en posant $FF' = 2a$:

$$r^2 = 2a^2 \cos 2\theta.$$

La courbe est symétrique par rapport au point O, qui est un centre ; on a $OA' = OA = a\sqrt{2}$; les tangentes aux deux branches qui passent à l'origine O coïncident avec les bissectrices des angles des axes.

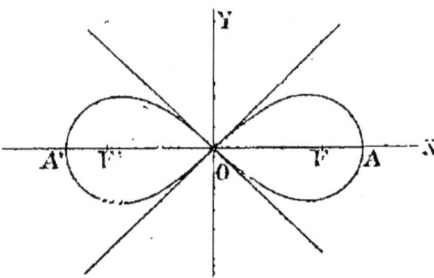

Fig. 182.

On trouve aisément, avec les notations connues,

$$\tan V = -\cot 2\theta, \qquad R = \frac{2a^2}{3r}, \qquad s = a\sqrt{2} \int_0^\theta \frac{d\theta}{\sqrt{\cos 2\theta}};$$

GÉOMÉTRIE A DEUX DIMENSIONS

la rectification se ramène à une intégrale elliptique de première espèce. L'aire d'un secteur comptée à partir de l'axe polaire a pour expression :

$$z = a^2 \int_0^\theta \cos 2\theta \, d\theta = \frac{a^2}{2} \sin 2\theta ;$$

l'aire d'une boucle $S = a^2$; pour les deux boucles, $S' = 2a^2$.

232. *Cardioïde.* — C'est la courbe définie par l'équation polaire :

$$r = 2a(1 + \cos \theta) ;$$

a désigne une constante :
Les éléments de la courbe s'obtiennent par les formules connues ; on trouve pour la tangente.

$$\operatorname{tang} V = -\operatorname{cotg} \frac{\theta}{2}, \qquad \text{d'où} \qquad V = \frac{\pi + \theta}{2} ;$$

$$S_t = -r \operatorname{cotg} \frac{\theta}{2}. \qquad S_n = -2a \sin \theta.$$

Si l'on compte les arcs à partir du sommet, $\theta = 0$, on obtient pour l'expression de l'arc :

$$s = 8a \sin \frac{\theta}{2} ;$$

le périmètre total de la courbe est égal à $16a$.

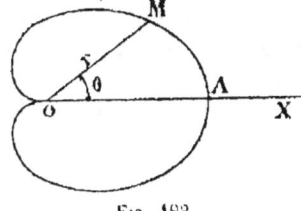

Fig. 183.

Nous passons rapidement sur le calcul des divers éléments des courbes, car ce sont toujours des applications des formules établies aux paragraphe 159 et suivants. Le lecteur voudra bien compléter les lacunes, ce qui constituera pour lui d'excellents exercices de calculs.

CHAPITRE VI

CALCUL GRAPHIQUE

§ 1. — Résolution des équations

233. Une des applications les plus intéressantes de la géométrie est le calcul approché des racines réelles d'une équation numérique ou transcendante.

Nous développerons cette application par quelques exemples en laissant de côté les équations des premier et second degrés, qui se résolvent très simplement par les formules connues.

234. Équations du troisième degré. — L'équation du troisième degré :

(1) $$x^3 + px^2 + qx + r = 0,$$

p, q, r désignant des quantités connues, peut être considérée comme résultant de l'élimination de y entre l'équation de la parabole P :

$$y = x^2,$$

et celle de l'hyperbole H :

$$xy + py + qx + r = 0.$$

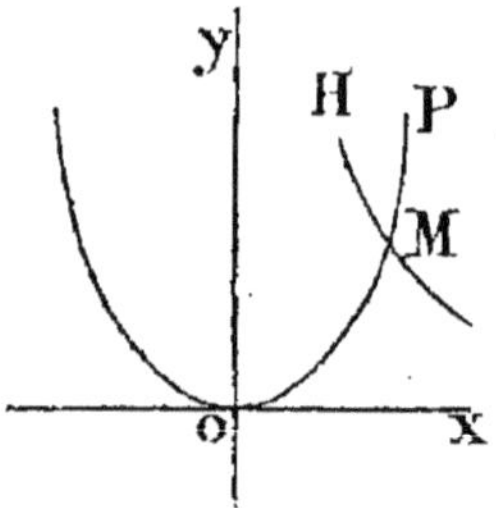

Fig. 184.

Si donc on construit sur une même feuille, et à une même échelle, les courbes représentées par ces deux équations, les abscisses de leurs points communs M seront les racines de l'équation proposée ; en effet, soient x' et y' les coordonnées du point M, on a à la fois :

$$y' = x'^2, \qquad x'y' + py' + qx' + r = 0,$$

ou, en éliminant y,

$$x'^3 + px'^2 + qx' + r = 0,$$

ce qui montre que x' est une racine de l'équation (1).

On peut substituer à l'hyperbole H un cercle convenablement choisi, ce qui simplifie considérablement le problème.

Supposons l'équation (1) ramenée à la forme normale des équations du troisième degré :

(1') $$x^3 + px + q = 0;$$

multiplions-la par x, elle devient :

$$x^4 + px^2 + qx = 0;$$

posons ensuite :

(2) $$y = x^2;$$

on a alors :

(3) $$y^2 + py + qx = 0;$$

mais on peut substituer à cette dernière équation celle obtenue en additionnant (2) et (3) :

(4) $$x^2 + y^2 + (p-1)y + qx = 0,$$

qui représente un cercle passant à l'origine et dont les coordonnées α et β du centre C sont (157) :

$$\alpha = -\frac{q}{2}, \qquad \beta = -\frac{p-1}{2}.$$

On voit donc que les racines de l'équation (1') sont les abscisses des points communs à la parabole (2) et au cercle (4).

En multipliant l'équation proposée par x, on a introduit la racine étrangère $x = 0$, dont il ne faut pas tenir compte.

Comme on peut employer toujours la même parabole (2), on voit qu'avec cette courbe construite soigneusement une seule fois, et avec un cercle déterminé convenablement dans chaque cas, on pourra résoudre d'une façon approchée toutes les équations du troisième degré.

Exemple I. — Soit à résoudre l'équation :

$$x^3 - 2x - 5 = 0.$$

Avec une échelle bien faite, construisons une fois pour toutes la parabole :

$$y = x^2;$$

décrivons ensuite le cercle qui passe par l'origine, et dont les coordonnées du centre C sont :

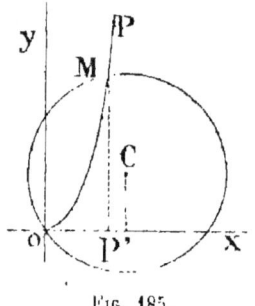

Fig. 185.

$$\alpha = \frac{5}{2}, \qquad \beta = \frac{3}{2};$$

ce cercle coupe la parabole en un seul point M, ce qui montre que l'équation proposée n'a qu'une seule racine réelle représentée par l'abscisse OP' de ce point; en mesurant cette abscisse avec l'échelle du dessin, on trouve $x = 2,09$.

Si l'épure est bien faite, on peut obtenir les racines à 1 centième près, ce qui est suffisant dans la pratique.

Exemple II. — Résoudre l'équation :

$$x^3 - 3x + 1 = 0;$$

les coordonnées du centre C du cercle sont :

$$\alpha = -\frac{1}{2}, \qquad \beta = 3;$$

ce cercle coupant la parabole en trois points, l'équation proposée a ses trois racines réelles; mesurant les abscisses des points d'intersection, on trouve pour les deux racines positives :

$$x' = 0,20, \qquad x'' = 2,13,$$

d'où pour la racine négative, puisque la somme des trois racines doit être nulle :

$$x''' = -2,33,$$

EXEMPLE III. — Soit encore l'équation :
$$x^3 - 3x^2 + 1 = 0;$$
pour faire disparaître le terme du second degré, il faut poser : $x = x' + 1$; alors :
$$(x'+1)^3 - 3(x'+1)^2 + 1 = x'^3 + 3x'^2 + 3x' + 1 - 3x'^2 - 6x' - 3 + 1 = 0$$
ou, en simplifiant,
$$x'^3 - 3x' - 1 = 0.$$
Les coordonnées du centre du cercle C sont :
$$\alpha = \frac{1}{2}, \qquad \beta = 2.$$

Cas où les coefficients de l'équation sont très grands. — Il arrive quelquefois que les coefficients p et q prennent des valeurs relativement grandes, ce qui rejette le centre du cercle au dehors de l'épure.

On pose dans ce cas $x = kx'$, d'où :
$$x^3 + px + q = k^3 x'^3 + kpx' + q = 0,$$
ou encore, en divisant par k^3 :
$$(2) \qquad x'^3 + p'x' + q' = 0,$$
en posant :
$$p' = \frac{p}{k^2}, \qquad q' = \frac{q}{k^3}.$$

On détermine les racines de cette dernière équation; il suffit ensuite de les multiplier par k pour avoir celles de l'équation proposée.

EXEMPLE. — Prenons l'équation :
$$x^3 + 200x - 4000 = 0;$$
pour la traiter par la méthode précédente, il est indispensable de réduire ses coefficients; on pose $x = 10x'$; l'équation devient :
$$x'^3 + 2x' - 4 = 0;$$
la racine positive de cette dernière étant $x' = 1,18$, celle de la proposée est :
$$x = 11,80.$$

235. Équations du quatrième degré. — On peut suivre une marche analogue pour résoudre les équations du quatrième degré. Considérons tout de suite l'équation privée de terme cubique :

(1) $$x^4 + px^2 + qx + r = 0,$$

à laquelle on peut ramener toutes les équations du quatrième degré.

Posons encore :

(2) $$y = x^2,$$

il vient :

(3) $$y^2 + py + qx + r = 0,$$

d'où, par addition :

(4) $$x^2 + y^2 + (p-1)y + qx + r = 0,$$

équation qui représente un cercle, dont les coordonnées α et β du centre C et le rayon R sont (157) :

$$\alpha = -\frac{q}{2}, \quad \beta = \frac{1}{2} - \frac{p}{2}, \quad R = \frac{1}{2}\sqrt{q^2 + (1-p)^2 - 4r}.$$

Ainsi, les racines de l'équation (1) sont les abscisses des points communs aux cercles (4) et à la parabole (2).

Les valeurs de α, β sont toujours réelles ; quand R est imaginaire, l'équation proposée n'a pas de racine réelle.

EXEMPLE. — Soit l'équation :

$$x^4 + 4x^3 + 3x^2 - 4x - 8 = 0.$$

Pour faire disparaître le terme du troisième degré, il faut poser

$$x = x' - 1 ;$$

on obtient :

$$(x'-1)^4 + 4(x'-1)^3 + 3(x'-1)^2 - 4(x'-1) - 8 = 0 ;$$

développant et simplifiant, il vient :

$$x'^4 - 3x'^2 - 2x' - 4 = 0.$$

L'équation du cercle C est :

$$x'^2 + y'^2 - 2x' - 4y' - 4 = 0 ;$$

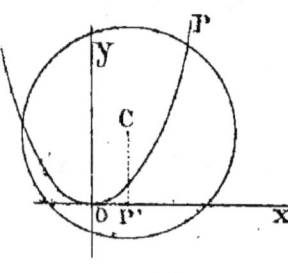

Fig. 186.

CALCUL GRAPHIQUE 377

les coordonnées de son centre et son rayon sont :

$$\alpha = 1, \qquad \beta = 2, \qquad R = 3.$$

REMARQUE. — Pour ramener l'équation complète du quatrième degré :

$$x^4 + px^3 + qx^2 + rx + s = 0,$$

à la forme normale (1), posons :

$$x = x' + h,$$

h étant une quantité indéterminée, mais constante. Si l'on substitue dans l'équation précédente, on obtient :

$$(x' + h)^4 + p(x' + h)^3 + q(x' + h)^2 + r(x' + h) + s = 0$$

ou, en développant,

$$x'^4 + (4h + p)x'^3 + (6h^2 + 3ph + q)x'^2$$
$$+ (4h^3 + 3ph^2 + 2qh + r)x' + h^4 + ph^3 + qh^2 + rh + s = 0;$$

si maintenant on détermine h par la condition :

$$4h + p = 0, \qquad \text{d'où} \qquad h = -\frac{p}{4},$$

on voit que l'équation restante sera privée de son terme du troisième degré en x'. Dans l'exemple précédent, on avait $p = 4$, et il a suffi de poser $h = -1$ pour effectuer la réduction.

La même remarque s'étend à des équations entières d'un degré quelconque.

236. Équations d'un degré quelconque. — L'équation

(1) $$f(x) = 0$$

peut être considérée comme le résultat de l'élimination de y entre les équations :

$$y = f(x), \qquad y = 0;$$

cette dernière représentant l'axe OX, il en résulte que la recherche des racines réelles de l'équation (1) revient à déterminer les intersections de cet axe avec la courbe :

$$y = f(x).$$

La méthode la plus rapide pour parvenir à ce résultat consiste à substituer à x la série des nombres entiers consécutifs :

$$\ldots, -3, -2, -1, 0, 1, 2, 3, \ldots$$

et à calculer pour tous ces nombres les valeurs correspondantes de $f(x)$; plaçant ensuite sur une épure soigneusement faite les points ayant ces valeurs pour coordonnées, il suffira de les réunir par une ligne polygonale pour avoir une première idée de la forme de la courbe. Les abscisses des points où cette ligne coupera l'axe OX seront des valeurs approchées des racines de l'équation proposée.

En général, cette première approximation sera insuffisante et, dans chaque intervalle où se sera manifestée la présence d'une racine, il conviendra de préciser la forme de la courbe par de nouvelles substitutions à x de nombres variant de 0,10, puis de 0,010, 0,0010, etc. On pourra d'ailleurs, pour cette opération, utiliser la méthode des différences développée au paragraphe 128. Ajoutons que, dans les équations ordinaires de la pratique, les racines positives seules présentent de l'intérêt.

EXEMPLE. — Soit l'équation du cinquième degré :
$$x^5 - 10x^2 + 6x + 1 = 0.$$

Le théorème de Descartes montre qu'elle admet une racine négative et deux racines positives.

La substitution des nombres entiers donne les résultats :
$$x = -3, -2, -1, 0, +1, +2, +3,$$
$$f(x) = -250, -83, -4, +1, -2, +45, +172.$$

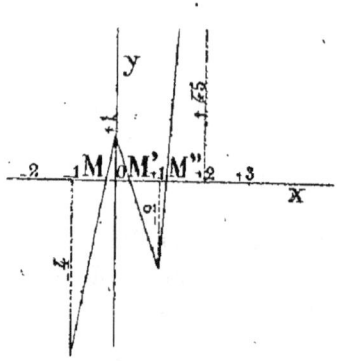

Fig. 187 a.

Dans l'intervalle $x = -1$, $x = +2$, la ligne polygonale présente l'aspect de la figure 187; elle coupe l'axe OX aux points M, M', M", ce qui montre que la racine négative est comprise entre 0 et -1, la première racine entre 0 et $+1$, la seconde racine positive entre $+1$ et $+2$.

Laissons de côté la racine négative et occupons-nous de la première racine positive. La substitution entre 0 et $+1$ de nombres variant de 0,10 donne les résultats :

$$x = 0, +0,1, +0,2, +0,3, +0,4, +0,5,$$
$$+0,6, +0,7, +0,8, +0,9, +1,$$
$$f(x) = +1, +1,50, +1,80, +1,92, +1,84, +1,53,$$
$$+1,08, +0,37, -0,28, -1,11, 2,00;$$

dans l'intervalle considéré, la courbe se rapproche de la ligne polygonale de la figure 187 b; elle coupe l'axe OX au voisinage du point M dont l'abscisse 0,76 donne une première valeur approchée de la racine cherchée.

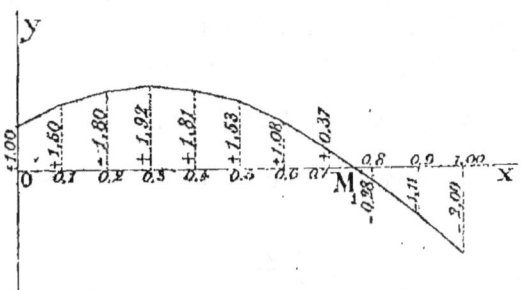

Fig. 187 b.

Pour beaucoup de questions, cette première approximation serait suffisante; dans le cas contraire, on pourrait, soit procéder, entre 0,7 et 0,8, à de nouvelles substitutions de nombres variant de 0,010, soit employer la méthode d'approximation de Newton. En employant l'une ou l'autre méthode, on trouverait pour la racine en question $x = 0,765$. On déterminerait de la même façon l'autre racine positive, $x = 1,866$, et la racine négative $x = -0,137$.

237. Méthode d'approximation de Newton. — Lorsqu'on a obtenu une première valeur approchée de l'une des racines d'une équation $f(x) = 0$, la méthode de Newton permet de calculer cette racine avec une plus grande approximation.

Supposons que, dans l'intervalle ab de la variable x ($Oa = a$, $Ob = b$), la courbe $y = f(x)$ coupe l'axe OX en un point d; alors, en menant la corde AB et prenant Oc pour racine, on

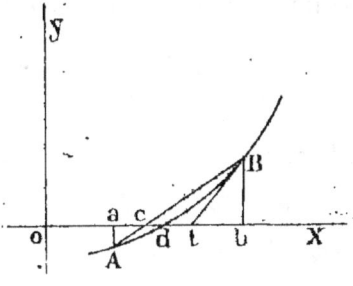

Fig. 188.

substitue à la racine exacte Od la valeur approchée Oc; menons la tangente Bt à la courbe au point B; l'abscisse Ot sera une seconde valeur approchée de la racine. En prenant la demi-somme :

$$\frac{Ot + Oc}{2},$$

on commettra une erreur qui sera généralement moindre que l'erreur commise en prenant Ot ou Oc.

L'équation de la tangente au point B est :

$$Y - f(b) = f'(b)(x - b),$$

d'où l'on déduit pour la sous-tangente $bt = b - x$, en faisant $Y = 0$:

$$bt = \frac{f(b)}{f'(b)}.$$

D'autre part, les triangles semblables Aac et Bbc donnent :

$$\frac{Aa}{ac} = \frac{Bb}{bc} = \frac{Aa + Bb}{ac + bc},$$

d'où l'on tire, en observant que $Aa = -f(a)$, $Bb = f(b)$, $ac + bc = b - a$:

$$bc = \frac{(b - a) f(b)}{f(b) - f(a)}.$$

Connaissant bt et bc, il est facile de calculer Ot et Oc, et, par suite, la demi-somme de ces deux quantités.

Exemple I. — Appliquons ces formules à l'équation :

$$x^3 - 2x - 5 = 0,$$

dont la racine réelle est comprise entre 2 et 2,1 (234). On a :

$a = 2, \quad b = 2,1, \quad -f(a) = 1, \quad f(b) = 0,061, \quad f'(b) = 11,23,$

d'où l'on déduit :

$$bt = \frac{0,061}{11,23} = 0,0054, \qquad bc = \frac{0,0061}{1,061} = 0,0058 ;$$

par suite :

$$Ot = 2,1 - 0,0054 = 2,0946,$$
$$Oc = 2,1 - 0,0058 = 2,0942,$$

et
$$\frac{Ol + Oc}{2} = 2,0944.$$

On obtient ainsi la racine avec trois décimales exactes.

La figure 188 correspond au cas où la courbe $y = f(x)$ tourne sa concavité vers l'axe positif OY; on a alors $f''(a) > 0$ (165). Mais, si la courbe tournait sa convexité vers le même axe (*fig.* 189), on aurait $f''(a) < 0$, et, pour obtenir une valeur plus approchée de la racine au moyen de la tangente, il faudrait mener cette dernière au point A; on trouverait alors comme plus haut :

$$ac = \frac{(b-a)\,f(a)}{f(b) - f(a)}, \qquad at = -\frac{f(a)}{f'(a)}.$$

Il suffirait d'ajouter ces valeurs à Oa pour obtenir deux limites entre lesquelles est comprise la racine cherchée Od.

On voit que la méthode de Newton revient à comprendre la racine entre deux nombres dont la différence ct est beaucoup plus petite que la différence primitive ab; en appliquant la méthode aux deux nombres ainsi obtenus, on resserre

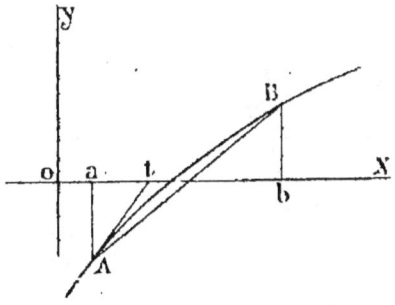

Fig. 189.

encore davantage les limites, et ainsi de suite. En général, chaque opération double le nombre des chiffres décimaux exacts.

EXEMPLE II. — L'équation

$$x^5 - 38{,}197 x^2 - 92708 = 0$$

se présente en hydraulique quand on cherche à déterminer en centimètres, au moyen de la formule de Prony, le rayon qu'il faudrait donner à un tuyau de 500 mètres de longueur pour que son débit, sous une charge de 10 mètres, soit de 50 litres par seconde.

382 GÉOMÉTRIE

En procédant comme au paragraphe 236, on reconnait que la courbe :

$$y = x^5 - 38,197x^2 - 92708,$$

admet une racine positive comprise entre 9 et 10 ; utilisant la formule de Newton, on trouve pour cette racine :

$$x = 9,925;$$

le diamètre du tuyau est, par conséquent, $19^{cm},8$.

238. Équations transcendantes. — La méthode graphique s'applique de la même façon à la résolution des équations transcendantes.

Exemple I. — Soit l'équation :

$$e^x - e^{-x} - 12,54x = 0,$$

que l'on rencontre dans l'étude de la chainette.

Cette équation ne changeant pas lorsqu'on remplace x par $-x$, à toute racine positive correspond une racine négative égale.

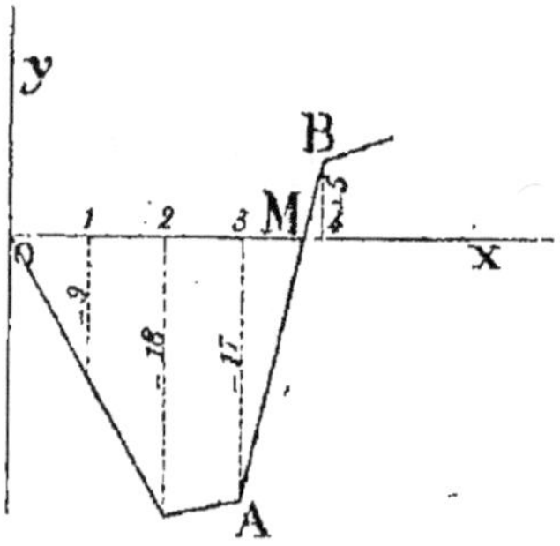

Posons :

$$f(x) = e^x - e^{-x} - 12,54x,$$

d'où :

$$f'(x) = e^x + e^{-x} - 12,54.$$

Pour calculer e^x et e^{-x}, on observe que :

$$\log e^x = 0,434294x,$$
$$\log e^{-x} = -\log e^x = -0,434294x.$$

Fig. 190.

La substitution des nombres consécutifs à partir de 0 donne, en ne retenant d'abord que des résultats entiers,

$x = 0,$	$e^x = 1,$	$e^{-x} = 1,$	$f(x) = 0;$
$x = 1,$	$e^x = 3,$	$e^{-x} = 0,$	$f(x) = -9;$
$x = 2,$	$e^x = 7,$	$e^{-x} = 0,$	$f(x) = -18;$
$x = 3,$	$e^x = 20,$	$e^{-x} = 0,$	$f(x) = -17;$
$x = 4,$	$e^x = 55,$	$e^{-x} = 0,$	$f(x) = +5.$

Au delà de $x = 4$, $f(x)$ ne cesse d'augmenter. Dans l'intervalle $x = 0$, $x = 4$, la ligne polygonale a l'aspect de la figure 190 ; elle coupe l'axe OX au point M, ce qui indique une racine comprise entre 3 et 4.

La substitution entre 3 et 4 de nombres équidistants de 0,10 montre que cette racine est comprise entre 3,8 et 3,9 ; pour

$$x = 3,9, \quad e^x = 49,4025, \quad e^{-x} = 0,0202,$$
$$f(x) = 0,4763, \quad f'(x) = 36,8827.$$

La formule de Newton donne (*fig.* 188) :

$$bt = \frac{0,4763}{36,8827} = 0,01291 ;$$

par suite :

$$Ot = 3,9 - 0,01291 = 3,88709.$$

La racine cherchée est donc 3,887 avec trois décimales exactes.

EXEMPLE II. — L'équation

$$\cos x + \frac{2x}{\pi} = 1,2$$

se présente en mécanique dans les calculs relatifs à la vitesse des volants.

L'arc inconnu x est exprimé en fonction du rayon qui est pris pour unité ; si α est son expression en degrés, on a :

(1) $\qquad \dfrac{x}{\pi} = \dfrac{\alpha}{180°}, \qquad$ d'où $\qquad x = \dfrac{\pi\alpha}{180°}.$

Posons :

(2) $\qquad f(x) = \cos x + \dfrac{2x}{\pi} - 1,2,$

d'où :

$$f'(x) = -\sin x + \frac{2}{\pi}.$$

Si l'on donne à α la série des valeurs 0°, 10°, ..., 50°, la formule (1) permet de calculer x, d'où l'on déduit $\cos x$, et, par suite, $f(x)$ à l'aide de la formule (2).

La construction de la courbe met en évidence une racine α comprise entre 40° et 50° ; substituant à α dans cet intervalle des valeurs équidistantes de 1°, on obtient pour :

$$\alpha = 49°, \quad 50°,$$
$$f(x) = +0,0050, \quad -0,00167,$$

ce qui montre que la racine cherchée est comprise entre 49° et 50°.

En appliquant la formule de correction de Newton, on trouve :

$$\alpha = 49°\,14'\,26'',$$

d'où :

$$x = \frac{49°\,14'\,26''}{180°}\,\pi ;$$

l'erreur ne porte que sur les secondes.

239. Méthode graphique. — Nous donnerons seulement un exemple.

Soit à résoudre l'équation :

(1) $$x^x = 100.$$

Prenons les logarithmes des deux membres, on obtient :

$$x \log x = 2;$$

posons ensuite :

$$x = \frac{1}{z},$$

l'équation proposée devient :

(1') $$2z + \log z = 0.$$

Cette dernière équation pouvant être considérée comme résultant de l'élimination de y entre les deux équations :

(2) $\qquad y = -2z,$
(3) $\qquad y = \log z,$

on voit que la recherche de ses racines revient à déterminer les abscisses des points communs à la droite (2) et à la courbe (3).

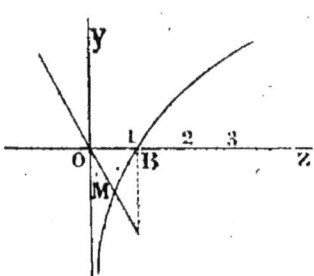

Fig. 191.

La droite passe par l'origine et par le point ($z = 1$, $y = -2$); la courbe est une *logarithmique* asymptote à l'axe OY et coupant l'axe OZ au point B (OB = 1).

La droite et la courbe n'ayant qu'un seul point commun M, il en résulte que l'équation (1') n'a qu'une seule racine réelle comprise entre 0 et 1. En substituant dans cet intervalle des nombres équidistants de 0,10, on trouve que la racine en question est comprise entre $\frac{1}{3}$ et $\frac{1}{4}$. Appliquant ensuite la formule de correction de Newton, on obtient :

$$z = 0,2780,$$

puis, pour la racine x :

$$x = \frac{1}{0,2780} = 3,597.$$

§ 2. — Abaques

240. L'emploi des *abaques* pour effectuer les calculs numériques est une des applications les plus récentes et les plus remarquables de la géométrie cartésienne. Il était réservé à Lalanne de créer cette doctrine, de la perfectionner et d'en marquer l'importance pratique par de nombreux exemples. Les récents perfectionnements de MM. Massau, Lallemand, d'Ocagne, ont encore étendu son champ d'application, qui, à l'heure actuelle, embrasse la plupart des questions où le calcul numérique s'impose comme une pénible nécessité.

241. Principes. — Courbes cotées. — Considérons une fonction de trois paramètres arbitraires :

$$(E) \qquad F_0(\alpha, \beta, \gamma) = 0,$$

résultant de l'élimination des variables x et y entre les équations :

$$(I_1) \qquad F_1(x, y, \alpha) = 0,$$
$$(I_2) \qquad F_2(x, y, \beta) = 0,$$
$$(I_3) \qquad F_3(x, y, \gamma) = 0.$$

Pour chaque valeur de l'un des paramètres, α par exemple, l'équation F_1 représente une courbe que l'on peut caractériser par cette valeur de α inscrite en regard de la courbe ; une série de valeurs successives attribuées au même paramètre engendre, par suite, tout un réseau de courbes cotées (I_1).

Pareillement des valeurs successives attribuées à β et à γ dans F_2 et F_3 fournissent deux autres réseaux cotés (I_2) et (I_3).

Chaque système de valeurs simultanées des paramètres devant satisfaire à la relation E, on peut dire que la table graphique ou abaque formé par le triple réseau de courbes (I) constitue une représentation de cette relation.

Au point de vue graphique, la dépendance entre les valeurs simultanées de α, β, γ qu'établit la relation E se traduit sur l'abaque par le croisement en un même point des courbes correspondantes.

Par exemple, pour $\alpha = 0$, $\beta = 0$, on lit $\gamma = 2$; de même, pour $\alpha = 3$, $\beta = 1$, on lit $\gamma = 4$.

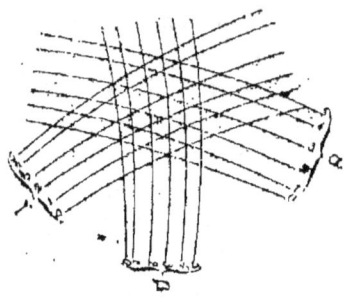

Fig. 192.

Ces préliminaires posés, on conçoit qu'étant donnée une relation telle que E, exprimant algébriquement un phénomène quelconque, il soit généralement possible de trouver un triple réseau de courbes composantes telles que (I); deux quelconques de ces réseaux, (I_1) et (I_2) par exemple, pourront toujours être pris arbitrairement, mais le troisième (I_3) résultera ensuite de l'élimination de α et β entre (I_1), (I_2) et (E).

L'idée qui se présente tout d'abord à l'esprit consiste à poser :

(I'_1) $\qquad x = \alpha,$
(I'_2) $\qquad y = \beta;$

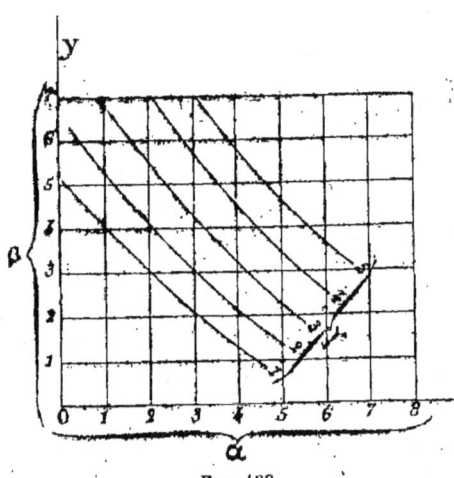

Fig. 193.

alors (I'_1) et (I'_2) sont des parallèles équidistantes aux axes de coordonnées, et (l_3) devient :

$$(I_3') \qquad F_0(x, y, \gamma) = 0 ;$$

les courbes (l_3') ne sont pas généralement des lignes droites, et l'abaque a l'aspect schématique de la figure 193.

EXEMPLES. — 1° Supposons que l'on veuille construire un abaque permettant d'obtenir par une simple lecture le produit γ de deux nombres α et β.

On devra avoir en général :

$$(E) \qquad \gamma = \alpha\beta,$$

et, si l'on prend pour équations (I_1) et (I_2):

$$x = \alpha, \qquad y = \beta,$$

l'équation (I_3) sera :

$$xy = \gamma.$$

Donnant successivement à α la suite des nombres 0, 1, 2, 3, ..., on obtient le réseau (l_1) composé de droites parallèles à OY.

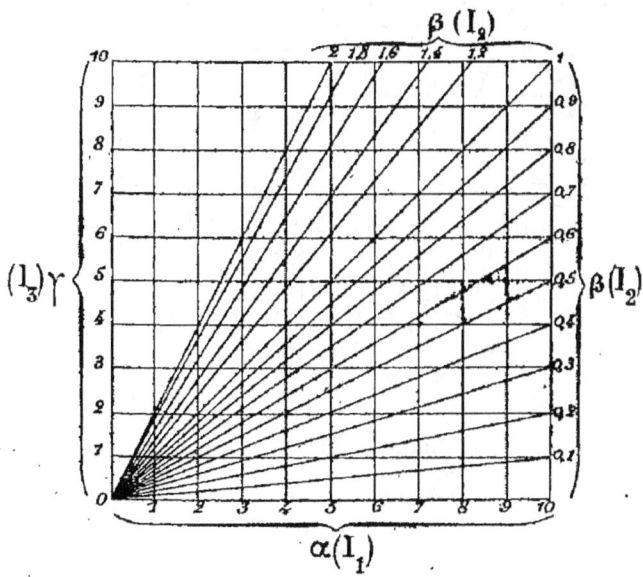

Fig. 194.

Opérant de même pour β, on obtient le réseau (l_2) parallèle à OX ; enfin, donnant à γ la série des mêmes nombres, on obtient le réseau (γ) composé d'hyperboles équilatères ayant les axes pour asymptotes.

2° Toujours avec la même équation $\gamma = \alpha\beta$, si l'on prend pour équations (I_1) et (I_2) :

$$x = \alpha, \qquad y = \beta x,$$

l'équation (I_3) devient :

$$y = \gamma.$$

Les lignes (I_1) sont encore parallèles à OY (*fig.* 194) ; les lignes (I_2), des droites issues de l'origine O ; enfin le réseau (I_3) est formé de parallèles à l'axe OX.

3° Soit l'équation du troisième degré :

(E) $\qquad z^3 + pz + q = 0.$

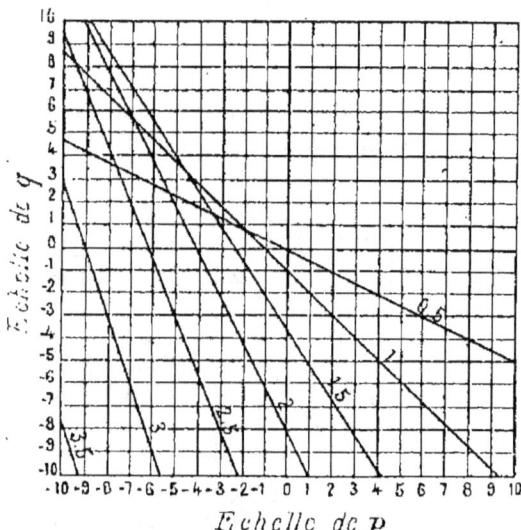

Fig. 195.

Si l'on prend pour équations (I_1) et (I_2) :

$$x = p, \qquad y = q ;$$

alors l'équation (I_3) s'écrit :

$$z^3 + zx + y = 0 ;$$

pour chaque valeur de z, cette équation représente une ligne droite. On obtient ainsi (*fig.* 195) l'abaque construit par Lalanne pour la résolution des équations du troisième degré.

Prenons l'équation (234) :

$$x^3 - 2x - 5 = 0,$$

dans laquelle $p = -2$, $q = -5$; si l'on suit la verticale d'abscisse -2 et l'horizontale d'ordonnée -5, ces deux droites se rencontrent au voisinage de la ligne cotée 2; l'interpolation à l'estime donne $x = 2,1$.

242. Principe de l'anamorphose. — Au point de vue pratique, pour la construction des abaques, il est évidemment plus simple d'opérer sur des droites cotées, car le tracé de chacune d'elles n'exige que la détermination de deux points; mais *a priori* il semble n'y avoir qu'un nombre restreint d'équations (E) susceptibles d'une triple représentation linéaire. Par un artifice très heureux, Lalanne a considérablement augmenté le nombre de ces équations.

Supposons, par exemple, que l'on ait :

(E) $f(\alpha)\psi_1(\gamma) + \varphi(\beta)\psi_2(\gamma) + \psi_3(\gamma) = 0,$

et posons :

(I_1) $x = f(\alpha),$
(I_2) $y = \varphi(\beta)$;

les lignes (I_1) et (I_2) sont encore des parallèles aux axes de coordonnées, mais non plus nécessairement équidistantes comme sur la figure 193; cela dépend des fonctions f et φ;

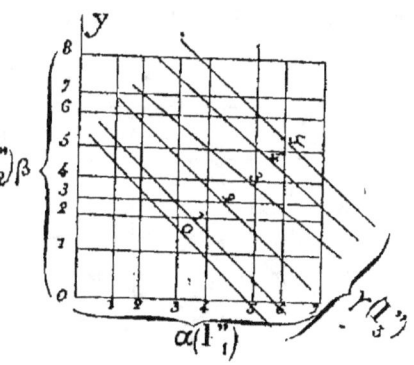

Fig. 196.

quant au réseau (I_3), il devient :

(I_3) $x\psi_1(\gamma) + y\psi_2(\gamma) + \psi_3(\gamma) = 0,$

et les lignes correspondantes sont aussi des droites. L'abaque a dans ce cas l'aspect schématique de la figure 196.

C'est la substitution des droites (I_3) aux courbes (I'_3) (241) qui constitue le principe fécond de l'*anamorphose* imaginé par Lalanne.

EXEMPLE I. — Reprenons l'équation :

$$\gamma = \alpha\beta\ ;$$

passons aux logarithmes, il vient :

(E) $$\log\gamma = \log\alpha + \log\beta.$$

Si l'on prend pour équations (l_1) et (l_2) :

$$x = \log\alpha,$$
$$y = \log\beta,$$

(l_3) devient :

$$x + y = \log\gamma.$$

Les lignes (l_1) et (l_2) sont des parallèles aux axes OX et OY, mais le réseau (l_3) est composé de lignes droites perpendiculaires à la bissectrice de l'angle YOX.

EXEMPLE II. — Les abaques de l'album d'Aubrives pour le calcul des conduites d'eau sont établis d'après la formule de M. Lévy :

(E) $$D = 0{,}324 \left(\frac{Q}{\sqrt{J}}\right)^{\frac{3}{8}};$$

D représente le diamètre de la conduite en mètres, Q le débit en mètres cubes par seconde, J la perte de charge par mètre.

Si l'on anamorphose par la relation :

(I_2) $$j = \sqrt{J},$$

on obtient :

(α) $$D = 0{,}324 \left(\frac{Q}{j}\right)^{\frac{3}{8}},$$

puis

(l_3) $$\frac{Q}{j} = \left(\frac{D}{0{,}324}\right)^{\frac{8}{3}}.$$

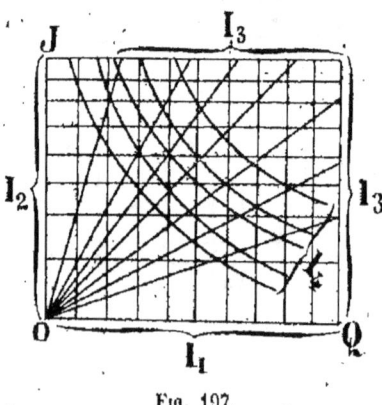

Fig. 197.

D'après cela, si l'on fait choix de deux axes OQ et OJ, les courbes du débit pourront être des parallèles à JO équidistantes ; celles de la pente, des parallèles à OQ anamorphosées suivant la loi (I_2) ; et, d'après l_3, les lignes du diamètre seront des droites issues de l'origine O.

Les valeurs de Q et J étant données, on suit les lignes correspondantes des réseaux (l_1) et (l_2) jusqu'à leur point d'intersection, et la cote de la ligne (l_3), passant par ce point, fait connaître la valeur de D.

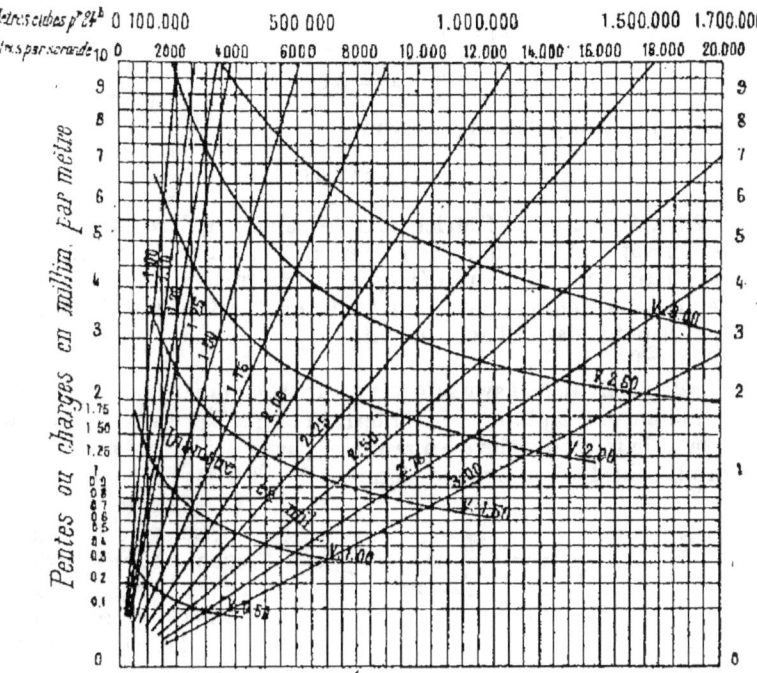

Fig. 198.

Pour déterminer les courbes de la vitesse U, observons que l'on a :

(E')
$$U = \frac{4Q}{\pi D^2};$$

éliminant D à l'aide de (α), il vient :

$$U = \frac{4}{0{,}324^2 \pi} Q^{\frac{1}{4}} j^{\frac{3}{4}},$$

ce que l'on peut écrire :

(l_4)
$$Qj^3 = \frac{0{,}324^8 \pi^4}{256} U^4.$$

Le réseau (l_4) est composé de quartiques hyperboliques qu'il faut construire par points.

La figure 198 représente l'abaque en question. Pour :

$$J = 0,004,$$
$$Q = 8.000 \text{ litres},$$

on relève immédiatement :

$$D = 2,00 ;$$

puis, par interpolation à l'estime,

$$U = 2,63.$$

243. Formules de Fourier pour le calcul des profils en travers.
— On suppose le profil de la route réduit à une horizontale telle que le triangle qu'il faut déblayer pour former le fond de l'encaissement soit équivalent au triangle qu'il est nécessaire de remblayer pour établir l'accotement.

Soient :

x, la déclivité transversale (tangente trigonométrique de l'angle ω d'inclinaison sur l'horizon) du terrain naturel, prise avec le signe $+$ quand le terrain s'élève en rampe à partir de l'axe dans le demi-profil considéré, et avec le signe $-$ quand il est en pente ;

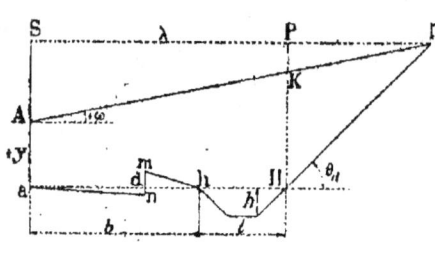

Fig. 199.

y, la cote sur l'axe Aa prise avec le signe $+$ quand elle est en déblai, avec le signe $-$ quand elle est en remblai ;

b, la demi-largeur ah de la plate-forme ;

l et h, la largeur et la profondeur du fossé dans les parties en déblai ;

t_d, le talus des déblais (tangente trigonométrique de l'inclinaison θ_d de la ligne de plus grande pente sur l'horizon) ;

t_r, le talus de remblai (tangente de θ_r).

1° Pour un demi-profil en déblai, on a immédiatement :

$$HK = y + (b + l)\,x,$$
$$PD = \frac{y + (b + l)\,x}{t_d - x},$$

et pour l'aire :

$$D = \frac{Aa + HK}{2} \times aH + \frac{HK \times PD}{2} + \text{fossé} ;$$

ou, en effectuant les calculs,

$$(1) \quad D = \frac{[(b+l)t_d + y]^2}{2(t_d - x)} - \frac{(b+l)^2}{2} t_d + \left(l - \frac{h}{t_d}\right) h.$$

2° Pour un demi-profil entièrement en remblai (*fig.* 200), on trouverait de même :

$$(2) \quad R = \frac{(bt_r - y)^2}{2(t_r + x)} - \frac{b^2 t_r}{2}.$$

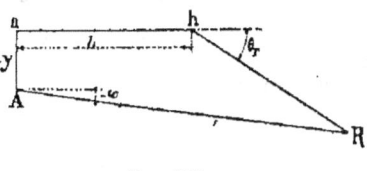

Fig. 200.

3° Pour chaque profil mixte, il faut calculer deux surfaces, l'une D de déblai, l'autre R de remblai.

Dans le cas de la figure 201, on obtient :

$$(3) \quad \begin{aligned} D &= \frac{[(b+l)t_d + y]^2}{2(t_d - x)} - \frac{(b+l)^2 t_d}{2} + \left(l - \frac{h}{t_d}\right) h + \frac{y^2}{2x}, \\ R &= \frac{y^2}{2x}. \end{aligned}$$

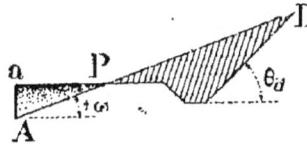 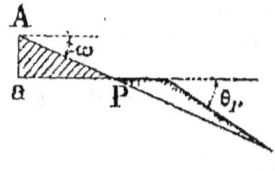

Fig. 201. Fig. 202.

Dans le cas de la figure 202, on trouve :

$$(4) \quad \begin{aligned} R &= \frac{(bt_r - y)^2}{2(t_r + x)} - \frac{b^2 t_r}{2} + \frac{y^2}{2x}, \\ D &= \frac{y^2}{2x}. \end{aligned}$$

244. Abaques de Lalanne. — L'ensemble des tables graphiques de Lalanne forme deux groupes distincts dont le premier répond aux formules (1) et (2) de Fourier, le second aux formules (3) et (4). Ces tables font connaître l'aire et l'emprise d'un demi-profil défini par sa cote sur l'axe et la déclivité transversale. Étudions d'abord le premier groupe, en particulier celui que représente la formule (1); la théorie serait identique pour la formule (2).

On a :

$$(a) \quad D - K = \frac{[(b+l)t_d + y]^2}{2(t_d - x)},$$

avec :

$$K = \left(l - \frac{h}{l_d}\right) h - \frac{(b+l)^2}{2} l_d;$$

les paramètres variables sont ici la déclivité x, la cote rouge y et l'aire D du demi-profil ; K est une constante pour tous les profils de même type.

Prenons les logarithmes des deux membres de (a), il vient :

(E) $\log(D - K) = 2\log[(b+l) l_d + y] - \log(l_d - x) - \log 2$;

posons ensuite :

(l_2) $\qquad Y = \log(l_d - x)$,
$\qquad\qquad Z = \log[(b+l) l_d + y]$,
(l_1) $\qquad X = \log(D - K) + \log 2$;

le troisième réseau de courbes cotées est alors :

(l_3) $\qquad\qquad Y = -X + 2Z.$

(l_1) et (l_2) sont des parallèles aux axes de coordonnées OY et OX ; (l_3), des droites parallèles dont le coefficient angulaire est -1. On voit que l'anamorphose consiste ici à remplacer : x par Y, y par Z, D par X.

Pour la largeur d'emprise λ, on a sur la figure :

$$\lambda = SP + PD = b + l + \frac{y + (b+l)x}{l_d - x},$$

ou, en simplifiant :

$$\lambda = \frac{(b+l) l_d + y}{l_d - x},$$

et en posant :

$$L = \log \lambda,$$

on obtient l'équation :

$$L = Z - Y,$$

qui donne par élimination de Z :

$$Y = X - 2L.$$

Cette équation représente un réseau de droites parallèles à la bissectrice du premier quadrant. Chaque abaque se compose donc, en résumé, d'un quadruple réseau de droites faisant entre elles des angles de 45° (*fig.* 203).

On entre dans l'épure par la cote rouge (y) et la déclivité (x) inscrites sur les contours ; on suit les droites correspondantes jusqu'à leur intersection, et la cote de la droite (D) passant par ce point donne l'aire du demi-profil; celle inscrite sur la quatrième droite (λ) prolongée au dehors de l'épure donne la largeur d'emprise. Enfin, sur l'axe ε on lit la longueur du talus.

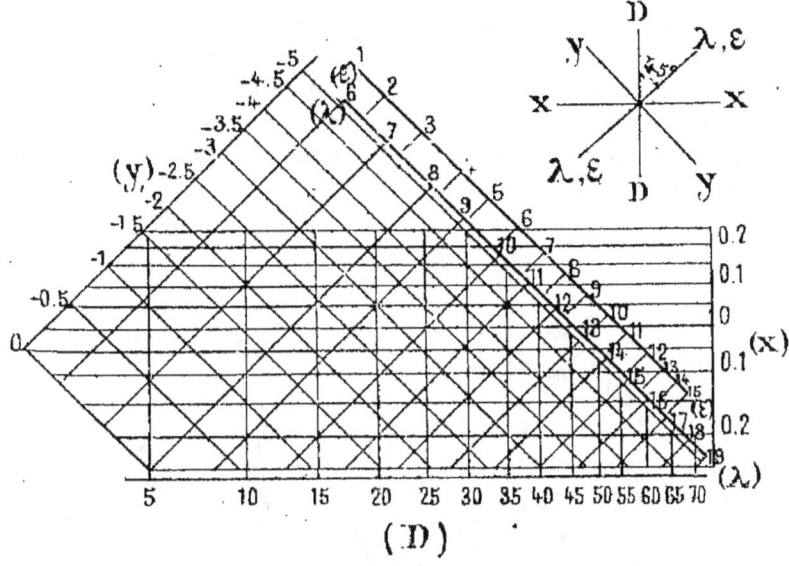

Fig. 203.

Pour des profils mixtes (*fig.* 204), les formules (3) de Fourier sont:

(a) $$D - K = \frac{[(b+l)l_d + y]^2}{2(l_d - x)} + \frac{y^2}{2x},$$

(b) $$R = \frac{y^2}{2x};$$

on voit que les surfaces D et R s'obtiendraient encore simplement si l'on pouvait connaître la valeur du terme complémentaire $\frac{y^2}{2x}$; l'équation (b) donne, en effet, la valeur de R, et cette valeur, ajoutée au premier terme du second membre de (a), relevé dans le premier groupe d'abaques, fournit la valeur de D. Le second groupe des tables de Lalanne répond précisément à ce terme complémentaire; une légende qui accompagne chaque table indique la façon de constater les cas mixtes.

245. Abaques à échelles linéaires. — Les abaques à triple réseau de courbes présentent à l'œil un enchevêtrement de lignes qui n'est pas sans nuire quelque peu à leur clarté.

Voici comment M. *Lallemand* a évité cet inconvénient dans le cas de droites cotées parallèles (*fig.* 204), comme dans les abaques de Lalanne.

Du point O abaissons une perpendiculaire OZ sur la direction commune des droites (γ), et marquons sur cet axe les cotes de ces dernières; effaçons ensuite toutes les droites cotées, sauf quelques-unes du réseau (β). La partie restante se réduit alors aux *trois échelles linéaires* X, Y, Z, et aux droites non effacées (*fig.* 205).

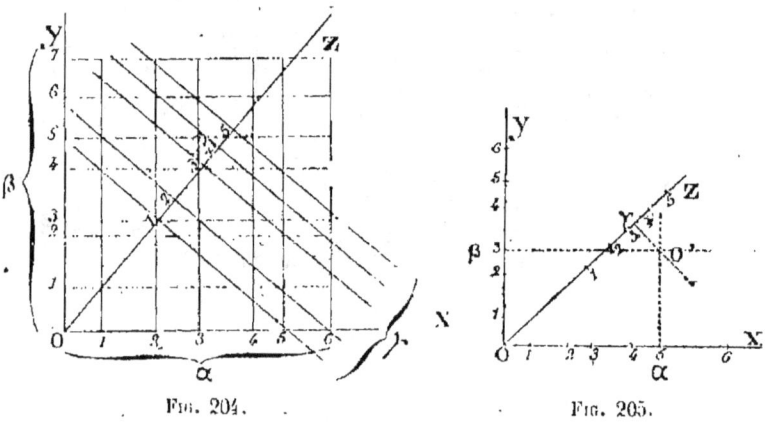

Fig. 204.   Fig. 205.

Traçons maintenant sur une feuille transparente trois axes O'α, O'β, O'γ simultanément parallèles aux droites effacées, et plaçons-la sur l'abaque; il est facile de voir que cette feuille mobile, ou *indicateur transparent*, pourra remplacer les lignes effacées; cherchons en effet la valeur de γ qui correspond sur l'abaque ainsi éclairci aux valeurs α = 5, β = 3; pour cela faisons mouvoir le transparent de façon que O'β, demeurant parallèle aux droites cotées restantes, passe par la cote 3, et que O'α rencontre la cote 5; alors la cote 3,2 du point où O'γ coupe Z est évidemment la valeur de γ cherchée.

On voit que les droites β non effacées servent à maintenir l'orientation de l'indicateur.

Les points des échelles qui se trouvent simultanément sur les axes de l'indicateur sont dits *points correspondants*.

246. Principe de M. Lallemand.

— On doit à M. Lallemand une remarque géométrique qui permet dans bien des cas d'utiliser le principe des échelles linéaires.

Soient deux droites X, Y (*fig.* 206), faisant entre elles un angle de 120°, et une troisième Z parallèle à la bissectrice de cet angle; si A_x, A_y, A_z et B_x, B_y, B_z sont deux groupes de points correspondants, on a constamment:

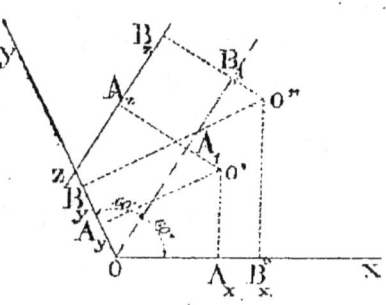

Fig. 206.

$$A_x B_x + A_y B_y = A_z B_z.$$

Le théorème des projections donne les deux relations:

$$OA_x = OA_1 \cos 60° + O'A_1 \cos\left(\frac{\pi}{2} - 60°\right) = \frac{OA_1}{2} + O'A_1 \sin 60°,$$

$$OA_y = OA_1 \cos 60° + O'A_1 \cos\left(\frac{\pi}{2} + 60°\right) = \frac{OA_1}{2} - O'A_1 \sin 60°;$$

d'où par addition:

$$OA_x + OA_y = OA_1.$$

On aurait de même:

$$OB_x + OB_y = OB_1;$$

faisant la différence de ces deux relations, on obtient:

$$A_x B_x + A_y B_y = A_1 B_1 = A_z B_z.$$

Conséquence. — Il résulte de là que, si l'on a une équation telle que

(E) $$\psi(\gamma) = f(\alpha) + \varphi(\beta)$$

à traduire en abaque, on pourra prendre les droites X, Y, Z

pour échelles linéaires et, à partir de trois points correspondants quelconques A_x, A_y, A_z, graduer ces échelles, l'une proportionnellement aux valeurs successives de $f(\alpha)$, l'autre proportionnellement aux valeurs de $\varphi(\beta)$, et la troisième proportionnellement aux valeurs de $\psi(\gamma)$; chaque groupe de valeurs simultanées des paramètres α, β, γ, fournira toujours sur les échelles un groupe de trois points correspondants.

Il est évident que, si l'équation à traduire en abaque était :

$$\psi(\gamma) = f(\alpha)\,\varphi(\beta),$$

on la ramènerait à la forme précédente en prenant les logarithmes des deux membres ; on obtiendrait en effet :

$$\log\psi(\gamma) = \log f(\alpha) + \log\varphi(\beta).$$

Les abaques construits dans ce système particulier d'échelles ont reçu le nom d'*abaques hexagonaux*. Cette dénomination tient à ce que les échelles d'une part, les axes de l'indicateur de l'autre, sont simultanément parallèles aux diagonales d'un hexagone régulier.

247. Coordonnées parallèles. — Soient Au et Bv deux axes parallèles; la position d'une droite CD est évidemment déterminée si on connaît les segments $AC = u$ et $BD = v$ qu'elle détache sur ces axes à partir de deux origines fixes A et B ; u et v, pris simultanément en grandeur et en signe, sont les *coordonnées parallèles* de la droite CD.

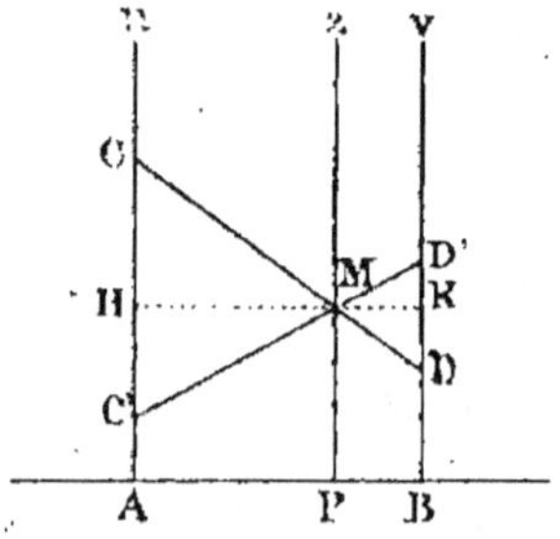

Fig. 207.

S'il existe entre u et v une relation déterminée, la droite CD enveloppe une certaine courbe dont cette relation est l'équation. En particulier, si l'on a :

(1) $$au + bv = z,$$

a, b, z désignant des coefficients constants, la droite CD pivote autour d'un point fixe M dont il est facile de déterminer la position.

En effet, soient C' et D' deux autres points pour lesquels on a :

(2) $$au' + bv' = z;$$

$AC' = u'$, $BD' = v'$; menons MH parallèle à AB; les relations (1) et (2) donnent par différence :

$$a(u - u') = b(v' - v),$$

d'où l'on déduit :

$$\frac{u - u'}{v' - v} = \frac{CC'}{DD'} = \frac{b}{a},$$

et, par suite, d'après la similitude des triangles CMC' et DMD',

(3) $$\frac{MH}{MK} = \frac{PA}{PB} = \frac{b}{a}.$$

Les triangles semblables CHM et DKM donnent de leur côté :

$$\frac{CH}{DK} = \frac{MH}{MK} = \frac{b}{a},$$

ce que l'on peut écrire :

$$\frac{u - MP}{MP - v} = \frac{b}{a},$$

équation qui permet de calculer MP :

(4) $$MP = \frac{au + bv}{a + b} = \frac{z}{a + b}.$$

La relation (3) montre que le point d'intersection M des droites CD et C'D' se trouve sur un axe fixe Pz, puisque le rapport $\frac{b}{a}$ reste constant. La relation (4) prouve d'autre part que l'ordonnée MP conserve une longueur invariable, car a, b, z, sont supposés constants. Ainsi le point M reste fixe.

248. Abaques de M. d'Ocagne. — D'après ce qui précède, si l'on porte respectivement sur Au, Bv, Pz des longueurs proportionnelles à u, v, $\dfrac{z}{a+b}$, trois cotes quelconques satisfaisant à la relation (1) seront alignées sur une même transversale. Il suit évidemment de là que deux de ces cotes, u et v par exemple, étant données, il suffira de tirer la droite uv pour lire sur Pz la valeur de z correspondante.

Pour appliquer ce principe à l'abaque de remblai pour les profils en travers, il suffit de mettre la formule (2) (243) sous la forme (1). On a d'abord :

$$R + \frac{b^2 t_r}{2} = \frac{(bt_r - y)^2}{2(t_r + x)},$$

d'où, en prenant les logarithmes :

$$\log\left(R + \frac{b^2 t_r}{2}\right) = 2\log(bt_r - y) - \log 2(t_r + x);$$

et si l'on pose :

$$u = 2\log(bt_r - y),$$
$$v = -\log 2(t_r + x),$$
$$z = \log\left(R + \frac{b^2 t_r}{2}\right),$$

il en résulte l'équation semblable à (1) (247), $z = u + v$, dont la figure 208 a est la traduction. L'échelle des cotes correspond à l'axe Au, celle des déclivités à l'axe Bv, et l'échelle des surfaces à l'axe Pz.

Les abaques de M. d'Ocagne pour le calcul des profils en travers sont en réalité triples pour chaque largeur de profil ; chacun d'eux représente simultanément les formules de Fourier ; il y a un abaque pour la formule (1), un autre pour la formule (2), un troisième pour le terme complémentaire à ajouter dans les cas mixtes. La figure 208 représente un

CALCUL GRAPHIQUE 401

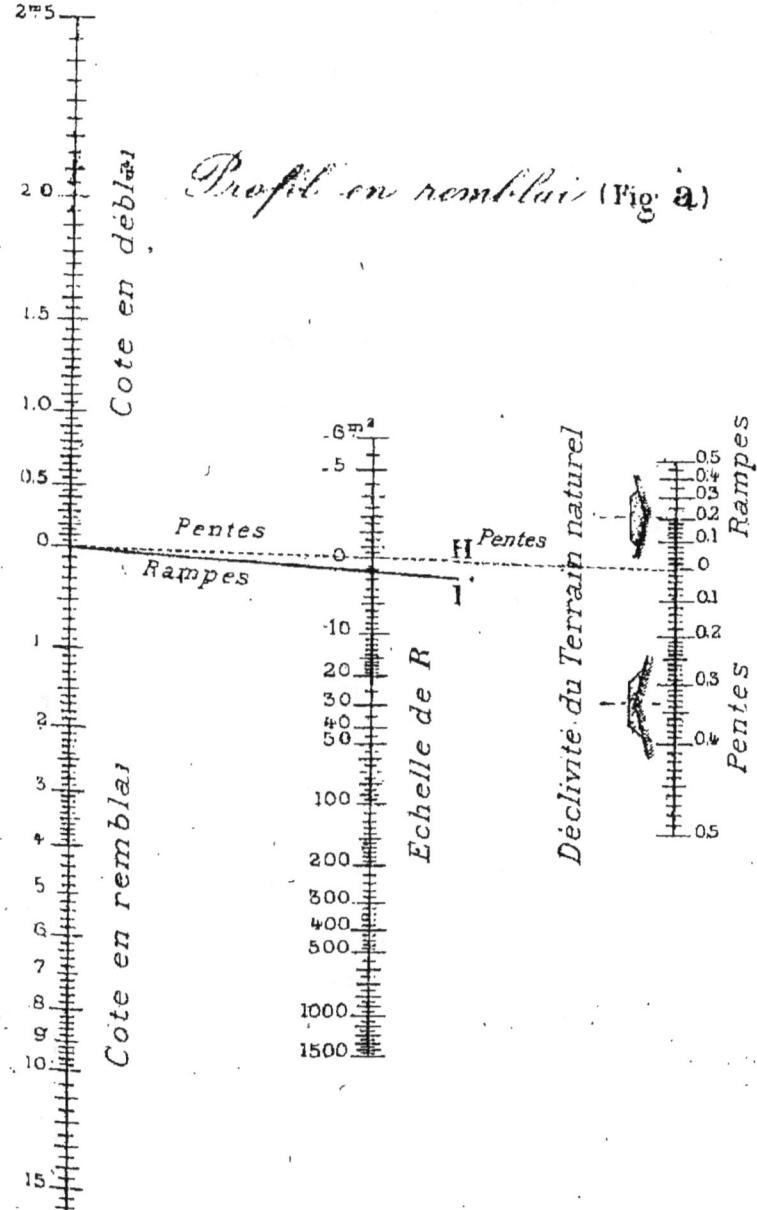

Profil en remblai (Fig. a)

Fig. 208 a.

MATHÉMATIQUES. 26

402 GÉOMÉTRIE

abaque complet; on a pris :

$$b = 5,00, \quad l = 1,50, \quad h = 0,50, \quad t_d = 1, \quad t_r = \frac{2}{3}.$$

EXEMPLE. — Soit à calculer le demi-profil en déblai : $y = +3,00, x = +0,20$. Sur l'abaque de déblai, joignons par

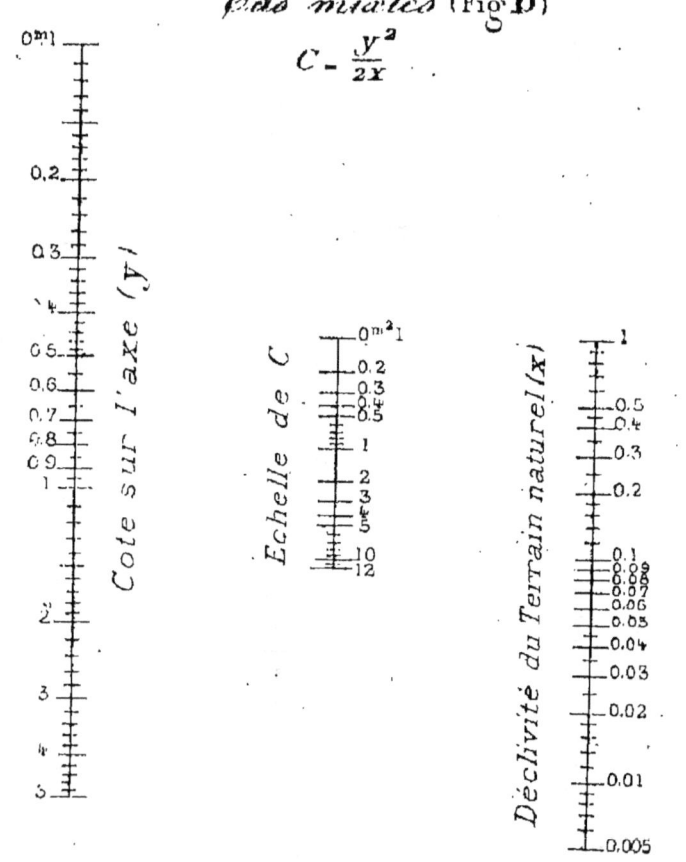

Fig. 208 b.

une transversale le point de l'échelle de gauche coté 3,00 au point de l'échelle des déclivités coté $+ 0,20$; cette droite coupe l'axe des surfaces au point marqué 35,75. L'aire du demi-profil est donc égale à $35^{m2},75$.

Ces abaques ont sur ceux de Lalanne l'avantage pratique de renseigner le calculateur sur le cas dans lequel il se trouve (remblai unique, déblai unique, ou tout à la fois remblai et déblai). Voici le dispositif adopté dans ce but par M. d'Ocagne.

Désignons par r et p les valeurs limites de la déclivité x (0,5 en général), et construisons comme il suit deux points remarquables H et I.

Le point H est à l'intersection de OO avec la droite qui joint le point coté p de l'échelle des pentes au point coté bp de l'échelle des cotes en déblai ($p = 0,5$, $bp = 2,5$).

Le point I est à l'intersection de la droite joignant O de l'axe des cotes au point coté $\dfrac{h}{b + l - \dfrac{h}{l_d}}$ de l'échelle des pentes, et de la droite allant du point coté r de l'échelle des rampes au point coté $\left(b + l - \dfrac{h}{l_d}\right) r - h$ de l'échelle des cotes en remblai :

$$\left[\frac{h}{b + l - \dfrac{h}{l_d}} = 0,083, \quad r = 0,5, \quad \left(b + l - \frac{h}{l_d}\right) r - h = 3,5\right].$$

Les points H et I étant obtenus, traçons :

En pointillé, la droite OH, à côté de laquelle nous inscrirons le mot *pentes*;

En trait gras, la droite HO, à côté de laquelle nous inscrirons le mot *pentes*;

En trait gras, la droite OI, à côté de laquelle nous inscrirons le mot *rampes*.

Voici comment le calculateur distinguera les différents cas :

Si la transversale coupe le trait gras de même nom que la déclivité donnée : l'abaque n'est pas applicable, et il faut se reporter à celui des profils en déblai (*fig. c*);

Si la transversale ne coupe ni le trait gras ni le trait pointillé de même nom que la déclivité donnée : l'abaque est applicable, et il suffit de lire la valeur de R sur l'échelle centrale;

Enfin, si la transversale coupe le trait pointillé de même nom que la déclivité donnée, on est dans un cas mixte : on fait d'abord la lecture sur l'échelle centrale, puis on répète l'opération sur l'abaque des cas mixtes (*fig. b*).

404   GÉOMÉTRIE

La somme des deux lectures donne l'aire de la surface en remblai; la seconde lecture donne l'aire en déblai.

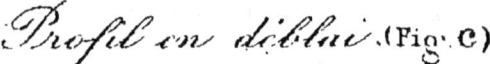

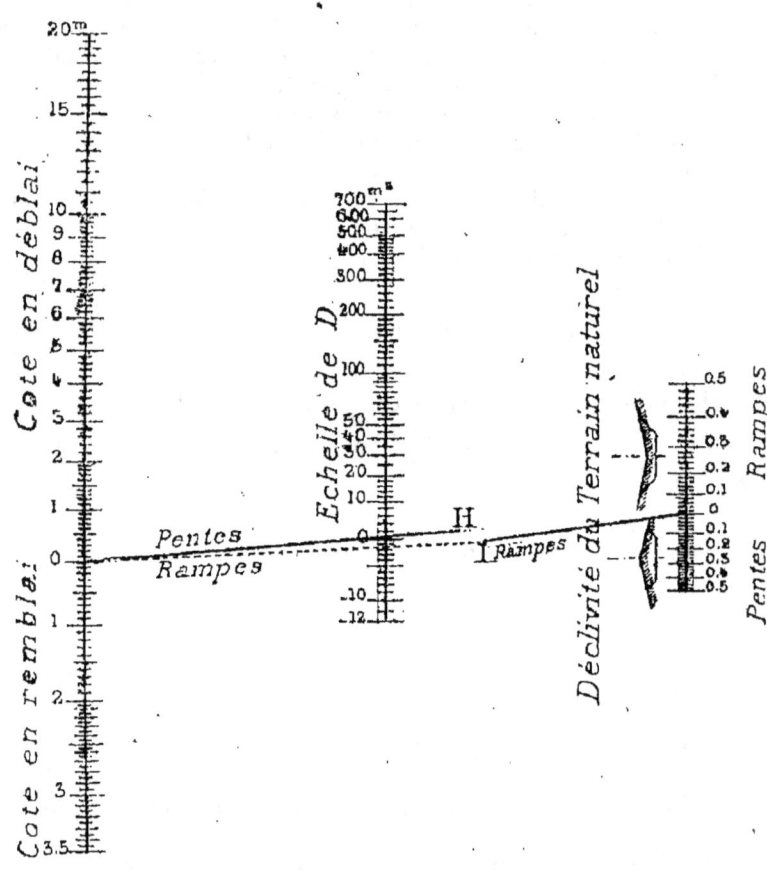

Fig. 208 c.

Pour le terme complémentaire $R'' = \dfrac{y^2}{2x}$, les axes sont gradués au moyen des relations :

(l_1) $\qquad u = 2 \log y,$
(l_2) $\qquad v = -\log 2x,$
$\qquad\qquad Y = \dfrac{1}{2} \log R'' ;$

CALCUL GRAPHIQUE

Abaque pour le calcul des conduites d'eau.

d'après la formule de M. Flamant

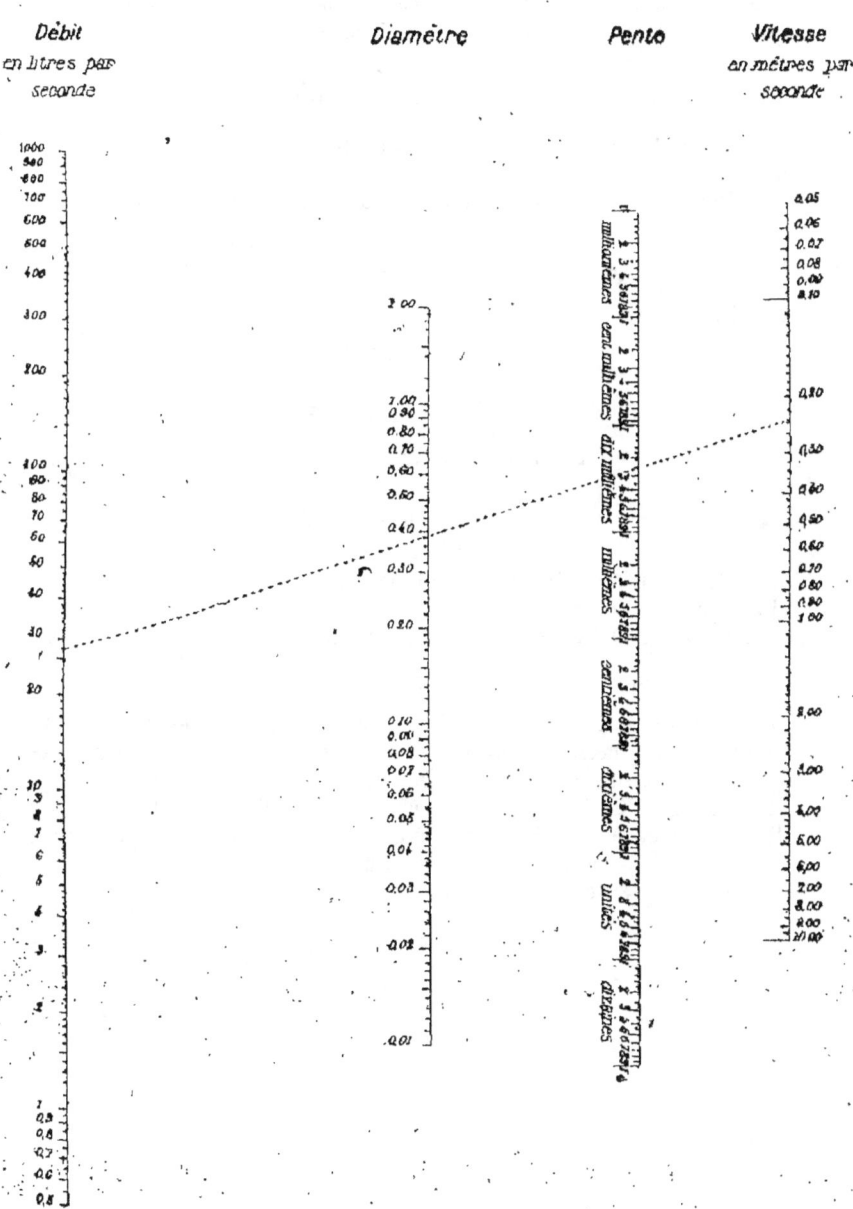

Fig. 209.

d'où
$$u + v = 2Y.$$

249. Abaque de M. Dariès. — Cet abaque est utilisé pour le calcul des conduites d'eau d'après la formule de M. Flamant :

$$D = 0,251\, Q^{\frac{7}{19}}\, J^{-\frac{4}{19}};$$

D représente le diamètre de la conduite, Q le débit, J la perte de charge par mètre.

Si l'on prend les logarithmes des deux membres, il vient :

$$\log D = \log 0,251 + \frac{7}{19} \log Q - \frac{4}{19} \log J,$$

et, si l'on pose :

$$\log D - \log 0,251 = z,$$
$$\log Q = u,$$
$$-\log J = v,$$

il en résulte l'équation linéaire :

$$z = \frac{7}{19} u + \frac{4}{19} v,$$

que l'on peut traduire graphiquement d'après le principe des coordonnées parallèles (247).

La figure 209 représente notre abaque, qui comprend en outre une quatrième colonne pour la vitesse : $U = \dfrac{4Q}{\pi D^2}$.

Proposons-nous, par exemple, de calculer le diamètre qu'il faut donner à une conduite pour que son débit soit de 28 litres par seconde, avec une pente par mètre égale à 2,5 dix-millièmes.

On a : Q = 28 litres, J = 0,00025 ; et la droite pointillée qui joint les points correspondants des axes du débit et de la pente coupe les axes du diamètre et de la vitesse aux points : D = 0,37, U = 0,24 ; ce sont les éléments cherchés.

CHAPITRE VII

GÉOMÉTRIE A TROIS DIMENSIONS

§ 1. — Préliminaires

Plan et ligne droite

250. Coordonnées dans l'espace. — La position d'un point dans l'espace se détermine par trois quantités qu'on appelle les coordonnées de ce point.

Coordonnées cartésiennes. — Soient (*fig.* 210) trois axes fixes XX', YY', ZZ', se coupant en O, et tels que chacun d'eux soit

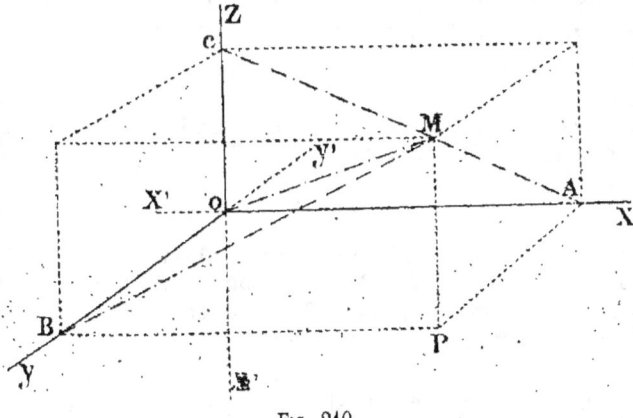

Fig. 210.

perpendiculaire au plan déterminé par les deux autres; les trois axes sont alors rectangulaires. D'un point quelconque M abaissons une perpendiculaire MP sur le plan XOY, et, du point P, des perpendiculaires PA et PB sur les axes OX et OY. La position du point M dans l'espace est évidemment déterminée si on connaît les trois longueurs OA, AP, PM; les deux premières fixent la position du point P dans le plan XOY, la troisième la position du point M sur l'ordonnée MP. Ces trois longueurs simultanées sont les coordonnées *rectangulaires* ou *cartésiennes* de ce point; on les désigne habituellement par x, y, z, de sorte que l'on a :

$$x = OA, \quad y = AP, \quad z = PM.$$

Si l'on mène PB parallèle à OX, MC parallèle au plan XOY, on a OB = AP, OC = PM; de sorte que l'on peut encore écrire :

$$x = OA, \quad y = OB, \quad z = OC.$$

Les variables x, y, z étant susceptibles de prendre toute l'échelle des grandeurs positives et négatives, on convient de porter les valeurs positives de O vers X, ou Y, ou Z, et les valeurs négatives dans le sens opposé, de O vers X', ou Y', ou Z'. Le point O est l'origine des coordonnées.

En donnant aux variables x, y, z toutes les valeurs possibles, positives ou négatives, on obtient tous les points de l'espace, mais chaque groupe de valeurs (x, y, z) n'en détermine qu'un seul.

Soit, par exemple, à trouver le point M de l'espace dont les coordonnées rectangulaires sont :

$$x = 3, \quad y = 2, \quad z = 3,5;$$

prenant à une échelle déterminée une abscisse OA = 3, une ordonnée parallèle à OY, AP = 2, et une seconde ordonnée perpendiculaire au plan XOY, PM = 3,5, l'extrémité de cette dernière ordonnée est la position du point cherché.

L'axe OX, étant perpendiculaire au plan des ordonnées AP et PM, est aussi perpendiculaire à la droite MA, qui est située dans ce plan; il résulte de là que le point A est la projection orthogonale du point M sur OX et, par suite, que l'abscisse OA = x est la projection de la longueur OM sur l'axe OX. Pour la même raison, les ordonnées $OB = y$ et $OC = z$ sont les projections de OM sur les axes OY et OZ.

Coordonnées polaires. — Soient (*fig.* 211) trois axes rectangulaires OX, OY, OZ et un point quelconque M; abaissons l'ordonnée MP et joignons OP; la position du point M dans l'espace peut encore se déterminer par l'angle $POX = \varphi$ que fait le plan MOP avec le plan ZOX, et par les coordonnées polaires $r = OM$ et $\theta = MOZ$ du point M dans le plan MOP.

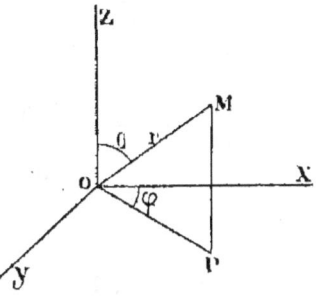

Fig. 211.

En faisant varier r de 0 à $+\infty$, et les angles φ et θ de 0 à 2π, on obtient tous les points de l'espace; chaque groupe de valeurs (r, θ, φ) détermine d'ailleurs un point et un seul. La longueur r est le *rayon vecteur* du point M, l'angle φ l'*azimut*, l'angle θ la *colatitude* du même point.

On peut rattacher au système polaire dans l'espace le système *semi-polaire* ou *cylindrique*, qui détermine la position du point M par l'angle φ, le rayon vecteur $\rho = OP$, et l'ordonnée $z = MP$; chaque groupe de valeurs (ρ, φ, z) détermine un point de l'espace et un seul.

251. Représentation des surfaces par des équations. — On peut démontrer que toute surface définie géométriquement est, en général, représentable par une certaine relation :

$$f(x, y, z) = 0,$$

ou, en explicitant par rapport à z :

(1) $\qquad z = f(x, y),$

entre les coordonnées x, y, z d'un point quelconque de cette surface. Cette relation est l'équation cartésienne de la surface.

En effet, si un point M est assujetti à rester sur la surface

déterminée S, la connaissance de ses deux coordonnées x et y entraîne la connaissance de la troisième z, de sorte que ces trois coordonnées ne sont pas indépendantes; en réalité, z est une fonction de x et y, et l'on a
$$z = f(x, y).$$

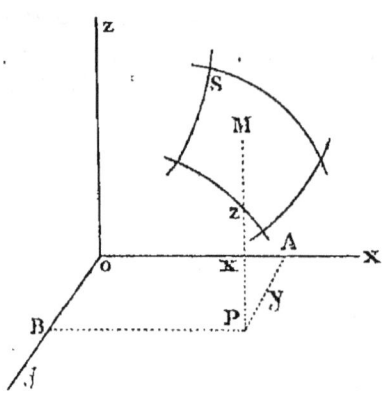

Fig. 212.

Réciproquement, si l'on a une équation telle que $z = f(x, y)$ entre trois variables x, y, z, chaque couple de valeurs simultanées de x et y détermine une valeur de z, et, par suite, un point de l'espace et un seul; en faisant varier x et y d'une manière continue entre des limites déterminées, l'équation (1) est satisfaite par des valeurs de z, qui sont également continues, de sorte que l'ensemble des points forme une surface.

La surface S peut encore se représenter en coordonnées polaires par une équation de la forme :

$$f(r, \theta, \varphi) = 0, \quad \text{ou} \quad f(\rho, \varphi, z) = 0.$$

EXEMPLE I. — Soit à trouver l'équation de la sphère de rayon a et de centre O.

Dans le triangle rectangle OAP, on a constamment :
$$\overline{OA}^2 + \overline{AP}^2 = \overline{OP}^2;$$

dans le triangle rectangle OPM, on a de même :
$$\overline{OP}^2 + \overline{MP}^2 = \overline{OM}^2,$$

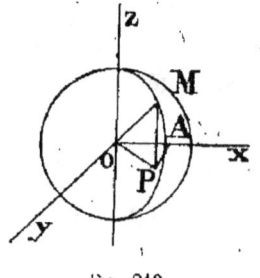

Fig. 213.

d'où en additionnant :
$$\overline{OA}^2 + \overline{AP}^2 + \overline{MP}^2 = \overline{OM}^2;$$

de sorte que les coordonnées x, y, z d'un point quelconque M de la

sphère satisfont toujours à la relation :
$$x^2 + y^2 + z^2 = a^2;$$
cette relation est donc l'équation de la sphère.

Si l'on observe que $\rho^2 = \overline{OP}^2 = x^2 + y^2$, la même sphère sera représentée en coordonnées cylindriques par l'équation :
$$\rho^2 + z^2 = a^2.$$

Exemple II. — Soit à trouver l'équation d'un cylindre de révolution autour de l'axe OZ, le rayon du cylindre étant égal à R. Tous les points de la surface sont à la distance R de OZ ; soit M un de ces points, on doit avoir :
$$\overline{OP}^2 = \overline{PA}^2 + \overline{OA}^2 = R^2,$$
c'est-à-dire :
$$x^2 + y^2 = R^2;$$
c'est l'équation du cylindre.

Une courbe dans l'espace, pouvant être regardée comme l'intersection de deux surfaces, est représentée par le système de deux équations simultanées :
$$f(x, y, z) = 0, \qquad f_1(x, y, z) = 0.$$

Par exemple, les équations :
$$x^2 + y^2 + z^2 = a^2, \qquad (x - \alpha)^2 + (y - \beta)^2 + (z - \gamma)^2 = R^2,$$
représentent deux sphères : la première a pour centre l'origine et pour rayon a, la seconde a pour centre le point de coordonnées α, β, γ et pour rayon R. L'ensemble de ces deux équations simultanées représente donc la circonférence d'intersection des deux sphères.

Ordinairement on choisit comme surfaces composantes les deux cylindres qui projettent la courbe considérée sur les plans ZOX et ZOY (276).

252. Des projections. — La résultante d'une ligne polygonale ABCD qui a un sens est la droite AD qui joint l'origine A de cette ligne à son extrémité D (*fig.* 214) ; l'origine de la résultante est en A, son extrémité en D.

Soient (*fig.* 215) un segment de droite AB et un axe de projection XX'; si par l'origine A du segment on mène un plan P perpendiculaire à cet axe, son intersection a avec l'axe est

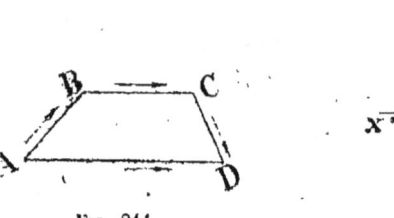

Fig. 214.

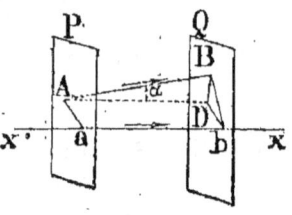

Fig. 215.

la projection orthogonale du point A ; déterminons de même la projection b du point B. On dit que la projection de AB est le nombre positif $+ab$ ou le nombre négatif $-ab$, suivant que pour aller de a en b il faut cheminer dans le sens positif X'X ou dans le sens opposé XX'.

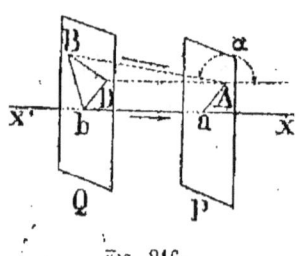

Fig. 216.

Par le point A menons AD parallèle à X'X ; cette droite est perpendiculaire au plan Q comme ab, et, par suite, $ab = $ AD.

Soit α l'angle, moindre que 90°, que fait AD avec AB, on a (137) :

$$\text{proj. AB} = +ab = \text{AD} = \text{AB} \cos \alpha.$$

Si l'angle α est supérieur à 90°, on a de même (fig. 216) :

$$\text{proj. AB} = -ab = -\text{AD} ;$$

mais :

$$\text{AD} = \text{AB} \cos(\pi - \alpha) = -\text{AB} \cos \alpha,$$

donc :

$$\text{proj. AB} = \text{AB} \cos \alpha.$$

Ainsi, dans tous les cas, la projection orthogonale d'un segment de droite sur un axe qui a un sens s'obtient en multipliant la longueur du segment par le cosinus de l'angle, moindre que 180°, que fait sa direction avec celle de l'axe.

253. Théorème. — *La somme des projections des côtés d'un polygone fermé ayant un sens, sur un axe qui a également un sens, est égale à 0.*

Corollaire. — *La projection sur un axe de la résultante d'une ligne polygonale égale la somme algébrique des projections de ses côtés.*

Avec les définitions précédentes, la démonstration est identique à celle du numéro 138.

254. Angle de deux directions. — Pour fixer dans l'espace la position d'une droite OI (*fig.* 217) issue de l'origine, on donne les angles α, β, γ que fait cette droite avec les axes OX, OY, OZ.

Soient les deux droites OI (α, β, γ) et OH (α', β', γ'), faisant entre elles un angle V; si l'on prend un point M (x, y, z) sur OI, et que l'on construise le parallélipipède rectangle dont OM est la diagonale, on a (250):

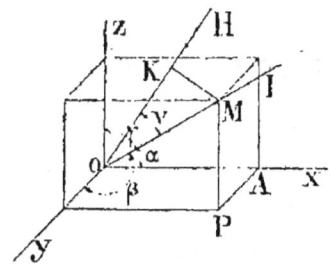

Fig. 217.

(1) $\quad x = OM \cos\alpha, \quad y = OM \cos\beta, \quad z = OM \cos\gamma;$

mais la longueur OM peut être considérée comme la résultante de la ligne polygonale OAPM dont elle joint les extrémités; donc, en projetant cette ligne sur OI, on obtient:

$$OM = OA \cos\alpha + AP \cos\beta + MP \cos\gamma,$$

ou:

(2) $\quad OM = x \cos\alpha + y \cos\beta + z \cos\gamma,$

car AP est parallèle à OY, et l'angle qu'elle fait avec OI est égal à β; de même, PM est parallèle à OZ, et l'angle qu'elle fait avec OI est égal à γ.

En projetant la même ligne sur OH, on obtient:

(3) $\quad OM \cos V = x \cos\alpha' + y \cos\beta' + z \cos\gamma'.$

Des équations (1) et (2) on déduit :

$$x \cos\alpha + y \cos\beta + z \cos\gamma = OM (\cos^2\alpha + \cos^2\beta + \cos^2\gamma) = OM,$$

d'où la relation remarquable :

$$\cos^2\alpha + \cos^2\beta + \cos^2\gamma = 1.$$

Les équations (1) donnent encore :

$$(m) \qquad x^2 + y^2 + z^2 = \overline{OM}^2,$$

formule qui exprime la distance de l'origine au point M.
Enfin, des équations (1) et (3) on déduit :

$$OM \cos V = OM (\cos\alpha \cos\alpha' + \cos\beta \cos\beta' + \cos\gamma \cos\gamma'),$$

c'est-à-dire :

$$\cos V = \cos\alpha \cos\alpha' + \cos\beta \cos\beta' + \cos\gamma \cos\gamma'.$$

Cette formule, d'un emploi étendu en géométrie et en mécanique, donne le cosinus de l'angle de deux droites en fonction des cosinus des angles que forme chacune d'elles avec trois axes rectangulaires.

On exprime que deux directions OI et OH sont rectangulaires en écrivant que $\cos V = 0$, ce qui donne :

$$(4) \qquad \cos\alpha \cos\alpha' + \cos\beta \cos\beta' + \cos\gamma \cos\gamma' = 0.$$

255. Angles d'une direction avec les axes. — Des relations (1) et (m) on déduit immédiatement :

$$\cos\alpha = \frac{x}{\sqrt{x^2+y^2+z^2}}, \quad \cos\beta = \frac{y}{\sqrt{x^2+y^2+z^2}}, \quad \cos\gamma = \frac{z}{\sqrt{x^2+y^2+z^2}}.$$

Ces formules font connaître les *cosinus directeurs* de la direction OI en fonction des coordonnées d'un point quelconque M de cette direction ; si l'on considère le point situé à l'unité de distance de l'origine, les cosinus directeurs sont précisément les coordonnées de ce point.

256. Théorème. — *La projection d'une aire plane sur un plan* s'obtient en multipliant la surface de cette aire par le cosinus de l'angle que fait son plan avec le plan de projection.

Supposons que l'aire en question soit le triangle ABC (*fig*. 218), dont l'un des côtés AB est dans le plan de projection. Soient C' la projection orthogonale du point C et CD la hauteur du triangle relative à la base AB ; la droite C'D, étant perpendiculaire à AB, est la hauteur du triangle ABC' ; on a donc :

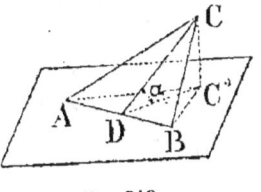

Fig. 218.

$$ABC' = \tfrac{1}{2} AB \times C'D ;$$

mais, si α est l'angle formé par les deux plans, on a aussi :

$$C'D = CD \cos \alpha,$$

par suite :

$$ABC' = \tfrac{1}{2} AB \times CD \cos \alpha = ABC \cos \alpha.$$

La démonstration s'étend sans difficulté à une aire polygonale, puis à une aire plane S limitée par une courbe quelconque. On a toujours, en appelant S' la projection de S,

$$S' = S \cos \alpha.$$

Si S', S", S''' sont les projections de S sur trois plans rectangulaires faisant avec celui de S des angles α, β, γ, on a :

$$S' = S \cos \alpha, \qquad S'' = S \cos \beta, \qquad S''' = S \cos \gamma ;$$

d'où l'on déduit :

$$S^2 = S'^2 + S''^2 + S'''^2.$$

257. Distance de deux points. — Soient $A(x, y, z)$ le premier point, $B(x', y', z')$ le second ; les plans parallèles aux axes menés par ces points forment un parallélipipède rectangle qui donne :

$$\overline{AB}^2 = \overline{AE}^2 + \overline{AC}^2 + \overline{AG}^2;$$

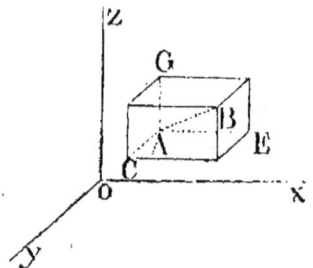

Fig. 219.

mais on a :

$$AE = x' - x,$$
$$AC = y' - y,$$
$$AG = z' - z;$$

il en résulte :

$$AB = \sqrt{(x' - x)^2 + (y' - y)^2 + (z' - z)^2}.$$

258. Transformation des coordonnées cartésiennes. — Le problème est analogue à celui de la géométrie plane (139). Connaissant l'équation d'une surface par rapport à des axes OX, OY, OZ, il faut trouver l'équation par rapport au système O'X'Y'Z'.

1° Supposons d'abord que les nouveaux axes soient parallèles aux premiers, et appelons a, b, c, les coordonnées du point O' par rapport aux anciens axes. Le théorème des projections donne immédiatement pour le point M (x, y, z) :

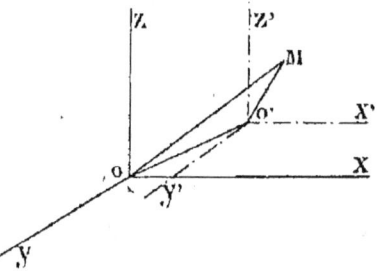

Fig. 220.

(1) $x = a + x',$ $y = b + y',$ $z = c + z';$

ce sont les formules de transformation.

2° Supposons que les deux systèmes d'axes aient la même origine O. Désignons par :

α', β', γ' les angles de OX' avec les axes OX, OY, OZ.
α", β", γ"   »   OY'   »
α''', β''', γ'''   »   OZ'   »

Les cosinus directeurs de ces neuf angles sont liés entre eux par les six relations :

$$\cos^2\alpha' + \cos^2\beta' + \cos^2\gamma' = 1,$$
$$\cos^2\alpha'' + \cos^2\beta'' + \cos^2\gamma'' = 1,$$
$$\cos^2\alpha''' + \cos^2\beta''' + \cos^2\gamma''' = 1,$$
$$\cos\alpha'\cos\alpha'' + \cos\beta'\cos\beta'' + \cos\gamma'\cos\gamma'' = 0,$$
$$\cos\alpha''\cos\alpha' + \cos\beta''\cos\beta' + \cos\gamma''\cos\gamma' = 0,$$
$$\cos\alpha'\cos\alpha'' + \cos\beta'\cos\beta'' + \cos\gamma'\cos\gamma'' = 0.$$

Les trois premières relations sont connues (254) ; les trois autres expriment que OX', OY', OZ' sont rectangulaires deux à deux.

En projetant sur OX le contour OMP'Q' des nouvelles coordonnées du point M, on a :

$$OM\cos\alpha = OQ'\cos\alpha' + Q'P'\cos\alpha'' + P'M\cos\alpha''',$$

ce que l'on peut écrire :

$$x = x'\cos\alpha' + y'\cos\alpha'' + z'\cos\alpha'''.$$

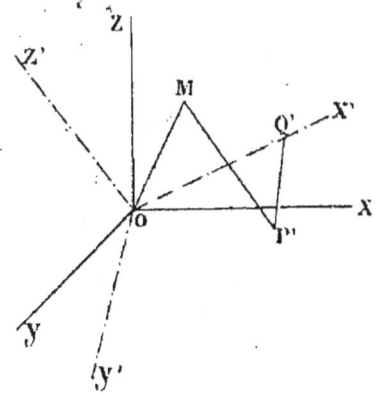

Fig. 221.

On obtiendrait de même en projetant sur OY et OZ :

(2) $$y = x'\cos\beta' + y'\cos\beta'' + z'\cos\beta''',$$
$$z = x'\cos\gamma' + y'\cos\gamma'' + z'\cos\gamma'''.$$

Ces formules permettent d'effectuer la transformation.

En combinant les deux groupes de formules (1) et (2), on obtient aisément les formules applicables à une transformation générale.

259. Transformation des coordonnées cartésiennes en coordonnées polaires. — Soit un point M de l'espace dont les coordonnées cartésiennes sont x, y, z ; les coordonnées polaires, r, θ, φ.

Abaissons MP perpendiculaire sur le plan YOX, et PA, PB perpendiculaires sur OX et OY.

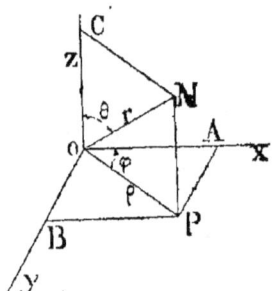

Fig. 222.

Le triangle rectangle OAP (*fig.* 222) donne :

$$OA = OP \cos \varphi ;$$

mais le triangle rectangle OPM donne aussi :

$$OP = OM \sin \theta ;$$

donc :

$$OA = OM \sin \theta \cos \varphi.$$

On obtiendrait de même pour OB et OC, en menant MC parallèle à PO,

$$OB = OM \sin \theta \sin \varphi, \qquad OC = OM \cos \theta.$$

Les formules de transformation sont donc, puisque $OM = r$:

$$x = r \sin \theta \cos \varphi, \qquad y = r \sin \theta \sin \varphi, \qquad z = r \cos \theta.$$

De ces formules on déduit pour la transformation inverse :

$$r = \sqrt{x^2 + y^2 + z^2}, \qquad \tang \varphi = \frac{y}{x}, \qquad \cos \theta = \frac{z}{\sqrt{x^2 + y^2 + z^2}}.$$

On passe du système cartésien au système cylindrique par les formules :

$$x = \rho \cos \varphi, \qquad y = \rho \sin \varphi, \qquad z = z.$$

Réciproquement :

$$\rho = \sqrt{x^2 + y^2}, \qquad \tang \varphi = \frac{y}{x}, \qquad z = z.$$

260. Classification des surfaces. — On distingue les surfaces, comme les courbes, en surfaces *algébriques* ou *trans-*

GÉOMÉTRIE A TROIS DIMENSIONS 419

cendantes, suivant que leurs équations cartésiennes sont algébriques ou transcendantes.

Les surfaces algébriques sont classées, d'après le degré de leurs équations, en surfaces du premier degré, surfaces du second degré, ..., etc. La sphère est une surface algébrique du second degré (251).

On démontre aisément qu'une droite ne peut rencontrer une surface de degré m en plus de m points (144), et que cette surface ne peut être coupée par un plan suivant une courbe de degré supérieur à m.

261. Théorème. — *Lorsque les coordonnées d'un point mobile* M *vérifient constamment l'équation du premier degré en* x, y, z,

(1) $$Ax + By + Cz + D = 0,$$

ce point M *est toujours situé sur un plan déterminé* P.

Soit d'abord l'équation à une variable :

$$Ax + D = 0,$$

d'où l'on tire :

$$x = -\frac{D}{A};$$

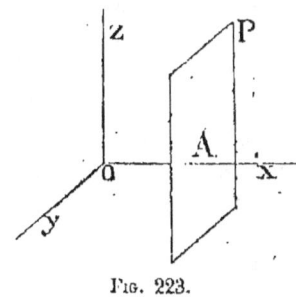
Fig. 223.

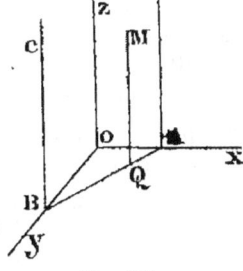
Fig. 224.

cette équation représente évidemment le lieu des points de l'espace ayant tous la même abscisse $x = -\frac{D}{A}$. Ce lieu est donc le plan P (*fig.* 223) parallèle au plan des YZ, qui coupe OX en un point A dont l'abscisse OA égale $-\frac{D}{A}$.

Soit ensuite l'équation à deux variables :

$$Ax + By + D = 0,$$

qui représente dans le plan XOY une certaine droite AB (*fig.* 224) ; si l'on considère le plan passant par cette droite et parallèle à OZ, les coordonnées d'un point quelconque M de ce plan satisfont à l'équation proposée, car l'x et l'y de ce point sont les mêmes que l'x et l'y de sa projection Q située sur AB. L'équation en question est donc celle du plan P.

Soit enfin l'équation complète :

(1) $$Ax + By + Cz + D = 0,$$

que l'on peut considérer comme résultant de l'élimination de la variable λ entre les deux équations :

(2) $$z = \lambda, \qquad Ax + By + C\lambda + D = 0.$$

La première de ces équations représente, pour une valeur donnée de λ, un plan parallèle au plan XOY ; la seconde représente un plan parallèle à l'axe OZ ; prises simultanément, ces équations représentent donc l'intersection de ces deux plans, c'est-à-dire une ligne droite. Ainsi l'équation proposée représente le lieu des positions successives d'une ligne droite ; en second lieu, cette droite reste parallèle à elle-même, car les plans (2) changeant seulement avec λ restent parallèles à eux-mêmes. Enfin, si l'on fait $x = 0$ dans l'équation première, on détermine l'intersection de la surface qu'elle représente avec le plan des YZ, c'est-à-dire :

$$By + Cz + D = 0,$$

équation qui représente une ligne droite CB (*fig.* 225).

On peut donc dire que l'équation (1) représente le lieu des positions successives d'une droite mobile assujettie à rester parallèle à elle-même et à rencontrer constamment une droite fixe ; elle représente donc un plan P (225).

La réciproque est vraie (262), c'est-à-dire que, lorsqu'un point est mobile dans un plan déterminé P, ses coordonnées vérifient constamment une équation du premier degré :

$$Ax + By + Cz + D = 0.$$

262. Formes diverses de l'équation du plan. — On peut mettre en évidence, dans l'équation d'un plan P, les distances de l'origine aux points A, B, C, où ce plan rencontre les axes de coordonnées. Pour le point A, on a $y = z = 0$; par suite :

$$Ax + D = 0, \qquad \text{d'où} \qquad x = -\frac{D}{A} = a,$$

en représentant par a le quotient $-\frac{D}{A}$. De même pour B, qui correspond à $x = z = 0$, on trouve :

$$By + D = 0, \qquad \text{d'où} \qquad y = -\frac{D}{B} = b.$$

Enfin, pour C, qui correspond à $x = y = 0$, on a :

$$Cz + D = 0,$$

d'où

$$z = -\frac{D}{C} = c.$$

Comme l'équation :

$$Ax + By + Cz + D = 0,$$

peut encore s'écrire :

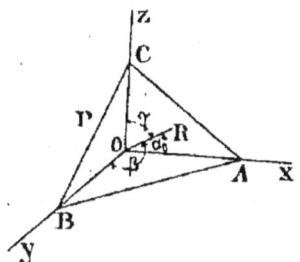

Fig. 225.

$$\frac{x}{-\dfrac{D}{A}} + \frac{y}{-\dfrac{D}{B}} + \frac{z}{-\dfrac{D}{C}} = 1,$$

on obtient, pour le plan P, l'équation simple :

(1) $$\frac{x}{a} + \frac{y}{b} + \frac{z}{c} = 1,$$

d'ailleurs analogue à celle de la ligne droite (143).

Si de l'origine on abaisse une perpendiculaire OR sur le plan P, et si l'on désigne par α, β, γ les angles de cette perpendiculaire avec les axes, par x, y, z les coordonnées d'un point quelconque du plan, on a, en posant OR $= h$ (254) :

$$(2) \qquad x \cos\alpha + y \cos\beta + z \cos\gamma = h,$$

formule du premier degré analogue à celle de la ligne droite.

263. Angles d'un plan avec les plans coordonnés. — Soient :

$$Ax + By + Cz + D = 0,$$

l'équation d'un plan P, et OR la perpendiculaire abaissée de l'origine sur ce plan (*fig.* 225) ; les angles formés par ce dernier avec les plans coordonnés YOZ, ZOX, XOY sont respectivement égaux aux angles α, β, γ que fait OR avec les axes de coordonnées. Si l'on rapproche l'équation précédente de l'équation (2) (262) du même plan P, on doit avoir, pour que ces équations soient équivalentes :

$$\frac{\cos\alpha}{A} = \frac{\cos\beta}{B} = \frac{\cos\gamma}{C} = -\frac{h}{D};$$

mais on a la relation :

$$\cos^2\alpha + \cos^2\beta + \cos^2\gamma = 1;$$

par conséquent, d'après une propriété bien connue des rapports :

$$\frac{\cos\alpha}{A} = \frac{\cos\beta}{B} = \frac{\cos\gamma}{C} = -\frac{h}{D} = \pm\frac{1}{\sqrt{A^2 + B^2 + C^2}}.$$

Ces équations permettent de calculer $\cos\alpha$, $\cos\beta$, $\cos\gamma$; on adopte, devant le radical, le signe qui rend la longueur h positive.

264. Plans passant par la droite d'intersection de deux plans donnés. — Soient :

(P) $\qquad Ax + By + Cz + D = 0,$
(P') $\qquad A'x + B'y + C'z + D' = 0,$

les deux plans donnés P et P'. L'équation :

(1) $\quad Ax + By + Cz + D + \lambda(A'x + B'y + C'z + D') = 0$,

où λ est un coefficient arbitraire, est l'équation générale des plans considérés.

En effet, les coordonnées d'un point M de la droite d'intersection de P et P', annulant les équations (P) et (P'), annulent le premier membre de (1). Donc le plan (1) contient la droite d'intersection.

Si l'on veut que ce plan (1) passe par un autre point A (x', y', z'), il faut et il suffit que l'on ait :

$$(Ax' + By' + Cz' + D) + \lambda(A'x' + B'y' + C'z' + D') = 0,$$

d'où l'on déduit :

$$\lambda = -\frac{Ax' + By' + Cz' + D}{A'x' + B'y' + C'z' + D'}.$$

En donnant à λ une valeur convenable, l'équation (1) peut représenter un plan quelconque passant par la droite d'intersection de P et P'.

265. Distance d'un point à un plan. — La distance δ d'un point donné M (x', y', z') à un plan P dont l'équation est :

$$Ax + By + Cz + D = 0,$$

s'obtient par une formule analogue à celle du numéro 152 et que l'on établit d'une façon identique ; on a :

$$\delta = \pm \frac{Ax' + By' + Cz' + D}{\sqrt{A^2 + B^2 + C^2}};$$

δ doit toujours être positif, le signe du radical doit être choisi en conséquence.

Exemple. — Soient : $x' = 1$, $y' = 2$, $z' = 4$, les coordonnées du point donné ; et $3x + 2y + z + 1 = 0$, l'équation du plan ; la formule donne :

$$\delta = \pm \frac{(3 + 4 + 4 + 1)}{\sqrt{9 + 4 + 1}} = \frac{12}{\sqrt{14}}.$$

266. Parallélisme de deux plans. — Lorsque deux plans ayant pour équations :

$$Ax + By + Cz + D = 0,$$
$$A'x + B'y + C'z + D' = 0,$$

sont parallèles, leurs traces sur les plans XOY, YOZ, ZOX le sont également. En écrivant ces conditions (145), on obtient celles qui sont nécessaires pour assurer le parallélisme des plans; on trouve :

$$\frac{A}{A'} = \frac{B}{B'} = \frac{C}{C'}.$$

267. Angle de deux plans. — Soient les deux plans :

$$Ax + By + Cz + D = 0,$$
$$A'x + B'y + C'z + D' = 0.$$

L'angle V qu'ils font entre eux est égal à l'angle des perpendiculaires OR et OR' abaissées de l'origine sur ces plans. Soient : α, β, γ et α', β', γ', les angles de OR et OR' avec les axes de coordonnées, on a :

$$\cos V = \cos\alpha \cos\alpha' + \cos\beta \cos\beta' + \cos\gamma \cos\gamma';$$

mais, d'après les formules du numéro 263 :

$$\cos\alpha = \pm \frac{A}{\sqrt{A^2 + B^2 + C^2}}, \quad \cos\alpha' = \pm \frac{A'}{\sqrt{A'^2 + B'^2 + C'^2}};$$

les expressions de $\cos\beta, \cos\beta', \cos\gamma, \cos\gamma'$ sont analogues.

Si l'on forme d'après ces relations l'expression de cos V, il vient :

$$\cos V = \pm \frac{AA' + BB' + CC'}{\sqrt{(A^2 + B^2 + C^2)(A'^2 + B'^2 + C'^2)}}.$$

Les deux plans donnés seront perpendiculaires entre eux si l'on a cos V = 0, ou :

$$AA' + BB' + CC' = 0.$$

Les deux plans seront parallèles si les droites OR et OR' se confondent, c'est-à-dire si l'on a :

$$\frac{\cos\alpha}{\cos\alpha'} = \frac{\cos\beta}{\cos\beta'} = \frac{\cos\gamma}{\cos\gamma'};$$

remplaçant les cosinus par leurs valeurs, on obtient :

$$\frac{A}{A'} = \frac{B}{B'} = \frac{C}{C'};$$

c'est la condition indiquée au numéro 266.

268. Par un point donné, mener un plan parallèle à un plan donné. — L'équation d'un plan passant par le point donné $M(x', y', z')$ est évidemment de la forme :

(a) $\quad A(x - x') + B(y - y') + C(z - z') = 0,$

car cette équation est identiquement vérifiée par les coordonnées $x = x'$, $y = y'$, $z = z'$ du point M.

Pour que ce plan soit parallèle à un plan donné :

$$A'x + B'y + C'z + D' = 0,$$

il faut que l'on ait (266) :

(b) $\quad \dfrac{A}{A'} = \dfrac{B}{B'} = \dfrac{C}{C'}.$

L'équation du plan cherché s'obtient en éliminant A, B, C entre (a) et (b), ce qui ne présente aucune difficulté ; il vient :

$$A'(x - x') + B'(y - y') + C'(z - z') = 0.$$

269. Équations de la ligne droite. — Une droite de l'espace pouvant être considérée comme l'intersection de ses plans projetants sur les plans coordonnés XOY, YOZ, ZOX, est représentée par les équations simultanées de deux de ces plans. On choisit ordinairement les plans projetants relatifs aux plans ZOX et YOZ ; le premier a une équation de la forme (261) :

$$Ax + Cz + D = 0, \qquad \text{d'où} \qquad x = az + p,$$

en posant $-\dfrac{C}{A} = a,\ -\dfrac{D}{A} = p$.

Le second a une équation de la forme :

$$B'y + C'z + D' = 0, \quad \text{d'où} \quad y = bz + q,$$

en posant $-\dfrac{C'}{B'} = b, -\dfrac{D'}{B'} = q$.

De sorte que les équations de la droite sont :

(1) $$\begin{aligned} x &= az + p, \\ y &= bz + q, \end{aligned}$$

a, b, p, q désignant des paramètres constants.

270. Intersection d'une droite et d'un plan. — On obtient les coordonnées du point de rencontre de la droite (1) avec le plan représenté par l'équation :

(2) $$Ax + By + Cz + D = 0,$$

en résolvant les équations (1) et (2) considérées comme simultanées. On trouve pour la coordonnée z, en remplaçant dans (2) x et y par les valeurs (1) :

$$z = -\frac{Ap + Bq + D}{Aa + Bb + C}.$$

Si l'on a :

$$Aa + Bb + C = 0,$$

la valeur correspondante de z est infinie, ce qui signifie que la droite est parallèle au plan.

Si l'on a à la fois :

$$Aa + Bb + C = 0, \quad Ap + Bq + D = 0,$$

z devient indéterminé, la droite rencontre le plan en une infinité de points, ce qui veut dire qu'elle est située dans ce plan.

271. Droite passant par deux points donnés. — Par analogie avec la formule du numéro 147, les équations de la droite qui passe par les deux points (x', y', z') et (x'', y'', z'') sont :

(1) $\quad x - x' = \dfrac{x'' - x'}{z'' - z'}(z - z'), \qquad y - y' = \dfrac{y'' - y'}{z'' - z'}(z - z').$

En effet, la droite : $x - x' = a(z - z'),\ y - y' = b(z - z')$, qui passe par le premier point, passera par le second, si l'on a :

$$x'' - x' = a(z'' - z'),$$
$$y'' - y' = b(z'' - z').$$

L'élimination de a et b conduit aux équations (1).

Pour qu'un troisième point (x''', y''', z''') soit en ligne droite avec les deux premiers, il faut que l'on ait :

$$\frac{x''' - x'}{x'' - x'} = \frac{y''' - y'}{y'' - y'} = \frac{z''' - z'}{z'' - z'},$$

car les coordonnées du troisième point doivent satisfaire aux équations de la droite qui passe par les deux premiers.

272. Intersection de deux droites. — Pour que deux droites se rencontrent, il faut que le système des quatre équations qui les représentent :

$$x = az + p, \qquad x = a'z + p',$$
$$y = bz + q, \qquad y = b'z + q',$$

soit satisfait par un même système de valeurs de x, y, z.

On doit donc avoir :

$$az + p = a'z + p', \qquad bz + q = b'z + q';$$

d'où l'on déduit :

$$(a - a')z = p' - p, \qquad (b - b')z = q' - q.$$

Éliminant z, on obtient :

$$\frac{a - a'}{b - b'} = \frac{p - p'}{q - q'}.$$

273. Angles d'une droite avec les axes de coordonnées. —
Soit :

$$x = az + p, \qquad y = bz + q,$$

les équations de la droite donnée; la parallèle OM menée par l'origine fait avec les axes les mêmes angles que cette droite, et a pour équations :

(1) $\quad x = az, \quad y = bz, \quad$ où $\quad \dfrac{x}{a} = \dfrac{y}{b} = \dfrac{z}{1};$

car les paramètres a et b sont précisément ceux qui déterminent la direction de la droite.

Mais, si x, y, z désignent les coordonnées du point M, on a aussi (254) :

(2) $$\dfrac{x}{\cos \alpha} = \dfrac{y}{\cos \beta} = \dfrac{z}{\cos \gamma} = OM.$$

Rapprochant les équations (1) et (2), on en déduit :

$$\dfrac{\cos \alpha}{a} = \dfrac{\cos \beta}{b} = \dfrac{\cos \gamma}{1};$$

par suite, d'après une propriété des rapports, et en observant que $\cos^2 \alpha + \cos^2 \beta + \cos^2 \gamma = 1$:

$$\dfrac{\cos \alpha}{a} = \dfrac{\cos \beta}{b} = \dfrac{\cos \gamma}{c} = \pm \dfrac{1}{\sqrt{a^2 + b^2 + 1}},$$

équations qui permettent de calculer $\cos \alpha$, $\cos \beta$, $\cos \gamma$; on trouve :

$$\cos \alpha = \pm \dfrac{a}{\sqrt{a^2 + b^2 + 1}}, \quad \cos \beta = \pm \dfrac{b}{\sqrt{a^2 + b^2 + 1}},$$

$$\cos \gamma = \pm \dfrac{1}{\sqrt{a^2 + b^2 + 1}}.$$

On prendra le signe + ou −, suivant que OM sera placé au-dessus ou au-dessous du plan XOY.

274. Angle de deux droites. — Si l'on a une seconde droite issue de l'origine et ayant pour équation :

$$x = a'z, \quad y = b'z,$$

et faisant avec les axes des angles α', β', γ', on a de même

$$\cos \alpha' = \pm \frac{a'}{\sqrt{a'^2 + b'^2 + 1}}, \qquad \cos \beta' = \pm \frac{b'}{\sqrt{a'^2 + b'^2 + 1}},$$

$$\cos \gamma' = \pm \frac{1}{\sqrt{a'^2 + b'^2 + 1}}.$$

L'angle V formé par les deux droites a donc pour expression :

$$\cos V = \pm \frac{aa' + bb' + 1}{\sqrt{(a^2 + b^2 + 1)(a'^2 + b'^2 + 1)}}.$$

Si $aa' + bb' + 1 = 0$, d'où $\cos V = 0$ et $V = \frac{\pi}{2}$, les droites sont perpendiculaires entre elles.

Les droites sont parallèles si l'on a :

$$\frac{a}{a'} = \frac{b}{b'},$$

car il faut que les parallèles menées par l'origine se confondent.

275. Angle d'une droite et d'un plan. — Soient la droite :

$$x = az + p, \qquad y = bz + q,$$

et le plan :

(1) $\qquad Ax + By + Cz + D = 0.$

La formule qui donne l'angle V formé par la droite et le plan est :

$$\sin V = \pm \frac{Aa + Bb + C}{\sqrt{(A^2 + B^2 + C^2)(a^2 + b^2 + 1)}}.$$

Pour l'obtenir, il suffit d'observer que l'angle de la droite et du plan est égal au complément de l'angle que forme une parallèle à la droite menée par l'origine avec la perpendiculaire abaissée sur le plan. Les formules (263) et (274) fournissent immédiatement l'expression de sin V.

Lorsque la droite est perpendiculaire au plan, on a

$$\sin V = 1 ;$$

développant cette condition et simplifiant, on parvient aux relations :

(m) $$\frac{A}{a} = \frac{B}{b} = \frac{C}{1}.$$

La perpendiculaire abaissée d'un point M (x', y', z') sur le plan (1) a pour équations :

(2) $$\frac{x - x'}{A} = \frac{y - y'}{B} = \frac{z - z'}{C}.$$

En effet, les équations d'une droite qui passe par M sont de la forme :

(n) $$\begin{aligned} x - x' &= a(z - z'), \\ y - y' &= b(z - z'), \end{aligned}$$

car ces équations sont identiquement satisfaites pour $x = x'$, $y = y'$, $z = z'$.

Pour que la droite soit perpendiculaire au plan (1), il faut que les paramètres a et b satisfassent aux relations (m). Éliminant a et b entre (m) et (n), on trouve les équations (2).

Le plan mené par le point M (x', y', z') perpendiculairement à la droite : $x = az + p$, $y = bz + q$, a pour équation :

(3) $$a(x - x') + b(y - y') + (z - z') = 0.$$

En effet, un plan quelconque passant par M a pour équation :

(p) $$A(x - x') + B(y - y') + C(z - z') = 0 ;$$

ce plan sera perpendiculaire à la droite si les coefficients A, B, C satisfont à la relation (m). L'élimination de ces coefficients entre (m) et (p) fournit l'équation (3).

§ 2. — COURBES GAUCHES

276. Définition et équations d'une courbe gauche. — Une courbe est dite *gauche* ou à *double courbure* lorsque tous ses points ne sont pas dans un même plan. Une pareille courbe pouvant être considérée comme l'intersection des cylindres qui la projettent sur les plans coordonnés XOY, YOZ, ZOX, est représentée par les équations simultanées de deux de ces surfaces. On choisit ordinairement les cylindres projetants relatifs aux plans ZOX et YOZ; le premier a une équation de la forme :

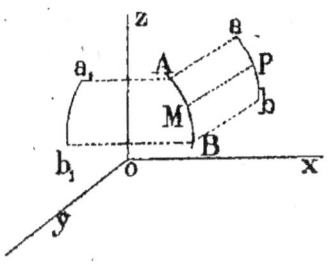

Fig. 226.

$$(1) \qquad x = f(z).$$

En effet, cette équation représente dans le plan ZOX (*fig.* 226) une certaine courbe ab, et, si l'on considère le cylindre engendré par une parallèle PM à OY s'appuyant sur cette courbe, on voit que les coordonnées x et z d'un point quelconque M de ce cylindre sont les mêmes que celles de sa projection P située sur ab, de sorte qu'elles satisfont à l'équation (1).

De même, le cylindre projetant relatif au plan YOZ a une équation de la forme :

$$y = \varphi(z),$$

qui est aussi l'équation de sa trace $a_1 b_1$ sur le plan YOZ.

En résumé, la courbe AB peut être représentée par les deux équations simultanées :

$$(2) \qquad x = f(z), \qquad y = \varphi(z) ;$$

z est la variable indépendante, et les fonctions f et φ dépendent de la définition géométrique de la courbe. On verra, par exemple (285), que l'*hélice* est représentée par les équations :

$$x = a \cos \frac{z}{m}, \qquad y = a \sin \frac{z}{m},$$

a et m désignant des constantes.

Souvent, pour la symétrie des formules, il est plus commode d'exprimer individuellement les coordonnées x, y, z d'un point quelconque M d'une courbe en fonction d'une variable t; on a alors en général :

$$x = f(t), \qquad y = \varphi(t), \qquad z = \psi(t).$$

Ainsi, l'hélice peut encore se représenter par les équations :

$$x = a \cos \varphi, \qquad y = a \sin \varphi, \qquad z = m\varphi,$$

φ désignant la variable indépendante.

Dans bien des cas, la variable indépendante est l'arc s de la courbe compté à partir d'une origine fixe.

277. Tangente et plan normal. — On définit la tangente en un point d'une courbe gauche comme la tangente en un point d'une courbe plane. Si M(x, y, z) et M$'(x + \Delta x, y + \Delta y, z + \Delta z)$ sont deux points voisins sur la courbe, les équations de la sécante MM' s'écrivent, en désignant par X, Y, Z les coordonnées courantes d'un point quelconque de MM' (271) :

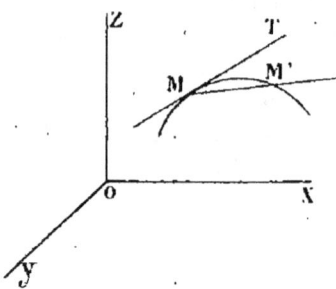

Fig. 227.

$$X - x = \frac{\Delta x}{\Delta z}(Z - z), \qquad Y - y = \frac{\Delta y}{\Delta z}(Z - z).$$

Ces équations sont aussi celles des projections de la sécante MM' sur les plans ZOX et YOZ.

Quand le point M' se rapproche indéfiniment du point M,

la droite MM' devient tangente à la courbe au point M, et les rapports $\frac{\Delta x}{\Delta z}$, $\frac{\Delta y}{\Delta z}$ tendent respectivement vers les dérivées $\frac{dx}{dz}$, $\frac{dy}{dz}$. Les équations de la tangente sont donc :

(1) $\quad X - x = \frac{dx}{dz}(Z - z), \qquad Y - y = \frac{dy}{dz}(Z - z)$;

on peut les écrire plus symétriquement :

(2) $\qquad \frac{X - x}{dx} = \frac{Y - y}{dy} = \frac{Z - z}{dz}$;

x, y, z sont les coordonnées du point de contact M ; X, Y, Z, les coordonnées d'un point quelconque de la tangente.

On peut observer que les équations (1) sont celles des tangentes aux courbes représentées par les équations (276). Comme ces dernières sont les projections respectives de la courbe gauche sur les plans ZOX et YOZ, on peut dire que *la projection de la tangente à une courbe gauche est tangente à la projection de cette courbe.*

Si α, β, γ sont les *angles directeurs* de la tangente, c'est-à-dire les angles qu'elle fait avec les directions positives des axes, on a (273) :

$$\frac{X - x}{\cos \alpha} = \frac{Y - y}{\cos \beta} = \frac{Z - z}{\cos \gamma} ;$$

ces équations, rapprochées de celles de la tangente, donnent

$$\frac{\cos \alpha}{dx} = \frac{\cos \beta}{dy} = \frac{\cos \gamma}{dz} = \pm \frac{1}{\sqrt{dx^2 + dy^2 + dz^2}}.$$

Mais on verra au numéro 278 qu'en désignant par ds un élément d'arc on a :

$$ds = \sqrt{dx^2 + dy^2 + dz^2} ;$$

on peut donc écrire :

$$\frac{\cos \alpha}{dx} = \frac{\cos \beta}{dy} = \frac{\cos \gamma}{dz} = \frac{1}{ds}.$$

Les *cosinus directeurs* de la tangente sont par conséquent :

$$\cos \alpha = \frac{dx}{ds}, \qquad \cos \beta = \frac{dy}{ds}, \qquad \cos \gamma = \frac{dz}{ds}.$$

EXEMPLE. — Dans l'hélice on a :

$$\frac{dx}{dz} = -\frac{a}{m}\sin\frac{z}{m} = -\frac{y}{m}, \qquad \frac{dy}{dz} = \frac{a}{m}\cos\frac{z}{m} = \frac{x}{m};$$

les équations de la tangente sont donc :

(3) $$\frac{X-x}{-y} = \frac{Y-y}{x} = \frac{Z-z}{m}.$$

On trouve pour l'élément d'arc :

$$ds = \frac{\sqrt{a^2+m^2}}{m} dz,$$

et pour les cosinus directeurs de la tangente :

(4) $$\cos\alpha = \frac{-y}{\sqrt{a^2+m^2}}, \qquad \cos\beta = \frac{x}{\sqrt{a^2+m^2}}, \qquad \cos\gamma = \frac{m}{\sqrt{a^2+m^2}}.$$

Plan normal. — Par le point de contact M de la tangente on peut mener une infinité de perpendiculaires à cette droite, c'est-à-dire de normales à la courbe ; le lieu de toutes ces normales est un plan N perpendiculaire à la tangente et qu'on appelle le *plan normal* à la courbe au point M.

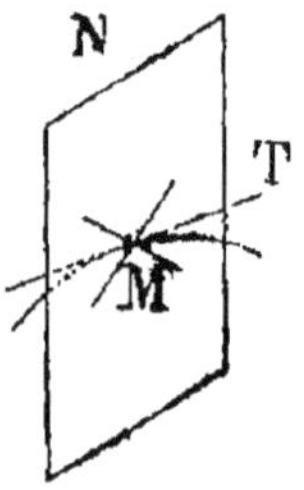

Ce plan, passant par M (x, y, z), a une équation de la forme (268) :

$$A(X-x) + B(Y-y) + C(Z-z) = 0$$

FIG. 228.

comme il doit être perpendiculaire à la tangente, on a, d'après les équations (2) et la formule du numéro 275 :

$$A = C\frac{dx}{dz}; \qquad B = C\frac{dy}{dz}.$$

L'équation du plan normal est donc, après élimination de A, B, C :

$$(X-x)\,dx + (Y-y)\,dy + (Z-z)\,dz = 0.$$

Le plan normal en un point M d'une hélice a pour équation :

$$Xy - Yx + m(Z - z) = 0.$$

278. Rectification des courbes gauches. — On procède comme pour la rectification des courbes planes (175). Soit CD un arc de courbe gauche ; inscrivons dans cet arc une ligne polygonale CEFMM'D d'un nombre n de côtés, et admettons que la longueur de l'arc soit la limite vers laquelle tend le périmètre de la ligne polygonale lorsque n augmente jusqu'à l'infini.

Désignons par x, y, z, les coordonnées d'un sommet

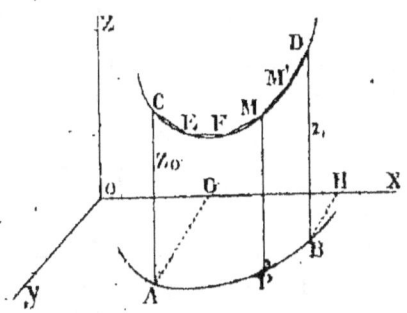

Fig. 229.

quelconque M ; par $x + \Delta x$, $y + \Delta y$, $z + \Delta z$, les coordonnées du sommet suivant M'. On aura (257) :

$$MM' = \sqrt{\Delta x^2 + \Delta y^2 + \Delta z^2} = \Delta z \sqrt{1 + \frac{\Delta x^2}{\Delta z^2} + \frac{\Delta y^2}{\Delta z^2}} ;$$

si le point M' se rapproche indéfiniment du point M, la corde MM' tend vers l'élément d'arc ds de la courbe, Δz tend vers dz, et les rapports $\frac{\Delta x}{\Delta z}$ et $\frac{\Delta y}{\Delta z}$ tendent vers les limites respectives $\frac{dx}{dz}$, $\frac{dy}{dz}$; de sorte que l'on peut écrire :

$$ds = \sqrt{1 + \frac{dx^2}{dz^2} + \frac{dy^2}{dz^2}}\, dz.$$

La longueur s de l'arc CMD s'obtiendra en intégrant entre les limites z_1 et z_0 qui correspondent aux points D et C.

$$s = \int^{z_1} \sqrt{1 + \frac{dx^2}{dz^2} + \frac{dy^2}{dz^2}}\, dz.$$

On déduit d'ailleurs de la formule précédente :

$$(1) \qquad ds = \sqrt{dx^2 + dy^2 + dz^2}.$$

EXEMPLE. — Soit la courbe définie par les équations :

$$x = \frac{a}{4} L \frac{a+z}{a-z}, \qquad y = a \arcsin \frac{z}{a};$$

cette courbe passe par l'origine des coordonnées, car ses équations sont satisfaites pour $x = y = z = 0$.

On a :

$$\frac{dx}{dz} = \frac{a^2}{2} \frac{1}{a^2 - z^2}, \qquad \frac{dy}{dz} = \frac{a}{\sqrt{a^2 - z^2}},$$

puis :

$$ds = \sqrt{1 + \frac{a^2}{a^2 - z^2} + \frac{a^4}{4(a^2 - z^2)^2}}\, dz = \frac{a^2 + 2(a^2 - z^2)}{2(a^2 - z^2)}\, dz,$$

ou bien :

$$ds = dz + \frac{a^2}{2} \frac{dz}{a^2 - z^2}.$$

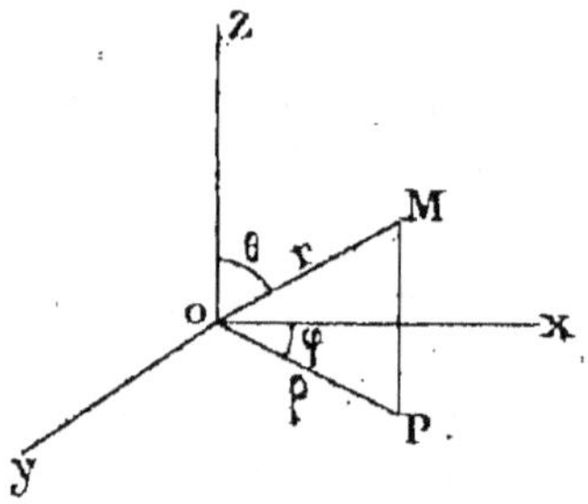

Si l'on compte les arcs à partir de l'origine jusqu'à un point quelconque, on obtient :

$$s = z + \frac{a^2}{2} \int_0^z \frac{dz}{a^2 - z^2} = z + x.$$

Fig. 230.

Dans le système de coordonnées polaires, on a pour un point $M(x, y, z)$ (259) :

$$x = r \sin \theta \cos \varphi, \qquad y = r \sin \theta \sin \varphi, \qquad z = r \cos \theta;$$

d'où l'on déduit par différentiation :

$$dx = dr \sin \theta \cos \varphi + r \cos \theta \cos \varphi\, d\theta - r \sin \theta \sin \varphi\, d\varphi,$$
$$dy = dr \sin \theta \sin \varphi + r \cos \theta \sin \varphi\, d\theta + r \sin \theta \cos \varphi\, d\varphi,$$
$$dz = dr \cos \theta - r \sin \theta\, d\theta.$$

Portant ces expressions dans la relation (1) et simplifiant, on obtient :

$$(2) \qquad ds = \sqrt{dr^2 + r^2 d\theta^2 + r^2 \sin^2 \theta\, d\varphi^2}.$$

GÉOMÉTRIE A TROIS DIMENSIONS

Dans le système cylindrique on trouverait pareillement :

(3) $$ds = \sqrt{d\rho^2 + \rho^2 d\varphi^2 + dz^2}.$$

Il serait aisé de démontrer que la limite du rapport d'un arc quelconque à sa corde est égale à l'unité.

279. Plan osculateur. — Trois points M, M', M", pris sur une courbe, déterminent généralement un plan ; si les deux points M' et M" se rapprochent indéfiniment de M, la position limite de ce plan est par définition le *plan osculateur* à la courbe en M ; c'est le plan qui contient l'élément d'arc ds.

Considérons les coordonnées d'un point quelconque de la courbe comme des fonctions d'une même variable t (276) ; soient t, $t + \Delta t$, $t + 2\Delta t$ les valeurs de cette variable répondant aux points M, M', M" ; si x, y, z sont les coordonnées du point M, celles du point M' seront $x + \Delta x$, $y + \Delta y$, $z + \Delta z$, et celles du point M", $x + \Delta x + \Delta(x + \Delta x) = x + 2\Delta x + \Delta^2 x$, $y + \Delta y + \Delta(y + \Delta y) = y + 2\Delta y + \Delta^2 y$, $z + 2\Delta z + \Delta^2 z$.

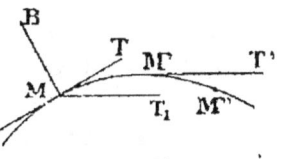

Fig. 231.

Désignons par X, Y, Z les coordonnées d'un point quelconque du plan passant par ces trois points ; par $\cos l$, $\cos m$, $\cos n$, les cosinus directeurs de la perpendiculaire MB à ce plan. La condition de passer par M et d'être perpendiculaire à MB donne (275) pour l'équation du plan :

(a) $(X - x)\cos l + (Y - y)\cos m + (Z - z)\cos n = 0.$

Le plan devant aussi passer par le point M', on a :

(b) $\cos l \Delta x + \cos m \Delta y + \cos n \Delta z = 0 ;$

cette équation s'obtient en remplaçant dans (a) x par $x + \Delta x$, y par $y + \Delta y$, z par $z + \Delta z$.

Enfin, les coordonnées du point M" devant satisfaire à l'équation du plan, il vient pareillement :

$\cos l(2\Delta x + \Delta^2 x) + \cos m(2\Delta y + \Delta^2 y) + \cos n(2\Delta z + \Delta^2 z) = 0,$

ce que l'on peut écrire, en tenant compte de (b) :

$$(c) \qquad \cos l \Delta^2 x + \cos m \Delta^2 y + \cos n \Delta^2 z = 0.$$

Si les points M' et M" se rapprochent indéfiniment du point M, l'accroissement Δt tend vers 0, Δx, Δy, Δz tendent respectivement vers dx, dy, dz, et les valeurs limites de $\cos l$, $\cos m$, $\cos n$, satisfont aux trois équations :

$$(1) \quad \begin{cases} \cos^2 l + \cos^2 m + \cos^2 n = 1, \\ \cos l\, dx + \cos m\, dy + \cos n\, dz = 0, \\ \cos l\, d^2 x + \cos m\, d^2 y + \cos n\, d^2 z = 0. \end{cases}$$

Ces équations, résolues par rapport à $\cos l$, $\cos m$, $\cos n$, conduisent à la suite de rapports égaux :

$$(2) \quad \frac{\cos l}{dy\, d^2 z - dz\, d^2 y} = \frac{\cos m}{dz\, d^2 x - dx\, d^2 z} = \frac{\cos n}{dx\, d^2 y - dy\, d^2 x};$$

enfin cette suite, rapprochée de l'équation (a) pour l'élimination des cosinus, donne pour l'équation du plan osculateur :

$$(3) \quad (X - x)(dy\, d^2 z - dz\, d^2 y) + (Y - y)(dz\, d^2 x - dx\, d^2 z) \\ + (Z - z)(dx\, d^2 y - dy\, d^2 x) = 0.$$

On fera disparaître les infiniment petits en divisant par dt^3.

Lorsque z est prise pour variable indépendante, on a $dz = C^{te}$, $d^2 z = 0$; l'équation du plan osculateur devient alors, en divisant par dz^3,

$$(4) \quad -(X-x)\frac{d^2 y}{dz^2} + (Y-y)\frac{d^2 x}{dz^2} + (Z-z)\left(\frac{dx}{dz}\frac{d^2 y}{dz^2} - \frac{dy}{dz}\frac{d^2 x}{dz^2}\right) = 0.$$

EXEMPLE. — Dans l'hélice, on a (277) :

$$\frac{dx}{dz} = -\frac{y}{m}, \quad \frac{dy}{dz} = \frac{x}{m}, \quad \frac{d^2 x}{dz^2} = -\frac{x}{m^2}, \quad \frac{d^2 y}{dz^2} = -\frac{y}{m^2}.$$

L'équation du plan osculateur en un point M (x, y, z) est donc, d'après (4) :

$$(X - x)\frac{y}{m^2} - (Y - y)\frac{x}{m^2} + (Z - z)\left(\frac{y^2}{m^3} + \frac{x^2}{m^3}\right) = 0,$$

ou, en observant que $x^2 + y^2 = a^2$, et simplifiant :

$$X y - Y x + (Z - z) \frac{a^2}{m} = 0.$$

Si l'on pose pour abréger :

$$A = dy\,d^2z - dz\,d^2y,$$
$$B = dz\,d^2x - dx\,d^2z,$$
$$C = dx\,d^2y - dy\,d^2x,$$
$$D^2 = A^2 + B^2 + C^2,$$

les cosinus des angles α', β', γ' formés par le plan osculateur avec les plans coordonnés YOZ, ZOX, XOY s'expriment par les équations (263) :

$$\cos \alpha' = \frac{A}{D}, \qquad \cos \beta' = \frac{B}{D}, \qquad \cos \gamma' = \frac{C}{D}.$$

Corollaires. I. — Soit MT la tangente à la courbe au point M ; on démontre que le plan passant par MT et par un point infiniment voisin M' a pour limite le plan osculateur en M.

II. — On obtient encore le plan osculateur en M en cherchant la limite du plan mené par la tangente MT et par une parallèle MT₁ à la tangente M'T' en un point infiniment voisin M'.

III. — Deux plans osculateurs infiniment voisins se coupent suivant une droite qui a pour limite la tangente.

280. Normale principale. — C'est celle des normales à la courbe au point M qui est située dans le plan osculateur. On peut dire que la normale principale MN est l'intersection du plan normal et du plan osculateur à la courbe au point M. Pour trouver les équations de la normale principale, on part de l'identité (278) :

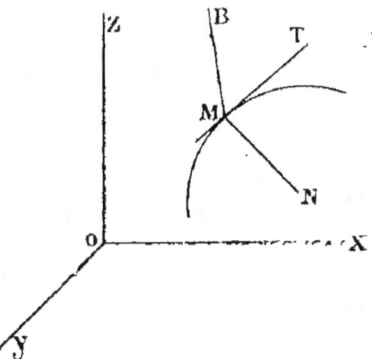

Fig. 232.

$$\left(\frac{dx}{ds}\right)^2 + \left(\frac{dy}{ds}\right)^2 + \left(\frac{dz}{ds}\right)^2 = 1,$$

qui donne en différentiant :

$$(1) \qquad \frac{dx}{ds} d\frac{dx}{ds} + \frac{dy}{ds} d\frac{dy}{ds} + \frac{dz}{ds} d\frac{dz}{ds} = 0;$$

mais la troisième des équations (1) du numéro 279 :

$$\cos l\, d^2x + \cos m\, d^2y + \cos n\, d^2z = 0,$$

peut s'écrire, en prenant l'arc s pour variable indépendante et multipliant le premier membre par ds :

$$(2) \qquad \cos l\, d\frac{dx}{ds} + \cos m\, d\frac{dy}{ds} \cos n\, d\frac{dz}{ds} = 0.$$

Sous cette forme on voit, d'après (1) et (2) et la formule (4) du numéro 254, que la droite dont les cosinus directeurs sont proportionnels à $d\frac{dx}{ds}$, $d\frac{dy}{ds}$, $d\frac{dz}{ds}$ est perpendiculaire à la fois à la tangente et à la normale MB au plan osculateur, car les cosinus directeurs de la tangente sont égaux à $\frac{dx}{ds}$, $\frac{dy}{ds}$, $\frac{dz}{ds}$, et ceux de MB égaux à $\cos l$, $\cos m$, $\cos n$. Cette droite est donc parallèle à la normale principale MN, dont les équations sont dès lors :

$$(3) \qquad \frac{X-x}{d\frac{dx}{ds}} = \frac{Y-y}{d\frac{dy}{ds}} = \frac{Z-z}{d\frac{dz}{ds}};$$

x, y, z désignent les coordonnées du point M ; X, Y, Z, celles d'un point quelconque de la droite.

281. Binormale. — La perpendiculaire MB au plan osculateur est dite *binormale* à la courbe ; on voit qu'en chaque point d'une courbe gauche la tangente MT, la normale principale MN et la binormale MB forment un trièdre trirectangle dans l'intérieur duquel est placée la courbe.

On peut observer que l'angle α' formé par le plan osculateur à la courbe au point M avec le plan YOZ est précisément égal à l'angle l que forme la binormale avec l'axe OX ; de même, l'angle β' est égal à m, et γ' est égal à n. On peut donc écrire pour les cosinus directeurs de la binormale (279):

$$\cos l = \frac{dy d^2 z - dz d^2 y}{D},$$
$$\cos m = \frac{dz d^2 x - dx d^2 z}{D},$$
$$\cos n = \frac{dx d^2 y - dy d^2 x}{D}.$$

282. Courbure et rayon de courbure. — Dans les courbes gauches, on définit la courbure et le rayon de courbure en un point M de la même façon que pour les courbes planes (171). Soient M et M' deux points voisins sur la courbe, MT et M'T' les tangentes, MT$_1$ la parallèle à la tangente M'T'; on pose:

$$R = \lim \frac{\text{arc MM}'}{\text{angle TMT}_1} = \frac{ds}{d\omega};$$

$d\omega$ est *l'angle de contingence*, $\frac{d\omega}{ds}$ la courbure, et R le rayon de courbure en M. En portant la longueur R sur la normale principale à la courbe dans le sens de la concavité, on obtient le centre de courbure O', et MO' = R.

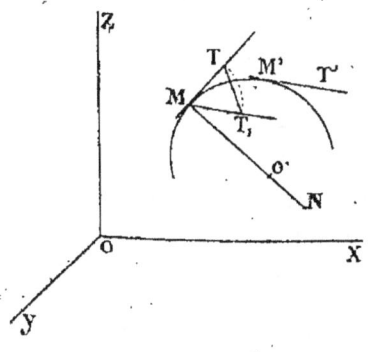
Fig. 233.
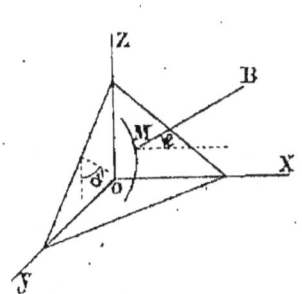
Fig. 234.

Soient : $\cos \lambda$, $\cos \mu$, $\cos \nu$, les cosinus directeurs de la normale principale MN; $\cos \alpha$, $\cos \beta$, $\cos \gamma$, ceux de la tangente MT; le théorème des projections conduit aux relations:

(1) $\quad \dfrac{d \cos \alpha}{ds} = \dfrac{\cos \lambda}{R}, \quad \dfrac{d \cos \beta}{ds} = \dfrac{\cos \mu}{R}, \quad \dfrac{d \cos \gamma}{ds} = \dfrac{\cos \nu}{R}.$

En effet, décrivons de M comme centre, avec un rayon égal à l'unité, un arc de cercle TT_1 qui mesure l'angle TMT_1, et menons la corde TT_1 ; à la limite, lorsque le point M′ se confond avec le point M, la droite TT_1 devient une perpendiculaire à la tangente menée dans le plan osculateur, c'est-à-dire une parallèle à la normale principale MN. Les cosinus directeurs de TT_1, pris à la limite, sont donc égaux à $\cos\lambda$, $\cos\mu$, $\cos\nu$.

Cela posé, si l'on projette sur OX le contour triangulaire MTT_1M, on obtient, en posant $TT_1 = \delta$ et observant que $MT = MT_1 = 1$:

$$\cos\alpha + \delta\cos\lambda - (\cos\alpha + \Delta\cos\alpha) = 0,$$

c'est-à-dire, en simplifiant :

$$\Delta\cos\alpha = \delta\cos\lambda.$$

Divisons par l'arc Δs et remarquons que :

$$\lim\frac{\delta}{\Delta s} = \lim\frac{\text{arc } TT_1}{\text{arc } MM'} = \frac{1}{R};$$

il viendra à la limite pour arc $MM' = ds$:

$$\frac{d\cos\alpha}{ds} = \frac{\cos\lambda}{R}.$$

On obtiendrait de la même façon les deux autres relations (1) en projetant le contour sur OY et OZ.

Les relations (1) permettent de calculer le rayon de courbure R.

On obtient d'abord, en observant que

$$\cos^2\lambda + \cos^2\mu + \cos^2\nu = 1 :$$
$$(d\cos\alpha)^2 + (d\cos\beta)^2 + (d\cos\gamma)^2 = \frac{ds^2}{R^2};$$

d'où l'on déduit :

$$R = \frac{ds}{\sqrt{(d\cos\alpha)^2 + (d\cos\beta)^2 + (d\cos\gamma)^2}},$$

c'est-à-dire :

$$R = \frac{ds}{\sqrt{\left(d\frac{dx}{ds}\right)^2 + \left(d\frac{dy}{ds}\right)^2 + \left(d\frac{dz}{ds}\right)^2}}.$$

Par une transformation convenable, qui présente d'ailleurs peu de difficulté, on parvient à mettre l'expression de R sous la forme :

$$R = \frac{ds^3}{\sqrt{(dy\,d^2z - dz\,d^2y)^2 + (dz\,d^2x - dx\,d^2z)^2 + (dx\,d^2y - dy\,d^2x)^2}}.$$

Si l'on désigne par x_1, y_1, z_1 les coordonnées du centre de courbure O' situé sur la normale principale, dont les angles directeurs sont λ, μ, ν, on a :

$x_1 - x = R \cos \lambda,$
$y_1 - y = R \cos \mu,$
$z_1 - z = R \cos \nu;$

ce que l'on peut écrire, puisque

$\cos \lambda = R \dfrac{d}{ds}\left(\dfrac{dx}{ds}\right),$
$\cos \mu = R \dfrac{d}{ds}\left(\dfrac{dy}{ds}\right), \ldots,$ etc. :

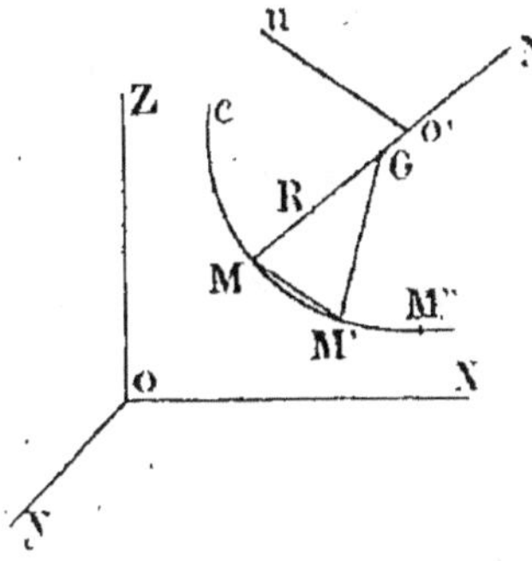

Fig. 235.

$x_1 = x + R^2 \dfrac{d}{ds}\left(\dfrac{dx}{ds}\right), \quad y_1 = y + R^2 \dfrac{d}{ds}\left(\dfrac{dy}{ds}\right), \quad z_1 = z + R^2 \dfrac{d}{ds}\left(\dfrac{dz}{ds}\right).$

x, y, z sont les coordonnées du point M et R le rayon de courbure.

On appelle *cercle osculateur* en un point M d'une courbe gauche, la limite vers laquelle tend le cercle qui passe par ce point et par deux autres points M' et M" infiniment voisins de M. On pourrait démontrer que le cercle osculateur se confond avec le cercle de courbure et que le rayon du cercle osculateur au point M est égal au rayon de courbure en ce point.

Si, par le milieu de la corde MM', on mène un plan perpendiculaire à cette corde et qui coupe la normale principale au point G, si le point M' se rapproche du point M, le cercle de centre G passant par les points M et M' deviendra à la limite le cercle osculateur en M, et le point G se confondra avec O'.

L'intersection de la normale principale avec le plan normal à la courbe passant par le point M' est encore, à la limite, le point O', ou le centre de courbure.

On appelle *droite polaire* pour un point M d'une courbe la normale O'u au plan osculateur élevée par le centre de courbure O'; cette droite est parallèle à la binormale en M, et ses équations s'écrivent (281) :

$$\frac{\xi - x_1}{\cos l} = \frac{\eta - y_1}{\cos m} = \frac{\zeta - z_1}{\cos n};$$

ξ, η, ζ sont les coordonnées courantes d'un point quelconque de la droite.

On pourrait faire voir que la droite polaire est la limite suivant laquelle le plan normal en M est coupé par un plan normal infiniment voisin.

283. Torsion et rayon de torsion. — Dans les courbes gauches, outre la courbure proprement dite, il y a lieu de considérer une autre déviation de la courbe à laquelle on a donné le nom de torsion ou de seconde courbure, et de là vient la dénomination de courbes à double courbure appliquée aux courbes gauches. La torsion d'un arc de courbe provient des déviations successives du plan osculateur dans le passage d'une extrémité de l'arc à l'autre extrémité.

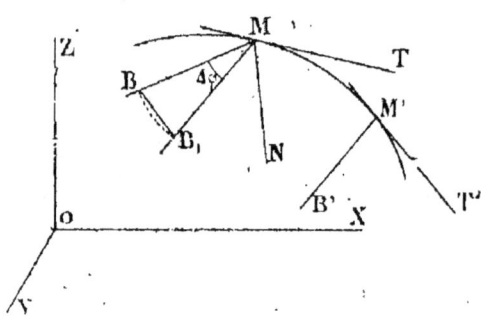

Fig. 236.

Soit un arc de courbe $MM' = \Delta s$, MT la direction de la tangente, MN celle de la normale principale, MB celle de la binormale. Appelons $\Delta\varphi$ l'angle formé par les plans osculateurs en M et M'; la *torsion moyenne* de l'arc MM' est $\frac{\Delta\varphi}{\Delta s}$, et la *torsion au point* M est le rapport $\frac{d\varphi}{ds}$ lorsque le point M' se rapproche indéfiniment de M. Si l'on pose :

$$T = \frac{ds}{d\varphi},$$

T est le *rayon de torsion* au point M, $d\varphi$ l'*angle de torsion*.

Pour obtenir l'expression du rayon de torsion en fonction des coordonnées du point M, on peut procéder comme pour le rayon de courbure. Soient M'T' et M'B' la tangente et la binormale en M'; menons MB₁ parallèle à M'B' et, du point M comme centre, avec un rayon égal à l'unité, décrivons l'arc de cercle BB₁ qui mesure l'angle BMB₁; enfin tirons la corde BB₁. A la limite, cette dernière se confond avec l'arc BB₁; elle est située dans le plan normal en M et perpendiculaire à la binormale, c'est-à-dire qu'elle devient parallèle à la normale principale MN dont les cosinus directeurs sont $\cos \lambda$, $\cos \mu$, $\cos \nu$.

Cela posé, projetons le contour fermé MBB₁M sur l'axe OX, on obtient, en observant que les cosinus directeurs de MB sont $\cos l$, $\cos m$, $\cos n$, et en posant BB₁ $= p$:

$$\cos l + p \cos \lambda - (\cos l + \Delta \cos l) = 0$$

c'est-à-dire, en simplifiant :

$$\Delta \cos l = p \cos \lambda.$$

Divisons par l'arc Δs et remarquons que :

$$\lim \frac{p}{\Delta s} = \lim \frac{\text{arc BB}_1}{\text{arc MM}_1} = \frac{d\varphi}{ds} = \frac{1}{T};$$

il viendra à la limite :

$$\frac{d \cos l}{ds} = \frac{\cos \lambda}{T}.$$

Projetant le même contour MBB₁M sur OY et OZ, on obtiendrait pareillement :

$$\frac{d \cos m}{ds} = \frac{\cos \mu}{T}, \qquad \frac{d \cos n}{ds} = \frac{\cos \nu}{T}.$$

Ces relations permettent de calculer le rayon de torsion T ; on trouve d'abord :

$$(d \cos l)^2 + (d \cos m)^2 + (d \cos n)^2 = \frac{ds^2}{T^2},$$

446   GÉOMÉTRIE

d'où l'on déduit :

$$T = \frac{ds}{\sqrt{(d\cos l)^2 + (d\cos m)^2 + (d\cos n)^2}};$$

puis pour l'angle de torsion :

$$d\varphi = \sqrt{(d\cos l)^2 + (d\cos m)^2 + (d\cos n)^2}.$$

Les expressions de $\cos l$, $\cos m$, $\cos n$, en fonction de x, y, z, sont données au numéro 281 ; si l'on substitue ces expressions dans la formule, il vient, après simplifications, pour l'expression de la torsion (279) :

$$\frac{1}{T} = \frac{A d^3 x + B d^3 y + C d^3 z}{A^2 + B^2 + C^2}.$$

284. Formules de Frenet. — Lorsqu'on se déplace sur une courbe, les neuf cosinus directeurs de la tangente, normale principale, et binormale, varient, en général, d'une manière continue ; leurs différentielles ont des valeurs remarquables que Frenet a fait connaître et dont Serret a montré l'utilité par de nombreuses applications :

On a obtenu (282) :

$$d\cos\alpha = \frac{ds}{R}\cos\lambda, \quad d\cos\beta = \frac{ds}{R}\cos\mu, \quad d\cos\gamma = \frac{ds}{R}\cos\nu.$$

On a trouvé de même (283) :

$$d\cos l = \frac{ds}{T}\cos\lambda, \quad d\cos m = \frac{ds}{T}\cos\mu, \quad d\cos n = \frac{ds}{T}\cos\nu.$$

Mais le trièdre MTNB étant trirectangle, on a la relation (254) :

$$\cos^2\alpha + \cos^2\lambda + \cos^2 l = 1,$$

d'où l'on tire :

$$\cos^2\lambda = 1 - \cos^2\alpha - \cos^2 l,$$

et en différentiant :

$$\cos\lambda \, d\cos\lambda = -\cos\alpha \, d\cos\alpha - \cos l \, d\cos l;$$

si l'on remplace $d\cos\alpha$, $d\cos l$ par leurs valeurs ci-dessus, on peut tout diviser par $\cos\lambda$, et il reste :

$$d\cos\lambda = -\left(\frac{\cos\alpha}{R} + \frac{\cos l}{T}\right) ds.$$

GÉOMÉTRIE A TROIS DIMENSIONS 447

On trouverait de même :

$$d\cos\mu = -\left(\frac{\cos\beta}{R} + \frac{\cos m}{T}\right)ds, \quad d\cos\nu = -\left(\frac{\cos\gamma}{R} + \frac{\cos n}{T}\right)ds.$$

Les trois groupes de relations différentielles ci-dessus constituent les formules de Frenet.

285. Hélice. — Lorsqu'on enroule le plan d'un angle BAC $= \lambda$ sur un cylindre droit à base circulaire, de façon que le côté AC s'applique exactement sur la circonférence de base du cylindre, la courbe AMB'A', ..., suivant laquelle s'enroule le côté AB, s'appelle une *hélice*.

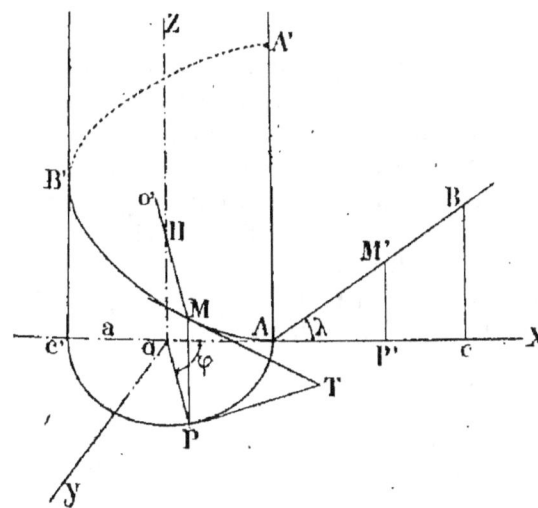

Fig. 237.

Si l'on prend AP' $=$ arc AP, on a évidemment M'P' $=$ MP; la hauteur AA' qui correspond à la circonférence entière est le *pas* de l'hélice; on le désigne ordinairement par h.

Prenons trois axes rectangulaires OX, OY, OZ, le premier passant par A et le troisième se confondant avec l'axe du cylindre; soit φ l'azimut d'un point quelconque M de l'hélice, a le rayon du cylindre. On a immédiatement pour les coordonnées du point M :

(1) $\quad x = a\cos\varphi, \quad y = a\sin\varphi, \quad z = m\varphi;$

car

$$z = \mathrm{MP} = \mathrm{M'P'} = \mathrm{AP'} \tang\lambda = \mathrm{arc\,AP} \tang\lambda = a\varphi \tang\lambda.$$

On pose pour abréger :

$$m = a \tang\lambda,$$

et l'on voit que l'on a $\dfrac{h}{2\pi a} = \tang\lambda$, d'où $m = \dfrac{h}{2\pi}$.

Si l'on élimine φ, il vient :

$$x = a \cos\frac{z}{m}, \qquad y = a \sin\frac{z}{m}.$$

Les équations (3) du numéro 277 sont celles de la tangente au point M (x, y, z); les formules (4) donnent les cosinus directeurs de cette droite; la troisième, en particulier, montre que la tangente MT fait un angle constant avec l'ordonnée MP parallèle à OZ; cet angle est d'ailleurs complémentaire de l'angle λ, c'est-à-dire que la tangente MT fait avec le plan de la base du cylindre un angle égal à λ.

Si T est le point où la tangente perce le plan XOY, la longueur PT de la sous-tangente est égale à :

$$\mathrm{PT} = z \cotg\lambda = \mathrm{AP'} = \mathrm{arc\,AP};$$

comme PT est tangente au cercle de base du cylindre, il en résulte que le point T décrit dans le plan XOY une développante de cercle.

Au même numéro 277, on trouve l'équation du plan normal.

L'équation du plan osculateur est donnée au numéro 279. Les cosinus directeurs de la binormale ont pour valeurs :

$$\cos l = -\frac{my}{a\sqrt{m^2+a^2}},\ \cos m = -\frac{mx}{a\sqrt{m^2+a^2}},\ \cos n = \frac{a}{\sqrt{m^2+a^2}}.$$

Les équations de la normale principale résultent des formules (4) (277) et (3) (280); on obtient en effectuant les calculs :

$$\frac{X-x}{x} = \frac{Y-y}{y}, \qquad Z - z = 0;$$

la seconde de ces équations montre que la normale principale MH est parallèle au plan XOY; la première prouve qu'elle est également parallèle au rayon PO. Les cosinus directeurs de la normale principale sont :

$$\cos \lambda = -\frac{x}{a}, \qquad \cos \mu = -\frac{y}{a}, \qquad \cos \nu = 0.$$

Pour évaluer l'arc et le rayon de courbure, il est commode d'utiliser les équations (1); on trouve en différentiant trois fois ces équations :

$$dx = -a \sin \varphi \, d\varphi, \qquad dy = a \cos \varphi \, d\varphi, \qquad dz = m \, d\varphi,$$
$$d^2x = -a \cos \varphi \, d\varphi^2, \qquad d^2y = -a \sin \varphi \, d\varphi^2, \qquad d^2z = 0;$$
$$d^3x = a \sin \varphi \, d\varphi^3, \qquad d^3y = -a \cos \varphi \, d\varphi^3, \qquad d^3z = 0.$$

On a donc pour l'élément d'arc (278) :

$$ds = \sqrt{a^2 + m^2} \, d\varphi,$$

d'où :

$$\text{arc AM} = \sqrt{a^2 + m^2} \int_0^\varphi d\varphi = \sqrt{a^2 + m^2} \, \varphi.$$

La formule du rayon de courbure donne après réductions :

$$R = \frac{m^2 + a^2}{a},$$

ce qui montre que R est constant. Le rayon de courbure est dirigé suivant le rayon du cylindre; si l'on prend $HO' = \frac{m^2}{a}$, le point O' sera le centre de courbure de l'hélice pour le point M.

Enfin on obtient par la formule du rayon de torsion :

$$T = \frac{m^2 + a^2}{m},$$

ce qui montre que T est aussi constant. Ainsi dans l'hélice les deux courbures sont constantes; il serait facile de démontrer par les formules de Frenet qu'elle est la seule courbe qui possède cette propriété.

§ 3. — Surfaces

286. Classification. — Toute surface définie géométriquement peut être engendrée par une ligne se déplaçant suivant une certaine loi ; par exemple, le cylindre de révolution peut être engendré par la rotation d'une droite qui reste parallèle à l'axe de rotation.

La *génératrice* de la surface est la ligne qui engendre cette surface ; ordinairement la génératrice, dans son mouvement, s'appuie sur une seconde ligne appelée *directrice* ; ainsi le plan peut être engendré par le mouvement d'une droite qui s'appuie constamment sur une autre droite.

Les surfaces se divisent en deux grandes classes : les *surfaces réglées* et les *surfaces non réglées* ; les premières, comme le cylindre, le cône, l'hélicoïde réglé, peuvent être engendrées par une ligne droite ; les secondes, comme la sphère, l'ellipsoïde, ne peuvent être engendrées par une ligne droite.

Les surfaces réglées forment deux groupes distincts : les *surfaces développables* et les *surfaces gauches* ; les premières, seules, peuvent s'étendre sur un plan sans déchirure ni duplicature ; pour qu'il en soit ainsi, il est nécessaire que deux génératrices successives soient situées dans un même plan, par exemple les surfaces cylindriques et coniques. Dans les surfaces gauches, deux génératrices successives ne sont pas situées dans un même plan ; le conoïde, le paraboloïde hyperbolique, l'hélicoïde réglé sont dans ce cas.

Les *surfaces de révolution* sont engendrées par la rotation d'une ligne de forme déterminée autour d'un axe fixe ; ainsi le *tore* est la surface de révolution engendrée par la rotation d'un cercle autour d'un axe situé dans son plan et qui ne coupe pas le cercle.

287. Surfaces cylindriques. — Ce sont les surfaces engendrées par le mouvement d'une droite s'appuyant sur une directrice fixe et assujettie à rester parallèle à elle-même.

GÉOMÉTRIE A TROIS DIMENSIONS

EXEMPLE. — Soit à trouver l'équation de la surface cylindrique engendrée par une droite AB ayant pour équations :

(1) $\qquad x = az + p, \qquad y = bz + q,$

a et b désignant des constantes, puisque la droite doit rester parallèle à elle-même, et la directrice étant le cercle du plan XOY qui a pour équation :

(2) $\qquad x^2 + y^2 = m^2,$

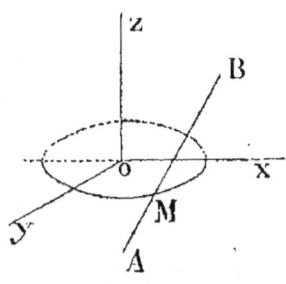

Fig. 238.

m étant également constant. Les coordonnées du point M $(p, q, 0)$, où la génératrice rencontre à la fois le plan horizontal et la directrice, devant satisfaire à l'équation de cette dernière, on doit avoir :

(3) $\qquad p^2 + q^2 = m^2 ;$

éliminant alors les paramètres variables p et q entre les équations (1), (2) et (3), on obtient pour l'équation de la surface :

$$(x - az)^2 + (y - bz)^2 - m^2 = 0.$$

Plus généralement, si la directrice dans le plan XOY était une courbe quelconque $\varphi(x, y) = 0$, on devrait encore avoir :

(4) $\qquad \varphi(p, q) = 0 ;$

et l'élimination des paramètres p et q donnerait :

$$\varphi(x - az, y - bz) = 0.$$

C'est l'équation générale des surfaces cylindriques.

On peut voir que cette équation satisfait à une relation caractéristique dans laquelle entrent avec a et b les dérivées partielles de z considérée comme fonction de x et y, et qui est indépendante de la fonction arbitraire φ.

En effet, différentions l'équation (4) successivement par rapport à x et y en tenant compte de (1); il vient :

$$\frac{\partial \varphi}{\partial p}\left(1 - a\frac{\partial z}{\partial x}\right) - b\frac{\partial \varphi}{\partial q}\frac{\partial z}{\partial x} = 0,$$
$$a\frac{\partial \varphi}{\partial p}\frac{\partial z}{\partial y} + \frac{\partial \varphi}{\partial q}\left(1 - b\frac{\partial z}{\partial y}\right) = 0.$$

Si l'on égale les valeurs du rapport $\frac{\partial \varphi}{\partial p} : \frac{\partial \varphi}{\partial q}$ tirées de ces relations, on obtient :

$$\frac{b\frac{\partial z}{\partial x}}{1 - a\frac{\partial z}{\partial x}} = \frac{1 - b\frac{\partial z}{\partial y}}{a\frac{\partial z}{\partial y}},$$

d'où l'on déduit :

$$a\frac{\partial z}{\partial x} + b\frac{\partial z}{\partial y} = 1.$$

C'est l'*équation aux dérivées partielles* des surfaces cylindriques; cette équation exprime que le plan tangent à la surface (294) est toujours parallèle aux génératrices.

288. Surfaces coniques. — Ce sont les surfaces qui peuvent être engendrées par le mouvement d'une droite assujettie à passer constamment par un point fixe et à s'appuyer sur une ligne fixe.

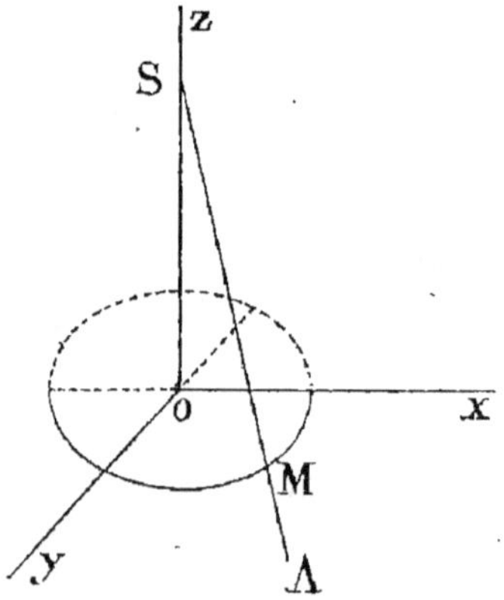

Exemple. — Supposons le point fixe S placé sur l'axe des z à une distance $OS = c$, et prenons encore pour directrice le cercle du plan XOY ayant pour équation :

$$(1) \quad x^2 + y^2 = m^2.$$

Fig. 239.

Une génératrice quelconque SA passant par le point S a des équations de la forme :

$$(2) \qquad x = \lambda(z - c), \qquad y = \mu(z - c),$$

λ et μ désignant des paramètres variables. Mais le point

M (x_0, y_0, o) commun à la génératrice et à la directrice, ayant pour coordonnées $x_0 = -\lambda c$, $y_0 = -\mu c$, et ces coordonnées devant satisfaire à l'équation du cercle directeur, on a :

(3) $$(\lambda^2 + \mu^2) c^2 = m^2.$$

Éliminant les paramètres λ et μ entre les équations (1), (2), (3), on obtient pour l'équation du cône de révolution :

$$(x^2 + y^2) c^2 = m^2 (z - c)^2.$$

Plus généralement, si le sommet S (a, b, c) est un point quelconque de l'espace, les équations d'une génératrice sont :

(2') $$x - a = \lambda (z - c), \qquad y - b = \mu (z - c);$$

et, si les paramètres λ et μ sont liés par une relation :

(4) $$\mu = \varphi (\lambda),$$

la génératrice se déplace d'une manière continue et engendre une surface conique de sommet S, dont l'équation est obtenue par l'élimination de λ et μ entre les équations (2') et (4). On obtient ainsi :

$$\frac{y - b}{z - c} = \varphi \left(\frac{x - a}{z - c} \right).$$

C'est l'équation générale des surfaces coniques ; elle satisfait également à une équation aux dérivées partielles, indépendante de la fonction φ, et que l'on obtient comme pour les surfaces cylindriques ; cette équation s'écrit :

$$(x - a) \frac{\partial z}{\partial x} + (y - b) \frac{\partial z}{\partial y} = z - c;$$

elle exprime que les plans tangents à la surface passent tous par le sommet S.

289. Surfaces de révolution. — Dans une surface de révolution, chaque point M de la génératrice décrit une circonférence dont le plan est perpendiculaire à l'axe de rotation OZ, et dont le centre O' est sur cet axe. Les cercles décrits par les différents points de la génératrice sont les *parallèles* de la surface. Les plans tels que AMA' passant par l'axe coupent la surface suivant des lignes égales entre elles ; ces plans sont les *méridiens* de la surface.

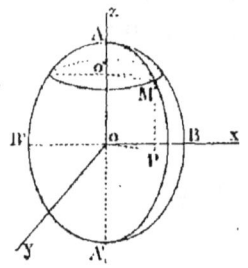

Fig. 240.

La sphère est la surface de révolution engendrée par la rotation d'un cercle autour d'un axe passant par son centre.

EXEMPLE (*fig.* 240). — Soit l'*ellipsoïde de révolution* engendré par la rotation d'une ellipse ABA'B', d'axes $2a$ et $2b$, tournant autour de son grand axe AA' ; si M est un point quelconque de la surface, la section méridienne passant par ce point est une ellipse égale à l'ellipse génératrice et dont l'équation est :

$$\frac{\overline{MP}^2}{a^2} + \frac{\overline{OP}^2}{b^2} = 1,$$

ou bien, en posant $OP = \rho$:

$$\frac{z^2}{a^2} + \frac{\rho^2}{b^2} = 1.$$

L'équation cartésienne de l'ellipsoïde de révolution est par suite, puisque $\rho^2 = x^2 + y^2$ (259) :

$$\frac{z^2}{a^2} + \frac{x^2 + y^2}{b^2} = 1.$$

Dans le cas de la figure, l'ellipsoïde est *allongé* ; si la rotation avait lieu autour de OB, l'ellipsoïde serait *aplati*.

Plus généralement, si $z = f(x)$ est l'équation de la courbe génératrice dans le plan ZOX, l'équation cylindrique de la surface de révolution engendrée par la rotation de cette ligne autour de OZ est (250) :

$$z = f(\rho),$$

et l'équation cartésienne :

$$z = f(\sqrt{x^2 + y^2}).$$

EXEMPLE. — Soit le *tore* engendré par le cercle de centre A et de rayon m tournant autour de OZ. Dans le plan ZOX, on a pour le cercle, en posant $OA = a$:

$$(x - a)^2 + z^2 = m^2 ;$$

l'équation cylindrique du tore est par suite :

$$(\rho - a)^2 + z^2 = m^2,$$

et l'équation cartésienne :

$$(\sqrt{x^2 + y^2} - a)^2 + z^2 = m^2.$$

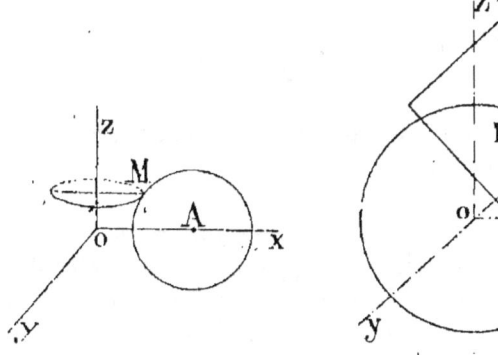

Fig. 241.   Fig. 242.

Une surface de révolution peut être considérée comme engendrée par une circonférence de rayon variable, dont le plan reste perpendiculaire à un axe sur lequel se déplace le centre de la circonférence.

Prenons l'origine des coordonnées sur l'axe OH, et soient :

$$\frac{x}{a} = \frac{y}{b} = \frac{z}{c}.$$

les équations de cet axe. Considérons un parallèle P'; il est déterminé par l'équation de son plan P perpendiculaire à l'axe (275) :

(1) $$ax + by + cz = h,$$

et l'équation d'une sphère ayant le point O pour centre :

(2) $$x^2 + y^2 + z^2 = m^2.$$

Lorsque m et h varient en restant liés par une relation :

(3) $\qquad h = \varphi(m),$

le parallèle P' décrit une surface de révolution dont l'équation s'obtient en éliminant h et m entre (1), (2), (3) : cette équation est :

$$ax + by + cz = \varphi(x^2 + y^2 + z^2).$$

L'équation aux dérivées partielles des surfaces de révolution s'obtient comme pour les cylindres (287) ; elle s'écrit :

$$(cy - bz)\frac{\partial z}{\partial x} + (az - cx)\frac{\partial z}{\partial y} = bx - ay.$$

Cette équation exprime que toutes les normales (294) d'une surface de révolution rencontrent l'axe.

290. Surfaces développables. — Deux génératrices infiniment voisines d'une surface développable étant situées dans un même plan, pour que cette surface puisse s'étendre sur un plan sans déchirure ni duplicature, on est conduit à la considérer comme l'enveloppe des positions successives d'un plan mobile, dont les déplacements dépendent d'un seul paramètre variable, m par exemple (295).

L'équation du plan mobile est alors de la forme :

(1) $\qquad z = xf(m) + y\varphi(m) + \psi(m),$

f, φ, ψ étant des fonctions connues de m ; x, y, z, les coordonnées d'un point quelconque du plan. Si l'on prend la dérivée par rapport à m, il vient :

(2) $\qquad 0 = xf'(m) + y\varphi'(m) + \psi'(m);$

et l'équation de la surface enveloppe résulterait de l'élimination de m entre les deux équations précédentes. Mais, sans particulariser les fonctions arbitraires f, φ, ψ, et sans opérer l'élimination de m, on peut obtenir l'équation aux dérivées partielles des surfaces développables.

Dérivons l'équation (1) successivement par rapport à x et y ; on obtient :

$$\frac{\partial z}{\partial x} = f(m) + [xf'(m) + y\varphi'(m) + \psi'(m)]\frac{\partial m}{\partial x},$$

$$\frac{\partial z}{\partial y} = \varphi(m) + [xf'(m) + y\varphi'(m) + \psi'(m)]\frac{\partial m}{\partial y};$$

ou bien, en tenant compte de (2) :

$$\frac{\partial z}{\partial x} = f(m), \qquad \frac{\partial z}{\partial y} = \varphi(m).$$

Concevons maintenant qu'on ait tiré de ces deux équations les valeurs $m = f_1\left(\frac{\partial z}{\partial x}\right)$, $m = \varphi_1\left(\frac{\partial z}{\partial y}\right)$; en égalant ces valeurs, on obtient une relation telle que

$$F\left(\frac{\partial z}{\partial x}, \frac{\partial z}{\partial y}\right) = 0,$$

qui convient à toutes les surfaces développables et dans laquelle F représente une fonction arbitraire qu'il importe d'éliminer.

A cet effet, posons $p = \frac{\partial z}{\partial x}$, $q = \frac{\partial z}{\partial y}$, et dérivons successivement par rapport à x et y ; il vient :

$$\frac{\partial F}{\partial p}\frac{\partial^2 z}{\partial x^2} + \frac{\partial F}{\partial q}\frac{\partial^2 z}{\partial x \partial y} = 0,$$

$$\frac{\partial F}{\partial p}\frac{\partial^2 z}{\partial x \partial y} + \frac{\partial F}{\partial q}\frac{\partial^2 z}{\partial y^2} = 0,$$

ce que l'on peut écrire :

$$\frac{\partial F}{\partial p}\frac{\partial^2 z}{\partial x^2} = -\frac{\partial F}{\partial q}\frac{\partial^2 z}{\partial x \partial y}, \qquad \frac{\partial F}{\partial p}\frac{\partial^2 z}{\partial x \partial y} = -\frac{\partial F}{\partial q}\frac{\partial^2 z}{\partial y^2};$$

enfin, prenant le quotient des deux équations, on obtient :

$$\left(\frac{\partial^2 z}{\partial x \partial y}\right)^2 = \frac{\partial^2 z}{\partial x^2}\frac{\partial^2 z}{\partial y^2}.$$

C'est l'équation aux dérivées partielles des surfaces développables ; elle est du second ordre et du second degré ; elle exprime que chaque plan tangent à la surface la touche en une infinité de points. On sait, en effet, que le plan tangent est le même tout le long d'une génératrice.

On pourrait démontrer, à l'aide des relations précédentes, que toute surface développable est le lieu des tangentes à une certaine courbe, nommée *arête de rebroussement* de la surface. L'arête de rebroussement est le lieu des points de rencontre de deux génératrices infiniment voisines ou le lieu des points centraux (291) sur toutes les génératrices. Dans le cône, cette arête se réduit à un point, et dans le cylindre elle passe à l'infini.

291. Surfaces gauches. — Dans les surfaces gauches, deux génératrices consécutives G et G' ne sont pas situées dans un même plan; la perpendiculaire commune PP' à ces génératrices est leur plus courte distance, et, lorsque G' se rapproche indéfiniment de G, le point P tend vers une position limite qui est le *point central* de la génératrice G.

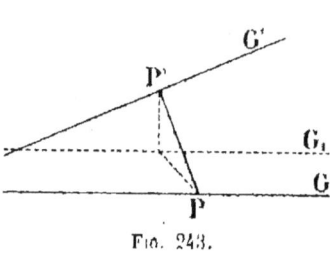

Fig. 243.

Le plan qui passe par G et par la droite limite de la perpendiculaire commune à G et à G' est le *plan central* de G.

Le lieu des points centraux des diverses génératrices de la surface est la *ligne de striction;* elle n'est pas tangente aux plus courtes distances des génératrices infiniment voisines et, en général, coupe obliquement les génératrices.

Dans les surfaces gauches, le plan tangent en un point contient la génératrice de contact; mais, à l'encontre de ce qui a lieu dans les surfaces développables, il n'est pas tangent tout le long de cette génératrice. Au point central, le plan tangent à la surface se confond avec le plan central; ensuite il tourne d'une manière continue jusqu'à devenir perpendiculaire à ce dernier plan, lorsque le point de contact s'éloigne indéfiniment du point central sur la génératrice.

La tangente de l'angle que fait le plan tangent avec le plan central varie proportionnellement à la distance du point de contact au point central; le rapport de proportionnalité s'appelle *paramètre de distribution* du plan tangent.

Conoïdes. — Le conoïde est la surface gauche engendrée par une droite qui est toujours parallèle à un plan donné, nommé *plan directeur*, et assujettie à rencontrer une droite et une courbe données.

Si le plan directeur se confond avec le plan XOY et la directrice rectiligne avec l'axe OZ, le conoïde est droit (fig. 244), et il est aisé de voir que, dans ce cas, l'équation générale des surfaces est :

(1) $\quad z = \varphi\left(\dfrac{y}{x}\right)$;

en effet, une génératrice quelconque GH a pour équations : $y = \lambda x$, $z = \mu$; si l'on pose $\mu = \varphi(\lambda)$, il en résulte l'équation (1).

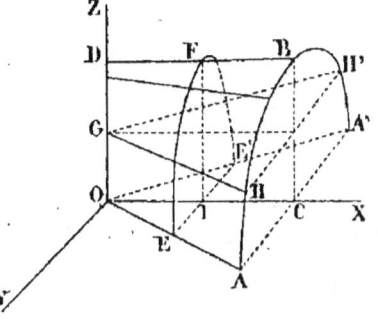

Fig. 244.

L'équation aux dérivées partielles, indépendante de la fonction arbitraire φ, s'écrit :

$$x\dfrac{\partial z}{\partial x} + y\dfrac{\partial z}{\partial y} = 0 ;$$

elle exprime que le plan tangent en un point contient la génératrice correspondante.

292. Surfaces du second degré. — On pourrait discuter l'équation générale du second degré à trois variables comme celle à deux variables (180), et se rendre compte, dans chaque cas, de la nature des surfaces qu'elle représente ; faire la recherche des centres, plans diamétraux, plans principaux, axes, sommets, etc. ; mais, outre que cette discussion est assez compliquée, les résultats ne présentent qu'un intérêt relatif au point de vue de l'application ; aussi nous bornerons-nous à définir les principales surfaces du second degré, *ellipsoïdes*, *hyperboloïdes* et *paraboloïdes*, à l'aide de leurs équations réduites.

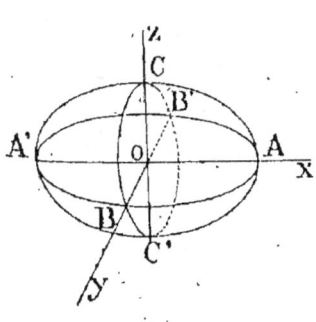

Fig. 245.

1° *Ellipsoïde* (*fig.* 245). — C'est la surface définie par l'équation :

$$\frac{x^2}{a^2} + \frac{y^2}{b^2} + \frac{z^2}{c^2} = 1,$$

a, b, c, désignant des constantes. Si l'on fait $y = 0$, $z = 0$, on obtient pour les abscisses des sommets A et A', où la surface coupe l'axe OX, $\frac{x^2}{a^2} = 1$, d'où $x = \pm a$. Faisant de même $x = 0$, $z = 0$, et $x = 0$, $y = 0$, on obtient pour les sommets B, B' et C, C' où la surface rencontre les axes OY et OZ : $\frac{y^2}{b^2} = 1$, d'où $y = \pm b$; $\frac{z^2}{c^2} = 1$, d'où $z = \pm c$. Ainsi on a OA = OA' = a ; OB = OB' = b ; OC = OC' = c.

L'origine est le centre de l'ellipsoïde ; les plans XOY, YOZ, ZOX sont les plans principaux, chacun d'eux coupe la surface suivant une ellipse de centre O. Quand $a = b$, l'ellipsoïde est de révolution autour de OZ ; quand $a = b = c$, il devient une sphère.

2° *L'hyperboloïde à une nappe* est représenté par l'équation :

$$\frac{x^2}{a^2} + \frac{y^2}{b^2} - \frac{z^2}{c^2} = 1.$$

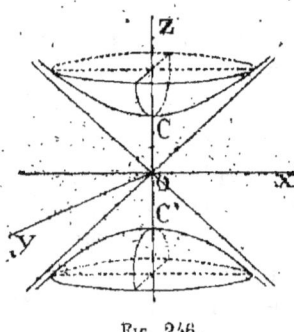

Fig. 246.   Fig. 247.

Le plan XOY coupe la surface (*fig.* 247) suivant l'*ellipse de gorge* dont l'un des axes est AA'. Les plans YOZ et ZOX la coupent suivant des hyperboles. Cet hyperboloïde admet un double système de génératrices rectilignes.

Si $b = a$, l'hyperboloïde est de révolution.

Lorsqu'une droite glisse sur trois droites non parallèles à un même plan, elle engendre un hyperboloïde à une nappe.

3° L'*hyperboloïde à deux nappes* a pour équation :

$$\frac{x^2}{a^2} + \frac{y^2}{b^2} - \frac{z^2}{c^2} = -1 ;$$

il est représenté par la figure 246.

Les plans parallèles à XOY, qui rencontrent la surface, la coupent suivant des ellipses ; ceux parallèles aux deux autres plans coordonnés la coupent suivant des hyperboles.

L'hyperboloïde serait de révolution si l'on avait $a = b$.

4° *Paraboloïde elliptique* (fig. 248). — Son équation est :

$$\frac{x^2}{p} + \frac{y^2}{q} = 2z,$$

p et q désignant des constantes. La surface passe à l'origine, car l'équation est satisfaite pour $x = y = z = 0$.

Les sections horizontales sont des ellipses semblables ayant leurs centres sur OZ ; les plans YOZ et ZOX coupent la surface suivant des paraboles de sommet O.

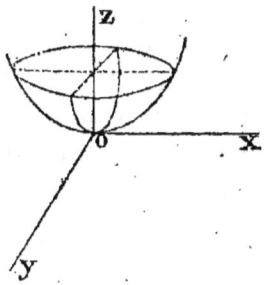
Fig. 248.

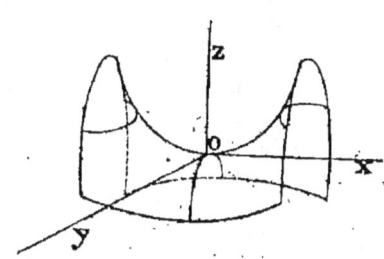
Fig. 249.

5° *Paraboloïde hyperbolique* (fig. 249). — C'est la surface gauche définie par l'équation

$$\frac{x^2}{p} - \frac{y^2}{q} = 2z ;$$

elle est coupée par le plan XOY suivant les droites

$$y = \pm \sqrt{\frac{q}{p}}\, x,$$

et admet, comme l'hyperboloïde à une nappe, un double système de génératrices rectilignes.

Les sections parallèles au plan XOY sont des hyperboles semblables; celles parallèles aux plans ZOX et ZOY sont des paraboles.

Lorsqu'une droite glisse sur deux droites fixes en restant toujours parallèle à un plan donné, elle décrit un paraboloïde hyperbolique; il en est de même lorsqu'une droite glisse sur trois droites parallèles à un même plan.

293. Hélicoïde gauche à plan directeur. — C'est la surface engendrée par une droite MH qui rencontre à angle droit l'axe OZ d'un cylindre de révolution, et s'appuie constamment sur une hélice AMB' tracée sur ce cylindre.

Prenons les axes indiqués sur la figure et soit N un point quelconque de la surface, NQ son ordonnée. La génératrice NH étant parallèle à OQ, on a NQ = MP, et les coordonnées cylindriques du point N sont, en posant NH = OQ = ρ et QOX = φ,

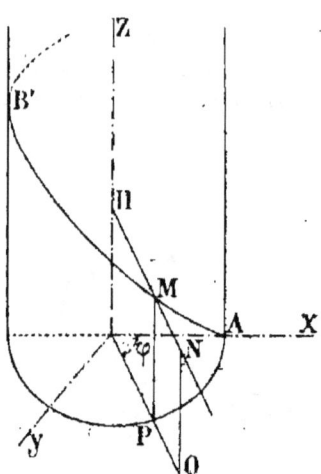

Fig. 250.

$$x = \rho \cos \varphi,$$
$$y = \rho \sin \varphi,$$
$$z = m\varphi.$$

L'équation cartésienne de la surface s'obtient en éliminant les paramètres ρ et φ; on trouve :

$$z = m \operatorname{arc\,tang} \frac{y}{x}.$$

L'*hélicoïde réglé* diffère du précédent en ce que la génératrice NII ne rencontre pas nécessairement l'axe OZ ; dans ce cas, la génératrice tourne autour de l'axe, en même temps que le pied de sa distance à l'axe décrit l'hélice de gorge.

294. Plan tangent et normale. — Soient : M(x, y, z), un point quelconque de la surface dont l'équation est $f(x, y, z) = 0$; C, une courbe également quelconque passant par M et tracée sur la surface. Les équations de la tangente à la courbe C sont (277) :

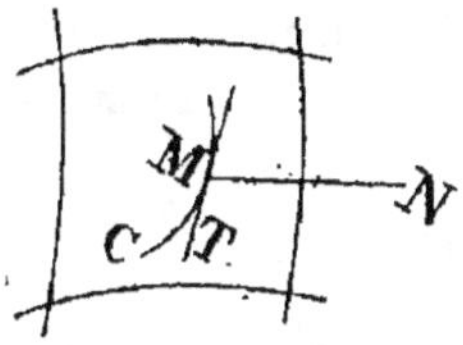

$$(1) \quad \frac{X - x}{dx} = \frac{Y - y}{dy} = \frac{Z - z}{dz} ;$$

Fig. 251.

mais les différentielles dx, dy, dz, ne sont pas complètement indépendantes ; elles doivent satisfaire à la relation :

$$(2) \quad \frac{\partial f}{\partial x} dx + \frac{\partial f}{\partial y} dy + \frac{\partial f}{\partial z} dz = 0,$$

que l'on obtient en différentiant l'équation de la surface. Il en résulte que les tangentes à toutes les courbes passant par M et tracées sur la surface satisfont à l'équation :

$$(3) \quad (X - x)\frac{\partial f}{\partial x} + (Y - y)\frac{\partial f}{\partial y} + (Z - z)\frac{\partial f}{\partial z} = 0,$$

obtenue en éliminant dx, dy, dz entre (1) et (2). Cette équation, qui est celle d'un plan passant par M, montre que toutes ces tangentes sont situées dans un même plan que l'on appelle, pour cette raison, le *plan tangent* à la surface.

Lorsque l'équation de la surface est prise sous la forme explicite :

$$z = f(x, y),$$

on a :

$$dz = \frac{\partial z}{\partial x} dx + \frac{\partial z}{\partial y} dy ;$$

et si l'on pose, comme cela se fait souvent :

$$p = \frac{\partial z}{\partial x}, \qquad q = \frac{\partial z}{\partial y},$$

on obtient :

$$dz = p\,dx + q\,dy.$$

L'élimination des différentielles dx, dy, dz, donne pour l'équation du plan tangent :

(4) $\qquad Z - z = p(X - x) + q(Y - y).$

Exemple. — Soit la surface dont l'équation est :

$$xyz = a^3;$$

on a d'abord :

$$\frac{\partial f}{\partial x} = yz, \qquad \frac{\partial f}{\partial y} = xz, \qquad \frac{\partial f}{\partial z} = xy.$$

L'équation du plan tangent est donc, d'après la formule (3),

$$(X - x)\,yz + (Y - y)\,xz + (Z - z)\,xy = 0,$$

ou, en développant et réduisant :

$$Xyz + Yxz + Zxy - 3a^3 = 0,$$

ou encore, en divisant par $xyz = a^3$,

$$\frac{X}{x} + \frac{Y}{y} + \frac{Z}{z} = 3 ;$$

x, y, z sont les coordonnées du point de contact ; X, Y, Z, les coordonnées d'un point quelconque du plan tangent.

La *normale* à une surface est la perpendiculaire au plan tangent menée par le point de contact. D'après la formule (2) du numéro 275, rapprochée de l'équation (3) du plan tangent, les équations de la normale au point M (x, y, z) sont :

$$\frac{X - x}{\frac{\partial f}{\partial x}} = \frac{Y - y}{\frac{\partial f}{\partial y}} = \frac{Z - z}{\frac{\partial f}{\partial z}}.$$

Si l'équation du plan tangent est prise sous la forme (4), les équations de la normale s'écrivent :

$$\frac{X-x}{p} = \frac{Y-y}{q} = \frac{Z-z}{-1},$$

c'est-à-dire :

(5) $\quad X - x + p(Z - z) = 0, \quad Y - y + q(Z - z) = 0.$

EXEMPLE. — Les équations de la normale en un point de la surface :

$$xyz = a^3,$$

sont :

$$\frac{X-x}{yz} = \frac{Y-y}{xz} = \frac{Z-z}{xy},$$

ou

$$x(X-x) = y(Y-y) = z(Z-z).$$

Enfin, si α, β, γ sont les angles que fait la normale avec les axes de coordonnées, on trouve (273) :

$$\cos\alpha = -\frac{p}{\sqrt{p^2+q^2+1}}, \qquad \cos\beta = -\frac{q}{\sqrt{p^2+q^2+1}},$$

$$\cos\gamma = \frac{1}{\sqrt{p^2+q^2+1}}.$$

295. Surfaces enveloppes. — La recherche des surfaces enveloppes est analogue à celle des courbes enveloppes (177).
Soit :

(1) $\qquad f(x, y, z, a) = 0,$

l'équation d'une surface qui renferme un paramètre variable a. A chaque valeur de a correspond une surface déterminée, et, lorsque a varie d'une manière continue, on obtient une *famille de surfaces*, lesquelles diffèrent par leur forme et leur position dans l'espace.

Pour deux valeurs a et $a + \Delta a$ du paramètre, on obtient deux surfaces S et S' se coupant suivant une courbe C ; quand Δa tend vers zéro, la deuxième surface se rapproche indéfiniment de la première et la courbe C tend vers une position limite ; cette courbe limite s'appelle la *caractéris-*

tique de la surface. Le lieu des caractéristiques pour toutes les surfaces de la famille est *l'enveloppe* de ces surfaces.

Par exemple, l'enveloppe des sphères de rayon constant r, dont le centre se déplace sur une droite OX, est le cylindre de révolution de rayon r et d'axe OX.

D'après ce qui précède, on voit que la caractéristique de la surface S est définie par les deux équations :

$$f(x, y, z, a) = 0, \qquad f(x, y, z, a + da) = 0;$$

mais on peut remplacer la seconde par l'équation suivante qui en est une conséquence :

$$\frac{f(x, y, z, a + da) - f(x, y, z, a)}{da} = 0,$$

c'est-à-dire :

$$\frac{\partial f}{\partial a} = 0;$$

et, pour avoir le lieu des caractéristiques, ou l'enveloppe cherchée, il suffira d'éliminer a entre les équations :

$$f(x, y, z, a) = 0, \qquad \frac{\partial f}{\partial a} = 0.$$

Ainsi, *on obtient l'équation de l'enveloppe d'une famille de surfaces en éliminant le paramètre arbitraire entre l'équation de la surface et sa dérivée par rapport à ce paramètre.*

En raisonnant comme au numéro 178, on démontrerait que *chaque enveloppée est tangente à l'enveloppe et que la caractéristique est la ligne de contact des deux surfaces.*

EXEMPLE. — *Déterminer l'enveloppe des sphères de rayon constant dont les centres se déplacent sur une circonférence donnée.*

Prenons pour axe OZ la perpendiculaire élevée sur le plan de la circonférence donnée, de rayon r, et qui passe par son centre O. Si a et b sont les coordonnées variables du centre O' de la sphère et m son rayon, l'équation de cette dernière s'écrit :

$$(1) \qquad (x-a)^2 + (y-b)^2 + z^2 - m^2 = 0;$$

GÉOMÉTRIE A TROIS DIMENSIONS 467

en outre, puisque O' est sur la circonférence dans le plan XOY, on a

(2) $$a^2 + b^2 = r^2.$$

L'élimination de b entre (1) et (2) donne d'abord :

$$(x-a)^2 + (y - \sqrt{r^2 - a^2})^2 + z^2 - m^2 = 0.$$

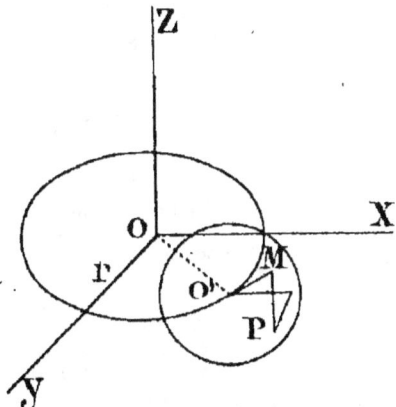

Fig. 252.

Différentiant par rapport au paramètre a, on obtient :

$$-x + \frac{ay}{\sqrt{r^2 - a^2}} = 0,$$

d'où l'on déduit :

$$a = \frac{rx}{\sqrt{x^2 + y^2}}, \qquad \sqrt{r^2 - a^2} = \frac{ry}{\sqrt{x^2 + y^2}}.$$

L'élimination de a est maintenant facile, on trouve après simplification :

$$(\sqrt{x^2 + y^2} - r)^2 + z^2 - m^2 = 0;$$

c'est l'équation d'un tore dont l'axe est OZ (289).

Si la sphère se déplaçait sur une courbe plane quelconque, on obtiendrait pour l'enveloppe une *surface canal*, dont le tore n'est qu'un cas particulier.

296. Lignes de niveau et lignes de plus grande pente. —
1° Soit une surface dont l'équation est :

(1) $$z = f(x, y),$$

et supposons le plan des xy horizontal. On appelle *lignes de niveau* les sections telles que C faites dans cette surface par des plans horizontaux ; ces sections se projettent horizontalement suivant des courbes égales.

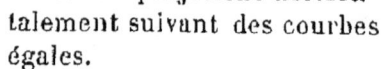

Fig. 253.

Pour toute ligne de niveau, on a $z = C^{te}$, d'où $dz = 0$, et par suite, en différentiant (1) :

$$\frac{\partial z}{\partial x} dx + \frac{\partial z}{\partial y} dy = 0.$$

Si l'on pose $\frac{\partial z}{\partial x} = p, \frac{\partial z}{\partial y} = q$, il vient :

$$p dx + q dy = 0 ;$$

c'est l'équation différentielle des courbes de niveau. Cette équation exprime que la tangente MT à la ligne de niveau en un point M de la surface est parallèle à la trace horizontale PQ du plan tangent mené à la surface par ce point. Ce plan a effectivement pour équation (294) :

$$Z - z = p(X - x) + q(Y - y),$$

et le coefficient angulaire de sa trace est bien égal à $-\frac{p}{q}$.

2° On appelle *ligne de plus grande pente* d'une surface une courbe telle que C' tracée sur la surface qui, en chacun de ses points, a pour tangente celle des tangentes à la surface qui fait le plus grand angle avec le plan horizontal.

Si l'on considère le plan tangent à la surface en un point M d'une ligne de plus grande pente, il apparaît comme évident que la tangente MN à la ligne est elle-même une ligne de plus grande pente pour le plan ; d'après cela, on voit que cette tangente est perpendiculaire à la trace horizontale PQ du plan tangent.

Si donc on suppose le plan XOY horizontal et l'axe OZ vertical, la trace du plan tangent aura pour coefficient angulaire $-\frac{p}{q}$, celui de la tangente à la courbe étant $\frac{dy}{dx}$; on devra avoir à cause de l'orthogonalité, $-\frac{p}{q}\frac{dy}{dx} = -1$, d'où l'on tire :

$$pdy = qdx;$$

c'est l'équation différentielle de la projection sur le plan horizontal de toutes les courbes de plus grande pente.

Si, par un point d'une surface, on mène une ligne de niveau et une ligne de plus grande pente, il est évident que les tangentes à ces deux lignes seront perpendiculaires, puisqu'elles sont, l'une parallèle, l'autre perpendiculaire à la trace horizontale du plan tangent à la surface. On voit donc qu'*une ligne de plus grande pente coupe à angle droit toutes les lignes de niveau.*

EXEMPLE. — Considérons l'ellipsoïde :

$$\frac{x^2}{a^2} + \frac{y^2}{b^2} + \frac{z^2}{c^2} = 1;$$

on obtient en dérivant successivement par rapport à x et y :

$$\frac{x}{a^2} + \frac{pz}{c^2} = 0, \qquad \frac{y}{b^2} + \frac{qz}{c^2} = 0;$$

d'où l'on tire :

$$\frac{q}{p} = \frac{a^2 y}{b^2 x}.$$

L'équation différentielle des lignes de plus grande pente est donc :

$$\frac{dy}{dx} = \frac{a^2 y}{b^2 x} \qquad \text{ou} \qquad \frac{dy}{y} - \frac{a^2}{b^2}\frac{dx}{x} = 0,$$

et en intégrant :

$$\mathrm{L}y - \frac{a^2}{b^2}\mathrm{L}x = \mathrm{L}c;$$

enfin, si l'on passe des logarithmes au quotient et si l'on pose $a^2 = mb^2$, il vient :

$$y = cx^m;$$

telle est l'équation des projections horizontales des lignes de plus grande pente de l'ellipsoïde.

Les lignes de niveau sont des ellipses ayant leurs centres sur OZ.

297. Courbure des surfaces. — On se rend compte de la forme d'une surface géométrique dans le voisinage de l'un de ses points en étudiant la courbure des diverses lignes que l'on peut faire passer sur la surface par ce point.

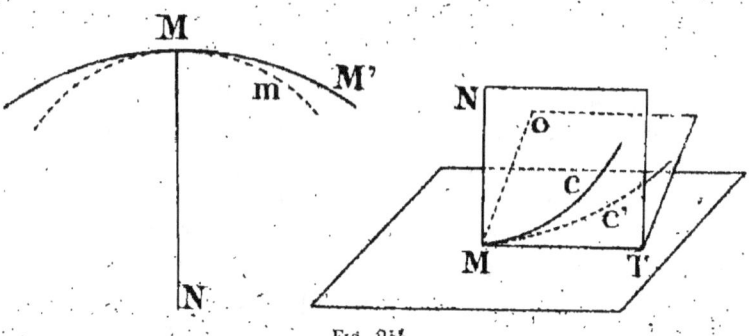

Fig. 254.

Mais il suffit de considérer les sections planes de la surface, car, si une courbe gauche MM' est tracée sur cette dernière par le point M, le plan osculateur à cette courbe en M coupe la surface suivant une courbe plane Mm; et les deux courbes MM' et Mm ont alors en M même tangente, même plan osculateur, car ce plan contient l'élément d'arc ds, de sorte qu'elles sont osculatrices en M et ont même courbure.

Ensuite le théorème de Meusnier fournit une relation simple qui permet de considérer seulement la courbure des sections planes normales à la surface.

Soit MN la normale en M à la surface, MT une droite quelconque du plan tangent; on appelle *section normale* la courbe MC d'intersection de la surface par un plan normal MNT.

Tout plan sécant OMT qui ne contient pas la normale donne une *section oblique* MC'.

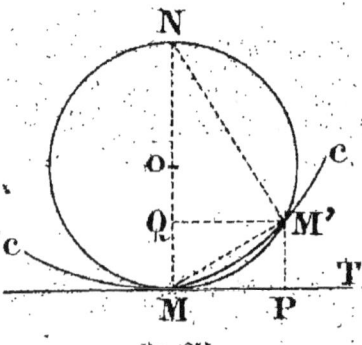

Fig. 255.

Soient une courbe C, sa tangente MT au point M et son cercle osculateur O au même point; ce dernier est la limite du cercle tangent à MT et passant par un point M' de la courbe, lorsque M' se rapproche indéfiniment de M.

On a dans le triangle rectangle MM'N :

$$QN \times QM = \overline{QM'}^2,$$

c'est-à-dire, en appelant R le rayon du cercle :

$$(2R - QM)\,QM = \overline{QM'}^2,$$

ce que l'on peut encore écrire, puisque QM' = MP et QM = M'P :

$$(2R - M'P)\,M'P = \overline{MP}^2;$$

mais à la limite on peut négliger le terme infiniment petit M'P dans la différence $2R - M'P$, car $2R$ est une quantité finie (44); donc :

$$2R \times M'P = \overline{MP}^2,$$

d'où l'on déduit :

$$R = \frac{\overline{MP}^2}{2M'P}.$$

Cette expression géométrique fait connaître le rayon de courbure de la courbe au point M.

298. Théorème de Meusnier. — *Le rayon de courbure de la section oblique est la projection sur le plan de cette section du rayon de courbure de la section normale.*

Soient au point M de la surface la section normale NMT et la section oblique OMT qui ont même tangente; appelons θ l'angle de ces deux sections planes. Par le point M' infini-

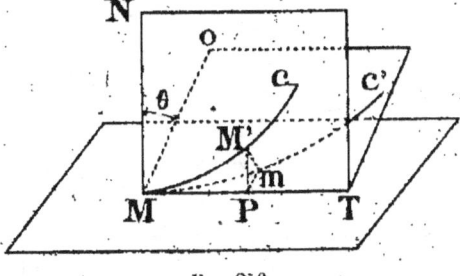

Fig. 256.

ment voisin de M sur la section normale C, menons un plan perpendiculaire à la tangente MT, qui rencontre la section oblique C' en m et la tangente en P.

Si l'on désigne par R_0 le rayon de courbure de la section normale, par R celui de la section oblique, on a d'après ce qui précède :

$$R_0 = \frac{\overline{M'P}^2}{2M'P'}, \qquad R = \frac{\overline{M'P}^2}{2mP};$$

d'où l'on déduit :

$$R = R_0 \frac{M'P}{mP}.$$

Mais, lorsque le point M' se rapproche indéfiniment de M, il en est de même du point m, et la droite mM' devient une tangente à la surface; cette droite est donc à la limite perpendiculaire à la normale MN et, par suite, à M'P. Le triangle mM'P rectangle en M' donne alors :

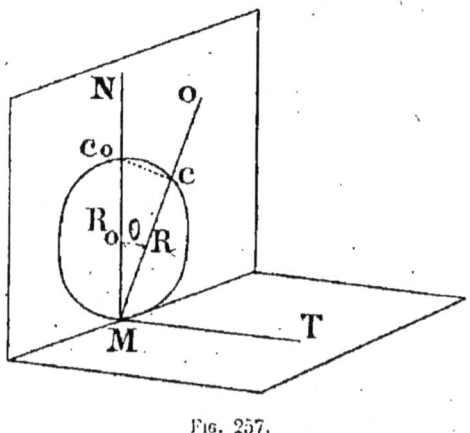

Fig. 257.

$$\frac{M'P}{mP} = \cos \theta;$$

par conséquent :

$$R = R_0 \cos \theta.$$

Cette égalité démontre le théorème.

Soit ensuite C_0 le centre de courbure de la section normale, C celui de la section oblique; d'après la relation ci-dessus, on voit que le triangle CC_0M est rectangle en C, et que MC est la projection de MC_0 sur la direction MO. Ainsi *le lieu des centres de courbure pour toutes les sections obliques telles que OMT est la circonférence de diamètre* de MC_0, car l'angle C_0CM reste toujours droit.

Plus généralement on peut dire que, si l'on construit une sphère qui ait même centre et même rayon que le cercle de courbure d'une section normale faite dans la surface, tous les plans menés par la tangente à cette section couperont la sphère suivant des petits cercles qui seront les cercles de courbure des sections obliques faites dans la surface par les mêmes plans.

299. Indicatrice. Équation d'Euler. — On appelle indicatrice d'une surface en un point M l'intersection de cette surface avec un plan mené parallèlement au plan tangent en M, et à une distance infiniment petite de ce plan. La considération de l'indicatrice est utile pour l'étude des courbures des diverses sections normales en un point d'une surface.

Comme on se propose d'étudier une propriété indépendante du choix des axes de coordonnées, on simplifie le calcul en prenant pour plan des xy le plan tangent lui-même et pour axe des z la normale en M.

Soit $z = f(x, y)$, l'équation de la surface; supposons $f(x, y)$ développable par la formule de Maclaurin; on peut écrire (66):

$$z = f(0, 0) + x f'_x(0, 0) + y f'_y(0, 0)$$
$$+ \frac{1}{1 \cdot 2} [x^2 f''_{x^2}(0, 0) + 2xy f''_{xy}(0, 0) + y^2 f''_{y^2}(0, 0)] + \ldots$$

Désignant par h une quantité infiniment petite, si l'on fait $z = h$ dans l'équation ci-dessus, on aura celle d'un plan parallèle au plan tangent et infiniment voisin de lui; l'intersection de ce plan avec la surface sera donc l'indicatrice. Comme cette dernière se projette en vraie grandeur sur le plan XMY, on obtiendra son équation en remplaçant z par h dans le développement ci-dessus.

Mais la surface passe par l'origine M, on a donc $f(0, 0) = 0$; et, puisque le plan tangent au point M est précisément XMY, il en résulte (294):

$$f'_x(0, 0) = 0, \qquad f'_y(0, 0) = 0.$$

Enfin, comme h est infiniment petit, il en est de même,

en général, des coordonnées x et y des points communs à la surface et au plan $z = h$, ce qui permet de négliger les termes en x et y d'un degré supérieur au second (44); ceci revient en définitive à substituer à la surface effective au voisinage du point M la surface du second degré osculatrice.

D'après ces remarques, on pourra écrire l'équation de l'indicatrice :

$$h = \frac{1}{2}[x^2 f''_{x^2}(o, o) + 2xy f''_{xy}(o, o) + y^2 f''_{y^2}(o, o)],$$

et si l'on pose, suivant une notation courante :

$$f''_{x^2}(o, o) = r, \quad f''_{xy}(o, o) = s, \quad f''_{y^2}(o, o) = t,$$

on obtient :

(1) $\qquad 2h = rx^2 + 2sxy + ty^2,$

r, s, t étant des constantes pour le point M. On voit que l'indicatrice est une courbe du second degré, ellipse ou hyperbole, ayant le point M pour centre; elle admet deux axes de symétrie rectangulaires. Si l'on prend ces deux directions pour axes de coordonnées, les sections ZMX et ZMY sont alors les *sections principales* de la surface en M, et les rayons de courbure correspondants sont les *rayons de courbure principaux*. Dans ce cas, le terme en xy disparaît de l'équation (188), qui prend la forme :

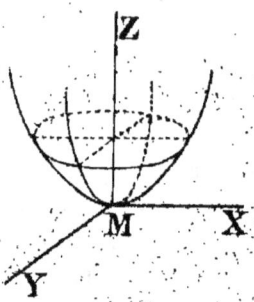

Fig. 258.

(2) $\qquad 2h = r_1 x^2 + t_1 y^2.$

Lorsque r_1 et t_1 sont de même signe, l'indicatrice est une ellipse qui n'est réelle qu'autant que h conserve son signe, ce qui veut dire qu'aux environs du point de contact M la surface est tout entière d'un même côté du plan tangent.

C'est le cas de l'ellipsoïde, du paraboloïde elliptique et de l'hyperboloïde à deux nappes.

Quand r_1 et t_1 sont de signes contraires, l'indicatrice est une hyperbole; on peut donner à h des valeurs positives ou négatives, et la surface est traversée par son plan tangent. L'hyperboloïde à une nappe et le paraboloïde hyperbolique offrent des exemples de ce cas. Si l'on a $r_1 = 0$, l'indicatrice se compose de deux droites parallèles à l'axe MX et infiniment voisines; elle se réduit à cet axe pour $h = 0$. Si l'on a $t_1 = 0$, l'indicatrice est formée de deux parallèles à MY, et elle se réduit à cet axe pour $h = 0$. Le cylindre est un exemple de ce cas.

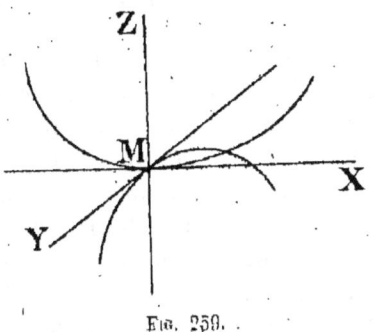

Fig. 259.

Équation d'Euler. — Considérons maintenant une section normale ZMA de la surface; soit M' un point de cette section, son rayon de courbure est (297) :

$$R = \frac{\overline{MP}^2}{2\overline{M'P}}.$$

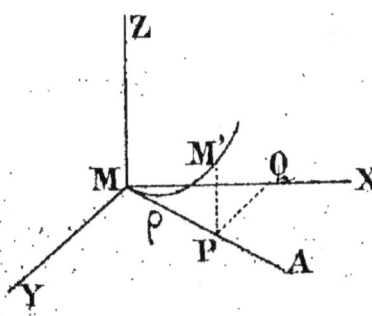

Fig. 260.

Si l'on passe aux coordonnées polaires en posant $MP = \rho$ et $PMX = \varphi$, on a pour les coordonnées x et y du point M' et pour le rayon de courbure :

$$(m) \quad x = \rho\cos\varphi, \quad y = \rho\sin\varphi, \quad R = \frac{\rho^2}{2h};$$

et d'après (1) :

$$2z = \rho^2(r\cos^2\varphi + 2s\sin\varphi\cos\varphi + t\sin^2\varphi),$$

ce qui donne pour R, puisque $z = \text{M'P}$:

$$(1') \qquad R = \frac{1}{r \cos^2 \varphi + 2s \sin \varphi \cos \varphi + t \sin^2 \varphi}.$$

La relation (m) montre que *les rayons de courbure des différentes sections normales faites au point M sont proportionnels aux carrés des rayons de l'indicatrice*. La formule (1') permet d'étudier la variation du rayon de courbure en M en fonction de l'azimut φ du plan sécant, c'est-à-dire quand le plan de section normale tourne autour de MZ.

La valeur absolue de R se porte sur l'axe des z dans le sens des hauteurs positives si le dénominateur est positif, et dans le sens opposé si ce dénominateur est négatif.

Si les axes de coordonnées sont dans les plans des sections principales, l'expression de R devient, d'après (2) :

$$(2') \qquad R = \frac{1}{r_1 \cos^2 \varphi + t_1 \sin^2 \varphi}.$$

Appelons R_1 et R_2 les rayons de courbure des sections principales qui correspondent à $\varphi = 0$, $\varphi = \frac{\pi}{2}$; on a :

$$R_1 = \frac{1}{r_1}, \qquad R_2 = \frac{1}{t_1} ;$$

par conséquent, on peut écrire :

$$\frac{1}{R} = \frac{\cos^2 \varphi}{R_1} + \frac{\sin^2 \varphi}{R_2} ;$$

c'est l'équation d'Euler.

Lorsque l'indicatrice est une ellipse, R reste compris entre R_1 et R_2, rayons de courbure principaux ; R_1 est un maximum et R_2 un minimum. En particulier, si $R_1 = R_2$, l'indicatrice est un cercle, et le point M est un *ombilic* de la surface.

Quand l'indicatrice est une hyperbole, les rayons principaux R_1 et R_2 sont de signes contraires, et le point M est un *col* de la surface. Enfin les sections normales qui correspondent aux asymptotes de l'indicatrice ont un rayon de courbure infini; elles sont dites *sections asymptotiques*.

300. Lignes de courbure. — On nomme ligne de courbure d'une surface le lieu des points de la surface pour lesquels les normales infiniment voisines se rencontrent consécutivement. Tout le long d'une ligne de courbure, les normales à la surface sont les génératrices d'une surface développable, et dès lors elles doivent être tangentes à l'arête de rebroussement de cette dernière surface (290).

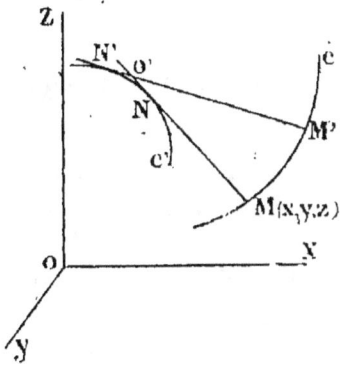

Fig. 261.

Soient M et M' deux points infiniment voisins sur la ligne de courbure C, le premier ayant pour coordonnées x, y, z, et le second $x + dx$, $y + dy$, $z + dz$; soient encore MN et M'N' les normales à la surface en ces points qui se coupent en O'; C', l'arête de rebroussement de la surface développable lieu des normales MN; X et Y, les coordonnées du point O'.

On a d'abord pour la surface : $z = f(x, y)$; d'autre part, puisque le point O' est sur la normale MN, on a aussi (294) :

(1) $\quad X - x + p(Z - z) = 0, \qquad Y - y + q(Z - z) = 0,$

en posant $p = \dfrac{\partial z}{\partial x}$; $q = \dfrac{\partial z}{\partial y}$.

Mais, le point O' se trouvant sur la normale M'N', les coordonnées de ce point doivent satisfaire aux équations de cette normale qui s'écrivent :

$$X - (x + dx) + (p + dp)(Z - z - dz) = 0,$$
$$Y - (y + dy) + (q + dq)(Z - z - dz) = 0,$$

c'est-à-dire, en observant que :

$$dp = \frac{\partial p}{\partial x} dx + \frac{\partial p}{\partial y} dy, \qquad dq = \frac{\partial q}{\partial x} dx + \frac{\partial q}{\partial y} dy,$$

et en posant pour abréger :

$$\frac{\partial p}{\partial x} = r, \qquad \frac{\partial p}{\partial y} = \frac{\partial q}{\partial x} = s, \qquad \frac{\partial q}{\partial y} = t,$$

$$X - x + p(Z - z) - pdz - dx + (rdx + sdy)(Z - z) = 0,$$
$$Y - y + q(Z - z) - qdz - dy + (sdx + tdy)(Z - z) = 0;$$

ou encore, en tenant compte de (1) et remarquant que $dz = pdx + qdy$:

$$-dx - p(pdx + qdy) + (rdx + sdy)(Z - z) = 0,$$
$$-dy - q(pdx + qdy) + (sdx + tdy)(Z - z) = 0.$$

De ces relations on déduit :

$$Z - z = \frac{(1 + p^2) dx + pqdy}{rdx + sdy},$$
$$Z - z = \frac{(1 + q^2) dy + pqdx}{sdx + tdy}.$$

Égalant les deux expressions de $Z - z$, on obtient :

$$(2) \qquad \frac{(1 + p^2) dx + pqdy}{rdx + sdy} = \frac{(1 + q^2) dy + pqdx}{sdx + tdy}.$$

Telle est la relation à laquelle doivent satisfaire les accroissements dx et dy pour que le point M' soit sur la ligne de courbure du point M ; cette relation n'est autre chose que l'équation différentielle de la projection sur le plan des xy de la ligne de courbure de la surface passant par M. Les quantités p, q, r, s, t se déduisent de l'équation de la surface par différentiation, ce sont des fonctions de x et y.

L'équation (2) est du second degré en $\dfrac{dy}{dx}$, c'est-à-dire que, pour chaque système de valeurs des coordonnées x et y, elle donne deux valeurs de $\frac{dy}{dx}$; il résulte de là qu'il passe généralement deux *lignes de courbure* par chaque point de la surface, et l'on pourrait démontrer que ces lignes *sont tangentes aux sections principales* relatives au même point, et par conséquent qu'elles se coupent à angle droit.

La recherche de l'équation finie des lignes de courbure en fonction de x et y exige une double intégration généralement assez laborieuse ; mais on peut voir que les lignes de courbure constituent deux systèmes distincts que l'on nomme orthogonaux ; ces lignes décomposent effectivement la surface en quadrilatères infiniment petits dans lesquels les quatre angles sont droits. Les courbes auxquelles appartiennent les côtés opposés de ces quadrilatères forment le système des lignes de l'une des courbures, et les trajectoires orthogonales de ces courbes constituent le système des lignes de l'autre courbure. En particulier, sur les surfaces de révolution les deux systèmes de lignes de courbure sont les méridiens et les parallèles.

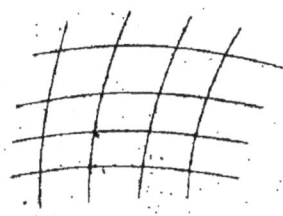

Fig. 262.

On obtiendrait l'équation de la surface développable lieu des normales à la surface le long d'une ligne de courbure en éliminant x, y, z entre les équations (1) et (2) et celle de la surface.

301. Lignes asymptotiques. — Les lignes asymptotiques d'une surface sont des courbes tracées sur la surface et qui jouissent de la propriété d'être tangentes en chacun de leurs points à l'une des asymptotes de l'indicatrice lorsque cette dernière est une hyperbole.

D'après la relation $R = \frac{\rho^2}{2h}$ (299), on voit que tout le long d'une asymptotique le rayon de courbure de la section normale à la surface est infini, puisque le rayon vecteur ρ augmente indéfiniment ; par suite, si l'on appelle φ_i l'angle que forme l'asymptote avec MX, on aura, d'après la formule (1'), pour $R = \infty$:

$$r\cos^2\varphi_1 + 2s\sin\varphi_1\cos\varphi_1 + t\sin^2\varphi_1 = 0.$$

La ligne asymptotique devant être tangente à l'asymptote, $\cos\varphi_1$ et $\sin\varphi_1$ seront égaux respectivement aux valeurs de $\frac{dx}{ds}$, $\frac{dy}{ds}$ relatives à la ligne asymptotique ; l'équation précédente deviendra donc :

(1) $r\,dx^2 + 2s\,dx\,dy + t\,dy^2 = 0.$

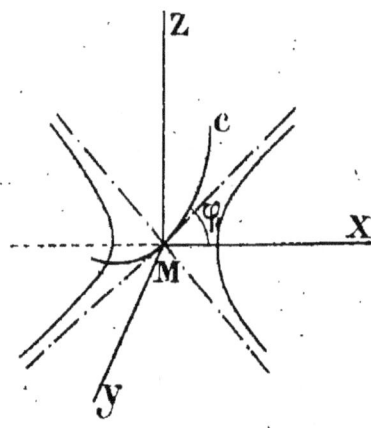

Fig. 263.

Cette équation, dans laquelle r, s, t doivent être considérées comme des fonctions connues de x et y, est l'équation différentielle des projections des lignes asymptotiques sur le plan des xy ; elle est du premier ordre et du second degré en $\frac{dy}{dx}$, c'est-à-dire que par chaque point du plan des xy passent deux lignes qui sont les projections de deux asymptotiques de la surface.

EXEMPLE. — Soit l'hyperboloïde à une nappe :

$$\frac{x^2}{a^2} + \frac{y^2}{b^2} - \frac{z^2}{c^2} = 1 ;$$

proposons-nous de déterminer les lignes asymptotiques.
On tire de l'équation, en différentiant deux fois :

$$\frac{c^2 x}{a^2} = pz, \quad \frac{c^2 y}{b^2} = qz, \quad \frac{c^2}{a^2} = p^2 + zr,$$

$$pq + zs = 0, \quad \frac{c^2}{b^2} = q^2 + zt.$$

L'équation (1) donnera donc :

$$c^2\left(\frac{dx^2}{a^2} + \frac{dy^2}{b^2}\right) = (p\,dx + q\,dy)^2 = \frac{c^4}{z^2}\left(\frac{x\,dx}{a^2} + \frac{y\,dy}{b^2}\right)^2 ;$$

si l'on remplace z par sa valeur tirée de l'équation de la surface, il vient :

$$\left(a^2 y \frac{dy}{dx} + b^2 x\right)^2 = \left(b^2 + a^2 \frac{dy^2}{dx^2}\right)(a^2 y^2 + b^2 x^2 - a^2 b^2),$$

ou, en développant et simplifiant :

$$y^2 - 2xy \frac{dy}{dx} + x^2 \frac{dy^2}{dx^2} = b^2 + a^2 \frac{dy^2}{dx^2},$$

ou encore :

$$y = x \frac{dy}{dx} + \sqrt{b^2 + a^2 \frac{dy^2}{dx^2}},$$

équation analogue à celle de Clairaut (104). L'intégrale générale est, en désignant par m une constante arbitraire :

$$y = mx + \sqrt{b^2 + a^2 m^2}.$$

Cette équation, qui est celle d'une droite, représente les projections des génératrices rectilignes de l'hyperboloïde sur le plan des xy ; ce résultat pouvait être prévu *a priori*, puisque tout le long de ces génératrices le rayon de courbure de la section normale est infini.

302. Lignes géodésiques. — Ces lignes jouissent de la propriété que, en chacun de leurs points, leur plan osculateur est normal à la surface. En écrivant que le plan osculateur au point M (x, y, z) de la ligne géodésique (279) :

$$(X - x)(dy d^2 z - dz d^2 y) + (Y - y)(dz d^2 x - dx d^2 z)$$
$$+ (Z - z)(dx d^2 y - dy d^2 x) = 0,$$

contient la normale à la surface :

$$X - x + p(Z - z) = 0, \quad Y - y + q(Z - z) = 0,$$

on obtient immédiatement :

$$p(dy d^2 z - dz d^2 y) + q(dz d^2 x - dx d^2 z) = dx d^2 y - dy d^2 x ;$$

c'est l'équation différentielle des projections sur le plan xy des lignes géodésiques de la surface.

Une propriété caractéristique des *courbes géodésiques*, c'est d'être les *lignes les plus courtes que l'on puisse tracer sur une surface entre deux points déterminés.* Mais cette propriété n'a pas nécessairement lieu pour tous les arcs d'une géodésique. Ainsi, sur la sphère, les lignes géodésiques sont des grands cercles, et, si l'on prend deux points sur la circonférence de l'un de ces grands cercles, la propriété du minimum n'appartiendra qu'à l'arc inférieur à une demi-circonférence.

Pour établir la propriété ci-dessus, écrivons l'expression d'un arc de courbe entre deux points donnés M (x_0, y_0, z_0) et M' (x_1, y_1, z_1) appartenant à la surface; on a :

$$s = \int_{x_0}^{x_1} \sqrt{dx^2 + dy^2 + dz^2} = \int_{x_0}^{x_1} \sqrt{1 + p^2 + 2pqy' + (1 + q^2)y'^2}\, dx,$$

en observant que $dz = p\,dx + q\,dy$, et en posant $y' = \dfrac{dy}{dx}$.

Si l'on applique la condition de minimum (112) :

$$\frac{\partial V}{\partial y} - \frac{d}{dx}\left(\frac{\partial V}{\partial y'}\right) = 0,$$

on a ici :

$$V = \sqrt{1 + p^2 + 2pqy' + (1 + q^2)y'^2},$$

$$\frac{\partial V}{\partial y} = 0, \qquad \frac{\partial V}{\partial y'} = \frac{pq + (1 + q^2)y'}{\dfrac{ds}{dx}} = \frac{pq\,dx + dy + q^2\,dy}{ds},$$

ou encore :

$$\frac{\partial V}{\partial y'} = \frac{dy + q\,dz}{ds};$$

et la condition ci-dessus devient :

$$\frac{d}{dx}\left(\frac{dy}{ds} + q\,\frac{dz}{ds}\right) = 0,$$

c'est-à-dire :

$$d\,\frac{dy}{ds} = -q\,d\,\frac{dz}{ds}.$$

On obtiendrait pareillement, en prenant y pour variable

indépendante :

$$d\frac{dx}{ds} = -pd\frac{dz}{ds}.$$

D'ailleurs ces deux dernières relations peuvent s'écrire :

$$\frac{d\frac{dx}{ds}}{p} = \frac{d\frac{dy}{ds}}{q} = \frac{d\frac{dz}{ds}}{-1}.$$

Les numérateurs des rapports sont proportionnels aux cosinus des angles que fait avec les axes la normale principale à la courbe MM' (280); les dénominateurs sont proportionnels aux cosinus des angles que fait avec les mêmes axes la normale à la surface donnée; donc les deux normales coïncident et le plan osculateur de la courbe MM' est normal à la surface, c'est-à-dire que la courbe est une géodésique de la surface.

303. PROBLÈME. — *Déterminer les lignes de courbure et les lignes géodésiques de l'hélicoïde gauche à plan directeur.*

Pour chaque point de la surface (293), on a :

$$(1) \qquad x = \rho \cos\varphi, \qquad y = \rho \sin\varphi, \qquad z = m\varphi.$$

1° Avec ces équations on trouve aisément :

$$p = -\frac{m\sin\varphi}{\rho}, \qquad q = \frac{m\cos\varphi}{\rho};$$

et l'équation des lignes de courbure devient :

$$\frac{-\rho d\rho \cos\varphi + m^2 \sin\varphi \, d\varphi}{\rho d\frac{\sin\varphi}{\rho}} = \frac{\rho d\rho \sin\varphi + m^2 \cos\varphi \, d\varphi}{\rho d\frac{\cos\varphi}{\rho}}.$$

En simplifiant, on trouve :

$$d\rho^2 = (\rho^2 + m^2)\, d\varphi^2,$$

d'où l'on déduit :

$$\frac{d\rho}{\sqrt{\rho^2 + m^2}} = \pm\, d\varphi;$$

les variables sont ainsi séparées.

En intégrant et désignant la constante par φ_0, on a:

$$L\frac{\rho + \sqrt{\rho^2 + m^2}}{m} = \pm(\varphi - \varphi_0),$$

d'où l'on tire :

$$\rho + \sqrt{\rho^2 + m^2} = m e^{\pm(\varphi - \varphi_0)}.$$

D'autre part, on déduit aussi :

$$-\rho + \sqrt{\rho^2 + m^2} = m e^{\mp(\varphi - \varphi_0)};$$

retranchant, il vient :

$$\rho = \frac{m}{2}\left[e^{\pm(\varphi - \varphi_0)} - e^{\mp(\varphi - \varphi_0)}\right].$$

C'est l'équation polaire de la projection sur le plan xy des lignes de courbure. Si l'on prend les signes supérieurs, on a les projections des lignes du premier système ; les signes inférieurs donnent celles du second système. Toutes ces projections passent par le pôle, et on peut les obtenir en faisant tourner autour de ce point la spirale ayant pour équation :

$$\rho = \frac{m}{2}\left(e^{\varphi} - e^{-\varphi}\right).$$

2° Si l'on calcule les dérivées successives à l'aide des équations (1) en prenant pour variable indépendante l'angle φ; et si l'on substitue les résultats dans l'équation des lignes géodésiques, on obtient une équation différentielle du second ordre, laquelle, toutes réductions faites, s'écrit :

$$\frac{d^2\rho}{d\varphi^2}\left(\rho + \frac{m^2}{\rho}\right) - 2\frac{d\rho^2}{d\varphi^2} - (\rho^2 + m^2) = 0.$$

Cette équation ne contient pas φ; on l'abaissera au premier ordre en posant :

$$\frac{d\rho}{d\varphi} = \sqrt{u},$$

d'où

$$\frac{d^2\rho}{d\varphi^2} = \frac{1}{2}\frac{du}{d\rho};$$

par suite

$$\frac{1}{2}\frac{\rho^2 + m^2}{\rho}\frac{du}{d\rho} - 2u - (\rho^2 + m^2) = 0,$$

ou encore :

$$\frac{du}{d\rho} - \frac{4\rho}{\rho^2 + m^2}u = 2\rho.$$

Cette équation du premier ordre est linéaire; en l'intégrant et désignant par n^2 une constante arbitraire, on aura :

$$u = (\rho^2 + m^2)\left[\frac{1}{n^2} - \frac{1}{\rho^2 + m^2}\right] = \frac{\rho^2 + m^2}{n^2}(\rho^2 + m^2 - n^2);$$

revenant à la variable φ, on obtient enfin :

$$d\varphi = \frac{n\,d\rho}{\sqrt{(\rho^2 + m^2)(\rho^2 + m^2 - n^2)}}.$$

Telle est l'équation différentielle des projections des lignes géodésiques sur le plan xy. Le problème est ramené aux quadratures, mais on est conduit à une intégrale elliptique. Lorsque $m > n$, la courbe passe par l'origine où elle est tangente à OX, et admet une asymptote distante du pôle de la longueur n. Si $m < n$, ρ peut varier de $\sqrt{n^2 - m^2}$ à ∞, et il y a encore une asymptote. Enfin, quand $m = n$, l'équation différentielle peut s'intégrer; on obtient pour l'équation polaire de la courbe :

$$\rho = \frac{2m}{e^{\varphi_0 - \varphi} - e^{\varphi - \varphi_0}}.$$

304. Cubature des volumes limités par des surfaces courbes. — 1° *Volumes de révolution*. — Soit à évaluer le volume engendré par le trapèze curviligne ABPQ tournant autour de l'axe OX, la courbe AB étant définie par l'équation $y = f(x)$, et connaissant les abscisses $OP = a$, $OQ = b$. La portion du volume comprise entre deux plans MH et M'H', perpendiculaires à OX et infiniment voisins, peut être assimilée à un tronc de cône circulaire dont les rayons des bases seraient : $MH = y$, $M'H' = y + dy$, et la hauteur $HH' = dx$. Le volume dV de ce tronc de cône s'exprime par la formule :

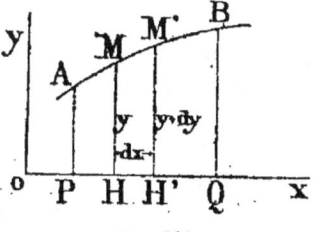

Fig. 264.

$$dV = \frac{\pi}{3}dx[y^2 + (y+dy)^2 + y(y+dy)] = \frac{\pi}{3}dx(3y^2 + 2y\,dy + dy^2),$$

ou encore, en négligeant les infiniment petits d'ordre supérieur $dxdy$ et $dxdy^2$,

$$dV = \pi y^2 dx.$$

Pour obtenir le volume entier, il suffit d'intégrer depuis l'abscisse $x = a$ jusqu'à $x = b$; on a donc:

$$V = \pi \int_a^b y^2 dx.$$

EXEMPLE I. — Le volume engendré par l'ellipse;

$$\frac{x^2}{a^2} + \frac{y^2}{b^2} = 1,$$

tournant autour de son grand axe $AA' = 2a$, le centre de la courbe étant pris pour origine, est:

$$V = \frac{\pi b^2}{a^2} \int_{-a}^{+a} (a^2 - x^2)\, dx = \frac{\pi b^2}{a^2} \left(2a^3 - \frac{2}{3}a^3\right) = \frac{4}{3}\pi ab^2.$$

EXEMPLE II. — Le volume engendré par le segment de parabole OMP:

$$y^2 = 2px,$$

a pour expression, en posant $OP = x$,

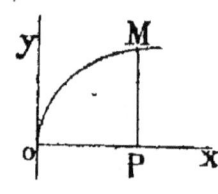

Fig. 205.

$$V = \pi \cdot 2p \int_0^x x\, dx = \pi.p.x^2,$$

ou encore:

$$V = \frac{1}{2}\pi y^2 x.$$

Ce volume est la moitié du cylindre qui a pour rayon y et pour hauteur x.

EXEMPLE III. — Si l'on cherchait le volume engendré par une arcade entière de cycloïde tournant autour de sa base, on obtiendrait:

$$V = 5\pi^2 a^3.$$

Si l'on avait à calculer le volume engendré par l'aire CMM'C',

GÉOMÉTRIE A TROIS DIMENSIONS

en désignant MP par y et M'P par y', on aurait :

$$V = \pi \int_a^b (y^2 - y'^2) dx ;$$

$OA = a$, $OP = b$.

2° *Volumes terminés par des surfaces quelconques.* — Soit à évaluer le volume abc comprisentre le plan XOY, la surface $z = f(x, y)$, et limité latéralement par les deux plans ZOX et ZOY. Si l'on fait $z = 0$ dans l'équa-

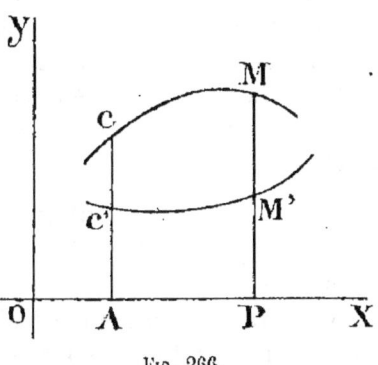

Fig. 266.

tion de la surface, on obtient $f(xy) = 0$, ce qui est l'équation de la courbe ab d'intersection de la surface avec le plan XOY. Supposons que cette dernière équation soit mise sous la forme explicite $y = \varphi(x)$ (1).

Une première série de plans parallèles à YOZ et infiniment

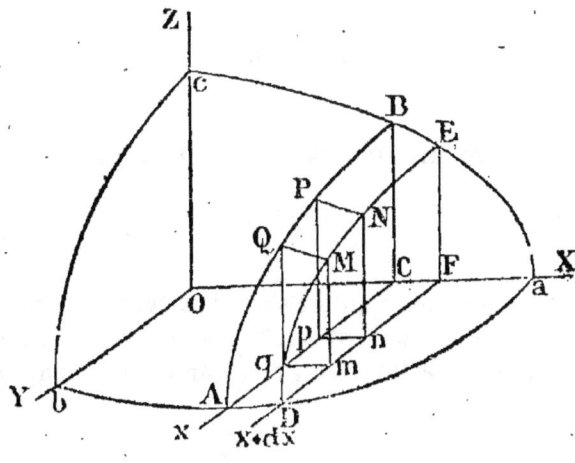

Fig. 267.

voisins décompose ce solide en tranches d'épaisseur infiniment petites telles que BAC, EDF. Une autre série de plans parallèles à XOZ et infiniment voisins décompose ensuite chacune de ces tranches en éléments infiniment petits, tels que PQMN, pqmn. Mais, si x, y, z sont les coordonnées du point P, ce dernier élément peut être assimilé à un prisme droit qui aurait pour base le rectangle $pqmn = dxdy$, et pour hauteur $Pp = z$; le volume $d\mathrm{V}$ de cet élément est par conséquent :

$$d\mathrm{V} = zdxdy.$$

Comme le solide entier est formé par la réunion de tous ces éléments, on est amené à chercher la limite de la somme des volumes de tous les prismes inscrits, quand les plans sécants parallèles se rapprochent indéfiniment. Pour évaluer cette limite, on remarque d'abord que la somme des prismes contenus dans une même tranche est égale à l'aire BAC multipliée par $pn = dx$; mais cette aire peut s'écrire, d'après la formule du numéro 176, en désignant par y_1 l'ordonnée du point A et observant, que dans le plan sécant considéré, la variable est y et la fonction z,

$$dx \int_0^{y_1} z dy.$$

La limite y_1 est une fonction de x qui résulte de l'équation (1), de sorte que l'intégrale $\int_0^{y_1} z dy = \int_0^{\varphi(x)} z dy$ est une fonction de x.

Le volume V du solide entier s'obtient évidemment en faisant la somme de toutes les tranches comprises entre le plan ZOY et le point a; on a donc pour ce volume, en posant $oa = a$:

$$\mathrm{V} = \int_0^a dx \int_0^{\varphi(x)} z dy.$$

Cette expression, qui contient deux fois le signe $\int$, est une *intégrale double*; pour l'évaluer, on commence par calculer l'intégrale définie :

$$\int_0^{\varphi(x)} z\,dy,$$

en considérant x comme constant; cette intégrale est une première fonction de x, et, si on la désigne par $P(x)$, on a, en intégrant une seconde fois,

$$V = \int_0^a P(x)\,dx.$$

La théorie serait la même si l'on avait à calculer le volume CDEF, RSTV, limité supérieurement par la surface CDEF, et latéralement par les plans AS et BT, parallèles à OY, et les cylindres parallèles à OZ dont les directrices sont les courbes ST et RV ayant pour équations : $y = \varphi(x)$, $y_1 = \theta(x)$.

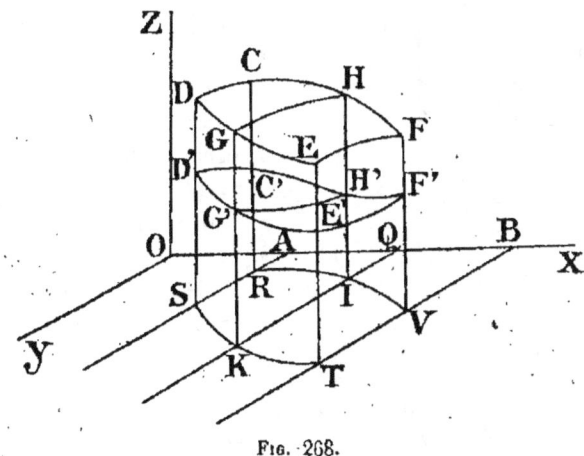

Fig. 268.

Posant $OA = a$, $OB = b$, on aurait :

(2) $$V = \int_a^b dx \int_{\theta(x)}^{\varphi(x)} z\,dy.$$

Pareillement, si l'on voulait calculer le volume CDEF,

490   GÉOMÉTRIE

C'D'E'F', compris entre les deux surfaces CDEF et C'D'E'F' ayant pour équations : $z = f(x, y)$, $z_1 = f_1(x, y)$, on aurait :

$$V = \int_a^b dx \int_{\psi(x)}^{\varphi(x)} z\,dy - \int_a^b dx \int_{\psi(x)}^{\varphi(x)} z_1\,dy;$$

ce que l'on peut écrire :

(3) $$V = \int_a^b dx \int_{\psi(x)}^{\varphi(x)} (z - z_1)\,dy.$$

Enfin, si l'on considère le volume d'un corps quelconque terminé de tous côtés par une surface dont l'équation $z = f(x, y)$ est connue, on peut imaginer un cylindre circonscrit à la surface et parallèle à OZ; soit $\psi(x, y) = 0$ la trace du cylindre sur le plan XOY, laquelle est une courbe fermée. En coupant le cylindre par un plan parallèle à YOZ, on obtient deux ordonnées $y = \varphi(x)$ et $y_1 = \varphi_1(x)$; et, si $z_1 = MP$, $z = M'P$ sont les valeurs de z tirées de l'équation de la surface, on a encore :

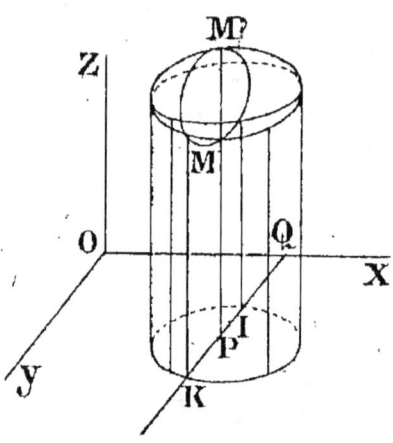

Fig. 269.

(4) $$V = \int_a^b dx \int_{\varphi(x)}^{\varphi_1(x)} (z - z_1)\,dy;$$

a et b sont les abscisses des tangentes extrêmes à la trace du cylindre, parallèles à OY.

EXEMPLE. — Soit à évaluer le volume compris entre la surface :

$$z = xy^2,$$

le plan XOY, les cylindres représentés par les équations :

$$y = -\sqrt{2px}, \qquad y = \sqrt{2px},$$

et les plans $x = o$, $x = a$. On a, d'après la formule (2) :

$$V = \int_0^a dx \int_{-\sqrt{2px}}^{\sqrt{2px}} xy^2 dy.$$

Une première intégration par rapport à y donne :

$$\left[\frac{x}{3} y^3\right]_{-\sqrt{2px}}^{\sqrt{2px}} = \frac{x}{3}\left[(2px)^{\frac{3}{2}} - (-2px)^{\frac{3}{2}}\right] = \frac{2}{3}(2p)^{\frac{3}{2}} x^{\frac{5}{2}}.$$

Une seconde intégration par rapport à x donne ensuite :

$$V = \frac{2}{3}(2p)^{\frac{3}{2}} \int_0^a x^{\frac{5}{2}} dx = \frac{2}{3}(2p)^{\frac{3}{2}} \frac{2}{7} a^{\frac{7}{2}} = \frac{4}{21}(2pa)^{\frac{3}{2}} a^2 ;$$

ou encore, en posant $b^2 = 2pa$,

$$V = \frac{4}{21} b^3 a^2.$$

305. Intégrales multiples. — On représente quelquefois l'*intégrale double indéfinie*

$$\int dx \int z\,dy \qquad \text{par la notation :} \qquad \iint z\,dx\,dy.$$

Quand *les limites de l'intégrale définie sont des constantes*, l'ordre des intégrations est indifférent ; ainsi, par exemple, on peut intégrer une première fois par rapport à x, en considérant y comme constant, puis une seconde fois par rapport à y, ou bien inversement.

D'une façon générale on a, lorsque a, b, a', b' sont des constantes :

$$\int_a^b dx \int_{a'}^{b'} (z - z_1)\,dy = \int_{a'}^{b'} dy \int_a^b (z - z_1)\,dx.$$

EXEMPLE. — Faisons $z = 4xy$ et supposons constantes les limites

492   GÉOMÉTRIE

a, b, α, β; on a :

$$\int_a^b dx \int_\alpha^\beta 4xy\,dy = \int_\alpha^\beta dy \int_a^b 4xy\,dx$$

en effet :

$$\int_a^b dx \int_\alpha^\beta 4xy\,dy = \int_a^b 2x(\beta^2 - \alpha^2)\,dx = (\beta^2 - \alpha^2)(b^2 - a^2).$$

D'autre part :

$$\int_\alpha^\beta dy \int_a^b 4xy\,dx = \int_\alpha^\beta 2y(b^2 - a^2)\,dy = (\beta^2 - \alpha^2)(b^2 - a^2).$$

Soit $U = f(x, y, z)$, une fonction de trois variables indépendantes x, y, z; l'expression :

$$I = \int_a^b dx \int_{\varphi(x)}^{\psi(x)} dy \int_{f(x,y)}^{F(x,y)} U\,dz,$$

est une *intégrale triple* définie ; l'intégrale indéfinie se représente aussi par :

$$\iiint U\,dx\,dy\,dz.$$

Calcul des volumes en coordonnées polaires. — En coordonnées polaires, un point de l'espace est déterminé par le rayon vecteur r et les angles θ et φ (250).

Pour la cubature d'un solide, on considère l'élément différentiel de volume $\alpha\beta\gamma\delta$, $\alpha'\beta'\gamma'\delta'$ compris : 1° entre deux plans passant par OZ et faisant entre eux l'angle $d\varphi$; 2° entre deux cônes de révolution de sommet O ayant θ et $\theta + d\theta$ pour angles au sommet ; 3° entre deux sphères de centre O et de rayons r et $r + dr$.

Cet élément de volume est, à un infiniment petit d'ordre supérieur près, égal à un parallélipipède rectangle ayant pour côtés :

$$\alpha\beta = r\,d\theta,$$

$\alpha\beta$ étant un arc d'une circonférence de rayon r correspondant à l'angle au centre $d\theta$:

$$\alpha\gamma = r\sin\theta\,d\varphi,$$

αγ étant un arc d'une circonférence de rayon $O_1\alpha = r \sin\theta$ correspondant à l'angle au centre $d\varphi$; enfin :

$$\alpha\alpha' = dr.$$

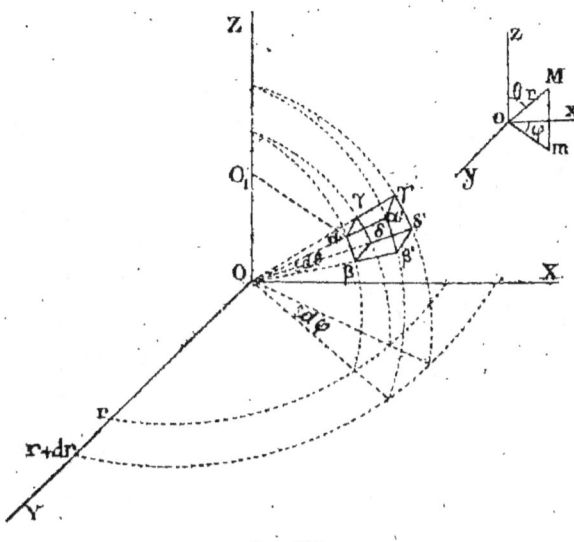

Fig. 270.

L'élément de volume est donc :

$$dV = r^2 \sin\theta \, dr \, d\theta \, d\varphi ;$$

par suite :

$$V = \iiint r^2 \sin\theta \, dr \, d\theta \, d\varphi,$$

l'intégrale étant prise entre les limites convenables.

En coordonnées semi-polaires, on trouverait :

$$V = \iint z\rho \, d\rho \, d\varphi.$$

306. Quadrature des surfaces. — 1° *Surfaces de révolution.* — Soit à évaluer l'aire de la surface engendrée par la courbe plane AB, $y = f(x)$, tournant autour de l'axe OX, connaissant les abscisses $OP = a$, $OQ = b$ des extrémités de l'arc.

La portion de surface engendrée par l'arc élémentaire $MM' = ds$ est assimilable à la surface latérale d'un tronc de cône circulaire dont les rayons des bases seraient $MH = y$,

$M'H' = y + dy$. Mais cette surface latérale dA s'exprime par la formule :

$$dA = 2\pi \left(\frac{y + y + dy}{2}\right) ds = 2\pi \left(y + \frac{dy}{2}\right) ds;$$

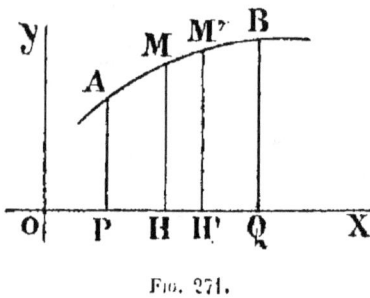

Fig. 271.

comme l'infiniment petit dy peut être négligé devant la quantité finie y, il reste :

$$dA = 2\pi y\,ds,$$

et, en intégrant :

$$A = 2\pi \int_a^b y\,ds.$$

EXEMPLE. — Supposons que la courbe AB soit la cycloïde :

$$x = a(\alpha - \sin\alpha), \qquad y = a(1 - \cos\alpha),$$

on a :

$$ds = 2a \sin\frac{\alpha}{2}\,d\alpha,$$

d'où, en comptant les arcs à partir de l'origine O de la courbe,

$$A = 2\pi \int_0^\alpha 4a^2 \sin^3\frac{\alpha}{2}\,d\alpha = 8\pi a^2 \int_0^\alpha \sin^3\frac{\alpha}{2}\,d\alpha.$$

Si l'on pose pour intégrer :

$$\cos\frac{\alpha}{2} = z, \qquad \text{d'où} \qquad \sin\frac{\alpha}{2}\,d\alpha = -2dz,$$

il vient :

$$A = -16\pi a^2 \int_1^z (1-z^2)dz = 16\pi a^2 \left(\frac{z^3}{3} - z\right)_1^z = 16\pi a^2 \left[\frac{\cos^3\frac{\alpha}{2}}{3} - \cos\frac{\alpha}{2} + \frac{2}{3}\right].$$

L'aire engendrée par une arcade entière s'obtient en faisant $\alpha = 2\pi$; on trouve :

$$\frac{64}{3}\pi a^2.$$

2° *Surfaces quelconques.* — L'aire d'une surface courbe, terminée à un contour quelconque, est la limite de l'aire d'une surface polyédrique composée de faces planes, qui, en diminuant toutes indéfiniment, tendent à devenir tangentes à la surface considérée.

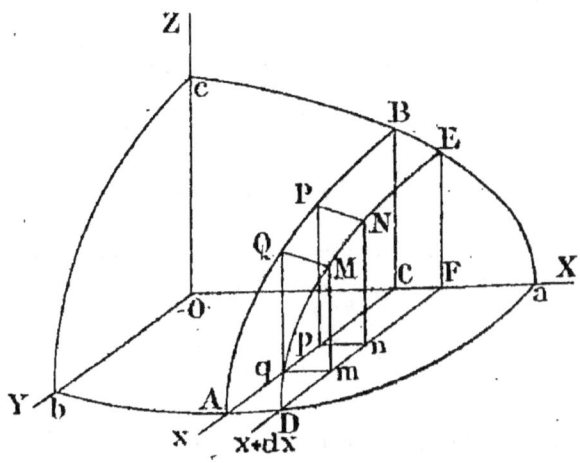

Fig. 272.

Pour évaluer une aire *abc*, on prend pour élément différentiel de surface dS le quadrilatère PQMN, qui se projette sur le plan XOY suivant le rectangle *pqmn* dont l'aire égale $dx dy$. La somme de tous les quadrilatères analogues prise dans les limites convenables est par définition l'aire cherchée.

Mais on peut admettre que l'élément PQMN est situé dans le plan tangent à la surface au point P ; par conséquent, si l'on désigne par γ l'angle que fait ce plan tangent avec le plan des xy, ou l'angle de la normale avec OZ, on aura (256) :

$$\text{aire PQMN} \times \cos \gamma = \text{aire } pqmn,$$

c'est-à-dire :

$$dS \cos \gamma = dx dy,$$

d'où l'on déduit :

$$dS = \frac{dx dy}{\cos \gamma}.$$

L'équation du plan tangent à la surface $z = f(x, y)$ au point P étant (294) :

$$Z - z = p(X - x) + q(Y - y),$$

on a pour $\cos \gamma$:

$$\cos \gamma = \frac{1}{\sqrt{p^2 + q^2 + 1}};$$

par suite :

$$dS = \sqrt{p^2 + q^2 + 1} \, dx dy.$$

Comme il y a deux éléments différentiels, il faut intégrer deux fois, ce qui donne pour l'aire cherchée :

$$S = \int\int \sqrt{p^2 + q^2 + 1} \, dx dy.$$

EXEMPLE. — Soit à évaluer l'aire de la portion de surface limitée par les plans $x = o$, $x = a$; $y = o$, $y = b$, sur le parabaloïde

$$z^2 = 2xy.$$

On trouve en différentiant par rapport à x et y :

$$pz = y, \qquad qz = x;$$

d'où l'on tire :

$$p^2 + q^2 + 1 = \frac{x^2 + y^2 + z^2}{z^2} = \frac{x^2 + y^2 + 2xy}{z^2} = \frac{(x+y)^2}{2xy}.$$

On a donc :

$$S = \frac{1}{\sqrt{2}} \int_0^a dx \int_0^b \frac{x+y}{\sqrt{2xy}} \, dy,$$

ce que l'on peut écrire en décomposant l'intégrale :

$$S = \frac{1}{\sqrt{2}} \int_0^a \sqrt{x\,dx} \int_0^b \frac{dy}{\sqrt{y}} + \frac{1}{\sqrt{2}} \int_0^a \frac{dx}{\sqrt{x}} \int_0^b \sqrt{y} \, dy.$$

Effectuant les intégrations, on obtient aisément :
$$S = \frac{1}{\sqrt{2}} \left(\frac{4}{3} a^{\frac{3}{2}} b^{\frac{1}{2}} + \frac{4}{3} a^{\frac{1}{2}} b^{\frac{3}{2}} \right),$$
ou bien
$$S = \frac{2^{\frac{3}{2}}}{3} \sqrt{ab}\, (a+b).$$

PROBLÈMES RÉSOLUS

I. — ALGÈBRE

1. *Une droite de longueur constante glisse dans un angle de manière que ses extrémités décrivent respectivement les côtés de l'angle. Trouver la position de la droite pour laquelle la surface du triangle AOB ait une grandeur déterminée.*

Ponts et Chaussées, 1885. — *Cours préparatoires.*

Posons $OB = x$, $OA = y$; la distance $OP = h$ est une grandeur connue; on a:

$$xy = \frac{mh}{\sin \theta},$$
$$m^2 = x^2 + y^2 - 2xy \cos \theta;$$

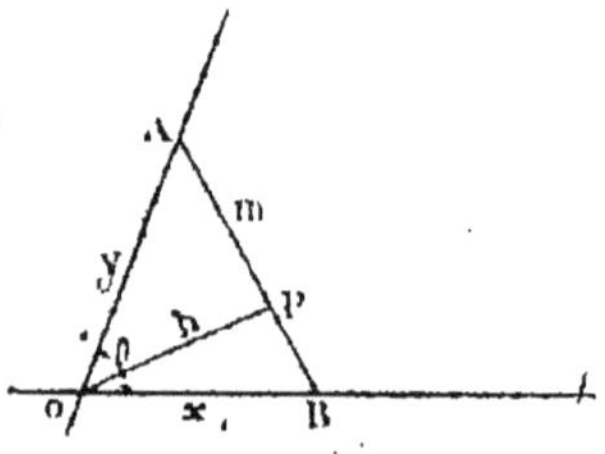

cette dernière peut s'écrire:

$$m^2 = (x+y)^2 - 2xy(1 + \cos \theta),$$

mais

$$2xy(1 + \cos \theta) = 2mh \cotg \frac{\theta}{2},$$

donc

$$(x+y)^2 = m^2 + 2mh \cotg \frac{\theta}{2}.$$

Fig. 273.

Les inconnues x et y sont alors racines de l'équation du second degré

$$X^2 \pm \sqrt{m\left(m + 2h \cotg \frac{\theta}{2}\right)} X + \frac{mh}{\sin \theta} = 0.$$

La condition de réalité des racines est

$$m + 2h \cotg \frac{\theta}{2} \geq \frac{4h}{\sin \theta},$$

c'est-à-dire

$$h^2 \tang \frac{\theta}{2} \leq \frac{mh}{2}.$$

ALGÈBRE

Le problème comporte en général 4 solutions qui correspondent aux doubles signes. Si l'on a

$$h^2 \tang \frac{\theta}{2} = \frac{mh}{2},$$

les racines sont égales et le triangle AOB est isocèle.

2. *Sur un cercle donné O, on prend deux points A et B dont la position respective se trouve définie par l'angle φ que les rayons OA et OB font entre eux. On décrit deux cercles O', O″ tangents l'un en A et l'autre en B au cercle O et tangents entre eux, et on demande de déterminer les rayons de ces deux cercles de manière que la somme de leurs circonférences soit minimum. On demande en outre pour quelle valeur de l'angle φ ce minimum sera maximum ou minimum.*

Ponts et Chaussées, 1886.

Soit r le rayon du cercle O, et x, y les rayons des cercles O' et O″; le triangle OO'O″ donne :

$$(x+y)^2 = (r-x)^2 + (r-y)^2 - 2(r-x)(r-y) \cos\varphi,$$

ou, en développant et réduisant,

$$r^2 - r(x+y) - xy \cotg^2 \frac{\varphi}{2} = 0;$$

on déduit de cette équation :

$$y = \frac{r(r-x)}{r + x \cotg^2 \frac{\varphi}{2}}.$$

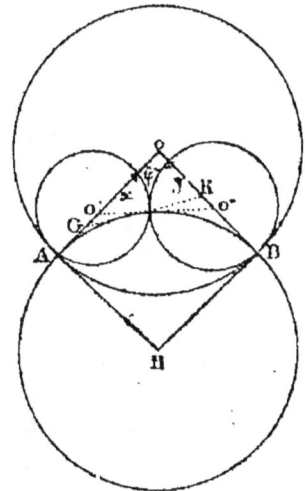

Fig. 274.

La fonction à rendre minimum est $2\pi(x+y)$ ou $x+y$; or

$$x + y = x + \frac{r(r-x)}{r + x \cotg^2 \frac{\varphi}{2}} = \frac{r^2 + x^2 \cotg^2 \frac{\varphi}{2}}{r + x \cotg^2 \frac{\varphi}{2}}.$$

L'équation dérivée donne :

$$x^2 \cotg^2 \frac{\varphi}{2} + 2rx - r^2 = 0,$$

d'où
$$x = \frac{r\sin\frac{\varphi}{2}}{1 + \sin\frac{\varphi}{2}};$$

par suite
$$y = \frac{r\sin\frac{\varphi}{2}}{1 + \sin\frac{\varphi}{2}}.$$

Ainsi $x = y$, et le triangle OO'O" est isocèle. Il est évident *a priori* que ce résultat correspond à un minimum.

On a ensuite
$$x + y = \frac{2r\sin\frac{\varphi}{2}}{1 + \sin\frac{\varphi}{2}},$$

d'où
$$\frac{d(x+y)}{d\frac{\varphi}{2}} = \frac{2r\cos\frac{\varphi}{2}}{\left(1 + \sin\frac{\varphi}{2}\right)^2}.$$

Cette dérivée égalée à zéro donne le maximum de $(x + y)$ considérée comme fonction de φ; on a donc pour ce maximum $\varphi = \pi$: le minimum correspond à $\varphi = 0$.

Géométrie. — Menons en A et B les tangentes au cercle O qui se coupent en H; le cercle décrit de H comme centre avec HA pour rayon est tangent aux droites OA et OB; comme on a sur la figure :

$$OG + GK + OK = OA + OB,$$

la droite O'O" est constamment tangente au cercle H. La question est alors ramenée à trouver le minimum de la partie GK d'une tangente variable au cercle H comprise entre les tangentes fixes OA et OB. Ce minimum est atteint lorsque le triangle GOK est isocèle; les rayons O'A et O"B sont alors égaux; c'est le résultat trouvé par le calcul.

3. *Un mobile décrit un arc de cercle AB et, avec une vitesse v, une portion AM de cet arc; à partir du point M, il quitte l'arc de cercle pour se diriger en ligne droite vers un point donné P extérieur au cercle, et il parcourt la droite MP avec une vitesse u. On*

ALGÈBRE

demande comment le point M doit être choisi sur l'arc AB pour que le mobile arrive en P dans le plus court espace de temps possible.

Ponts et Chaussées, 1887.

Définissons les positions relatives du point P et de l'arc AB par l'angle β et la distance $OP = \rho$; désignons par φ l'angle POH, PH étant la tangente au cercle O; soit enfin $x = $ AOM l'angle qui fixe le point M. Le temps mis par le mobile pour aller de A en P est

$$\theta = \frac{AM}{v} + \frac{MP}{u},$$

ou

$$\theta = \frac{rx}{v} + \frac{\sqrt{r^2 + \rho^2 - 2\rho r \cos(\beta - x)}}{u}.$$

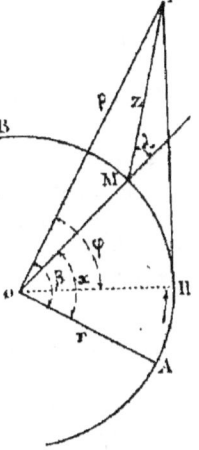

La position qui correspond au temps minimum est fournie par l'équation dérivée

$$(1)\quad \frac{d\theta}{dx} = \frac{r}{v} - \frac{r}{u} \frac{\rho \sin(\beta - x)}{\sqrt{r^2 + \rho^2 - 2\rho r \cos(\beta - x)}} = 0,$$

d'où

$$\cos(\beta - x) = \frac{u^2 r \pm \sqrt{(u^2 - v^2)(u^2 \cos^2 \varphi - v^2)}}{v^2}.$$

Fig. 275.

Pour distinguer le minimum, il faut recourir à la dérivée seconde; on trouve comme condition :

$$(r^2 + \rho^2) \cos(\beta - x) - r\rho \cos^2(\beta - x) - r\rho > 0;$$

cette inégalité peut s'écrire :

$$r\rho \left[\cos(\beta - x) - \frac{1}{\cos \varphi}\right][\cos \varphi - \cos(\beta - x)] > 0,$$

et on a toujours :

$$\cos(\beta - x) \leq \frac{1}{\cos \varphi}, \qquad \text{puisque } \cos \varphi \leq 1;$$

donc on doit avoir

$$\cos \varphi \leq \cos(\beta - x),$$

et par suite

$$x \geq \beta - \varphi.$$

On peut remarquer que l'équation (1) se met sous une forme

simple qui facilite la discussion ; on a en effet :

$$\frac{d\theta}{dx} = \frac{r}{v} - \frac{r}{u} \frac{\rho \sin(\beta - x)}{\sqrt{r^2 + \rho^2 - 2r\rho \cos(\beta - x)}} = \frac{r}{vu}(u - v \sin \lambda) = 0,$$

donc

$$\sin \lambda = \frac{u}{v}.$$

Le point M est à l'intersection de l'arc AB et du segment capable de l'angle $(\pi - \lambda)$ décrit sur OP comme corde.

Pour que le problème soit possible, il faut que l'on ait $u \leq v$.

4. *Étant données une droite AB et deux droites AC et BD perpendiculaires à la première, on demande de calculer le côté x d'un triangle équilatéral dont l'un des sommets M est donné sur AB et dont les deux autres sont respectivement situés sur AC et BD. 2° Déterminer la position du point M pour laquelle x est un minimum.*

Ponts et Chaussées, 1888.

Le triangle rectangle NPQ donne :

$$\overline{NP}^2 = \overline{NQ}^2 + \overline{PQ}^2 = \overline{NA}^2 + \overline{QA}^2 - 2NA \cdot QA + \overline{PQ}^2,$$

ou en fonction de x :

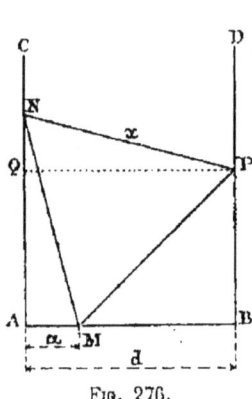

Fig. 276.

$$x^2 = x^2 - a^2 + x^2 - (d-a)^2 - 2\sqrt{(x^2 - a^2)[x^2 - (d-a)^2]} + d^2,$$

ou bien

$$x^2 - 2\sqrt{(x^2 - a^2)[x^2 - (d-a)^2]} + 2a(d-a) = 0.$$

Chassant le radical et écartant la double solution $x = 0$, il vient :

$$3x^2 - 4[d^2 - a(d-a)] = 0,$$

d'où

$$x = \frac{2}{\sqrt{3}} \sqrt{d^2 - a(d-a)}.$$

Le minimum de x aura lieu en même temps que le maximum du produit $a(d-a)$, c'est-à-dire pour $a = \frac{d}{2}$.

5. *Une société émet un million de bons de 25 francs remboursables de la manière suivante :*

ALGÈBRE

600 *bons seront remboursés pendant les six premiers mois qui suivront l'émission, à savoir:*

100 bons au bout du premier mois avec des primes qui représentent, remboursement compris, une somme totale de 500.000 francs;

100 au bout du deuxième mois dans les mêmes conditions, et ainsi de suite jusqu'à la fin du sixième mois.

Les autres bons seront remboursés au bout de 75 ans, à raison de 25 francs par bon, mais ne donneront aucun intérêt d'ici là.

On demande quelle est au moment de l'émission la somme dont la société peut disposer en réservant sur les 25 millions qui lui sont versés les fonds nécessaires pour effectuer ses divers remboursements.

Le taux de l'intérêt sera supposé de 5 0/0.

Ponts et Chaussées, 1889.

Soit x la somme disponible et y celle à réserver; on a

$$x + y = 25.000.000;$$

posons

$$B = 500.000.$$

A la fin du premier mois, après le premier remboursement, il reste une somme:

$$y \cdot \overline{1,05}^{\frac{1}{12}} - B.$$

A la fin du deuxième mois, il reste dans les mêmes conditions:

$$(y \cdot \overline{1,05}^{\frac{1}{12}} - B) \overline{1,05}^{\frac{1}{12}} - B;$$

et à la fin du sixième mois:

$$\left[\left[\left[\left[(y \cdot \overline{1,05}^{\frac{1}{12}} - B) \overline{1,05}^{\frac{1}{12}} - B\right] \overline{1,05}^{\frac{1}{12}} - B\right] \overline{1,05}^{\frac{1}{12}} - B\right]\overline{1,05}^{\frac{1}{12}} - B\right] \overline{1,05}^{\frac{1}{12}} - B\right] = Z.$$

Cette somme devient au bout de 75 ans moins six mois:

$$Z \cdot \overline{1,05}^{74 + \frac{1}{2}}.$$

On a donc l'équation:

$$Z \cdot \overline{1,05}^{74 + \frac{1}{2}} = 999.400 \times 25,$$

d'où

$$Z = \frac{999.400 \times 25}{\overline{1,05}^{74 + \frac{1}{2}}}.$$

On obtient en sommant Z :

$$y \cdot \overline{1{,}05}^{\tfrac{1}{2}} = \frac{B\,(\overline{1{,}05}^{\tfrac{1}{2}} - 1)}{\overline{1{,}05}^{\tfrac{1}{2}} - 1} + Z,$$

d'où enfin

$$y = \frac{500{.}000\,(\overline{1{,}05}^{\tfrac{1}{2}} - 1)}{\overline{1{,}05}^{3}\,(\overline{1{,}05}^{\tfrac{1}{2}} - 1)} + \frac{999{.}400 \times 25}{\overline{1{,}05}^{75}}.$$

Effectuant les calculs, on trouve ;

$$y = 3{.}600{.}425{,}75,$$

d'où

$$x = 21{.}399{.}574{,}25.$$

6. *On désigne par x et y les distances MA et MB de deux points A et B à un point M pris arbitrairement sur une droite D. On demande de déterminer le maximum et le minimum du rapport $\dfrac{y}{x}$.*

Ponts et Chaussées, 1890.

Du point A abaissons une perpendiculaire AP sur D et prenons pour variable la distance $z = $ PM ; soit d'ailleurs $p = \dfrac{y}{x}$ le rapport considéré. On connaît évidemment les positions respectives des points A et B par rapport à D, c'est-à-dire $AP = a$, $BQ = b$, $PQ = d$. Les triangles APM et BQM donnent :

$$y^2 = b^2 + (d - z)^2$$
$$x^2 = a^2 + z^2,$$

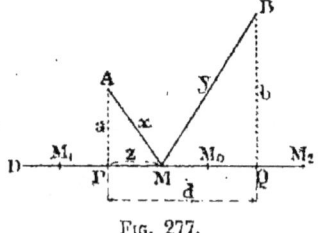

Fig. 277.

d'où

$$p^2 = \frac{b^2 + (d - z)^2}{a^2 + z^2}.$$

Les valeurs de z qui rendent ρ maximum et minimum satisfont à l'équation dérivée :

$$\frac{d\rho}{dz} = -\frac{(a^2 + z^2)(d - z) + z\,[b^2 - (d - z)^2]}{(a^2 + z^2)\sqrt{[b^2 + (d - z)^2]\,[a^2 + z^2]}} = 0,$$

d'où

$$dz^3 - (b^2 + d^2 - a^2)\,z - a^2 d = 0;$$

ALGÈBRE

par suite
$$z = \frac{b^2 + d^2 - a^2}{2d} \pm \sqrt{\frac{(b^2 + d^2 - a^2)^2}{4d^2} + a^2}.$$

Soit M_0 le point équidistant des points A et B, on a pour $z_0 = PM_0$:
$$z_0 = \frac{b^2 + d^2 - a^2}{2d};$$

l'équation précédente peut donc s'écrire :
$$z = z_0 \pm \sqrt{z^2_0 + a^2}.$$

Si, à partir du point M_0, on prend deux longueurs égales
$$M_0 M_1 = M_0 M_2 = \sqrt{z^2_0 + a^2},$$
les points M_2 et M_1 seront les points demandés, le premier correspondra à un minimum, le second à un maximum.

7. *Résoudre l'équation du 3e degré $x^3 + px + q = 0$, sachant que l'une des racines est la somme des inverses des deux autres; trouver la condition qui doit exister entre les coefficients p et q pour qu'il en soit ainsi.*
Application à l'équation $x^3 - 5x + 2 = 0$.

Ponts et Chaussées, 1891.

Soient α, β, γ, les trois racines de l'équation
$$x^3 + px + q = 0,$$
et admettons que l'une d'elles soit égale à la somme des inverses des deux autres; on a :
$$\alpha = \frac{1}{\beta} + \frac{1}{\gamma},$$
ou
$$\alpha = \frac{\beta + \gamma}{\beta\gamma},$$
ou encore
$$\alpha\beta\gamma = \beta + \gamma.$$

Mais on sait que
$$\alpha + \beta + \gamma = 0, \qquad \alpha\beta\gamma = -q;$$
donc
$$\alpha = q;$$
par suite
$$q^3 + pq + q = 0;$$

ce qui peut s'écrire :

(1) $$q(q^2 + p + 1) = 0.$$

Connaissant l'une des racines $\alpha = q$, pour obtenir les deux autres il suffit de diviser $x^3 + px + q$ par $x - q$; on trouve, en tenant compte de (1) :
$$x^2 + qx - 1 = 0,$$

d'où pour les racines cherchées :
$$x = \frac{-q \pm \sqrt{q^2 + 4}}{2}.$$

L'équation $x^3 - 5x + 2 = 0$ satisfait à la relation (1), ses racines sont :
$$\alpha = 2, \qquad \beta = -1 + \sqrt{2}, \qquad \gamma = -(1 + \sqrt{2}).$$

8. *On demande à quel taux d'intérêts on doit emprunter une somme* A *que l'on veut rembourser au moyen de deux paiements égaux à* a, *qui doivent être effectués, le premier au bout de deux, le second au bout de quatre années.*

Ponts et Chaussées, 1892.

Soit x le taux inconnu, on doit avoir :
$$A(1 + x)^4 = a(1 + x)^2 + a,$$

d'où l'équation bicarrée en $(1 + x)$:
$$A(1 + x)^4 - a(1 + x)^2 - a = 0;$$

par suite :
$$x = \frac{\sqrt{a + \sqrt{a^2 + 4Aa}} - \sqrt{2A}}{\sqrt{2A}}.$$

La condition de possibilité est :
$$a + \sqrt{a^2 + 4Aa} \geq 2A,$$

c'est-à-dire
$$a \geq \frac{A}{2};$$

ce résultat était facile à prévoir.

Si $x = 0$, l'argent est emprunté sans intérêt, on a $a = \frac{A}{2}$.

9. *On donne l'équation :*
$$x^4 + ax^2 + bx + 1 = 0,$$

et l'on propose de déterminer les coefficients a et b de façon qu'elle admette :

1° Deux racines doubles;
2° Une racine triple.

1° En appelant α et β les deux racines, on doit avoir :

$$(x-\alpha)^2 (x-\beta)^2 = x^4 + ax^2 + bx + 1,$$

d'où en identifiant :

$$\alpha + \beta = 0,$$
$$\alpha^2 + 4\alpha\beta + \beta^2 = a,$$
$$2\alpha\beta(\alpha+\beta) = -b,$$
$$\alpha^2\beta^2 = 1;$$

par suite :

$$b = 0, \qquad a = -2, \qquad \alpha = -1, \qquad \beta = 1.$$

On vérifie en effet que

$$x^4 - 2x^2 + 1 = (x^2-1)^2 = (x-1)^2 (x+1)^2.$$

2° Soit α la racine triple et β la racine simple, on doit avoir :

$$(x-\alpha)^3 (x-\beta) = x^4 + ax^2 + bx + 1,$$

d'où l'on déduit en identifiant :

$$3\alpha + \beta = 0,$$
$$3\alpha^2 + 3\alpha\beta = a,$$
$$\alpha^3 + 3\alpha^2\beta = -b,$$
$$\alpha^3\beta = 1.$$

On trouve en résolvant :

$$a^2 = -12, \qquad b = \frac{8}{3}\sqrt{\sqrt{-3}};$$

l'équation a des coefficients imaginaires.

II. — GÉOMÉTRIE ANALYTIQUE

10. *Lieu des foyers des paraboles qui touchent deux droites rectangulaires OX et OY, la première en un point fixe A, la deuxième en un point variable B.*

Ponts et Chaussées, 1885. — *Cours préparatoires.*

L'équation générale des paraboles du plan est :

$$(y - ax)^2 + 2dx + 2ey + f = 0;$$

ces courbes devant passer par les points A et B, on a :

$$d = -a^2\alpha,$$
$$f = a^2\alpha^2,$$
$$(\alpha a - e)(\alpha a + e) = 0.$$

La condition $\alpha a - e = 0$ donne :

$$(y - ax)^2 - 2a^2\alpha x + 2a\alpha y + a^2\alpha^2 = 0,$$

ou

$$[y - a(x - \alpha)]^2 = 0,$$

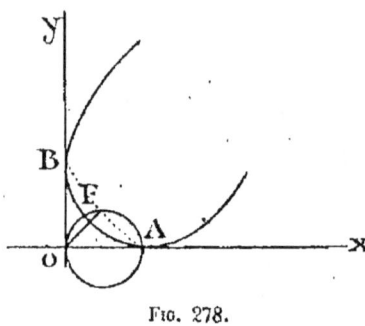

Fig. 278.

solution singulière composée d'une double droite passant par A.
La condition $\alpha a + e = 0$ donne :

$$(y - ax)^2 - 2a^2\alpha x - 2a\alpha y + a^2\alpha^2 = 0.$$

Le lieu des foyers s'obtient en éliminant le paramètre variable a entre les deux équations générales :

$$4b'\varphi(x.y) - \varphi'_x \varphi'_y = 0,$$
$$4(a' - c')\varphi(x.y) - \varphi'^2_x + \varphi'^2_y = 0.$$

Dans notre cas :

$$a' = a^2, \qquad b' = -a, \qquad c' = 1.$$

Ces équations deviennent

$$y + ax - a\alpha = 0,$$
$$x - ay = 0 ;$$

d'où :

$$y^2 + (x - \alpha)^2 = \frac{\alpha^2}{4},$$

équation du cercle décrit sur OA comme diamètre.

Géométrie. — On voit immédiatement que le foyer F est la projection sur AB du point O de la directrice ; donc le lieu de ce point est le cercle décrit sur OA comme diamètre.

11. *Lieu des foyers des paraboles qui passent par deux points donnés* M *et* M' *et ont un axe de direction donnée* OH.

Ponts et Chaussées, 1886 et 1888.

Prenons les axes indiqués sur la figure, et soit m le coefficient angulaire de la direction OH. On a pour les paraboles du plan :

$$(y - ax)^2 + 2dx + 2ey + f = 0;$$

ces courbes passant en M et M', on doit avoir, en posant OM = OM' = α :

$$d = 0, \qquad f = -a^2\alpha^2,$$

d'où

$$(y - ax)^2 + 2ey - a^2\alpha^2 = 0.$$

Ces courbes devant encore avoir m pour coefficient angulaire de l'axe, on a $m = a$; par suite,

$$(y - mx)^2 + 2ey - m^2\alpha^2 = 0.$$

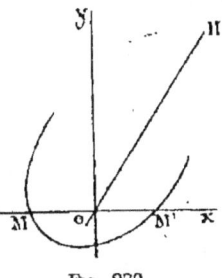

Fig. 279.

Les équations focales sont, comme au problème précédent :

$$(y - mx)[(x - mx) + e] - (y - mx)^2 - 2ey + m^2\alpha^2 = 0,$$
$$(m^2 - 1)[(y - mx)^2 + 2ey - m^2\alpha^2] m^2 (y - mx)^2 + (y - mx + e)^2 = 0;$$

elles deviennent après réduction

$$e(y + mx) - m^2\alpha^2 = 0,$$
$$e^2 + 2em(my - x) - m^2\alpha^2(m^2 - 1) = 0.$$

L'élimination de e est immédiate, on obtient :

$$\frac{x^2}{\dfrac{\alpha^2}{m^2+1}} - \frac{y^2}{\dfrac{m^2\alpha^2}{m^2+1}} = 1.$$

Le lieu est une hyperbole ayant pour foyers M et M' et pour axe transverse $\dfrac{2\alpha}{\sqrt{m^2+1}}$, c'est-à-dire la projection de MM' sur la direction fixe de l'axe des paraboles.

Géométrie. — Considérons une parabole rapportée à son axe et à la tangente au sommet, on sait que la différence des rayons vecteurs de deux points est égale à la différence de leurs abscisses. On conclut de cette remarque que le lieu cherché est l'hyperbole ayant pour foyers les deux points fixes et dont l'axe transverse est égal à la projection de la droite qui joint ces points sur la direction de l'axe de la parabole.

12. *Une série de cercles doublement tangents à une parabole ont leurs centres sur l'axe de cette courbe. Par un point P pris sur cet* axe on leur mène des tangentes PM, PM' et on demande le lieu des points M et M'. *Cas où le point P s'éloigne à l'infini.*

Ponts et Chaussées, 1887.

1° Prenons pour axes de coordonnées, d'une part l'axe de la parabole, d'autre part sa tangente au sommet ; posons $OP = a$.

On a :

$$y^2 = 2px.$$

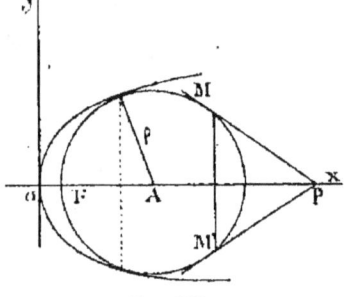

Fig. 280.

Les cercles du plan, ayant leurs centres A sur OX, ont pour équation, en posant $OA = \alpha$:

$$y^2 + (x - \alpha)^2 - \rho^2 = 0;$$

exprimant qu'ils sont bitangents à la parabole, on trouve comme condition

$$\rho^2 = p(2\alpha - p),$$

d'où

(1) $\qquad y^2 + (x - \alpha)^2 + p(p - 2\alpha) = 0.$

Une droite issue du point P a pour équation :

$$y = m(x - a);$$

exprimant qu'elle est tangente au cercle, on trouve :

$$m = -\frac{x - \alpha}{p};$$

d'où l'on déduit :

(2) $\qquad x - \alpha = -\dfrac{y^2}{x - a}; \qquad \alpha = x + \dfrac{y^2}{x - a}.$

Le lieu des points M et M' s'obtient en éliminant α entre les équations (1) et (2) ; on obtient :

$$y^4 + (x - a)(x - a - 2p)y^2 + p(x - a)^2(p - 2x) = 0.$$

C'est une courbe du 4ᵉ degré, symétrique par rapport à OX, passant en F et ayant un point double en P ; elle n'a pas d'asymptotes. Suivant les positions relatives des points P et F, son aspect varie. On reconnaît aisément que, si le point P est au delà du point F, elle a la forme (1) ; si le point P est entre les points O et F, elle a la forme (2) ; si les points P et F coïncident, elle se compose des deux droites isotropes passant en P et d'une parabole égale à la proposée ayant le point P pour sommet.

2° Reprenons l'équation des cercles

$$y^2 + (x - \alpha)^2 - \rho^2 = 0;$$

la condition de bitangence donne:

$$\alpha = \frac{p^2 + \rho^2}{2p}.$$

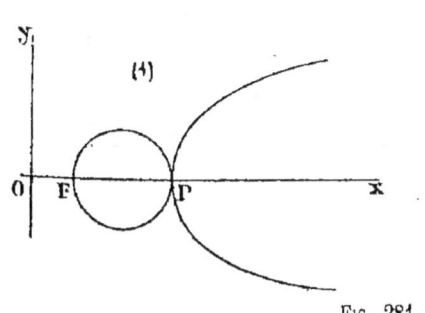

Fig. 281.

Si le point P s'éloigne à l'infini, PM a pour équation $y = \rho$, d'où:

(3) $$\alpha = \frac{p^2 + y^2}{2p}.$$

Le lieu des points M s'obtient en éliminant α entre les deux équations

$$y^2 + (x - \alpha)^2 - y^2 = 0,$$
$$\alpha = \frac{p^2 + y^2}{2p};$$

on trouve

$$y^2 = 2p\left(x - \frac{p}{2}\right).$$

C'est une parabole égale à la proposée et ayant le point F pour sommet.

13. *Lieu des centres des hyperboles équilatères qui passent par trois points donnés.*

Ponts et Chaussées, 1889.

Prenons pour axes de coordonnées, d'une part la droite passant par deux des points donnés M et N, d'autre part une perpendiculaire passant par le troisième point P. Posons $OM = \alpha$, $ON = \beta$, $OP = \gamma$. Les hyperboles équilatères du plan ont pour équation :

$$x^2 - y^2 + 2bxy + 2dx + 2ey + f = 0;$$

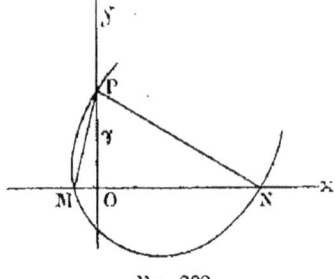

Fig. 282.

exprimant qu'elles passent par les points MNP, on trouve :

$$\alpha^2 + 2d\alpha + f = 0,$$
$$\beta^2 + 2d\beta + f = 0,$$
$$-\gamma^2 + 2e\gamma + f = 0;$$

on en déduit aisément :

$$2d = -(\alpha + \beta), \quad f = \alpha \cdot \beta, \quad 2e = \frac{\gamma^2 - \alpha\beta}{\gamma};$$

d'où pour l'équation des hyperboles :

$$x^2 + 2bxy - y^2 - (\alpha + \beta)x + \frac{\gamma^2 - \alpha\beta}{\gamma} y + \alpha\beta = 0.$$

Les équations centrales sont :

$$2x + 2by - (\alpha + \beta) = 0,$$
$$2bx - 2y + \frac{\gamma^2 - \alpha\beta}{\gamma} = 0.$$

L'élimination du paramètre variable b est immédiate :

$$x^2 + y^2 - \frac{(\alpha + \beta)}{2} x - \frac{(\gamma^2 - \alpha\beta)}{2\gamma} y = 0.$$

C'est un cercle passant par l'origine ; on sait que c'est celui des neuf points du triangle MNP.

14. *Étant donné un cercle fixe C dont le centre est en un point de l'axe des y, et une série de circonférences tangentes à l'axe des x à l'origine, on mène des tangentes communes à ces circonférences et au cercle fixe, et on demande le lieu des points de contact M.*

On examinera en particulier le cas où le cercle fixe se réduit à un point et celui où le centre de ce cercle coïncide avec l'origine.

Ponts et Chaussées, 1890.

1° L'emploi des coordonnées polaires simplifie la solution.
Soit r le rayon du cercle donné C, R celui de l'une des circonfé-

rences variables C'; soit aussi $OC = d$. On a sur la figure:

$$\rho = 2R \sin \theta,$$
$$R = r + (d - R) \cos \omega,$$
$$\rho \sin \theta = R (1 + \cos \omega);$$

éliminant R et ω, il vient:

(1) $\qquad \rho = 2d \sin \theta - \dfrac{d - r}{\sin \theta},$

et, en coordonnées cartésiennes:

$$x^2 = y^2 \dfrac{d + r - y}{d - r + y}.$$

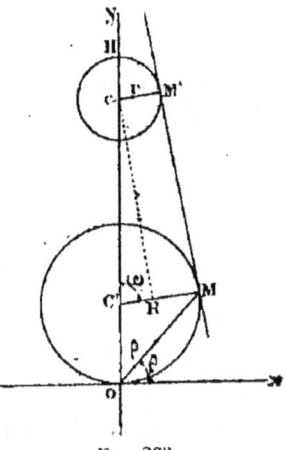

Fig. 283.

Le lieu est une courbe forme strophoïde dont le point double est à l'origine et le sommet en H; l'asymptote est parallèle à OX à une distance $(r - d)$.

2° Si le cercle fixe se réduit à un point, on a $r = 0$, et les équations du lieu deviennent:

$$\rho = 2d \sin \theta - \dfrac{d}{\sin \theta},$$

(2) $\qquad x^2 = y^2 \dfrac{d - y}{d + y};$

c'est une véritable strophoïde.

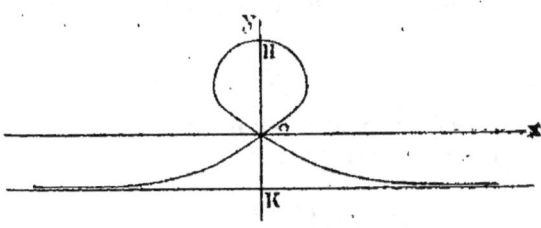

Fig. 284.

On peut retrouver l'équation (2) directement sans passer par les coordonnées polaires; on a pour les cercles C':

$$x^2 + y^2 - 2Ry = 0,$$

et pour la polaire du point c:

$$d(y - R) - Ry = 0;$$

d'où, par élimination de R :

$$x^2 = y^2 \frac{d-y}{d+y}.$$

3° Si le centre du cercle fixe coïncide avec l'origine, on a $d = 0$; par suite,

$$\rho = \frac{r}{\sin \theta},$$
$$(r - y)(x^2 + y^2) = 0.$$

Le lieu se compose alors de la tangente au cercle C parallèle à Ox et des droites isotropes passant à l'origine.

15. *Lieu des pieds des perpendiculaires abaissées du foyer d'une parabole sur les normales à cette courbe.*

Ponts et Chaussées, 1891.

Soit $y^2 = 2px$ l'équation d'une parabole; on a pour la normale en un point $x'y'$:

$$y - y' = -\frac{dx}{dy}(x - x');$$

posons

$$-\frac{dx}{dy} = -\frac{y}{p} = m;$$

cette équation devient :

(1) $$y = m(x - p) - \frac{pm^3}{2}.$$

La perpendiculaire abaissée du foyer sur cette droite est :

(2) $$my + x - \frac{p}{2} = 0.$$

Le lieu cherché s'obtient en éliminant m entre les équations (1) et (2); on trouve successivement :

$$y = \frac{(x-p)\left(\frac{p}{2}-x\right)}{y} + \frac{p}{2}\frac{\left(x-\frac{p}{2}\right)^3}{y^3},$$

c'est-à-dire

$$y = \frac{-\left(x-\frac{p}{2}\right)^2}{y} + \frac{p}{2}\frac{\left(x-\frac{p}{2}\right)}{y}\left[\frac{1+\left(x-\frac{p}{2}\right)^2}{y^2}\right],$$

ou enfin :

$$\left[y^2 + \left(x-\frac{p}{2}\right)^2\right]\left[y^2 - \frac{p}{2}\left(x-\frac{p}{2}\right)\right] = 0.$$

Le premier facteur égalé à zéro donne les droites isotropes passant au foyer, le second facteur représente une parabole dont le sommet est en F et dont le paramètre est le quart de celui de la proposée.

Géométrie. — Soit MN une normale à la courbe ; le triangle FMN est isocèle ; par suite, la perpendiculaire FH tombe au milieu de MN ; des points M et H abaissons des perpendiculaires MQ et HS sur OX, on a $QN = p$ et, par suite, $SN = \dfrac{p}{2}$; le triangle rectangle FHN donne d'ailleurs :

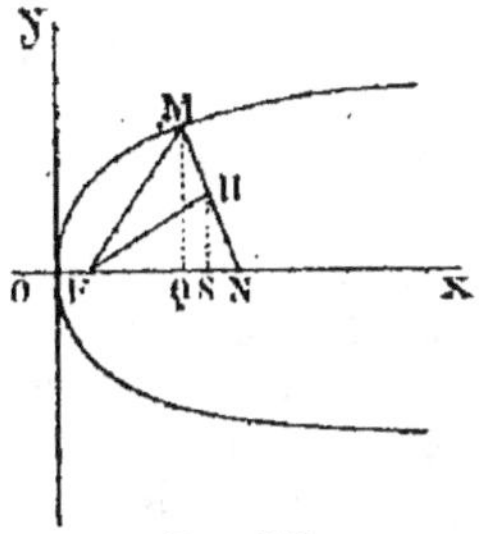

$$\overline{HS}^2 = FS \cdot SN = \dfrac{p}{2} \cdot FS.$$

Fig. 285.

Le lieu est donc une parabole de sommet F et de paramètre $\dfrac{p}{4}$.

16. *Lieu des centres des coniques semblables entre elles qui passent par trois points donnés M, N, P : cas particulier des hyperboles équilatères.*

Ponts et Chaussées, 1892.

Prenons les axes indiqués sur la figure, et posons :

$$OM = \alpha, \quad ON = \beta, \quad OP = \gamma.$$

On a l'équation générale des coniques :

$$x^2 + 2bxy + cy^2 + 2dx + 2ey + f = 0;$$

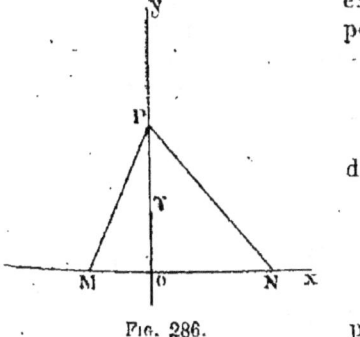

Fig. 286.

exprimant qu'elles passent par les points donnés, il vient :

$$\alpha^2 + 2d\alpha + f = 0,$$
$$\beta^2 + 2d\beta + f = 0,$$
$$\gamma^2 + 2e\gamma + f = 0;$$

d'où

$$2d = -(\alpha + \beta),$$
$$2e = \dfrac{-(\alpha\beta + c\gamma^2)}{\gamma},$$
$$f = \alpha\beta;$$

par suite

$$x^2 + 2bxy + cy^2 - (\alpha + \beta)x - \dfrac{(\alpha\beta + c\gamma^2)}{\gamma} y + \alpha\beta = 0.$$

On exprime que les coniques sont semblables entre elles en écrivant que l'angle des asymptotes réelles ou imaginaires est constant, on a :

(1) $$\frac{b^2 - c}{(1 + c)^2} = k^2.$$

Les équations centrales sont :

(2) $$f'_x = 2x + 2by - (\alpha + \beta) = 0,$$
(3) $$f'_y = 2bx + 2cy - \frac{(\alpha\beta + c\gamma^2)}{\gamma} = 0.$$

Le lieu des centres s'obtient en éliminant des paramètres b et c entre les équations (1), (2), (3). Le calcul conduit à une expression du 4e degré qui ne se simplifie guère.

Les hyperboles équilatères sont des courbes toutes semblables ; elles ne dépendent en effet que d'un seul paramètre. On obtient le lieu des centres en faisant $c = -1$ dans les équations précédentes (Voir problème 13).

17. *On considère les coniques en nombre infini qui passent par deux points A et B et qui sont telles que, pour chacune d'elles, la droite AB soit l'un des diamètres conjugués égaux.*

On demande de déterminer :
1° *Le lieu des foyers ;*
2° *Le lieu des sommets de ces coniques.*

Prenons pour axes de coordonnées, d'une part la droite AB, d'autre part une perpendiculaire OY en son milieu ; posons $AB = 2\alpha$. On a pour les coniques du plan dont le diamètre est AB :

$$x^2 + 2bxy + cy^2 - \alpha^2 = 0.$$

Si AB est un des diamètres conjugués égaux, il faut que son conjugué ait pour longueur 2α ; ce diamètre a d'ailleurs pour équation :

$$x + by = 0,$$

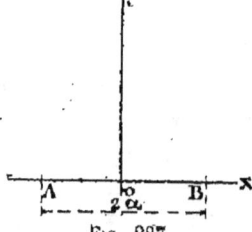

Fig. 287.

et sa demi-longueur est :

$$\alpha\sqrt{\frac{b^2 + 1}{c - b^2}},$$

on doit donc avoir :

$$c = 2b^2 + 1.$$

L'équation des coniques en question est alors :

(1) $$x^2 + 2bxy + (2b^2 + 1)y^2 - \alpha^2 = 0.$$

Les équations focales sont :
$$(x + by)[bx + (2b^2 + 1)y] - b[x^2 + 2bxy + (2b^2 + 1)y^2 - \alpha^2] = 0,$$
$$(x + by)^2 - [bx + (2b^2 + 1)y]^2 + 2b^2[x^2 + 2bxy + (2b^2 + 1)y^2 - \alpha^2] = 0;$$
elles se réduisent à
$$(b^2 + 1)xy + \alpha^2 b = 0,$$
$$(b^2 + 1)(x^2 - y^2) - 2\alpha^2 b^2 = 0.$$

L'élimination du paramètre b est immédiate, on trouve :
$$(x^2 + y^2)^2 + 2\alpha^2(y^2 - x^2) = 0.$$

Le lieu des foyers est une lemniscate de Bernoulli ayant A et B pour foyers.

Le lieu des sommets s'obtient en éliminant b entre l'équation (1) et celle des axes :
$$y^2 - 2bxy - x^2 = 0;$$
on trouve :
$$(x^2 + y^2 - \alpha\sqrt{2}.x)(x^2 + y^2 + \alpha\sqrt{2}.x) = 0.$$

Le lieu se compose de deux cercles tangents d'une part à la lemniscate en ses sommets, d'autre part à OY à l'origine.

18. *Lieu des foyers des hyperboles qui ont une asymptote et un sommet communs.*

Prenons l'asymptote pour axe des y et une perpendiculaire menée par le sommet pour axe des x ; soit $OA = p$ la distance du sommet à l'asymptote et α, β les coordonnées d'un foyer.

On a pour l'hyperbole :

(1) $(x - \alpha)^2 + (y - \beta)^2$
$\qquad = (mx + ny + q)^2;$

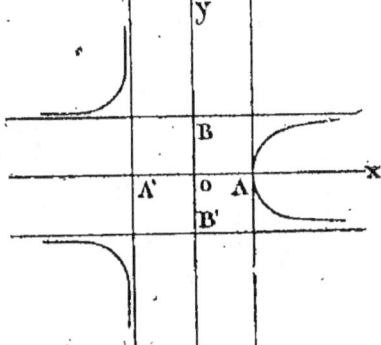

Fig. 288.

pour $x = 0$, cette équation doit donner deux valeurs infinies de y, donc :

(2) $\quad 1 - n^2 = 0, \quad \beta + nq = 0.$

L'axe mené par le foyer a pour équation
$$m(y - \beta) = n(x - \alpha),$$
et les coordonnées du sommet doivent la vérifier, donc encore :

(3) $\qquad n(p - \alpha) + m\beta = 0,$

Enfin les coordonnées du sommet doivent vérifier l'équation (1) de la courbe :

(4) $\qquad (p - \alpha)^2 + \beta^2 = (mp + q)^2.$

On obtient le lieu des foyers en éliminant les paramètres m, n, q entre les équations (2), (3), (4) :
On a pour cela :

$n^2 q = -n\beta,$ d'où $q = -n\beta,$ puisque $n^2 = 1$;

l'équation (3) donne :
$$m = \frac{n(\alpha - p)}{\beta};$$

portant dans (4) :
$$(p - \alpha)^2 + \beta^2 = n^2 \left[\frac{p(\alpha - p)}{\beta} - \beta\right]^2; \qquad n^2 = 1;$$

remplaçant α par x et β par y, on obtient enfin :
$$y^2 = p^2 \frac{x - p}{x + p}.$$

Le lieu a la forme ci-dessus.

19. *On donne une droite* OP *passant par l'origine et faisant avec les axes des angles* α, β, γ; *trouver l'équation de la surface engendrée par une droite* OR *faisant avec* OP *et* OX *des angles dont la somme soit donnée.*

Le cosinus de l'angle de deux directions est donné par la formule :
$$\cos V = \cos\alpha \cos\alpha' + \cos\beta \cos\beta' + \cos\gamma \cos\gamma',$$

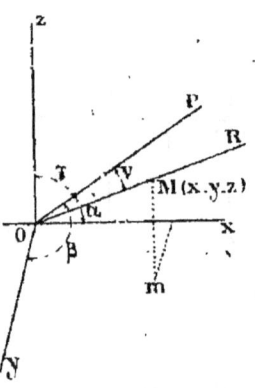

Fig. 289.

$\alpha\alpha'$, $\beta\beta'$, $\gamma\gamma'$, étant les angles que forment chacune de ces directions avec les axes OX, OY, OZ.

Dans notre cas on a, en appelant x, y, z les coordonnées d'un point de la surface :

$$\cos POR = \frac{x \cos\alpha + y \cos\beta + z \cos\gamma}{\sqrt{x^2 + y^2 + z^2}},$$

$$\cos ROX = \frac{x}{\sqrt{x^2 + y^2 + z^2}}.$$

On doit avoir par hypothèse :
$$POR + ROX = 2s,$$

d'où
$$\cos POR = \cos(2s - ROX) = \cos 2s \cos ROX + \sin 2s \sin ROX,$$

donc :

$$\frac{x\cos\alpha + y\cos\beta + z\cos\gamma}{\sqrt{x^2+y^2+z^2}} = \cos 2s \frac{x}{\sqrt{x^2+y^2+z^2}} + \sin 2s \frac{\sqrt{x^2+y^2}}{\sqrt{x^2+y^2+z^2}},$$

et enfin :

$$(y^2+z^2)\sin^2 2s - [x(\cos\alpha - \cos 2s) + y\cos\beta + z\cos\gamma]^2 = 0.$$

III. — ANALYSE

20. *Deux vases cylindriques ayant des bases dont les surfaces sont s et s' sont mis en communication par un orifice placé à leur partie inférieure. Cet orifice a une section σ, et la vitesse d'écoulement de l'eau par cet orifice est égale à $\sqrt{2g(z-z')}$, en désignant par z et z' les hauteurs du liquide dans les deux vases au-dessus du plan commun de leurs bases ; ce qui revient à dire que, pendant un élément de temps dt, il s'écoule un volume d'eau $\sigma\sqrt{2g(z-z')}\,dt$. La différence primitive entre les hauteurs de l'eau est H.*

On demande après combien de temps le niveau du liquide dans les deux vases sera devenu le même.

Ponts et Chaussées, 1885. — Externat.

Pendant un temps indéfiniment petit dt, le vase s perd un volume $-sdz$ (avec le signe — puisque z décroît), le vase s' gagne un volume $s'dz'$. On a donc l'équation :

$$-sdz = s'dz';$$

on en déduit :

$$dz - dz' = \frac{s+s'}{s'}dz.$$

Fig. 290.

Pendant le même temps dt, il passe par l'orifice σ un volume :

$$\sigma\sqrt{2g(z-z')}\,dt;$$

on a donc aussi :

$$-sdz = \sigma\sqrt{2g}\sqrt{z-z'}\,dt,$$

d'où :

(1) $$dt = -\frac{s}{\sigma\sqrt{2g}}\frac{dz}{\sqrt{z-z'}}.$$

Pour intégrer, posons :

$$z - z' = h, \quad \text{d'où} \quad dz - dz' = dh = \frac{s + s'}{s'} dz;$$

par suite

$$dz = \frac{s'}{s + s'} dh;$$

remplaçons dans (1), il vient :

$$dt = -\frac{ss'}{\sigma \sqrt{2g(s + s')}} \frac{dh}{\sqrt{h}}.$$

Le temps mis par les deux vases à se niveler s'obtient en intégrant de 0 à H ; on trouve :

$$T = \frac{ss'}{\sigma \sqrt{2g(s + s')}} \int_0^H \frac{dh}{\sqrt{h}},$$

ou bien

$$T = \frac{ss'}{\sigma (s + s')} \sqrt{\frac{2H}{g}}.$$

21. *Trouver l'équation d'une courbe plane telle que la projection de son rayon de courbure sur l'axe des x ait une grandeur constante a.*

Ponts et Chaussées, 1886.

Première méthode. — On a pour le rayon de courbure en un point M :

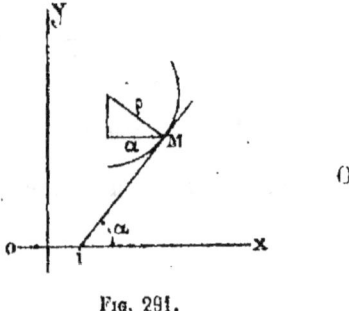

Fig. 291.

$$\rho = \frac{\left(1 + \frac{dy^2}{dx^2}\right)^{\frac{3}{2}}}{\frac{d^2y}{dx^2}}.$$

On a d'autre part :

$$\sin \alpha = \frac{dy}{dx} \frac{1}{\left(1 + \frac{dy^2}{dx^2}\right)^{\frac{1}{2}}}.$$

L'équation différentielle de la courbe est donc :

$$\frac{dy}{dx}\left(1 + \frac{dy^2}{dx^2}\right) = a \frac{d^2y}{dx^2};$$

pour intégrer cette équation du second ordre, posons :

$$\frac{dy}{dx} = p, \quad \text{d'où} \quad \frac{d^2y}{dx^2} = \frac{dp}{dx};$$

elle devient avec ces notations :

$$p(1 + p^2) = a\frac{dp}{dx},$$

d'où

$$dx = a\left(\frac{dp}{p} - \frac{pdp}{1 + p^2}\right).$$

Une première intégration donne :

$$x + c' = a\left(\mathrm{L}p - \mathrm{L}\sqrt{1 + p^2}\right);$$

passant des logarithmes aux exponentielles, il vient :

$$e^{\frac{2(x+c')}{a}} = \frac{p^2}{1 + p^2},$$

ou encore :

$$p = \frac{dy}{dx} = \frac{e^{\frac{x+c'}{a}}}{\sqrt{1 - e^{\frac{2(x+c')}{a}}}}.$$

Changeons de variable et posons :

$$e^{\frac{x+c'}{a}} = u, \quad \text{d'où} \quad du = \frac{e^{\frac{x+c'}{a}}}{a}dx;$$

l'équation précédente devient :

$$dy = \frac{a\,du}{\sqrt{1 - u^2}};$$

une seconde intégration donne :

$$y = \mathrm{C} + a\arcsin u = \mathrm{C} + a\arcsin e^{\frac{x+c'}{a}}.$$

La courbe est symétrique par rapport aux axes de coordonnées et composée d'une infinité de branches égales.

Deuxième méthode. — On a la condition

$$\rho \sin \alpha = a;$$

d'autre part, on sait que

$$\rho = \frac{ds}{d\alpha}, \quad \sin \alpha = \frac{dy}{ds}, \quad \cos \alpha = \frac{dx}{ds};$$

éliminant les variables ds et ρ, on obtient

$$dy = a\,d\alpha,$$
$$dx = a\,\cotg\alpha\,d\alpha.$$

L'intégration est immédiate, on obtient

$$y = a\alpha + c,$$
$$x + c' = aL\sin\alpha.$$

L'élimination de α donne :

$$y = C + a\,\arcsin e^{\frac{x+c'}{a}}.$$

22. *Trouver une courbe telle que sa normale* MN *et sa tangente* MT *détachent sur l'axe* OX *un segment* TN *de longueur constante* $2a$. *Étudier la forme de la courbe.*

Ponts et Chaussées, 1887.

Première méthode. — On a pour la normale MN :

$$Y - y = -\frac{dx}{dy}(X - x),$$

d'où pour la longueur PN :

$$PN = X - x = y\frac{dy}{dx}.$$

Le triangle MTN étant rectangle, l'équation différentielle de la courbe s'écrit :

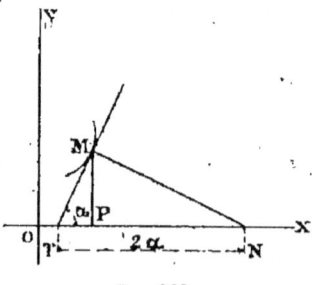

Fig. 292.

$$y^2 = y\frac{dy}{dx}\left(2a - y\frac{dy}{dx}\right),$$

ou

$$y\frac{dy^2}{dx^2} - 2a\frac{dy}{dx} + y = 0,$$

ou enfin

$$(1)\quad \frac{y\,dy}{a \pm \sqrt{a^2 - y^2}} = dx.$$

Pour intégrer, posons :

$$a \pm \sqrt{a^2 - y^2} = z, \quad \text{d'où} \quad \frac{y\,dy}{\pm\sqrt{a^2 - y^2}} = dz$$

l'équation (1) peut alors s'écrire :

$$\frac{a - z}{z}\,dz = dx,$$

et par intégration :
$$aL . z - z = x + C.$$

Revenant à la variable y :
$$aL . (a \pm \sqrt{a^2 - y^2}) - (a \pm \sqrt{a^2 - y^2}) = x + C.$$

Il est peu commode d'étudier l'aspect de la courbe avec l'équation précédente.

DEUXIÈME MÉTHODE. — On a immédiatement sur la figure :

(2) $$y = 2a \sin \alpha \cos \alpha = a \sin 2\alpha,$$

d'où par différentiation :
$$dy = 2a \cos 2\alpha \, d\alpha.$$

D'autre part :
$$dx = \cotg \alpha \, dy = \frac{2a \cos \alpha . \cos 2\alpha}{\sin \alpha} d\alpha,$$

et après réductions :
$$dx = 2a \left(\frac{\cos \alpha}{\sin \alpha} - \sin 2\alpha \right) d\alpha.$$

L'intégration est facile, on trouve en négligeant la constante, ce qui ne change pas la forme de la courbe :

(3) $$x = a \cos 2\alpha + 2aL . \sin \alpha.$$

L'équation trouvée par la première méthode s'obtiendrait en éliminant α entre les équations (2) et (3).

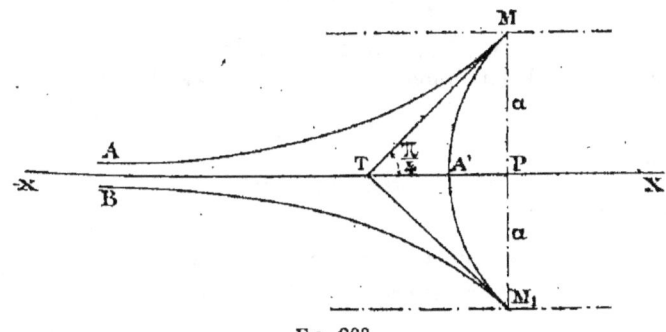

Fig. 293.

Le tracé de la courbe n'offre pas de difficulté ; lorsque α varie de 0 à $\frac{\pi}{2}$, on a une première branche AMA', et, lorsqu'il varie de $\frac{\pi}{2}$

à π, on obtient la branche BM_1A' symétrique de la première par rapport à OX; α ne saurait dépasser la valeur π, car x deviendrait imaginaire. La courbe présente deux points de rebroussement, M et M_1 $\left(\text{pour } \alpha = \frac{\pi}{4},\ \alpha = \frac{3\pi}{4}\right)$, et une asymptote, l'axe OX.

23. *Trouver une courbe dans laquelle, en un point quelconque M, le rayon de courbure MR, augmenté de l'arc OM parcouru à partir d'une origine O prise sur la courbe, donne une somme constante a.*

Ponts et Chaussées, 1888.

Prenons pour axe des x la tangente à la courbe au point O et pour axe des y une perpendiculaire. Prenons pour variable l'angle α de la tangente en un point M avec OX.

On a la condition

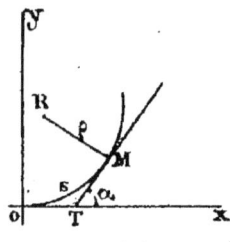

Fig. 294.

$$\rho + s = a;$$

d'autre part :

$$\rho = \frac{ds}{d\alpha}.$$

L'équation différentielle de la courbe est donc :

$$\frac{ds}{a-s} = d\alpha.$$

Une première intégration donne :

$$L(a-s) = c - \alpha;$$

pour $\alpha = 0$, on a par hypothèse $s = 0$, donc $c = La$.

Passant des logarithmes aux exponentielles, il vient :

$$s = a(1 - e^{-\alpha});$$

différentiant :

$$ds = ae^{-\alpha}d\alpha.$$

Mais on a aussi :

$$dx = \cos\alpha \cdot ds = ae^{-\alpha}\cos\alpha\,d\alpha,$$
$$dy = \sin\alpha\,ds = ae^{-\alpha}\sin\alpha\,d\alpha;$$

intégrant par parties chacune de ces différentielles, on obtient :

$$x = \frac{a}{2}[1 + e^{-\alpha}(\sin\alpha - \cos\alpha)],$$
$$y = \frac{a}{2}[1 - e^{-\alpha}(\sin\alpha + \cos\alpha)].$$

ANALYSE

La courbe est une spirale logarithmique ayant pour pôle le point de coordonnées $x = y = \frac{a}{2}$. On a, en effet, en passant aux coordonnées polaires issues de ce point :

$$r^2 = \left(x - \frac{a}{2}\right)^2 + \left(y - \frac{a}{2}\right)^2,$$

ou

$$r = \frac{a}{\sqrt{2}} e^{-u}.$$

On a aussi :

$$\tan \theta = \frac{y - \frac{a}{2}}{x - \frac{a}{2}} = \tan\left[\alpha - \pi\left(2\pi + \frac{3}{4}\right)\right],$$

enfin :

$$r = \frac{a}{\sqrt{2}} e^{-\left[\pi\left(2\pi + \frac{3}{4}\right) + \theta\right]},$$

équation de la forme :

$$r = K e^{m\theta}.$$

24. *Trouver l'équation différentielle d'une série de cercles qui se touchent en un même point et déterminer les trajectoires orthogonales de ces cercles.*

Ponts et Chaussées, 1889.

En coordonnées rectangulaires. — Prenons les axes indiqués sur la figure. On a pour l'équation de la famille de cercles :

$$x^2 + y^2 - 2rx = 0;$$

différentiant, il vient :

$$x\,dx + y\,dy - r\,dx = 0;$$

éliminant r entre les équations précédentes, on obtient l'équation différentielle demandée :

$$(x^2 - y^2)\,dx + 2xy\,dy = 0.$$

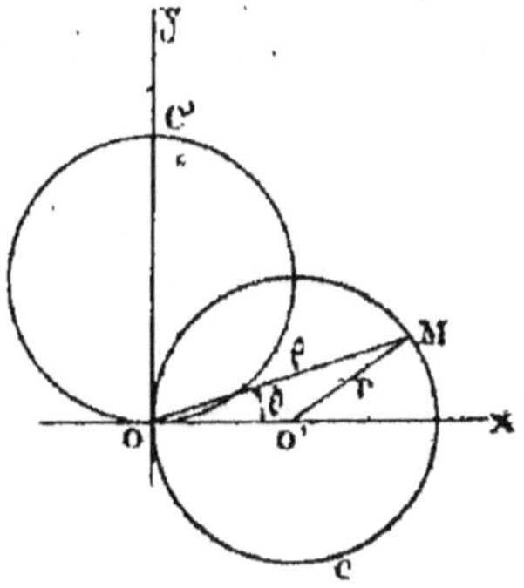

L'équation différentielle des trajectoires orthogonales s'en déduit comme on sait, elle est :

$$(x^2 - y^2)\,dy - 2xy\,dx = 0.$$

Fig. 295.

Pour intégrer, posons :
$$y = ux, \quad \text{d'où} \quad dy = udx + xdu;$$

l'équation devient après ce changement :
$$(1 - u^2)(udx + xdu) - 2udx = 0,$$

ou, en séparant les variables :
$$\frac{dx}{x} = \frac{1 - u^2}{u(1 + u^2)} du = \frac{du}{u} - \frac{2udu}{1 + u^2}.$$

L'intégration est immédiate, on obtient
$$L \cdot x = L \cdot u - L(1 + u^2) + L \cdot C,$$

ou
$$x = \frac{Cu}{1 + u^2} = \frac{Cxy}{x^2 + y^2},$$

et enfin
$$x^2 + y^2 - Cy = 0.$$

Les trajectoires orthogonales de la famille de cercles C sont constituées par une seconde famille de cercles C' ayant leurs centres sur OY. Ce résultat est évident par la géométrie.

En coordonnées polaires. — L'équation de la famille de cercles est
$$\rho = 2r \cos \theta,$$

d'où par différentiation :
$$d\rho = -2r \sin \theta d\theta,$$

et par élimination de r :
$$d\rho = \rho \tang \theta d\theta.$$

C'est l'équation différentielle demandée ; celle des trajectoires orthogonales est :
$$\rho d\theta = \tang \theta d\rho;$$

elle peut s'écrire, en séparant les variables,
$$\frac{d\rho}{\rho} = \frac{d\theta}{\tang \theta} = \frac{\cos \theta \cdot d\theta}{\sin \theta},$$

et par intégration :
$$L \cdot \rho = L \cdot \sin \theta + LC,$$

et enfin :
$$\rho = C \sin \theta = -2 \frac{C}{2} \cos\left(\frac{\pi}{2} + \theta\right).$$

ANALYSE

C'est la famille de cercles donnés que l'on a fait tourner d'un angle droit.

25. *Deux bassins à parois verticales, dont les sections horizontales S et S' sont connues, sont mis en communication par un orifice dont le débit, pendant l'élément de temps dt, est proportionnel au produit de dt par la racine carrée de la différence des hauteurs de l'eau dans les deux bassins. Au moment où la communication est établie, le bassin S' est vide et la hauteur de l'eau dans le bassin S est égale à H. On demande comment varieront en fonction du temps les hauteurs z et z' du liquide dans les deux bassins et à quelle époque l'équilibre sera établi.*

Ponts et Chaussées, 1890.

On a pour le mouvement de l'eau :

$$-S\,dz = K\sqrt{z-z'}\,dt,$$
$$-S\,dz = S'\,dz',$$
$$Sz + S'z' = SH;$$

éliminant successivement z' et z entre ces trois équations, il vient :

$$-S\,dz = \frac{K}{\sqrt{S'}}\sqrt{(S+S')z - SH}\,dt,$$
$$S'\,dz' = \frac{K}{\sqrt{S}}\sqrt{SH - (S+S')z'}\,dt.$$

Les variables se séparent, et l'on a :

$$dt = -\frac{S\sqrt{S'}\,dz}{K\sqrt{(S+S')z - SH}},$$
$$dt = \frac{S'\sqrt{S}\,dz'}{K\sqrt{SH - (S+S')z'}};$$

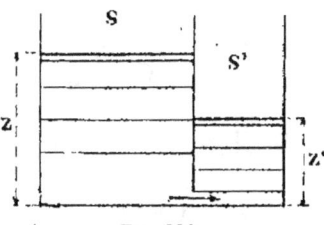

Fig. 296.

intégrant :

$$t = \frac{-2S\sqrt{S'}}{K(S+S')}\sqrt{(S+S')z - SH} + C,$$
$$t = \frac{-2S'\sqrt{S}}{K(S+S')}\sqrt{SH - (S+S')z'} + C'.$$

Pour $t = 0$, on a par hypothèse : $z = H$ et $z' = 0$; donc

$$C = \frac{2S\sqrt{S'}}{K(S+S')}\sqrt{S'H},$$
$$C' = \frac{2S'\sqrt{S}}{K(S+S')}\sqrt{SH}.$$

Les équations précédentes peuvent donc s'écrire, en explicitant par rapport au temps :

$$z = \frac{K^2(S+S')}{4S^2S'} t^2 - \frac{K\sqrt{H}}{S} t + H,$$

$$z' = -\frac{K^2(S+S')}{4S'^2S} t^2 + \frac{K\sqrt{H}}{S'} t.$$

L'époque de l'équilibre s'obtient comme au problème (20) :

$$T = \frac{2SS'}{K(S+S')} \sqrt{H}.$$

26. *Trouver l'équation d'une courbe telle que la projection de l'ordonnée sur la tangente ait une valeur constante a.*

Ponts et Chaussées, 1891.

Première méthode. — On a sur la figure :

$$MQ = y \sin \alpha = a;$$

mais

$$\sin \alpha = \frac{dy}{ds} = \frac{dy}{\sqrt{dx^2 + dy^2}}.$$

L'équation différentielle de la courbe est donc :

$$y\,dy = a\sqrt{dx^2 + dy^2},$$

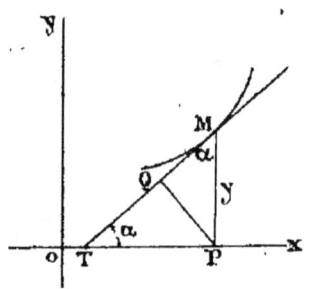

Fig. 297.

elle peut s'écrire :

$$\sqrt{y^2 - a^2}\, dy = a\,dx,$$

d'où

$$a(x + c') = \int \sqrt{y^2 - a^2}\, dy = \int \frac{y^2\,dy}{\sqrt{y^2 - a^2}} - a^2 \int \frac{dy}{\sqrt{y^2 - a^2}}.$$

Procédant par parties, il vient :

$$\int \frac{y^2\,dy}{\sqrt{y^2 - a^2}} = y\sqrt{y^2 - a^2} - \int \sqrt{y^2 - a^2}\, dy.$$

On sait d'autre part que

$$a^2 \int \frac{dy}{\sqrt{a^2 - y^2}} = a^2 \mathrm{L}\left(y + \sqrt{y^2 - a^2}\right) + \mathrm{C}';$$

donc

$$a(x + c') = \frac{1}{2}\left[y\sqrt{y^2 - a^2} - a^2\mathrm{L}\left(y + \sqrt{y^2 - a^2}\right)\right] + \mathrm{C}'.$$

Réunissant les constantes, il vient :

(1) $\quad 2a(x + c) = y\sqrt{y^2 - a^2} - a^2\mathrm{L}\left(y + \sqrt{y^2 - a^2}\right).$

DEUXIÈME MÉTHODE. — Il est facile d'exprimer les coordonnées d'un point quelconque M en fonction de l'angle α ; on a d'abord :

(2) $\qquad y = \dfrac{a}{\sin \alpha},$

d'où

$$dy = -\frac{a \cos \alpha}{\sin^2 \alpha} d\alpha$$

et

$$\tang \alpha = \frac{dy}{dx}, \qquad \text{d'où} \qquad dx = \frac{\cos \alpha}{\sin \alpha} dy,$$

ou encore

$$dx = -\frac{a \cos^2 \alpha}{\sin^3 \alpha} d\alpha = -\frac{a}{\sin^3 \alpha} d\alpha + \frac{a}{\sin \alpha} d\alpha.$$

Mais on sait que

$$\int \frac{d\alpha}{\sin \alpha} = \mathrm{L} \tang \frac{\alpha}{2} = c''.$$

Pour intégrer

$$\int \frac{dx}{\sin^3 \alpha}, \quad \text{on pose} \quad \tang \frac{\alpha}{2} = z ;$$

on trouve sans difficulté :

$$\int \frac{d\alpha}{\sin^3 \alpha} = -\frac{\cos \alpha}{2 \sin^2 \alpha} + \frac{1}{2} \mathrm{L} \tang \frac{\alpha}{2} + c''.$$

On a donc en réunissant les constantes suivantes :

(3) $\qquad 2a(x+c) = a^2 \cos\alpha + a^2 L \cdot \tan\frac{\alpha}{2},$

On retrouverait l'équation (1) en éliminant α entre (2) et (3).

27. *Un bassin rectangulaire, dont la base a une surface s, est alimenté par un robinet qui y déverse un volume d'eau égal à Q pendant l'unité de temps. Un orifice d'écoulement ayant une section σ est percé dans le fond de ce bassin. On demande comment variera la hauteur h de l'eau dans le bassin à partir d'une valeur initiale h_0, et en particulier pour quelle valeur de h le niveau restera stationnaire. La vitesse d'écoulement du liquide par l'orifice sera supposée égale à $\sqrt{2gh}$, g étant l'accélération due à la pesanteur.*

Ponts et Chaussées, 1892.

1° On a pour le mouvement, en supposant que h diminue,

$$Q\,dt - s\,dh = \sigma\sqrt{2gh}\,dt,$$

d'où

$$t = \frac{s}{\sigma\sqrt{2g}} \int_h^{h_0} \frac{dh}{\sqrt{h} - \dfrac{Q}{\sigma\sqrt{2g}}}.$$

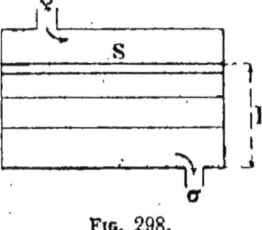

Fig. 298.

Pour intégrer, posons :

$$\sqrt{h} = \frac{Q}{\sigma\sqrt{2g}} + z,$$

d'où

$$dh = 2\left(\frac{Q}{\sigma\sqrt{2g}} + z\right) dz$$

par suite :

$$t = \frac{2s}{\sigma\sqrt{2g}} \int \frac{\dfrac{Q}{\sigma\sqrt{2g}} + z}{z}\, dz.$$

On intègre immédiatement :

$$t = \frac{sQ}{\sigma^2 g} L z + \frac{2s}{\sigma\sqrt{2g}} z + c.$$

ANALYSE 531

Revenant à la variable h et prenant l'intégrale définie, on a :

$$(1) \quad t = \frac{s}{\sigma^2} \frac{Q}{g} \, \mathrm{L} \cdot \frac{\sqrt{h_0} - \dfrac{Q}{\sigma \sqrt{2g}}}{\sqrt{h} - \dfrac{Q}{\sigma \sqrt{2g}}} + \frac{s}{\sigma} \sqrt{\frac{2}{g}} (\sqrt{h_0} - \sqrt{h}).$$

Cette formule exprime comment varie h en fonction du temps.

2° Si x est la valeur de h correspondante au niveau stationnaire, on a :

$$Q dt = \sigma \sqrt{2gx} \cdot dt,$$

d'où

$$Q = \sigma \sqrt{2gx},$$

et enfin

$$x = \frac{Q^2}{2g\sigma^2}.$$

L'équation (1) montre que le plan d'eau met un temps infini pour devenir stationnaire.

28. *Étant donnés trois axes rectangulaires* OX, OY, OZ ; *trouver l'équation de la surface engendrée par une droite parallèle au plan* XOY *et assujettie à s'appuyer sur l'axe* OZ *et sur la circonférence représentée par les équations* $x = 1$, $y^2 + z^2 = 1$.

Calculer le volume compris dans l'intérieur de cette surface entre le cercle donné et l'axe des z.

1° Soit MM' une génératrice du conoïde et A le cercle directeur donné. Pour un point H de la surface dont les coordonnées sont :

$$\mathrm{OK} = x, \quad \mathrm{K}h = y, \quad \mathrm{H}h = z,$$

on a :

$$\frac{\mathrm{OK}}{\mathrm{K}h} = \frac{\mathrm{OA}}{\mathrm{A}m},$$

ou

$$\frac{x}{y} = \frac{1}{y_1};$$

mais

$$y_1^2 = 1 - z^2.$$

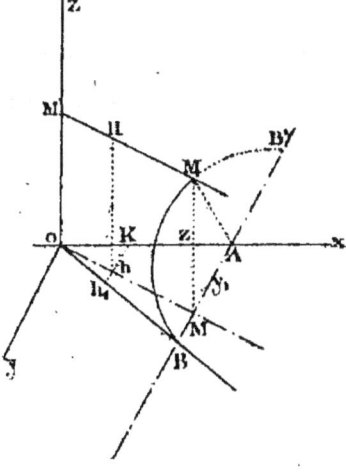

Fig. 299.

L'équation de la surface est donc :

$$z = \pm \sqrt{1 - \frac{y^2}{x^2}}.$$

2° On a pour le volume :

$$V = \iint z\,dx\,dy = \int dx \int \sqrt{1 - \frac{y^2}{x^2}}\,dy ;$$

par raison de symétrie, on peut évaluer pour un quadrant et quadrupler le résultat ; on a alors :

$$V = 4 \int_0^1 dx \int_0^x \sqrt{1 - \frac{y^2}{x^2}}\,dy.$$

Pour la première intégrale, les limites sont o et x, car le triangle OKh_1 est isocèle et l'on a $OK = Kh_1 = x$; pour la seconde, elles sont évidemment o et 1.

Pour intégrer, posons $y = x \sin\varphi$; ce changement est légitime, puisque $y \leq x$; il vient alors, en différentiant partiellement,

$$dy = x \cos\varphi\,d\varphi ;$$

les nouvelles limites sont 0 et $\frac{\pi}{2}$.

On a donc successivement :

$$V = 4 \int_0^1 x\,dx \int_0^{\frac{\pi}{2}} \cos^2\varphi\,d\varphi,$$

$$V = 4 \int_0^1 x\,dx \int_0^{\frac{\pi}{2}} \frac{(1 + \cos 2\varphi)}{2}\,d\varphi,$$

$$V = L \left(\frac{\varphi}{2} + \frac{\sin 2\varphi}{4}\right)_0^{\frac{\pi}{2}} \left(\frac{x^2}{2}\right)_0^1,$$

$$V = \frac{\pi}{2}.$$

29. *Déterminer les trajectoires orthogonales des courbes dont*

ANALYSE

l'équation en coordonnées bipolaires est

(1) $$\frac{1}{r} + \frac{1}{r'} = \alpha_1,$$

α_1 étant une constante.

L'équation (1) donne en différentiant :

(2) $$\frac{dr}{dr'} = -\frac{r^2}{r'^2}.$$

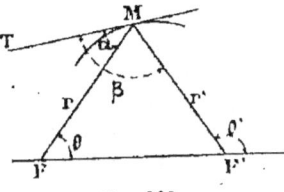

Fig. 300.

D'autre part, on a la relation différentielle connue :

$$\frac{dr}{dr'} = \frac{\cos \alpha}{\cos \beta}.$$

Pour passer d'une famille de courbes à la famille orthogonale, il suffit de remplacer dans l'équation précédente α et β par $\alpha + \frac{\pi}{2}$ et $\beta + \frac{\pi}{2}$, on a donc pour les trajectoires :

$$\frac{dr}{dr'} = \frac{\cos\left(\alpha + \frac{\pi}{2}\right)}{\cos\left(\beta + \frac{\pi}{2}\right)} = \frac{\sin \alpha}{\sin \beta} = \frac{r d\theta}{r' d\theta'},$$

car

$$\sin \alpha = \frac{r d\theta}{ds} \quad \text{et} \quad \sin \beta = \frac{r' d\theta'}{ds}$$

On a aussi avec la relation (2) :

$$\frac{dr}{dr'} = -\frac{r^2}{r'^2} = \frac{r d\theta}{r' d\theta'},$$

d'où

$$\frac{d\theta}{d\theta'} = -\frac{r}{r'}.$$

Enfin le triangle MFF' donne :

$$\frac{r}{r'} = \frac{\sin \theta'}{\sin \theta}.$$

L'équation différentielle des trajectoires orthogonales est donc

$$\frac{d\theta}{d\theta'} = -\frac{\sin \theta}{\sin \theta'},$$

d'où par intégration :
$$\cos\theta + \cos\theta' = \gamma,$$
γ étant une constante.

30. *On donne en coordonnées cylindriques la surface*
$$z = (r - \alpha)\, f(\theta).$$

On demande de trouver :
1° La projection sur les plan des xy des courbes coupant orthogonalement les sections azimutales ;
2° Le volume compris entre le plans coordonnés et la portion de surface comprise dans le trièdre positif, en supposant $f(\theta) = -\cos^2\theta$.

1° On a pour un point de la surface :
$$x = r\cos\theta, \qquad y = r\sin\theta, \qquad z = f(\theta)(r-\alpha).$$

Tout le long d'une section azimutale, θ est constant, donc :
$$\Delta x = \Delta r \cos\theta, \qquad \Delta y = \Delta r \sin\theta, \qquad \Delta z = \Delta r f(\theta).$$

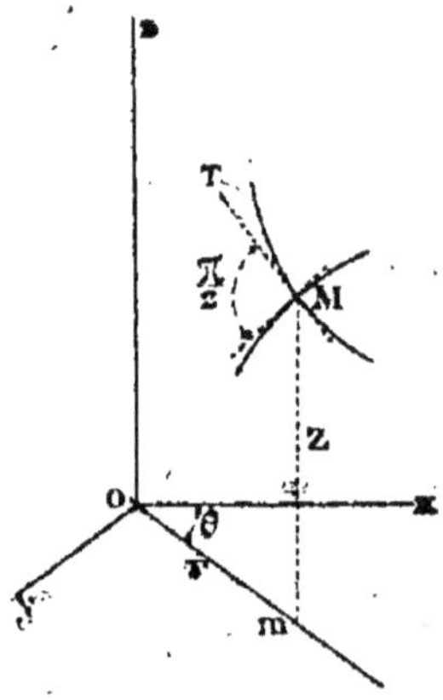

Tout le long d'une courbe quelconque de la surface r, θ, z varient, donc :
$$dx = dr\cos\theta - r\sin\theta\, d\theta,$$
$$dy = dr\sin\theta + r\cos\theta\, .\, d\theta,$$
$$dz = dr f(\theta) + (r-\alpha) f'(\theta)\, d\theta.$$

La relation différentielle d'orthogonalité de deux courbes gauches est, comme on sait :
$$\Delta x\, dx + \Delta y\, dy + \Delta z\, dz = 0 ;$$

elle devient ici :
$$[1 + f^2(\theta)]\, dr + (r-\alpha) f(\theta) f'(\theta)\, d\theta = 0,$$

Fig. 301.

ou, en séparant les variables :
$$\frac{dr}{r-\alpha} + \frac{1}{2} \frac{2 f(\theta) f'(\theta)}{1 + f^2(\theta)}\, d\theta = 0.$$

L'intégration est immédiate, on trouve :
$$(r-\alpha)\sqrt{1 + f^2(\theta)} = C,$$

C étant une constante.

ANALYSE

2° Dans le cas où $f(\theta) = -\cos^2\theta$, on a :

donc
$$dV = zrdrd\theta = r(\alpha - r)\cos^2\theta\, drd\theta;$$

$$V = \int\!\!\int r(\alpha - r)\cos^2\theta\, drd\theta,$$

$$V = \int_0^\alpha r(\alpha - r)\,dr \int_0^{\frac{\pi}{2}} \cos^2\theta\, d\theta,$$

$$V = \frac{\pi\alpha^3}{24}.$$

81. *Déterminer les projections des lignes géodésiques d'un cône de révolution sur un plan perpendiculaire à son axe.*

Les lignes les plus courtes sur une surface sont nommées lignes géodésiques, elles jouissent de la propriété caractéristique que tous leurs plans osculateurs sont normaux à la surface.

Prenons pour axe des z l'axe du cône, l'équation de la surface est :

$$z = r \tang \alpha.$$

Les cosinus directeurs de la normale principale à la ligne géodésique sont proportionnels à :

$$d\frac{dx}{ds}, \qquad d\frac{dy}{ds}, \qquad d\frac{dz}{ds}.$$

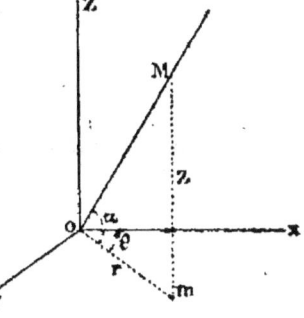

Fig. 302.

Ceux de la normale à la surface sont proportionnels à :

$$p = \frac{\partial z}{\partial x}, \qquad q = \frac{\partial z}{\partial y}, \qquad -1.$$

On doit donc avoir, puisque ces droites coïncident :

mais
$$\frac{d\dfrac{dx}{ds}}{p} = \frac{d\dfrac{dy}{ds}}{q} = -d\frac{dz}{ds};$$

$$p = \frac{x}{r}\tang\alpha, \qquad q = \frac{y}{r}\tang\alpha.$$

L'équation différentielle des lignes géodésiques est donc :

$$xd\frac{dy}{ds} - yd\frac{dx}{ds} = 0,$$

ou, en intégrant :
$$x \frac{dy}{ds} - y \frac{dx}{ds} = C.$$

Si l'on passe aux coordonnées polaires, il vient :

(1) $$xdy - ydx = Cds = r^2 d\theta ;$$

d'autre part, pour une courbe gauche, on a :
$$ds^2 = dr^2 + r^2 d\theta^2 + dz^2 ;$$

l'équation précédente peut donc s'écrire :
$$r^2 d\theta = C \sqrt{r^2 d\theta^2 + (1 + \tan^2 \alpha) \, dr^2},$$

d'où
$$\theta - \theta_0 = \frac{C}{\cos \alpha} \int \frac{dr}{r \sqrt{r^2 - C^2}} = \frac{1}{\cos \alpha} \arccos \frac{C}{r},$$

et enfin
$$r = \frac{C}{\cos[(\theta - \theta_0) \cos \alpha]}.$$

Ces courbes sont semblables et asymptotiques aux génératrices du cône pour
$$\theta - \theta_0 = \pm \frac{(2K + 1) K}{2 \cos \alpha}.$$

PROBLÈMES A RÉSOUDRE

I. — ALGÈBRE

1. *Une ligne droite de longueur $2a$ est courbée en arc de cercle de rayon variable; étudier la variation de l'aire du segment compris entre l'arc et sa corde.*

R. — Le maximum a lieu lorsque l'arc forme une demi-circonférence.

2. *Un tronc de pyramide régulière, à bases octogonales, est circonscrit à une sphère de rayon donné r; étudier la variation du volume lorsque varie l'inclinaison des faces latérales sur les bases.*

R. — Le minimum a lieu lorsque le tronc devient un prisme.

3. *Étant données les parallèles AC, BD et la ligne AB, mener par le point C la ligne Cxy telle que la somme des triangles Bxy et AxC soit un minimum.* — (Viviani.)

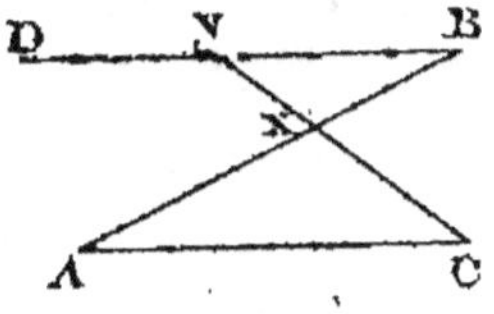

R. — $AC = a$, $AB = b$, $AX = x$.
$x = \dfrac{b}{12}$ donne le minimum.

Fig. 303.

4. *Sur la ligne des centres de deux sphères, trouver un point tel que la somme des zones vues de ce point soit la plus grande possible.*

R. — Soient r et r' les rayons des sphères, d la distance des centres, x la distance du point cherché au centre de la sphère de rayon r. On a

$$x = d \, \frac{r^{\frac{2}{3}}}{r^{\frac{2}{3}} + r'^{\frac{2}{3}}}.$$

PROBLÈMES A RÉSOUDRE

5. *Étant donné un cône droit, on demande de le couper paraboliquement par un plan tel que le segment résultant soit maximum.*

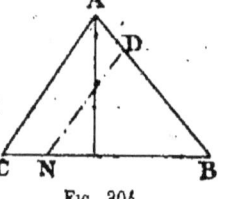

Fig. 304.

R. — Posons

$$BC = a, \quad AC = b, \quad BD = x;$$

le maximum répond à $x = \dfrac{3a}{4}$.

6. *Construire un arrosoir formé par un cylindre et un cône équilatéral et déterminer le maximum du volume pour une surface totale donnée $2\pi a^2$.*

R. — En appelant x le rayon du cylindre, le maximum a lieu pour :

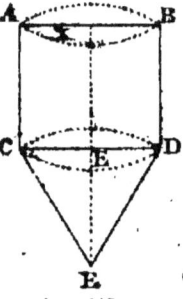

Fig. 305.

$$x = \frac{a}{\sqrt{3-\sqrt{3}}}.$$

7. *Trouver deux nombres dont la différence est 4 et tels que leur produit multiplié par leur somme donne 1386.*

R. — 7 et 11.

8. *Trouver quatre nombres en progression géométrique, connaissant leur somme $2a$ et la somme de leurs carrés $4b^2$.*

R. — $2x$ étant la somme des moyens et y leur produit, on a :

$$y = 2x(x-a) + a^2 - b^2, \quad 2ax^2 + 2b^2 x + a(b^2 - a^2) = 0.$$

9. *Un État voit sa population s'accroître chaque année du 80ᵉ de ce qu'elle était l'année précédente ; dans combien de temps sa population sera-t-elle doublée ? triplée ?*

R. — 1° Dans 56 ans environ ; 2° dans 88 ans environ.

10. *Une somme de 50.000 francs a été placée à intérêts composés ; si on l'eût laissée 2 ans de moins, le capital définitif aurait été inférieur de 4.412ᶠ,93 ; si, au contraire, on l'eût laissée 2 ans de plus, le capital aurait été augmenté de 4.773 francs. Trouver le taux de l'intérêt et la durée du placement.*

R. — Taux, 4 0/0. Temps, 4 ans.

ALGÈBRE

11. *Résoudre une équation du 3e degré, sachant que parmi ses racines il y en a deux qui sont égales et de signes contraires.*

R. — Soit
$$ax^3 + bx^2 + cx + d = 0.$$
La condition est $ad = bc$; on a par suite
$$ax^3 + bx^2 + cx + d = (ax + b)\left(x^2 + \frac{c}{a}\right) = 0.$$

12. *Résoudre une équation du 3e degré, sachant que l'une des racines est moyenne géométrique entre les deux autres.*

R. — L'équation étant $x^3 + px^2 + qx + r = 0$, on trouve la condition $q^3 = p^3 r$, et l'on a :
$$x^3 + px^2 + qx + r = \left(x + \frac{q}{p}\right)\left[x^2 + x\left(p - \frac{q}{p}\right) + \frac{q^2}{p^2}\right] = 0.$$

13. *Résoudre un triangle connaissant le périmètre $2p$, le rayon r du cercle inscrit et le rayon R du cercle circonscrit.*

R. — x, y, z sont les côtés; les racines de l'équation
$$z^3 - 2pz^2 + (p^2 + R^2 + 4Rr)z - 4prR = 0$$
répondent à la question; on ramène cette équation à la forme ordinaire en posant $z = u + \frac{2p}{3}$; elle devient :
$$u^3 - \left(\frac{p^2}{3} - 4Rr - r^2\right)u + \frac{2p}{3}\left(\frac{p^2}{9} - 2Rr + r^2\right) = 0.$$

14. *Inscrire dans un cercle un polygone régulier de 30 côtés.*

R. — Soit x un des côtés, on a l'équation :
$$x^5 - 5x^3 + 5x - 1 = 0,$$
qui admet la solution $x = 1$; en la supprimant, il reste l'équation:
$$x^4 + x^3 - 4x^2 - 4x + 1 = 0,$$
que l'on traite par la méthode de Ferrari.

15. *Inscrire dans une sphère un cône ayant pour base AB et dont le volume soit égal à celui du segment ABCD.*

R. — Posant
$$AB = 2r, \text{ on a } x = \frac{r}{\sqrt{2}}\sqrt{\sqrt{5} - 1}.$$

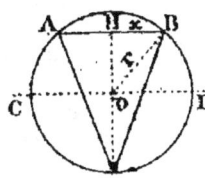

Fig. 306.

II. — GÉOMÉTRIE ANALYTIQUE

16. *Lieu des centres des courbes du deuxième degré tangentes à quatre droites données.*

R. — Le lieu est une ligne droite.

17. *Lieu des projections du centre d'une hyperbole sur les tangentes.*

R. — Lemniscate de Bernoulli.

18. *Lieu des foyers des paraboles de même sommet et qui passent par un point donné.*

R. — Cissoïde de Dioclès.

19. *Lieu des foyers des ellipses tangentes à deux axes rectangulaires donnés et dont le centre est un point donné.*

R. — Hyperbole équilatère.

20. *On donne une tangente à la parabole et le sommet. Trouver le lieu des foyers.*

R. — Parabole.

21. *Lieu des foyers des paraboles de grandeur invariable qui touchent une droite donnée en un point donné.*

R. — Prenant la droite donnée pour axe des x et une perpendiculaire passant au point donné pour axe des y, le lieu est la quartique $4y^4 - p^2(x^2 + y^2) = 0$.

22. *Lieu de la projection de l'extrémité d'un diamètre de l'ellipse sur son conjugué.*

R. — C'est une courbe à 4 boucles tangentes aux axes.

23. *Lieu des projections du sommet d'une parabole $y^2 - 2px = 0$ sur les tangentes.*

R. — $(2x + p)y^2 + 2x^3 = 0$.

GÉOMÉTRIE ANALYTIQUE

24. *Lieu des sommets des hyperboles qui ont une asymptote et un foyer communs.*

R. — p, distance du foyer à l'asymptote; on a:
$$(p + x) y^2 = x^2 (p - x).$$

25. *Lieu du sommet d'un triangle dont la base est constante et dont l'un des angles est le tiers de l'autre.*

R. — Soit $2a$ la base; prenons cette ligne pour axe des x et une perpendiculaire en son milieu pour axe des y. Le lieu est
$$y^2 (2x + a) = (a + x)^2 (2x - a).$$

26. *On donne deux points fixes A et B. De A et B comme centres on décrit deux cercles, l'un de rayon constant, l'autre de rayon variable. Le lieu des points de contact des tangentes communes avec le cercle variable est un limaçon de Pascal.*

$$(r = a \cos \theta \pm R).$$

27. *Étant donné un quadrilatère circonscriptible à un cercle, on déforme ce quadrilatère, ses côtés conservant des longueurs invariables et deux sommets restant fixes. Lieu du centre du cercle inscrit.*

R. — Le lieu est un cercle.

28. *Un cercle quelconque passe par le sommet d'une parabole et par trois autres points A, B, C de la courbe. Trouver le lieu des points de concours des normales à la parabole en ces points quand le rayon du cercle reste constant.*

R. — Le lieu est une ellipse dont le grand axe est égal à 8R et le petit axe à 4R.

29. *Dans un cercle O, on tire un diamètre OA et une corde BC, qui le coupe en D; on tire AC et BA' et on demande le lieu des points M où ces droites se coupent lorsqu'on fait varier la position de BC avec la condition que l'angle BDx soit constant.*

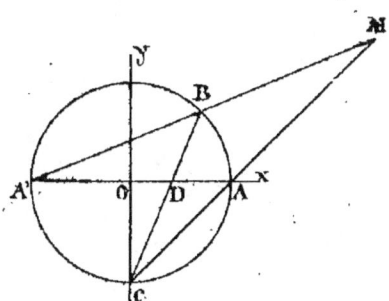

Fig. 307.

R. — Le lieu est l'hyperbole
$$r(x^2 - y^2) - 2xy - r^3 = 0.$$

30. *Par un point M supposé mobile sur une parabole P, on mène une perpendiculaire D à la droite qui joint M au sommet de la courbe. Trouver l'enveloppe des droites D. — Parabole : $y^2 - 2px = 0$.*

R. — $\qquad 27py^2 = 2(x - 2p)^3.$

III. — ANALYSE

31. *Trouver les courbes planes dans lesquelles la différence entre le carré de l'arc et le carré de l'ordonnée est constante.*

R. — Chaînette.

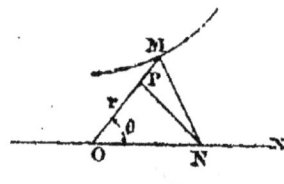

Fig. 308.

32. *Trouver une courbe plane telle que la projection de sa normale MN, limitée à l'axe polaire, sur le rayon vecteur soit une constante a.*

R. —
$$r(1 - C\cos\theta) = a.$$

33. *Déterminer une courbe de façon que le rayon de courbure ρ en un point quelconque M de cette courbe et l'arc $s = $ AM compté à partir d'un point fixe A vérifient la relation*
$$a\rho = s^2 + a^2,$$
dans laquelle a désigne une ligne donnée.

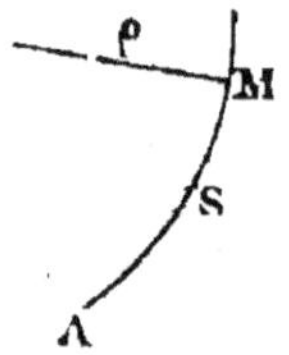

R. — Chaînette.

Fig. 309.

34. *Courbes dont les normales sont coupées en deux parties égales par la parabole $\beta^2 = a\alpha$.*

R. — $\qquad y^2 = Ce^{\frac{x}{a}} + 4a(x+a).$

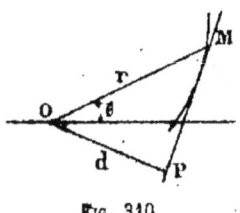

Fig. 310.

35. *Trouver une courbe telle que le rayon vecteur r soit proportionnel au cube de la distance d du centre à la tangente ($r = ad^3$).*

R. —
$$a^{\frac{1}{3}} r^{\frac{2}{3}} \cos \frac{2}{3}\theta = 1.$$

ANALYSE 543

36. *Trouver une courbe plane telle que les rayons lumineux émanés d'un point fixe* A *viennent, après deux réflexions sur la courbe, repasser par le point* A. — (Biot.)

R. — Cercle passant par le point.

37. *Trouver une courbe dans laquelle le rayon de courbure soit proportionnel à la normale* (K, *rapport de proportionnalité*).

R. — $K = 1$, chaînette, $K = -1$, cercle
    $K = 2$, parabole, $K = -2$, cycloïde.
    $K = 3$, conique.

38. *Trajectoires orthogonales des paraboles* $y^2 = 2p(x - \alpha)$.

R. — $$y = Ce^{-\frac{x}{p}}.$$

39. *Trajectoires orthogonales des courbes représentées en coordonnées polaires par l'équation*
$$r^2 = a^2 L \cdot \frac{\tang \theta}{\alpha},$$

R. — $2r^2 (\sin^2 \theta + C) = a^2$.

40. *Trajectoires orthogonales des cissoïdes comprises dans l'équation*
$$y^2 (2d - a) = x^3.$$

R. — $(x^2 + y^2)^2 = C^2 (2x^2 + y^2)$ ou $r^2 = c^2 (1 + \cos^2 \theta)$

41. *Calculer l'aire totale de la surface engendrée par une cardioïde*
$$r = 2a (1 + \cos \theta),$$
tournant autour de son axe.

R. — $$S = \frac{2^5}{5} \pi (2a)^2.$$

42. *Déterminer le volume engendré par la révolution de l'aire de la spirale logarithmique* $r = ae^{m\theta}$ *comprise entre les angles polaires*
$$\theta_0 = 0 \quad \text{et} \quad \theta = \arctang \frac{m}{3}.$$

R. — $$V = \frac{2}{3} \frac{\pi a^3}{9m^2 + 1}.$$

544　PROBLÈMES A RÉSOUDRE

43. *Rectifier la spirale d'Archimède $r = a\theta$, $\theta_0 = 0$.*

R. — On a
$$s = \frac{a}{2}\left[\theta\sqrt{1+\theta^2} + L(\theta + \sqrt{1+\theta^2})\right].$$

44. *Trouver la courbe méridienne d'une surface de révolution telle que le produit des rayons de courbure principaux soit dans un rapport constant avec le rayon du parallèle.*

R. — Cycloïde.

45. *Déterminer la fonction f de telle sorte que le conoïde $z = f\left(\dfrac{y}{x}\right)$ soit coupé par le plan $x = 1$ suivant une ligne de courbure.*

R. — $\qquad f(x,y) = cL(y + \sqrt{y^2 - c^2})$

FIN

TABLE DES MATIÈRES

PREMIÈRE PARTIE

ANALYSE

CHAPITRE PREMIER

Compléments d'algèbre

Pages.

§ 1. — COMBINAISONS ET BINÔME DE NEWTON. — Arrangements. — Permutations. — Combinaisons. — Produits de binômes qui diffèrent par le second terme. — Binôme de Newton... 5

§ 2. — QUANTITÉS IMAGINAIRES. — Définitions. — Conventions. — Transformation des quantités imaginaires. — Produits de quantités imaginaires. — Formule de Moivre...... 12

§ 3. — SÉRIES. — Définitions. — Séries à termes positifs, règles de convergence. — Applications. — Séries alternées. — Limite de $\left(1 + \frac{1}{m}\right)^m$, quand m augmente indéfiniment. — Valeur de e.................................. 23

§ 4. — LOGARITHMES. — Définitions. — Propriétés des logarithmes. — Changement de base. — Différents systèmes de logarithmes. — Exercices.................. 30

CHAPITRE II

Calcul différentiel

§ 1. — DÉRIVÉES ET DIFFÉRENTIELLES. — Définition des fonctions. — Continuité des fonctions. — Infiniment petits. — Dérivée et différentielle. — Recherche directe de quelques différentielles. — Théorèmes relatifs au calcul des différentielles. — Fonctions de fonctions. — Fonctions de variable imaginaire. — Fonctions explicites de plusieurs variables. — Fonctions implicites. — Différentielles d'un usage courant. — Applications. — Fonctions homogènes. — Différentielles successives des fonctions explicites de plusieurs variables. — Changement des variables........................ 67

§ 2. — Développements en séries. — Formule de Taylor, cas d'une fonction entière, cas d'une fonction quelconque. — Formule de Maclaurin. — Applications. — Formules d'Euler. — Formule pour le calcul de logarithmes. — Fonctions de plusieurs variables.. 78

§ 3. — Variation des fonctions, maxima et minima. — Théorème relatif au maximum et au minimum d'une fonction. — Exemples. — Fonctions implicites. — Fonctions de plusieurs variables.. 87

§ 4. — Expressions indéterminées. — Définitions. — Règle de L'Hopital. — Exemples. — Exercices.................... 92

CHAPITRE III

Calcul intégral

§ 1. — Procédés d'intégration. — Définition de l'intégrale. — Interprétation géométrique de l'intégrale. — Intégrale indéfinie. — Intégrale définie. — Intégration immédiate. — Intégration par décomposition. — Intégration par substitution. — Intégration par parties. — Fonctions rationnelles et irrationnelles. — Différentielles renfermant la racine carrée d'un trinôme du second degré. — Différentielles binômes. — Différentielles des fonctions circulaires et exponentielles. — Exemples... 119

§ 2. — Intégrales définies. — Calcul des intégrales définies. — Tableau d'intégrales définies. — Intégrales elliptiques. — Calcul approché des intégrales définies. — Emploi des séries... 130

§ 3. — Équations différentielles. — Définitions, génération des équations différentielles. — Séparation des variables. — Équations homogènes du premier ordre. — Équations linéaires du premier ordre. — Équation de Bernoulli. — Équation de Clairaut. — Équation de Riccati. — Équations du second ordre de la forme $f\left(\dfrac{dy}{dx}, \dfrac{d^2y}{dx^2}\right) = 0$. — Équations du second ordre de la forme $\dfrac{d^2y}{dx^2} = f(y)$. — Exemples. — Équations linéaires. — Équations simultanées. — Équations aux dérivées partielles. — Calcul des variations................ 164

CHAPITRE IV

Théorie des équations

§ 1. — THÉORÈMES GÉNÉRAUX. — Définition de l'équation algébrique de degré m. — Théorème de d'Alembert. — Relations entre les coefficients et les racines d'une équation algébrique. — Théorème de Descartes. — Théorème de Rolle. — Racines égales. — Transformation des équations. — Limites des racines d'une équation. — Calcul des différences. — Interpolation............................ 189

§ 2. — RÉSOLUTION DES ÉQUATIONS. — Équation binôme. — Équation du troisième degré. — Équation du quatrième degré. — Exercices................................. 200

DEUXIÈME PARTIE

GÉOMÉTRIE

CHAPITRE V

Géométrie à deux dimensions

§ 1. — PRÉLIMINAIRES. — LIGNE DROITE ET CERCLE. — Définition des coordonnées. — Représentation des courbes par des équations. — Exemples. — Distance de deux points. — Projections. — Transformation des coordonnées. — Ligne droite. — Problèmes sur la ligne droite. — Applications. — Angle de deux droites. — Distance d'un point à une droite. — Équations du cercle dans le système cartésien et dans le système polaire............................... 232

§ 2. — THÉORIE GÉNÉRALE DES COURBES. — Tangente, sous-tangente. — Normale, sous-normale. — Emploi des coordonnées polaires. — Exemples. — Asymptotes rectilignes. — Concavité. — Convexité. — Inflexion. — Centres. — Diamètres. — Axes. — Construction des courbes en coordonnées rectilignes et en coordonnées polaires. — Exemples. — Quadrature des aires planes. — Rectification des courbes. — Courbure et rayon de courbure. — Développées. — Équation intrinsèque d'une courbe. — Courbes enveloppes. — Courbes orthogonales.................................... 290

§ 3. — COURBES DU SECOND DEGRÉ. — Classification des courbes du second degré. — Centre. — Diamètres. — Axes. — Asymptotes. — Réduction de l'équation du second degré. — Ellipse rapportée à ses axes. — Foyers de l'ellipse. — Équation polaire de l'ellipse. — Tangente à l'ellipse, tracé des tangentes. — Normale à l'ellipse. — Diamètres et cordes supplémentaires dans l'ellipse. — Théorèmes d'Apollonius. — Rayon de courbure de l'ellipse. — Quadrature de l'ellipse. — Rectification de l'ellipse. — Hyperbole rapportée à ses axes. — Asymptotes de l'hyperbole. — Tangente et normale à l'hyperbole. — Quadrature et rectification de l'hyperbole. — Parabole. — Équation commune aux trois courbes du second degré. — Rayon de courbure, quadrature et rectification de la parabole. — Détermination des courbes du second degré... 353

§ 4. — COURBES TRANSCENDANTES. — Cycloïde, construction par points, principales propriétés. — Epicycloïde et hypocycloïde. — Développante du cercle. — Chaînette. — Tractoire d'Huyghens. — Folium de Descartes. — Spirale d'Archimède. — Spirale logarithmique. — Spirale hyperbolique. — Spirale volute. — Lemniscate de Bernoulli. — Cardioïde........ 371

CHAPITRE VI

Calcul graphique

§ 1. — RÉSOLUTION DES ÉQUATIONS. — Équations du troisième degré. — Cas où les coefficients sont très grands. — Équations du quatrième degré. — Applications. — Équation d'un degré quelconque. — Exemples. — Méthode d'approximation de Newton. — Équations transcendantes. — Exemples. — Autre méthode..................................... 384

§ 2. — ABAQUES. — Principes. — Courbes cotées. — Principe de l'anamorphose. — Abaque de l'équation du troisième degré. — Formules de Fourier pour le calcul des profils en travers. — Abaques de Lalanne. — Abaques à échelles linéaires. — Principe de M. Lallemand. — Coordonnées parallèles. — Abaque de M. d'Ocagne pour le calcul des profils en travers. — Abaque de M. Dariès pour le calcul des conduites d'eau.. 406

CHAPITRE VII

Géométrie à trois dimensions

§ 1. — Préliminaires. — Plan et ligne droite. — Coordonnées dans l'espace. — Représentation des surfaces et des lignes par des équations. — Projections. — Distance de deux points. — Transformation des coordonnées. — Équation du plan. — Problèmes sur le plan, angles, distances. — Équations de la ligne droite. — Problèmes sur la ligne droite, angle d'une droite et d'un plan, angle de deux droites....... 430

§ 2. — Courbes gauches. — Définition et équations d'une courbe gauche. — Tangente et plan normal. — Rectification. — Plan osculateur. — Normale principale. — Courbure et rayon de courbure. — Torsion. — Formules de Frenet. — Hélice.. 450

§ 2. — Surfaces. — Classification des surfaces. — Surfaces cylindriques et coniques. — Exemples. — Surfaces de révolution. — Surfaces développables. — Surfaces gauches. — Conoïdes. — Surfaces du second degré. — Exemples. — Hélicoïde gauche à plan directeur. — Plan tangent et normale. — Courbure des surfaces. — Lignes de courbure. — Lignes asymptotiques. — Lignes géodésiques. — Cubature des volumes. — Volumes de révolution. — Volumes terminés par des surfaces quelconques. — Exemples. — Quadrature des surfaces.. 497

Problèmes résolus sur l'algèbre, la géométrie analytique et l'analyse................................. 536

Exercices proposés.. 544

Table des matières....................................... 549

Tours. — Imprimerie Deslis Frères.

BIBLIOTHÈQUE DU CONDUCTEUR

DE

TRAVAUX PUBLICS

PUBLIÉE

SOUS LES AUSPICES

DE

MM. les Ministres des Travaux publics, de l'Agriculture,
de l'Instruction publique,
du Commerce et de l'Industrie, de l'Intérieur,
des Colonies, de la Justice.

ENSEMBLE DES CONNAISSANCES
INDISPENSABLES AUX CONDUCTEURS DES PONTS ET CHAUSSÉES
ET CONDUCTEURS MUNICIPAUX, AGENTS VOYERS,
CONTRÔLEURS DES MINES, CHEFS DE SECTION, ARCHITECTES VOYERS, ENTREPRENEURS,
CONDUCTEURS DE TRAVAUX, CHEFS DE DISTRICT, INSPECTEURS,
VÉRIFICATEURS, ETC.

Programme. — Conditions de souscription.
Abrégé de la table des matières des 51 volumes parus.

PARIS
Vve CH. DUNOD, ÉDITEUR
49, Quai des Grands-Augustins, 49

PROGRAMME ET PRIX DES VOLUMES
PARUS ET A PARAITRE

GÉNÉRALITÉS

* 1 Mathématiques............... 8 50
* 2 Mécanique, hydraulique et thermodynamique......... 9 »
* 3 Physique et chimie......... 8 50
* 4 Résistance des matériaux : T. I................. 15 »
  5 Résistance des matériaux : T. II................ 10 »
  Topographie. Etudes et opérations sur le terrain :
* 6 1er vol. : Instruments..... 12 »
* 7 2e vol. : Méthodes....... 15 »
  8 Travaux graphiques....... 12 »
  9 Maçonneries.............. 10 »
* 10 Bois et métaux............ 8 »
* 11 Tracé et terrassements...... 15 »
  12 Fouilles et fondations...... 10 »
* 13 *Droit civil*................ 8 »
* 14 *Droit administratif général*. 9 »
  15 *Economie politique et statistique*.............. 8 »
* 16 *Droit commercial et industriel*................ 10 »
* 17 *Procédure civile et droit pénal*................ 8 »
* 18 *Exécution des travaux publics*................. 12 »
* 19 *Organisation des services de travaux publics*....... 8 »
* 20 *Comptabilité des travaux publics et tenue des bureaux*............... 12 »
  21 *Comptabilité des services techniques, municipaux et départementaux*..... 9 »
* 22 *Rôle social et économique des voies de communication*.. 10 »
  23 *Rapports de service*........ 8 »
* 24 Hygiène................. 7 50

SPÉCIALITÉS

Section I. — Chaussées et ponts

25 Ponts en maçonnerie........ 12 »
26 Ponts en bois et en métal... 15 »
* 27 Routes et chemins vicinaux.. 12 »
28 *Droit administratif. De la voirie*................ 8 »

Total....... 47 »

4 volumes. — En souscription, 43 fr.

Section II. — Service municipal

* 29 Voie publique............. 12 »
* 30 Distribution des eaux....... 15 »
* 31 Egouts. — Assainissement... 18 »
* 32 Plantations, jardins et promenades................ 11 »
* 33 Eclairage................ 12 »
  34 *Droit administratif. De la voirie urbaine*.......... 8 »

Total....... 76 »

6 volumes. — En souscription, 70 fr.

Section III. — Navigation

35 Fleuves et rivières navigables. 12 »
36 Canaux et rivières canalisées. 12 »
37 Ports maritimes.......... 15 »
38 Phares et balises......... 10 »
39 Exploitation des ports...... 9 »
40 Pisciculture, ostréiculture, mytiliculture................ 8 »
41 *Droit administratif. Des eaux*................ 10 »

Total....... 76 »

7 volumes. — En souscription, 70 fr.

Section IV. — Chemins de fer et tramways

* 42 Construction et voie........ 12 50
* 43 Locomotive et matériel roulant 12 »
* 44 Exploitation technique....... 16 »
  45 Exploitation commerciale.... 8 »
* 46 Tramways et automobiles.... 12 »
  47 *Législation des chemins de fer et tramways*........ 9 »
* 48 Contrôle des chemins de fer. 12 »

Total....... 81 50

7 volumes. — En souscription, 74 fr.

Section V. — Mines. — Machines

* 49 Géologie et minéralogie appliquées .... 12 »
* 50 Exploitation des mines .... 9 »
* 51 Chaudières à vapeur .... 12 »
* 52 Machines à vapeur .... 15 »
* 53 Machines hydrauliques ...... 10 »
* 54 *Législation et contrôle des mines* .... 12 »
* 55 *Législation et contrôle des appareils à vapeur* ...... 8 »

        Total .... 78 »

7 volumes. — Ensemble, 71 fr.

Section VI. — Constructions civiles, administratives et militaires

* 56 Architecture .... 15 »
* 57 Charpente et couverture ..... 10 »
* 58 Menuiserie, serrurerie, plomberie, peinture, vitrerie ... 10 »
* 59 Fumisterie, chauffage et ventilation .... 10 »
* 60 Devis et évaluations .... 15 »
* 61 Édifices publics pour villes et villages .... 15 »
* 62 *Législation du bâtiment* .... 8 »

        Total .... 83 »

7 volumes. — En souscription, 75 fr.

Section VII. — Agriculture

* 63 Agriculture .... 9 »
* 64 Hydraulique agricole. 1re et 2e partie .... 12 »
* 65 Id. 3e partie .... 15 »
* 66 Id. 4e à 8e partie .... 15 »
* 67 Génie rural .... 10 »
* 68 *Code rural* .... 8 »

        Total .... 69 »

6 volumes. — En souscription, 63 fr.

Section VIII. — Électricité. — Photographie

* 69 Théorie et production de l'électricité .... 12 »
* 70 Applications industrielles de l'électricité .... 12 »
* 71 Photographie. Reproduction des dessins .... 9 »

        Total .... 33 »

3 volumes. — Ensemble, 30 fr.

Section IX. — Sciences militaires

* 72 Génie .... 12 »
* 73 Sciences et arts militaires ... 12 »

        Total .... 24 »

2 volumes. — En souscription, 22 fr.

Les volumes précédés d'un astérisque sont parus (la table des matières de chacun d'eux est envoyée franco sur demande), et tous les autres sont à l'impression ou en préparation.

CONDITIONS DE SOUSCRIPTION

Tous les volumes de la Bibliothèque du Conducteur des Travaux publics, *dont chaque page contient la matière des livres grand in-8°*, sont de format in-16 (19 × 13), composés avec des caractères neufs, de lecture facile, imprimés sur beau papier, pourvus d'une solide et élégante reliure en peau souple ; ils peuvent être aisément portés sur les travaux.

Pour éviter les surprises désagréables auxquelles ont souvent donné lieu les souscriptions à certaines publications de longue haleine par l'augmentation inattendue du nombre de volumes et du prix prévu, *nous avons décidé de fixer dès maintenant la quantité des livres à paraître, leurs prix et les conditions de souscription : soit à la collection entière, soit à un certain nombre de volumes.*

Les prix de souscription que nous indiquons sur le programme ci-contre représentent un maximum ; dans aucun cas, ils ne pourront être dépassés pour les volumes demandés avant leur apparition. Ils seront, au contraire, diminués si le développement de la question traitée n'atteint pas le nombre de pages et de figures sur lesquelles nous avons basé ces prix.

Avantages des souscriptions immédiates. — Toutefois nous nous réservons d'augmenter le prix de vente, suivant l'importance des ouvrages, pour les exemplaires qui nous seront demandés *après l'apparition des volumes* ; les nombreuses personnes susceptibles d'acquérir : un, plusieurs ou l'ensemble des livres de notre Bibliothèque, ont donc grand intérêt à nous adresser, dès maintenant, la liste des livres qu'elles désirent recevoir. Plus élevé sera le nombre des souscripteurs, plus grands seront les soins que nous apporterons, à la satisfaction de tous, dans l'exécution, plus parfaite encore, de nos éditions.

Souscription complète. — *Nous acceptons, dès à présent, des souscriptions à la collection entière, qui comprendra 73 volumes, au prix ferme de 580 francs, payables maintenant 15 francs tous les mois ou 45 francs par trimestre.* Ce prix, réduit de 580 francs, représente une réduction de 25 0/0 sur le prix des volumes achetés séparément.

Clients étrangers. — Nos clients étrangers, moins intéressés aux divers volumes traitant des questions de droit et d'administration, peuvent souscrire à la partie technique seule pour un prix ferme de 475 francs, payables 40 francs par trimestre. Les questions de droit et d'administration, 20 volumes, sont indiquées en caractères penchés sur le programme.

Souscription à 10 volumes. — La demande de 10 volumes parus ou à paraître, payables 15 francs par trimestre, au fur et à mesure de la réception des livres, donne droit à une réduction de 10 0/0 sur les prix marqués au programme.

Souscription à 20 volumes et au-dessus. — Pour 20 volumes et au-dessus, la réduction sera de 15 0/0, et le paiement de 10 francs par mois ou 30 francs par trimestre.

Souscription à une section. — Les prix de souscription de chacune des sections sont indiqués au programme et sont payables 15 francs par trimestre, après réception d'un ou plusieurs volumes.

Souscription à un ou plusieurs volumes. — Un ou plusieurs volumes divers souscrits avant l'apparition seront payables aux prix marqués en une ou plusieurs traites mensuelles ou trimestrielles au fur et à mesure de l'envoi des livres.

Paiements. — *Les paiements ne seront jamais anticipés :* ils seraient suspendus jusqu'à l'apparition de nouveaux volumes, si le montant net des livres reçus était acquitté entièrement.

Expédition. — Les volumes parus sont expédiés de suite et *franco*. Les volumes à paraître seront envoyés *franco* aussitôt parus.

EXTRAIT DE LA TABLE DES MATIÈRES
DES 51 VOLUMES PARUS

Vendus séparément aux prix indiqués et pouvant être payés en deux fois : la moitié un mois après la réception du volume, l'autre moitié trois mois après le premier versement.

(La Table complète des matières de chacun des volumes parus est envoyée gratuitement sur demande).

MATHÉMATIQUES, par Georges Dariès, conducteur municipal attaché à la direction des eaux de Paris. Gr. in-16 de 350 pages avec 175 fig.   8 fr. 50

> MATHÉMATIQUES ÉLÉMENTAIRES : Rappel des formules usuelles : *Arithmétique, algèbre, géométrie, trigonométrie*.
> NOTIONS COMPLÉMENTAIRES : Algèbre et premiers éléments du calcul infinitésimal : *Compléments d'algèbre, calcul différentiel, calcul intégral, théorie des équations*. Géométrie analytique : *Géométrie à deux dimensions, applications de la géométrie, géométrie à trois dimensions*.

MÉCANIQUE, HYDRAULIQUE, THERMODYNAMIQUE, par Georges Dariès, conducteur des ponts et chaussées, attaché à la direction des eaux de Paris. Gr. in-16 de 376 pages avec 217 fig. et 2 pl. ....   9 fr.

> MÉCANIQUE RATIONNELLE : Cinématique. Statique. Dynamique. Hydrostatique et hydrodynamique. HYDRAULIQUE : Orifices. Ajutages. Déversoirs. Tuyaux de conduite. Canaux et rivières. Résistance des liquides. THERMODYNAMIQUE : Principes fondamentaux. Gaz parfaits. Vapeurs saturées. Écoulement des gaz.

PHYSIQUE ET CHIMIE, par Ad. Bareau, ingénieur des arts et manufactures. Gr. in-16 de 388 pages avec 214 fig. ....   8 fr. 50

> PHYSIQUE : Préliminaires. Pesanteur. Hydrostatique. Chaleur. Électricité. Acoustique. Optique. Notions de météorologie.
> CHIMIE : Préliminaires. Métalloïdes. Métaux. Notes sur quelques substances organiques. Notions sommaires d'analyse chimique (analyse qualitative).

RÉSISTANCE DES MATÉRIAUX APPLIQUÉE AUX CONSTRUCTIONS. Méthodes pratiques par le calcul et la statique graphique. Tome Ier : *Poutres, charpentes et ponts*, par E. Aragon, ingénieur des arts et manufactures. Gr. in-16 de 662 pages avec 387 fig. ....   15 fr.

> Principes de la résistance des matériaux. Action des forces extérieures. Moments d'inertie. Sections à donner aux pièces prismatiques. Calculs graphiques. Composition et équilibre des forces. Composition et décomposition des forces. Statique graphique. Polygone funiculaire. Moments statiques des forces. Détermination graphique des centres de gravité. Poutres droites à âme pleine sur deux appuis libres ou encastrés : charges fixes et directes, charges indirectes, charges variables, charges mobiles. Statique graphique appliquée à l'étude des poutres posées sur deux appuis libres. Emploi du polygone funiculaire dans la recherche des moments fléchissants et efforts tranchants. Poutres à treillis. Contreventements des ponts. Charpentes. Tracé des efforts dans les fermes. Déformation des poutres. Calculs complets de passerelles, de ponts pour voies de terre et de fer. Construction des ponts et charpentes : Cahier des charges-type. Qualités et essais des fers, fontes et aciers. Règlement relatif aux épreuves des ponts métalliques. Ponts à travées métalliques dépendant des chemins vicinaux. Halles à voyageurs et à marchandises. Règlement de 1902 relatif à la vérification des calculs et aux épreuves des constructions métalliques des chemins de fer.

TOPOGRAPHIE appliquée aux travaux publics, par E. Prévot, conducteur des ponts et chaussées, faisant fonctions d'ingénieur au service du nivellement général de la France, suivi d'un Appendice relatif à la Topo-

— 6 —

GRAPHIE EXPÉDIÉE, par O. Roux, conducteur des ponts et chaussées.
Tome Ier : **Instruments**. Gr. in-16 de 438 pages avec 272 fig. et 1 pl.   12 fr.

<small>NOTIONS PRÉLIMINAIRES : Notions élémentaires sur la théorie des erreurs. Etude de quelques organes d'instruments. Mires et stadias. MESURE DES ANGLES : Mesure des angles horizontaux. Mesure des angles verticaux. MESURE DES DISTANCES : Mesure directe des distances. Stadimétrie ou mesure indirecte des distances. Principe de la stadimétrie et généralités. MESURE DES ANGLES OU NIVELLEMENT : Nivellement direct ou géométrique. Nivellement trigonométrique. Nivellement barométrique. MESURE SIMULTANÉE DES ANGLES VERTICAUX, DES ANGLES HORIZONTAUX ET DES DISTANCES : Mesure simultanée des angles horizontaux et verticaux. Théodolites. Mesure simultanée des angles et des distances. Tachéomètres. INSTRUMENTS SPÉCIAUX AUX LEVERS SOUTERRAINS. INSTRUMENTS DE TOPOGRAPHIE EXPÉDIÉE.</small>

TOPOGRAPHIE appliquée aux travaux publics, par E. Prevot, conducteur des ponts et chaussées, faisant fonctions d'ingénieur au service du nivellement général de la France, suivi d'un Appendice relatif à la TOPOGRAPHIE EXPÉDIÉE, par O. Roux, conducteur des ponts et chaussées. Tome II : **Méthodes**. Gr. in-16 de 572 pages avec 262 fig. et 5 pl. dont 4 en couleurs.. 15 fr.

<small>ÉTUDE GÉNÉRALE DES MÉTHODES : Généralités. Effets de la courbure de la terre. Méthodes fondamentales de levé relatives à la planimétrie. Méthodes fondamentales de levé relatives au nivellement. Méthodes appropriées aux instruments et particularités d'emploi de ces derniers. Règles générales qui président à l'application des méthodes fondamentales aux levés étendus. Canevas et détails.
RAPPEL DE QUELQUES NOTIONS D'ASTRONOMIE ET DE GÉODÉSIE : Applications topographiques de l'astronomie. Détermination de la méridienne. Géodésie. Triangulation.
APPLICATIONS : Levé des plans d'études. Levé de plans parcellaires et cadastraux. Nivellement général de la France. Levés souterrains. Liste des modèles de tableaux de calculs, avec exemples numériques.
LEVÉS EXPÉDIÉS. LEVÉS SPÉCIAUX : Etude du terrain. Application des méthodes et des instruments aux divers genres de levé. Le dessin topographique. Lecture et emploi des cartes topographiques.</small>

MAÇONNERIES, par Eugène Simonet, conducteur des ponts et chaussées, attaché au service municipal de la Ville de Paris. Gr. in-° 16 de 442 pages avec 102 fig... 10 fr.

<small>PIERRES NATURELLES : Granits et porphyres. Roches volcaniques. Schistes. Grès. Silex. Meulières. Pierres calcaires. Marbres. Résistance des pierres. Travail des pierres : *Sciage, taille, machines à travailler la pierre*.
PIERRES ARTIFICIELLES : Argiles. Marne. Briques : *ordinaires, réfractaires, briques légères réfractaires, creuses, vernissées*. CHAUX. CIMENTS. MORTIERS : Pierres calcaires. Chaux. Chaux hydrauliques artificielles. Ciments. Pouzzolanes. Laitiers. Analyse chimique : *Pierres, chaux, ciments*. Mortiers : *Description, résistance*. Plâtre. MAÇONNERIES : Maçonnerie : *de pierre, moellons, meulière, brique*. Construction en fer et ciment. Ciment métallique. Bitume et asphaltes.
APPENDICE : Devis et cahier des charges. Tableaux des principaux granits, porphyres, pierres volcaniques, grès français et pierres calcaires de France.</small>

BOIS ET MÉTAUX, par E. Aucamus, ingénieur des arts et manufactures, attaché au service du matériel et de la traction des chemins de fer du Nord. Gr. in-16 de 335 pages avec 288 fig. .... 8 fr.

<small>BOIS : Classification des bois. Qualités et défauts. Préparation des bois. Assemblages. Machines-outils. Résistance et essais des bois. MÉTAUX : Notions générales de métallurgie. Fer. Fonte. Acier. Fabrication des fers spéciaux et des tôles. Travail des métaux. Machines-outils. Assemblages divers. Rivure. Essai et résistance des métaux.</small>

TRACÉ ET TERRASSEMENTS, par P. Frick, ingénieur des constructions civiles, chevalier du Mérite agricole, et J.-L. Canaud, conducteur des ponts et chaussées, chef de section des chemins de fer. Gr. in-16 de 669 pages, avec 317 fig.. 15 fr.

<small>TRACÉ : Considérations générales. Etude et détermination d'un tracé. Comparaison des</small>

tracés. Détermination définitive du plan et du profil en long. Cubature des terrasses. Calcul des profils en travers. Mouvement des terres.

EXÉCUTION DES TERRASSEMENTS : Mode d'exécution des déblais ou remblais : *Des sondages. Des déblais. Des remblais.* Transports. Organisation d'un chantier de terrassements : *Chantiers à la brouette, au tombereau, aux wagonnets, aux wagonnets avec traction par chevaux, aux grands wagons sur voie de 1 mètre, de déchargement; exécution des remblais.* Assainissements. Drainages. Réparations : Assainissements et drainage des tranchées : *Des talus de déblais. Murs de soutènement divers.* Précautions à prendre dans l'exécution des remblais. Réparations des éboulements. Entretien des terrassements. ANNEXES : Note sur la pratique des opérations sur le terrain. Note sur les méthodes nord-américaines de terrassements. Note sur les courbes de raccordements. Note sur les raccordements paraboliques. Formules relatives aux principaux cas de raccordements. APPENDICE : Note sur la présentation des projets.

DROIT CIVIL, par Louis Martin, avocat, professeur libre de droit. Gr. in-16 de 500 pages.. 8 fr.

INTRODUCTION : Notions générales.

DES PERSONNES : De la jouissance et de la privation des droits civils. Des actes de l'état civil. Du domicile. De l'absence. Du mariage. Du divorce. De la paternité et de la filiation. De l'adoption. De la puissance paternelle. Minorité. Tutelle. Émancipation. De la majorité. De l'interdiction et du conseil judiciaire.

DES BIENS : De la distinction des biens. De la propriété, de l'usufruit, de l'usage et de l'habitation. Des servitudes ou services fonciers.

DES DIFFÉRENTES MANIÈRES DONT ON ACQUIERT LA PROPRIÉTÉ : Des successions. Des donations entre vifs et des testaments. Des contrats ou des obligations conventionnelles. Des engagements qui se forment sans convention. Du contrat de mariage et des droits respectifs des époux. De la vente. De l'échange. Du contrat de louage. Du contrat de société. Du prêt. Du dépôt et du séquestre. Des contrats aléatoires. Du mandat. Du cautionnement. Des transactions. De la contrainte par corps. Du nantissement. Des privilèges et hypothèques. De la prescription.

DROIT ADMINISTRATIF, par Paul Touzac, licencié en droit, rédacteur au Ministère des Travaux publics. Gr. in-16 de 511 pages............ 9 fr.

NOTIONS GÉNÉRALES DE DROIT POLITIQUE OU CONSTITUTIONNEL : Les droits de l'homme et du citoyen. Organisation des pouvoirs publics, pouvoir législatif, pouvoir exécutif. DROIT ADMINISTRATIF : L'État. Le département. L'arrondissement. La commune. Le département de la Seine et les villes de Paris et de Lyon. L'Algérie, les colonies et les pays de protectorat. Les établissements publics et d'utilité publique. Indépendance de l'autorité administrative à l'égard de l'autorité judiciaire.

DROIT COMMERCIAL ET LÉGISLATION INDUSTRIELLE, par L. Martin, professeur libre de droit, membre de la Chambre des députés. Gr. in-16 de 671 pages.. 10 fr.

DROIT COMMERCIAL. DU COMMERCE EN GÉNÉRAL : Des commerçants. Des livres de commerce. Des sociétés. Des séparations de biens. Des bourses de commerce, agents de change et courtiers. Du gage et des commissionnaires. Des ventes et achats. De la lettre de change, du billet à ordre et de la prescription.

DU COMMERCE MARITIME : Des navires et autres bâtiments de mer. De la saisie et vente des navires. Des propriétaires de navires. Du capitaine. De l'engagement et des loyers des matelots et gens de l'équipage. Des chartes-parties, affrètements ou nolisements. Du connaissement. Du fret ou nolis. Des contrats à la grosse. Des assurances. Des avaries. Du jet et de la contribution. Des prescriptions. Fins de non-recevoir.

DES FAILLITES ET DES BANQUEROUTES ET DES LIQUIDATIONS JUDICIAIRES : De la faillite. Des banqueroutes. De la réhabilitation. De la liquidation judiciaire. Juridiction commerciale. De l'organisation des tribunaux de commerce. Compétence et forme de procéder. Des conseils de prud'hommes.

LÉGISLATION INDUSTRIELLE : Législation du travail. Des contrats industriels. La propriété industrielle : *Brevets d'invention, marques de fabrique, contrefaçon, secrets de fabrication, concurrence déloyale, propriété littéraire et artistique.* Loi du 9 avril 1898 sur la responsabilité des accidents du travail.

PROCÉDURE CIVILE ET DROIT PÉNAL, par L. Martin, avocat, professeur libre en droit. Gr. in-16 de 452 pages.................. 8 fr.

PROCÉDURE CIVILE : Organisation judiciaire. Procédure devant les tribunaux. Procédures diverses.
DROIT PÉNAL. CODE PÉNAL : Dispositions préliminaires. Des peines en matière criminelle et correctionnelle et de leurs effets. Des personnes punissables excusables ou responsables pour crimes et délits. Des crimes et délits et de leur punition. Contravention de police.
INSTRUCTION CRIMINELLE : Code. Dispositions préliminaires. De la police judiciaire et des officiers de police qui l'exercent. De la justice.

EXÉCUTION DES TRAVAUX PUBLICS, par E. Dardart, conducteur principal des ponts et chaussées. Gr. in-16 de 632 pages................ 12 fr.

DES TRAVAUX PUBLICS AU POINT DE VUE DES FINANCES PUBLIQUES : Notions générales sur la comptabilité publique. Travaux exécutés : *sur les fonds de l'Etat, des départements, communaux*. Règlement général sur la comptabilité publique. Division des travaux publics. Dépenses des travaux publics.
DU MODE D'EXÉCUTION DES TRAVAUX PUBLICS : Notions générales. Les marchés ou entreprises de travaux publics. Des rapports de l'Administration avec les propriétaires à l'occasion des travaux publics. ANNEXES : Ordonnances. Décrets. Instructions, etc.

ORGANISATION DES SERVICES DE TRAVAUX PUBLICS en France, par E. Campredon, ingénieur civil des mines. Gr. in-16 de 416 pages. 8 fr.

SERVICE DES PONTS ET CHAUSSÉES : Etude historique, organisation du personnel. Fonctions. Mode de procéder. Tenue des bureaux.
SERVICE DES MINES : Etude historique. Organisation du personnel. Fonctions. Mode de procéder. Tenue des bureaux.
SERVICE DES CHEMINS DE FER : Etude historique. Organisation du personnel. Fonctions. Mode de procéder et tenue des bureaux. Service des chemins de fer de l'Etat.
SERVICES D'INTÉRÊT COLLECTIF : Service départemental. Service communal. Service de la ville de Paris. Services des associations syndicales. Services des autres travaux d'intérêt public.
SERVICES AUXILIAIRES : Service colonial. Service du Ministère de l'Instruction publique, des Beaux-Arts et des Cultes. Service du Ministère de l'Agriculture. Services des Ministères de la Guerre et de la Marine. Service du Ministère de l'Intérieur. Service du Ministère du Commerce, de l'Industrie, des Postes et Télégraphes. Service du Ministère des Finances.

COMPTABILITÉ DES TRAVAUX PUBLICS et tenue des bureaux des services de ponts et chaussées, par E. Herbert, ex-conducteur des ponts et chaussées, secrétaire-régisseur de l'Ecole nationale des mines. Préface de M. L. Durand-Claye, inspecteur général des ponts et chaussées en retraite. Gr. in-16 de 520 pages............................... 12 fr.

Règlement provisoire de 1878 sur la comptabilité des dépenses du Ministère des Travaux publics et nomenclature des pièces à produire aux trésoriers payeurs généraux pour le paiement des dépenses du Ministère, mis à jour au 1er janvier 1898. Lois et règlement sur le timbre de l'enregistrement. Règlement spécial de 1849 sur la comptabilité du Ministère des travaux publics, mis à jour au 1er janvier 1898. Frais divers de services. Instruction de 1879 sur la tenue des bureaux des services des Ponts et Chaussées, mis à jour au 1er janvier 1898. Comptabilité des services d'architecture et des promenades et plantations de la Ville de Paris. Retraites des cantonniers de l'Etat. Secours aux ouvriers blessés. Table des documents par ordre chronologique. Tables des matières par ordre alphabétique. Table des modèles de formules annexés aux divers règlements. Table de concordance entre les règlements de 1843, 1849 et 1878.

ROLE ÉCONOMIQUE ET SOCIAL DES VOIES DE COMMUNICATION, par E. Campredon, ingénieur civil des mines, inspecteur départemental du travail dans l'industrie. Gr. in-16 de 515 pages.............. 10 fr.

LE RÔLE ÉCONOMIQUE DES VOIES DE COMMUNICATION : Les routes. Les voies ferrées. Les voies navigables. Les voies maritimes. Les voies électriques.
LE RÔLE SOCIAL DES VOIES DE COMMUNICATION.

HYGIÈNE et secours et premiers soins à donner aux malades et aux blessés, par le docteur J. Noir, professeur des Ecoles municipales d'infirmières de la Ville de Paris. Gr. in-16 de 320 pages avec 79 fig........ 7 fr. 50

<small>Hygiène générale. Les milieux naturels : *L'atmosphère, sa composition, ses propriétés.* Le sol, l'eau, les climats. Les milieux artificiels : *L'habitation. Les vêtements.* Alimentation : *Aliments solides, les boissons, art culinaire.* Hygiène du corps : *Soins de propreté corporelle, Hydrothérapie, travail physique et intellectuel, gymnastique, sports, surmenages.* Hygiène publique. Hygiène industrielle et professionnelle : *Le milieu industriel, les dangers des matières mises en œuvre, influence de l'outillage sur l'ouvrier et dangers auxquels il expose, hygiène du bureau.* Secours et premiers soins à donner en cas d'accidents aux malades et aux blessés. Le corps humain et ses diverses fonctions, soins et secours urgents, secours et soins aux blessés.</small>

ROUTES ET CHEMINS VICINAUX, par O. Roux, conducteur des ponts et chaussées. Gr. in-16 de 575 pages avec 275 fig.............. 12 fr.

<small>CLASSIFICATION DES VOIES DE TERRE : Dénomination des différentes voies. Étude sommaire de leurs diverses parties. Statistique.
PÉRIODE DES ÉTUDES : Tracé. Rédaction de l'avant-projet. Rédaction du projet définitif.
TRAVAUX NEUFS ET D'ENTRETIEN : Piquetage. Terrassements. Chaussées. Les cantonniers. Plantations. Le budget de routes.
CHEMINS VICINAUX : Ressources et budgets. Les prestations. Le budget communal. Le budget départemental. Notes sur le cheval et la voiture.</small>

VOIE PUBLIQUE, par Georges Lefebvre, conducteur des ponts et chaussées, attaché au service municipal de la voie publique et du nettoiement de la ville de Paris. Gr. in-16 de 520 pages avec 140 fig........... 12 fr.

<small>Généralités : Tracé, alignements. Chaussées pavées en pierre. Chaussées en empierrement. Chaussées en asphalte comprimé. Chaussées pavées en bois. Chaussées mixtes et diverses. Trottoirs et contre-allées. Travaux de viabilité. Nettoiement, arrosement et enlèvement des neiges et glaces. Pratique du service.</small>

DISTRIBUTIONS D'EAU, par G. Dariès, conducteur au service des Eaux de Paris, licencié ès sciences, professeur d'hydraulique à l'École spéciale des travaux publics. Gr. in-16 de 566 pages avec 400 fig......... 15 fr.

<small>Généralités. De la qualité des eaux. Eaux souterraines. Consommation. Puisage et captation des eaux. Adduction des eaux. Procédés de filtrage et d'épuration. Machines élévatoires. Réservoirs. Conduites de distribution. Appareils publics. Service dans la maison. Entretien des canalisations. Exploitation. Vente de l'eau. Annexes.</small>

ASSAINISSEMENT DES VILLES ET ÉGOUTS DE PARIS, par Paul Wéry, chef du bureau du service des égouts. Gr. in-16 de 663 pages avec 434 fig.. 18 fr.

<small>ASSAINISSEMENT DES VILLES : Évacuation des eaux. Réservoirs de vidange. Canalisations spéciales. Système fonctionnant par simple gravitation. Système dit tout à l'égout. Projet d'assainissement d'une ville par le système du tout à l'égout. Entretien du réseau d'égouts et de canalisations. Extension du service de la distribution d'eau. De la salubrité des voies publiques. Utilisation agricole des eaux d'égouts. Prix composés applicables à la construction des égouts, canalisations, branchements de regards et de bouche, et réservoirs de chasse. Assainissement de l'habitation par le tout à l'égout. Devis estimatifs et types divers d'assainissement de maisons. De l'assainissement dans certaines villes de France et de l'étranger. Assainissement de la Seine. Devis et cahier des charges, bordereau de l'entreprise des travaux de maçonnerie, charpente, etc., du service d'assainissement.
LES ÉGOUTS DE PARIS : Historique. Description du réseau d'égouts parisiens. Collecteur de Clichy et siphon de la Concorde. Profil des égouts. Ouvrages accessoires des égouts. De l'exploitation des égouts.</small>

PLANTATIONS D'ALIGNEMENT, PROMENADES, PARCS ET JARDINS PUBLICS, par G. Lefebvre, conducteur des ponts et chaussées, chef de circonscription des services techniques municipaux de la Ville de Paris. Grand in-16 de 357 pages avec 336 fig. et 1 pl................ 11 fr.

<small>INTRODUCTION : Règne végétal.</small>

PLANTATIONS D'ALIGNEMENT : Dispositions des plantations et choix des essences. Exécution des plantations. Entretien des plantations. Maladies des plantations d'alignement. Renseignements statistiques.

PROMENADES ET JARDINS PUBLICS : L'art du dessinateur de jardins. Étude des projets de parc et jardins publics. Construction d'un parc ou jardin public. Entretien des parcs et jardins publics. Projet de jardin public.

APPENDICE : Pratique du service. Devis et cahier des charges de l'entreprise de transplantation d'arbres au chariot. Entreprise des travaux relatifs à l'irrigation et au drainage des plantations, à la pose des grilles d'arbres et des bancs. Cahier des charges et bordereau des prix pour les travaux neufs et d'entretien à exécuter aux plantations d'alignement et promenades de Paris, ainsi qu'aux bois de Boulogne et de Vincennes.

ÉCLAIRAGE, par B. Saint-Paul, conducteur municipal, chef du service technique de l'éclairage de la 1re section de la Ville de Paris, et L. Galine, ingénieur des arts et manufactures. Gr. in-16 de 422 pages avec 215 fig.. 12 fr.

ÉCLAIRAGE AUX HUILES VÉGÉTALE ET MINÉRALES : Éclairage à l'huile végétale : *Fabrication de l'huile. Lampes à l'huile.* Traitement des huiles minérales : *Exploitation des gisements. Raffinage de l'huile minérale.* Éclairage aux huiles minérales : *Éclairage à l'essence. Lampes au pétrole. Éclairage aux huiles lourdes.*

ÉCLAIRAGE AU GAZ : Distillation de la houille : *Production du gaz. Sous-produits.* Distribution du gaz. Brûleurs : *à air libre, intensifs à air froid, à air chaud, à incandescence, à gaz carburé.* Appareils de réglage. Éclairage privé et public. Gaz spéciaux : Acétylène, gaz riche, gaz de bois, gaz à l'eau, gaz à l'air.

ÉCLAIRAGE ÉLECTRIQUE : Arc voltaïque et incandescence. *Production de l'arc, régulateurs, bougies électriques, lampes à incandescence.* Montage des lampes. Photométrie. Projets d'éclairage : *Gaz, électricité.*

CHEMINS DE FER, CONSTRUCTION ET VOIE, par A. Sirot, conducteur principal des ponts et chaussées, ancien chef de section aux chemins de fer de l'État. Gr. in-16 de 495 pages avec 270 fig. et 12 pl..... 12 fr. 50

ÉTUDES : Études préliminaires : *Enquête d'utilité publique, avant-projet.* Études définitives : *Projet de tracé et de terrassements, projet définitif. Avant-métré.*

CONSTRUCTION. INFRASTRUCTURE : Plate-forme : *Terrassements, consolidation des talus,* Ouvrages d'art : *Ouvrages d'art ordinaires, ouvrages pour assurer l'écoulement des eaux, ouvrages pour le maintien des voies de communication, grands ponts et viaducs, souterrains, accidents sur les chantiers.* Dépense kilométrique de l'infrastructure de diverses lignes.

SUPERSTRUCTURE : Voie : *Rails, traverses, accessoires de la voie, changements de voies, croisements de voie, plaques tournantes, chariots transbordeurs, alimentation en eau des machines, fosse à piquer le feu, signaux, prix de revient des appareils de la voie.* Gares et stations : *Dispositions et accessoires des gares, service des marchandises.* Entretien et surveillance : *Prescriptions de grande voirie.*

CHEMINS DE FER. LOCOMOTIVE ET MATÉRIEL ROULANT, par Maurice Demoulin, ingénieur des arts et manufactures. Gr. in-16 de 402 pages avec 215 fig. et 11 pl.. 12 fr.

LA LOCOMOTIVE : Considérations générales. La chaudière. Le mécanisme. Le véhicule. Le tender et la locomotive-tender. Principaux types de locomotives. Description de quelques locomotives de construction récente. Les locomotives compound.

LE MATÉRIEL ROULANT : Considérations générales. Construction des voitures et wagons. Description de quelques types de voitures. Freins.

EXPLOITATION TECHNIQUE DES CHEMINS DE FER, par L. Galine, ingénieur des arts et manufactures, inspecteur à la Compagnie des chemins de fer du Nord. Gr. in-16 de 704 pages avec 309 fig............ 16 fr.

AMÉNAGEMENT DES GARES : Service des voyageurs. Service des marchandises. Construction.
SIGNAUX : Code des signaux. Construction. Concentration des leviers. Enclenchements.
MOUVEMENT DES TRAINS : Marche des trains. Block-system. Voie unique. Vitesse des trains.
PRATIQUE DU SERVICE : Exploitation. Matériel et traction. Matériel. Voie.

TRAMWAYS ET AUTOMOBILES, par E. Ancamus, ingénieur des arts et manufactures, chef d'atelier à la Compagnie des chemins de fer du Nord, et L. Galine, ingénieur des arts et manufactures, inspecteur à la Compagnie des chemins de fer du Nord. Gr. in-16 de 481 pages, avec 234 fig. .... 12 fr.

TRAMWAYS : Résistance à la traction. Voie. Matériel et traction. Tramways où l'énergie est produite directement sur le véhicule : *à traction animale, à vapeur, chemins de fer à crémaillère.* Tramways où l'énergie provenant d'une usine centrale est fournie à chaque instant par des câbles ou conducteurs : *Tramways funiculaires, tramways électriques par câbles.* L'énergie produite dans une usine centrale est emmagasinée dans les véhicules pour un certain parcours : *Traction par accumulateurs électriques, locomotives sans foyer, traction par l'air comprimé, tramways à gaz, systèmes divers.*
AUTOMOBILES : Classification. Résistance. Construction des automobiles. Moteurs. Automobiles à pétrole : *Moteurs à pétrole, voitures ordinaires et voitures lourdes. Motocycles et voiturettes.* Automobiles à vapeur. Automobiles électriques. ANNEXES : Règlements, circulaires, etc.

CONTROLE DES CHEMINS DE FER ET DES TRAMWAYS, par J. de La Ruelle, avocat, rédacteur au Ministère des Travaux publics. Gr. in-16 de 733 pages. .... 12 fr.

CARACTÈRES GÉNÉRAUX DU DROIT DE CONTRÔLE DE L'ÉTAT : Sa nature. Sa raison d'être. Son origine. ORGANISATION DU CONTRÔLE DE L'ÉTAT SUR LES CHEMINS DE FER : Contrôle de la construction. Contrôle de l'exploitation. RÔLE ET ATTRIBUTIONS DES DIFFÉRENTS FONCTIONNAIRES DU CONTRÔLE : Administration centrale : *Ministère des travaux publics, préfets.* Contrôle technique : *Directeur, ingénieur en chef et ingénieurs des ponts et chaussées et des mines, conducteurs, contrôleurs et commis.* Contrôle commercial : *Directeur, contrôleur général, inspecteurs principaux et particuliers.* Contrôle technique et commercial. Police : *Commissaires de surveillance et commissaires spéciaux.* Contrôle du travail : *Ingénieurs en chef et ingénieurs des ponts et chaussées et des mines, contrôleurs du travail, comités du travail du réseau de l'État.* Exercice du droit de contrôle. Tenue des bureaux. Utilité du contrôle financier, son organisation. Conseils, comités et commissions institués auprès du ministère des travaux publics et ayant des attributions en matière de chemins de fer. CHEMINS DE FER DE L'ÉTAT. CHEMINS DE FER D'INTÉRÊT LOCAL ET TRAMWAYS. LIGNES DIVERSES : Contrôle des chemins de fer d'intérêt local et des tramways. Contrôle des chemins de fer miniers et des chemins de fer industriels. Contrôle des voies ferrées des quais des ports maritimes et fluviaux. RÉSEAUX ALGÉRIENS ET TUNISIENS : Organisation du contrôle des voies ferrées.
PERSONNEL DU CONTRÔLE : Recrutement du personnel spécialisé. RENSEIGNEMENTS DIVERS : Positions diverses. Traitements et allocations. Retraites. Uniforme. ANNEXES : Lois, décrets, arrêtés, ordonnances, etc.

GÉOLOGIE ET MINÉRALOGIE APPLIQUÉES. Les minéraux utiles et leurs gisements, par H. Charpentier, ingénieur civil des mines. Gr. in-16 de 643 pages avec 115 fig. .... 12 fr.

PRÉCIS DE GÉOLOGIE GÉNÉRALE AVEC ÉLÉMENTS DE MINÉRALOGIE ET DE PALÉONTOLOGIE. Phénomènes actuels. Formation de l'écorce terrestre. Chronologie géologique.
GÉOLOGIE APPLIQUÉE PROPREMENT DITE : Considérations générales. Etude d'un gisement. Matériaux de construction et roches employées dans les travaux publics. Minéraux employés dans la métallurgie. Le carbone et ses composés. Combustibles minéraux et hydrocarbures. Minéraux employés en agriculture. Minéraux employés dans les industries diverses. Métaux rares. Pierres précieuses, gemmes.

EXPLOITATION DES MINES, par Félix Colomer, ingénieur civil des mines. Gr. in-16 de 344 pages avec 176 fig. .... 9 fr.

MISE EN EXPLOITATION : Exploitations faciles. Sondages. Aménagement du gîte. Méthode d'exploitation.
EXTRACTION DU MINERAI : Abatage. Roulage. Extraction.
SERVICES GÉNÉRAUX D'UNE EXPLOITATION : Épuisement des eaux. Aérage. Installations extérieures. Prix de revient. Avant-projet de puits de mine.

CHAUDIÈRES A VAPEUR, par J. Dejust, ingénieur des arts et manufactures,

répétiteur à l'Ecole centrale, professeur à la fédération des mécaniciens et chauffeurs. Gr. in-16 de 562 pages avec 394 fig. et 2 pl........ 12 fr

Introduction. Généralités. PRODUCTION DE LA CHALEUR : Formation et propriétés de la vapeur d'eau. Combustion et combustibles. Foyers. CHAUDIÈRES A VAPEUR : Généralités. Classification et étude des divers types de chaudières. Etablissement des chaudières.

ORGANES ACCESSOIRES DES CHAUDIÈRES : Appareils de sûreté. Appareils annexes. Divers Accidents et explosions de chaudières. Conduite et entretien des chaudières. TRANSPORT DE LA VAPEUR : Généralités. Détails des canalisations. Appareils accessoires des canalisations. Calcul du diamètre des canalisations. Concours pour construction et installations de générateurs. Calcul des dimensions d'une chaudière.

MACHINES A VAPEUR et machines thermiques diverses, par J. Dejust ingénieur des arts et manufactures, répétiteur à l'Ecole centrale, professeur à la fédération des mécaniciens et chauffeurs. Gr. in-16 de 600 pages avec 407 fig................................. 15 fr.

Généralités sur les machines thermiques : *Historique, application de la thermodynamique*. MACHINES A VAPEUR : Classification. Fonctionnement d'une machine à vapeur à mouvement alternatif. Détermination des dimensions. Organes de la machine à vapeur à mouvement alternatif et à cylindre unique. Etude des divers systèmes de distribution et de détente des machines à cylindre unique. Distribution et détente dans les machines à plusieurs cylindres. Condensation de la vapeur. Classification et étude des machines à piston et à mouvement alternatif au point de vue du genre de travail qu'elles ont à produire. Rendement, comparaison et choix des machines. Machines oscillantes. Machines rotatives. Machines sans piston et à pression directe. Machines où la vapeur agit par sa puissance vive.

MACHINES THERMIQUES employant un autre intermédiaire que la vapeur. Moteurs à air chaud. Moteurs à gaz. Moteurs à pétrole. Machines thermiques diverses. Achat, installation, réception et entretien des machines thermiques.

MACHINES HYDRAULIQUES, par F. Chaudy, ingénieur des arts et manufactures. Gr. in-16 de 402 pages avec 300 fig................... 10 fr.

RÉCEPTEURS HYDRAULIQUES : Chutes d'eau. Turbines. Considérations générales. Roues. Etablissement des turbines et des roues hydrauliques. Machines à colonne d'eau. Bélier hydraulique. MACHINES ÉLÉVATOIRES : Pompes à piston à mouvement alternatif. Pompes à piston rotatif. Pompes centrifuges. Machines élévatoires diverses.

PROPULSEURS HYDRAULIQUES : Roues à aubes. Hélices. *Presses hydrauliques* : Considérations générales. Presses verticales. Presses horizontales Cockrill. Observations et appareils divers basés sur la presse hydraulique. Applications de la presse hydraulique au travail des métaux.

LÉGISLATION MINIÈRE ET CONTROLE DES MINES, par Cuvillier, contrôleur principal des mines. Gr. in-16 de 778 pages.............. 12 fr.

RÉGIME LÉGAL DE LA PROPRIÉTÉ DES MINES : Conception de la propriété des mines. Historique. Classification légale des substances minérales. Recherche de mines. Obtention des concessions. Recours et interprétation des actes de concession. Devoirs des concessionnaires : *vis-à-vis des inventeurs, des explorateurs, des propriétaires du sol, envers l'Etat*. Droits des concessionnaires. RÉGIME DE L'EXPLOITATION. CONTRÔLE : Surveillance administrative de l'exploitation des mines. Anciennes concessions. Mines de sel. Mines et minières de fer. Terres pyriteuses et alumineuses. Usines métallurgiques. Tourbières. Carrières. Juridiction et pénalités. Personnel occupé dans les exploitations minérales. Personnel de l'administration des mines.

DOCUMENTS LÉGISLATIFS SUR LES MINES, MINIÈRES ET CARRIÈRES : Législation de la métropole. Législation coloniale.

LÉGISLATION ET CONTROLE DES APPAREILS A VAPEUR, par T. Cuvillier, contrôleur principal des mines. Gr. in-16 de 388 pages........ 8 fr.

LÉGISLATION ACTUELLE DES APPAREILS A VAPEUR : Dispositions pénales. Règlements d'administration publique : Appareils à vapeur fonctionnant sur terre et sur l'eau, statistique générale des appareils à vapeur en 1895. CONTROLE DES APPAREILS A VAPEUR : Personnel chargé en France du contrôle des appareils à vapeur. Nature du contrôle exercé. Attributions ordinaires et service courant des contrôleurs des mines. Appendice : Renseignements d'ordre technique, législatif et social.

ARCHITECTURE, par Albert Hébrard, architecte diplômé par le gouvernement, sous-inspecteur au palais des beaux-arts. Gr. in-16 de 434 pages avec 311 fig.. 15 fr.

ÉTUDE ANALYTIQUE DES DIVERS ÉLÉMENTS DE CONSTRUCTION ET DE DÉCORATION : Fondations. Murs. Supports isolés avec entablement. Arcades. Bases, couronnement et saillies des murs. Percement des murs : *portes et fenêtres*. Plafonds et voûtes. Escaliers, cheminées et revêtement des sols. Couvertures. COMPOSITION DES ÉDIFICES : Principes généraux de la composition. Principales parties des édifices. Hygiène des édifices. EXÉCUTION DES TRAVAUX : Organisation du chantier. Direction et surveillance des travaux.

CHARPENTE ET COUVERTURE, par E. Aldebert, ingénieur des arts et manufactures, agent voyer cantonal, et E. Aucamus, ingénieur des arts et manufactures, sous-chef d'atelier à la Compagnie du Nord. Gr. in-16 de 370 pages avec 421 fig.. 10 fr.

CHARPENTES EN BOIS : Des bois. Des assemblages. Planchers en bois. Pans de bois. Escaliers. Des combles. Étais et échafaudages.
CHARPENTES EN FER : Travail du fer. Des assemblages. Des planchers en fer. Pans de fer, poteaux et colonnes. Escaliers en fer. Combles métalliques.
COUVERTURE DES BATIMENTS : Matériaux et leur emploi. Couverture en tuiles. Couverture en ardoise. Couverture en verre. Couverture en zinc, en tôle ondulée, en plomb et en cuivre. Chéneaux et gouttières.
ANNEXE : Extrait du règlement sur la hauteur des maisons dans la Ville de Paris.

MENUISERIE, SERRURERIE, PLOMBERIE, PEINTURE ET VITRERIE, par E. Aucamus, ingénieur des arts et manufactures, sous-chef d'atelier à la Compagnie du Nord. Gr. in-16 de 352 pages avec 204 fig..... 10 fr.

MENUISERIE : Généralités : *Définitions, matériaux, quincaillerie, outillage de menuisier, assemblages, moulures, établissement des bois*. Menuiserie du bâtiment : Classification, lambris, portes, croisées, persiennes, échelles et escaliers. Parquets. Extraits d'un devis et cahier des charges. Nomenclature et explication des termes techniques de menuiserie.
SERRURERIE : Généralités. Chaînages. Ferrements du menuiserie. Serrures. Clôtures et ouvrages divers. Extrait d'un cahier des charges. Nomenclature et explication des principaux termes techniques de menuiserie.
PLOMBERIE : Généralités. Outillage. Soudures. Plomberie du bâtiment. Extrait d'un devis et cahier des charges. Nomenclature et explication des principaux termes techniques de plomberie.
PEINTURE : Généralités. Outillage, matériaux. De la peinture. Nomenclature et explication des principaux termes techniques de peinture.
VITRERIE : Généralités. Outillage, matériaux. Tenture. Extrait d'un devis et cahier des charges. Travaux de peinture, de vitrerie et de tenture.

FUMISTERIE, CHAUFFAGE ET VENTILATION, par E. Aucamus, ingénieur des arts et manufactures, chef d'atelier à la Compagnie des chemins de fer du Nord. Gr. in-16 de 290 pages avec 213 fig............ 10 fr.

FUMISTERIE : Généralités. Matériaux et outillage. Travaux de fumisterie. Ordonnances et règlements.
CHAUFFAGE : Considérations théoriques. Cheminées d'appartements. Poêles. Chauffage au gaz d'éclairage. Calorifères. Chauffage continu par l'air chaud. Chauffage par l'eau chaude. Chauffage par la vapeur. Calculs relatifs à l'établissement d'un projet de chauffage.
VENTILATION : Ventilation naturelle. Ventilation par cheminée chauffée. Ventilation mécanique. Note sur l'acoustique des salles de réunion.

DEVIS ET ÉVALUATIONS DES TRAVAUX PUBLICS ET DES CONSTRUCTIONS CIVILES, par A. Bonnal, ingénieur civil, et E. Dardart, conducteur principal des ponts et chaussées. In-8° de 714 pages avec 87 fig... 15 fr.

Terrassements. Maçonneries. Charpente. Couverture, plomberie, zingage, canalisation, menuiserie, serrurerie, quincaillerie. Peinture, goudronnage, vitrerie, miroiterie, dorure, tenture. Fumisterie, marbrerie, stuc. Empierrements, pavage, granit, asphalte et bitume.

Locomotive et matériel roulant. Voie. Chauffage, éclairage, graissage, vidange, désinfection. Devis divers. Transport des matériaux de construction. Conditions d'exécution des travaux publics. Métrés des ouvrages et exemples d'établissement de prix de revient.

AGRICULTURE, par F. Pradès, ancien conducteur des ponts et chaussées, rédacteur au Ministère de l'Agriculture. Gr. in-16 de 423 pages avec 90 fig. .... 9 fr.

Météorologie et climatologie agricoles. Géologie agricole. Physiologie végétale. Instruments et procédés d'agriculture. Amendements et engrais. Cultures diverses. Viticulture. Sylviculture.

HYDRAULIQUE AGRICOLE, par P. Lévy-Salvador, ingénieur des constructions civiles, attaché à la direction de l'hydraulique agricole au Ministère de l'Agriculture. Ouvrage médaillé par la Société nationale d'Agriculture de France.

Tome Ier. — **Cours d'eau non navigables ni flottables.** Gr. in-16 de 483 pages avec 171 fig. et 6 pl. .... 12 fr.

Réglementation des prises d'eau sur cours d'eau non navigables ni flottables : Généralités. Dispositions générales des prises d'eau d'usines. Dispositions particulières des ouvrages de retenue et de décharge. Exemple de la réglementation d'un barrage d'usine. Réglementation des barrages dans des conditions spéciales. Opérations et études nécessitées par la réglementation des usines. Récolement des ouvrages. Revision des règlements. Réglementation des barrages d'irrigation et de submersion.

Entretien et amélioration des cours d'eau non navigables ni flottables : Considérations générales sur les cours d'eau. Curages. Faucardements. Suppression des obstacles à l'écoulement des eaux. Endiguements. Défenses des rives. Annexes.

HYDRAULIQUE AGRICOLE, par P. Lévy-Salvador, ingénieur des constructions civiles, attaché à la direction de l'hydraulique agricole au Ministère de l'Agriculture. Ouvrage médaillé par la Société nationale d'Agriculture de France.

Tome II. — **Des irrigations.** Gr. in-16 de 668 pages avec 459 fig. et 18 pl. .... 15 fr.

Irrigations : Généralités. Mode d'établissement des canaux d'irrigation. Des prises d'eau. Ouvrages d'art. Ouvrages d'art exceptionnels et spéciaux. Des barrages-réservoirs. Des lacs-réservoirs. Des appareils élévatoires. Des canaux secondaires et rigoles d'arrosage. Étude du réseau de distribution. Distribution des eaux des canaux d'irrigation. Utilisation de l'eau par les intéressés. Concession et administration des canaux d'irrigation. Annexes.

HYDRAULIQUE AGRICOLE, par P. Lévy-Salvador, ingénieur des constructions civiles, attaché à la direction de l'hydraulique agricole au Ministère de l'Agriculture. Ouvrage médaillé par la Société nationale d'Agriculture de France.

Tome III et dernier. — **Assainissements et desséchements. Colmatage. Polders, drainage, utilisation agricole des eaux d'égout.** Annexes. Gr. in-16 de 563 pages avec 279 fig. et 2 pl. .... 15 fr.

Assainissement et desséchements : Généralités. Législation des travaux d'assainissement et de desséchement. Travaux d'assainissement agricole. Généralités sur les travaux de desséchement. Travaux de desséchement par écoulement continu. Travaux de desséchement par écoulement discontinu. Travaux de desséchement par élévation mécanique.

Colmatages : Généralités. Polders : Généralités. Drainages : Généralités. Systèmes divers de drains. Projets de drainage. Exécution des travaux de drainage, drainages spéciaux. Législation du drainage. Utilisation agricole des eaux d'égout.

GÉNIE RURAL. Constructions rurales et machines agricoles, par J. Philbert, conducteur au service de l'assainissement de la Ville de Paris, suivi de **l'Art du géomètre rural**, par O. Roux, conducteur faisant fonctions d'ingénieur des ponts et chaussées. Ouvrage médaillé par la

Société nationale d'agriculture de France. Gr. in-16 de 422 pages avec 334 fig. .... 10 fr.

<small>Constructions rurales : Habitations. Logements des animaux. Logements des récoltes et des produits. Annexes de la ferme. Dispositions générales des fermes. Machines agricoles : Machines pour la préparation du sol. Machines pour les travaux de récolte. Appareils de transport. Machines pour l'égrenage et le nettoyage des grains. Moteurs utilisés en agriculture. Préparation des grains en vue de la consommation. Préparation des fourrages. Préparation des racines et des tubercules. Appareils de laiteries, beurreries et fromageries. Machines employées pour la fabrication du vin et du cidre. Machines pour la préparation des engrais et instruments de pesage. Art du géomètre rural : Généralités. Formulaires.</small>

ÉLECTRICITÉ, par E. Dacremont, conducteur des ponts et chaussées, chef de section au service technique municipal de la Ville de Paris. Ouvrage médaillé par la Société d'encouragement pour l'industrie nationale.

Première partie. Théorie et production. Gr. in-16 de 500 pages avec 276 fig. .... 12 fr.

<small>Notions préliminaires. Étude générale des phénomènes électriques : *Condensateurs, énergie du courant électrique*. Piles thermo-électriques. Piles hydro-électriques. Magnétisme : *Électro-magnétisme, induction électro-magnétique*. Courants alternatifs. Machines dynamo-électriques à courants alternatifs ou alternateurs. Machines dynamo-électriques à courant continu. Transformateurs. Accumulateurs. Méthodes et appareils de mesures électriques.</small>

ÉLECTRICITÉ, par E. Dacremont, conducteur des ponts et chaussées, chef de section au service technique municipal de la Ville de Paris. Ouvrage médaillé par la Société d'encouragement pour l'industrie nationale.

Deuxième partie. Applications industrielles. Gr. in-16 de 635 pages avec 324 fig. .... 12 fr.

<small>Canalisation et distribution. Éclairage électrique. Transport électrique de l'énergie. Traction électrique. Électrochimie. Télégraphie. Téléphonie. Appareils enregistreurs. Projet de distribution d'énergie électrique dans une ville de 50.000 habitants. Lois et règlements émanant de pouvoirs.</small>

PHOTOGRAPHIE, par F. Miron, ingénieur licencié, ès sciences physiques. Gr. in-16 de 437 pages avec 154 fig. .... 9 fr.

<small>Propriétés physiques et chimiques de la lumière. Action de la lumière sur les couches photographiques. Le laboratoire et l'atelier. L'appareil photographique : *Mise au point. Temps de pose*. Procédés négatifs. Procédé au gélatino-bromure d'argent. Clichés pelliculaires. Préparations orthochromatiques. Matériel pour procédés positifs. Épreuves positives par transparence. Épreuves positives par réflexion. Épreuves positives indirectes par réflexion. Les procédés aux bichromates alcalins. La photographie des couleurs. Émaux photographiques. Procédés divers, retouches, tirage, montage et peintures des épreuves. Applications diverses. Les impressions photographiques aux encres grasses. Applications de la photographie aux levés de plans. Appendice.</small>

GÉNIE. Ses travaux spéciaux, ses services annexes, par O. Roux. Gr. in-16 de 608 pages avec 374 fig. et 1 pl. en couleur .... 12 fr.

<small>Droits et devoirs des officiers. Les services de l'arme du génie et ceux qui s'y rattachent : État-major particulier du génie. Les troupes du génie. Les services annexes. Les travaux spéciaux : Généralités. Fortification permanente et fortification semi-permanente. Fortification passagère. Défenses accessoires. Organisation défensive des obstacles du terrain. Sapes. Mines. Ponts militaires.</small>

SCIENCES ET ARTS MILITAIRES, par Em. Dardart, sous-ingénieur des ponts et chaussées, et le capitaine X., de l'infanterie coloniale. Gr. in-16 de 672 pages avec 400 fig. .... 12 fr.

<small>Organisation militaire. Recrutement de l'armée en France, Allemagne, Russie, Autriche-</small>

Hongrie, Italie. Recrutement des cadres. Organisation des forces militaires de la France (armée métropolitaine, armée coloniale, armée de mer). Organisation des armées étrangères. Tactique. Marches. Stationnement. Service de sûreté. Combat offensif et défensif. Formation des différentes armes : infanterie, cavalerie, artillerie. Artillerie : personnel, établissements. Ballistique intérieure et extérieure. Organisation des armes à feu. Bouches à feu. Armes portatives. Munitions des bouches à feu et des armes portatives. Pointage. Tir d'artillerie. Tir d'infanterie. Matériel d'artillerie de campagne, de montagne, de siège et de place, de côte. Tourelles cuirassées. Armes portatives françaises, allemandes, austro-hongroises, italiennes et russes. Fabrication des armes : bouches à feu, armes portatives. Fabrication des substances explosives, des cartouches, des munitions pour bouches à feu. Artilleries étrangères. Mitrailleuse Maxim. Transport à la suite des armées. Train des équipages. Transports du service de l'artillerie et de l'intendance. Transports du service de la trésorerie et des postes. Transport du service de santé. Droit militaire. Droit de la guerre.

Tours. — Imprimerie DESLIS FRÈRES.